第二次青藏高原综合科学考察研究丛书

青藏高原西部流域
水文气象变化

王磊 兰措 张寅生 刘景时 苏凤阁 马伟强 姚檀栋 等 著

科学出版社
北京

内 容 简 介

本书系“第二次青藏高原综合科学考察研究”之青藏高原西部科学考察的总结性水文学专著，亦系高原西部河流研究成果，由工作在青藏高原一线的科研人员共同撰写。全书共8章，包括第二次青藏科考的背景、意义、目标及内容，高原西部流域基本概况，气候特征及地表有效热通量特征分析，地处高原西部的雅鲁藏布江、印度河与恒河、塔里木河等河流源区的历史径流过程变化及其影响因素，各流域的历史和未来径流变化趋势及其对下游社会经济的可能影响评估等。本书的亮点在于通过科学考察获得青藏高原西部河流可分析的第一手观测资料，为理解河流径流的演变机理和驱动机制提供观测基础，为河流水资源管理、生态环境保护以及“一带一路”绿色可持续发展提供数据支撑。

全书内容系统全面、资料严谨翔实、结构逻辑严密，可供水文、气候、地学等专业的科研、教学等研究青藏高原的相关人员参考使用。

审图号：GS(2021)2301号

图书在版编目（CIP）数据

青藏高原西部流域水文气象变化 / 王磊等著. —北京：科学出版社，2021.8

（第二次青藏高原综合科学考察研究丛书）

国家出版基金项目

ISBN 978-7-03-062705-6

Ⅰ.①青… Ⅱ.①王… Ⅲ.①青藏高原–河流水源–水文气象学–研究 Ⅳ.①P343.1 ②P339

中国版本图书馆CIP数据核字（2019）第242309号

责任编辑：朱 丽 赵 晶 / 责任校对：何艳萍

责任印制：肖 兴 / 封面设计：吴霞暖

科学出版社出版

北京东黄城根北街16号

邮政编码：100717

http://www.sciencep.com

北京汇瑞嘉合文化发展有限公司印刷

科学出版社发行 各地新华书店经销

*

2021年8月第 一 版 开本：787×1092 1/16

2021年8月第一次印刷 印张：17 3/4

字数：420 000

定价：218.00元

（如有印装质量问题，我社负责调换）

“第二次青藏高原综合科学考察研究丛书”

指导委员会

刘丛强　中国科学院地球化学研究所
龚健雅　武汉大学
焦念志　厦门大学
赖远明　中国科学院西北生态环境资源研究院
胡春宏　中国水利水电科学研究院
郭正堂　中国科学院地质与地球物理研究所
王会军　南京信息工程大学
周成虎　中国科学院地理科学与资源研究所
吴立新　中国海洋大学
夏　军　武汉大学
陈大可　自然资源部第二海洋研究所
张人禾　复旦大学
杨经绥　南京大学
邵明安　中国科学院地理科学与资源研究所
侯增谦　国家自然科学基金委员会
吴丰昌　中国环境科学研究院
孙和平　中国科学院测量与地球物理研究所
于贵瑞　中国科学院地理科学与资源研究所
王　赤　中国科学院国家空间科学中心
肖文交　中国科学院新疆生态与地理研究所
朱永官　中国科学院城市环境研究所

《青藏高原西部流域水文气象变化》
编写委员会

主　编　王　磊

副主编　兰　措　张寅生　刘景时　苏凤阁　马伟强　姚檀栋

编　委　（按姓氏拼音排序）：

丁　杰　丁　劲　高海峰　郭燕红　韩熠哲
胡　伟　兰　措　李　宁　李春红　李海霞
李秀萍　梁丽乔　刘　哲　刘　铸　刘景时
刘瑞顺　马伟强　毛仁杰　孟凡冲　齐　嘉
宋　蕾　苏凤阁　孙　赫　汪远伟　王　磊
王玉阳　徐　超　姚檀栋　袁　令　曾　甜
张　腾　张寅生　周　璟　朱付欣　邹小娟

第二次青藏高原综合科学考察队
青藏高原西部河流科学考察分队人员名单

姓名	职务	工作单位
王　磊	分队长	中国科学院青藏高原研究所
刘景时	副分队长	中国科学院青藏高原研究所
马伟强	副分队长	中国科学院青藏高原研究所
王光鹏	副分队长	中国科学院青藏高原研究所
胡泽勇	队员	中国科学院西北生态环境资源研究院
梁丽乔	队员	中国科学院青藏高原研究所
周　璟	队员	中国科学院青藏高原研究所
曾　甜	队员	中国科学院青藏高原研究所
高海峰	队员	中国科学院青藏高原研究所
郭燕红	队员	中国科学院青藏高原研究所
王坤鑫	队员	中国科学院青藏高原研究所
齐　嘉	队员	中国科学院青藏高原研究所
汪远伟	队员	中国科学院青藏高原研究所
宋　蕾	队员	中国科学院青藏高原研究所
毛仁杰	队员	中国科学院青藏高原研究所
李　宁	队员	中国科学院青藏高原研究所
孙　赫	队员	中国科学院青藏高原研究所
孟凡冲	队员	中国科学院青藏高原研究所

刘　哲	队员	中国科学院青藏高原研究所
张　润	队员	中国科学院青藏高原研究所
韩熠哲	队员	中国科学院青藏高原研究所
胡　伟	队员	中国科学院青藏高原研究所
袁　令	队员	中国科学院青藏高原研究所
李秀萍	队员	中国科学院青藏高原研究所
张晓涛	队员	中国科学院青藏高原研究所
尹圆圆	队员	中国科学院青藏高原研究所

丛书序一

青藏高原是地球上最年轻、海拔最高、面积最大的高原，西起帕米尔高原和兴都库什、东到横断山脉，北起昆仑山和祁连山、南至喜马拉雅山区，高原面海拔4500米上下，是地球上最独特的地质–地理单元，是开展地球演化、圈层相互作用及人地关系研究的天然实验室。

鉴于青藏高原区位的特殊性和重要性，新中国成立以来，在我国重大科技规划中，青藏高原持续被列为重点关注区域。《1956—1967年科学技术发展远景规划》《1963—1972年科学技术发展规划》《1978—1985年全国科学技术发展规划纲要》等规划中都列入针对青藏高原的相关任务。1971年，周恩来总理主持召开全国科学技术工作会议，制订了基础研究八年科技发展规划（1972—1980年），青藏高原科学考察是五个核心内容之一，从而拉开了第一次大规模青藏高原综合科学考察研究的序幕。经过近20年的不懈努力，第一次青藏综合科考全面完成了250多万平方千米的考察，产出了近100部专著和论文集，成果荣获了1987年国家自然科学奖一等奖，在推动区域经济建设和社会发展、巩固国防边防和国家西部大开发战略的实施中发挥了不可替代的作用。

自第一次青藏综合科考开展以来的近50年，青藏高原自然与社会环境发生了重大变化，气候变暖幅度是同期全球平均值的两倍，青藏高原生态环境和水循环格局发生了显著变化，如冰川退缩、冻土退化、冰湖溃决、冰崩、草地退化、泥石流频发，严重影响了人类生存环境和经济社会的发展。青藏高原还是“一带一路”环境变化的核心驱动区，将对“一带一路”沿线20多个国家和30多亿人口的生存与发展带来影响。

2017年8月19日，第二次青藏高原综合科学考察研究启动，习近平总书记发来贺信，指出“青藏高原是世界屋脊、亚洲水塔，是地球第三极，是我国重要的生态安全屏障、战略资源储备基地，是中华民族特色文化的重要保护地”，要求第二次青藏高原综合科学考察研究要“聚焦水、生态、人类活动，着力解决青藏高原资源环境承载力、灾害风险、绿色发展途径等方面的问题，为守护好世界上最后一方净土、建设美丽的青藏高原作出新贡献，让青藏高原各族群众生活更加幸福安康”。习近平总书记的贺信传达了党中央对青藏高原可持续发展和建设国家生态保护屏障的战略方针。

第二次青藏综合科考将围绕青藏高原地球系统变化及其影响这一关键科学问题，开展西风–季风协同作用及其影响、亚洲水塔动态变化与影响、生态系统与生态安全、生态安全屏障功能与优化体系、生物多样性保护与可持续利用、人类活动与生存环境安全、高原生长与演化、资源能源现状与远景评估、地质环境与灾害、区域绿色发展途径等 10 大科学问题的研究，以服务国家战略需求和区域可持续发展。

“第二次青藏高原综合科学考察研究丛书”将系统展示科考成果，从多角度综合反映过去 50 年来青藏高原环境变化的过程、机制及其对人类社会的影响。相信第二次青藏综合科考将继续发扬老一辈科学家艰苦奋斗、团结奋进、勇攀高峰的精神，不忘初心，砥砺前行，为守护好世界上最后一方净土、建设美丽的青藏高原作出新的更大贡献！

孙鸿烈

第一次青藏科考队队长

丛书序二

青藏高原及其周边山地作为地球第三极矗立在北半球，同南极和北极一样既是全球变化的发动机，又是全球变化的放大器。2000年前人们就认识到青藏高原北缘昆仑山的重要性，公元18世纪人们就发现珠穆朗玛峰的存在，19世纪以来，人们对青藏高原的科考水平不断从一个高度推向另一个高度。随着人类远足能力的不断加强，逐梦三极的科考日益频繁。虽然青藏高原科考长期以来一直在通过不同的方式在不同的地区进行着，但对于整个青藏高原的综合科考迄今只有两次。第一次是20世纪70年代开始的第一次青藏科考。这次科考在地学与生物学等科学领域取得了一系列重大成果，奠定了青藏高原科学研究的基础，为推动社会发展、国防安全和西部大开发提供了重要科学依据。第二次是刚刚开始的第二次青藏科考。第二次青藏科考最初是从区域发展和国家需求层面提出来的，后来成为科学家的共同行动。中国科学院的A类先导专项率先支持启动了第二次青藏科考。刚刚启动的国家专项支持，使得第二次青藏科考有了广度和深度的提升。

习近平总书记高度关怀第二次青藏科考，在2017年8月19日第二次青藏科考启动之际，专门给科考队发来贺信，作出重要指示，以高屋建瓴的战略胸怀和俯瞰全球的国际视野，深刻阐述了青藏高原环境变化研究的重要性，希望第二次青藏科考队聚焦水、生态、人类活动，揭示青藏高原环境变化机理，为生态屏障优化和亚洲水塔安全、美丽青藏高原建设作出贡献。殷切期望广大科考人员发扬老一辈科学家艰苦奋斗、团结奋进、勇攀高峰的精神，为守护好世界上最后一方净土顽强拼搏。这充分体现了习近平总书记的生态文明建设理念和绿色发展思想，是第二次青藏科考的基本遵循。

第二次青藏科考的目标是阐明过去环境变化规律，预估未来变化与影响，服务区域经济社会高质量发展，引领国际青藏高原研究，促进全球生态环境保护。为此，第二次青藏科考组织了10大任务和60多个专题，在亚洲水塔区、喜马拉雅区、横断山高山峡谷区、祁连山-阿尔金区、天山-帕米尔区等5大综合考察研究区的19个关键区，开展综合科学考察研究，强化野外观测研究体系布局、科考数据集成、新技术融合和灾害预警体系建设，产出科学考察研究报告、国际科学前沿文章、服务国家需求评估和咨询报告、科学传播产品四大体系的科考成果。

两次青藏综合科考有其相同的地方。表现在两次科考都具有学科齐全的特点，两次科考都有全国不同部门科学家广泛参与，两次科考都是国家专项支持。两次青藏综合科考也有其不同的地方。第一，两次科考的目标不一样：第一次科考是以科学发现为目标；第二次科考是以摸清变化和影响为目标。第二，两次科考的基础不一样：第一次青藏科考时青藏高原交通整体落后、技术手段普遍缺乏；第二次青藏科考时青藏高原交通四通八达，新技术、新手段、新方法日新月异。第三，两次科考的理念不一样：第一次科考的理念是不同学科考察研究的平行推进；第二次科考的理念是实现多学科交叉与融合和地球系统多圈层作用考察研究新突破。

“第二次青藏高原综合科学考察研究丛书”是第二次青藏科考成果四大产出体系的重要组成部分，是系统阐述青藏高原环境变化过程与机理、评估环境变化影响、提出科学应对方案的综合文库。希望丛书的出版能全方位展示青藏高原科学考察研究的新成果和地球系统科学研究的新进展，能为推动青藏高原环境保护和可持续发展、推进国家生态文明建设、促进全球生态环境保护做出应有的贡献。

姚檀栋

第二次青藏科考队队长

前　　言

以青藏高原为核心的亚洲水塔区是亚洲十多条河流重要的水源地，水资源丰富，且其动态变化对我国及周边国家都具有重要的战略意义。在气候变化、冰冻圈和地表环境变化等多重因素的影响下，亚洲水塔区的陆地水循环过程发生了显著变化，极大地影响了河流径流量变化及水资源时空分布，进而对下游的水资源和水环境产生显著影响。然而，受客观条件和观测手段的限制，亚洲水塔区主要流域的观测数据严重匮乏，河流水文过程的演变规律、驱动机制和发展态势仍未得到准确理解。观测数据的局限性也在一定程度上阻碍了现代数值模拟等相关方法的应用和开展，从而制约了对亚洲水塔区河流水文演变机理的认识。近年来，在全球气候变暖的大背景下，高原西部的一些冰川退缩趋势加剧，青藏高原冰湖出现溃决，洪水、冰崩等灾害发生频率增加，对当地人民群众的生产和生活产生了深远的影响。了解高原西部流域在气候变化大背景下区域性气候的变化趋势以及其可能造成的结果，对缓解气候灾害、改善当地人民群众的生活水平具有十分重要的作用。因此，亟须面向国家“一带一路”重大倡议需求，针对亚洲水塔区主要河流开展综合科学考察，围绕河流径流的演变补充实地观测，结合遥感观测手段建立基于星 – 机 – 地的立体观测体系，改善亚洲水塔区河流水文观测资料匮乏的现状。目前，已在高原西部河流关键科考区针对雅鲁藏布江、印度河、恒河和塔里木河开展了相应的科考工作并取得了一定的成果。开展亚洲水塔区河流专题的科考工作，将为理解河流径流的演变机理和驱动机制提供观测基础，为河流水资源管理、生态环境保护以及“一带一路”绿色可持续发展提供数据支撑。

本书分为 8 章，主要内容如下：

第 1 章主要介绍 2017 年至今青藏高原西部河流科考的背景、

意义、目标及内容等。

第2章主要介绍青藏高原西部流域基本概况，其中包括气候条件、水系分布、植被和土壤的分布变化、当地社会经济。

第3章主要介绍青藏高原西部气候背景及其变化特征，包括详细介绍气温、降水、风速、蒸发等气象要素的长期变化特征，同时分析地表热通量在过去几十年间的变化趋势。

第4章主要介绍并分析雅鲁藏布江源区及整个流域的气象要素、土壤温度、土地覆被、冰川、积雪及径流的时空变化特征。在此基础上利用长期的历史资料和统计方法，试图阐明月和年际尺度上气温、降水、冰川和积雪变化对雅鲁藏布江干流径流量的影响。该章还将特别展示第二次青藏高原综合科学考察研究在雅鲁藏布江上游地区的成果，包括各月10~120cm深度4层土壤昼夜平均温湿度变化特征以及逐日河流水位和水温变化特征。

第5章主要介绍并分析印度河、恒河源区的水文气象变化状况，认识河源区径流演变过程和驱动机制，为河流水资源管理提供科学支撑。主要内容包括整个流域及河源区的气候、水文等概况及流域水文研究历史与现状；结合遥感资料，分析河源区1980年以来地表条件特征及变化，并利用水体稳定同位素，描述河源区大气环流特征与变化；最终借助水文模型，以实地观测为验证，研究河源区水文过程变化及其主导因子，定量解析河源区径流形成机制，阐明冰冻圈变化及其对径流过程的影响。

第6章主要介绍并分析塔里木河流域的水文气象变化特征，并利用各种最新观测资料，结合塔里木河源区水文气象历史数据，概括总结40年来河源区流域的水文气象变化，全面地诠释塔里木河气候、冰冻圈、径流的变化以及人类活动对水资源的影响。

第7章集成描述青藏高原西部河流的历史和未来径流变化趋势（含径流组分变化），并评估其对下游社会经济的可能影响。其中，包括根据各流域的水文气象及下垫面特性，对各流域的径流特征进行分析并量化冰雪融水对各流域总径流的贡献，以及在气候变化的背景下评估各流域过去50年及21世纪各流域径流的变化趋势。同时就各流域气候和径流的变化对该区域及下游水资源管理和社会经济的可能影响给予讨论。

第8章是对全书内容的总结和展望。

第二次青藏高原综合科学考察研究之河湖源关键区科学考察的开展，极大地推动了对青藏高原西部河流气候和水文特征的深入研究，并对高原西部河流的河川径流总量有更准确的认识和估算。将为推动西部流域乃至青藏高原的可持续发展、推进国家生态文明建设、促进全球生态环境保护提供重要的科学依据。未来我们将进一步在亚洲水塔区进行长期持续性水文气象观测，并结合历史数据分析该区域水文气象变化特征，为高原西部河流提供水文气象基础数据支撑和咨询建议，为该地区国家公园建设中的生态保护与合理开发提供有力的科学支撑。

本书是中国科学院青藏高原研究所许许多多科研人员长期不畏艰险、辛勤劳动的成果。感谢每一位科研人员在科考行程中所表现出的勇敢、坚韧，对科考团队的信赖，对问题的包容和自始至终坚持必胜的信念。感谢每一位参与执笔的同事在本书写作过程中给予的热情支持和无私关怀。本书的圆满出版离不开中国科学院青藏高原研究所科考办的缜密组织，也离不开各参与方的精诚合作和支持，更离不开科考途中得到的西藏沿途各地水利、气象、林业等各职能系统合作同仁的大力支持和无私帮助。对上述有关单位和同志致以衷心的谢意。

鉴于作者水平有限，疏漏难免，不妥之处恳请读者批评指正。

《青藏高原西部流域水文气象变化》编写委员会

2018 年 8 月

摘　　要

亚洲水塔区是亚洲十多条大江大河的重要水源地，水资源丰富，其河流水资源动态变化对我国及周边国家都具有重要的战略意义。近年来，在气候变化、冰冻圈和地表环境变化等多重因素的影响下，亚洲水塔区的陆地水循环过程及水文效应发生了显著变化，极大地影响了河流径流量变化以及水资源时空分布，进而对下游的水资源和水环境产生了显著影响。然而受客观条件和观测手段的限制，亚洲水塔区主要流域的观测数据严重匮乏，河流水文过程的演变规律、驱动机制和发展趋势仍然没有得到准确地理解。观测数据的局限性也在一定程度上阻碍了现代数值模拟、遥感技术等相关方法的应用，从而制约了对亚洲水塔区河流水文演变机理的认识。因此，面向国家“一带一路”倡议需求，针对亚洲水塔区主要河流开展综合科学考察，围绕河流径流的演变在多个流域补充实地观测，结合遥感观测建立基于星－机－地的立体观测体系，进而改善亚洲水塔区河流水文观测资料匮乏的现状。

青藏高原西部河流关键科考区主要是针对雅鲁藏布江、印度河、恒河和塔里木河源区开展的相应科考工作，已取得一定量的观测数据积累。雅鲁藏布江是中国海拔最高的河流，由西向东覆盖西藏南部，横跨高原寒温带半干旱气候、中游高原温带半干旱气候、下游山地亚热带和热带气候，是中国第三大河流；同时是藏族文化的发源地，是西藏经济文化的核心地带。印度河和恒河是亚洲重要的国际河流，其各自的源头狮泉河（森格藏布）和孔雀河（马甲藏布）均位于西藏阿里地区，该地区观测数据严重匮乏，制约了对河源区水文演变机理的认识。塔里木河主要由阿克苏河、叶尔羌河和和田河的水流补给组成，这三条河河源也是我国三大冰川作用区，春夏季冰雪融水是塔里木河的主要补给水源。雅鲁藏布江、印度河和叶尔羌河上游是第三极地区主要的冰川集结地和积雪覆盖区，拥有冰川面积近 32 113 km^2，约占第三极冰川总面积的 35%，年平均积雪覆盖率约为 20% ～ 40%。冰雪融水是叶尔羌河和印度河上游的重要水资源，融水贡献约占其上游流域总径流的 35% ～ 80%。这些流域也成为第三极主要源区河流中对冰冻圈最敏感和对气候变化响应最积极的区域。此外，经济发展也对水资源产生影响，如塔里木河流域，近40年来南天山冰川普遍退缩，积雪面积减少，阿克苏河年径流明显增多；但南疆人口增加及城市化加速，增加的用水需求给塔里木河带来了巨大的水资源压力。

近年来，在全球气候变暖的大背景下，青藏高原西部流域的部分冰川退缩趋势加剧，高原冰湖发生溃决，洪水频率增加，冰崩等新型灾害出现，这一切不仅会影响区域性气候的变化，更会对当地人民群众的生活产生深远的影响。因此了解青藏高原西部流域在气候变化大背景下区域性气候的变化趋势以及其可能造成的结果，对缓解气候灾害、改善当地人民群众的生产生活水平具有十分重要的作用。全面开展高原西部流域的水文气象变化和下垫面特征的观测和研究，将有助于该区域的水能水资源开发，促进新的科学技术和手段的应用，为当地的社会经济发展做出贡献。

总之，“第二次青藏高原综合科学考察研究”之高原西部河流科学考察的开展，极大地推动了对亚洲水塔西部流域气候变化和水文特征的深入研究，并对西部河流的河川径流总量有了更准确的认识和估算。这将对推动西部流域乃至青藏高原的可持续发展、推进国家生态文明建设、促进全球生态环境保护产生重要的影响。

目 录

第1章

引　言

1.1 青藏高原西部河流科考的目标及内容

1.1.1 河流专题科考的背景

青藏高原及其周边山脉孕育了大量的河流，被誉为“亚洲水塔”（图 1.1）。亚洲水塔区是亚洲十多条河流重要的水源地，蕴藏着我国乃至亚洲地区重要的淡水资源；同时，该区域也是全球高寒、干旱、高灾等特征共存的特殊环境区。近 30 年来，亚洲水塔区的变暖明显早于中国其他地区及全球，且升温幅度是全球平均升温幅度的两倍。气候变暖改变了亚洲水塔的水汽供应和区域气候特征，也极大地改变了自然水循环过程和水文条件，使得河流径流和区域水资源状况发生了剧烈的变化。发源于亚洲水塔区的十多条江河径流量呈现出不稳定的变化，不仅表现在径流总量上，也表现在径流的季节分配上，已威胁到下游数亿人口的水供给和食品安全（Immerzeel et al.，2010；姚檀栋等，2013）。此外，冰川退缩、冻土退化、湖泊扩张等冰冻圈要素的显著变化深刻影响着该地区河流径流的季节变化和年总径流量及水资源的时空格局，加大了以冰雪融水补给为主的河流的不稳定性，给流域水资源的调控和利用带来新的问题。亚洲水塔区河流径流变化的根源是多圈层相互作用引起的连锁反应，也是气候变暖影响下西风和季风相互作用影响亚洲水塔的结果。

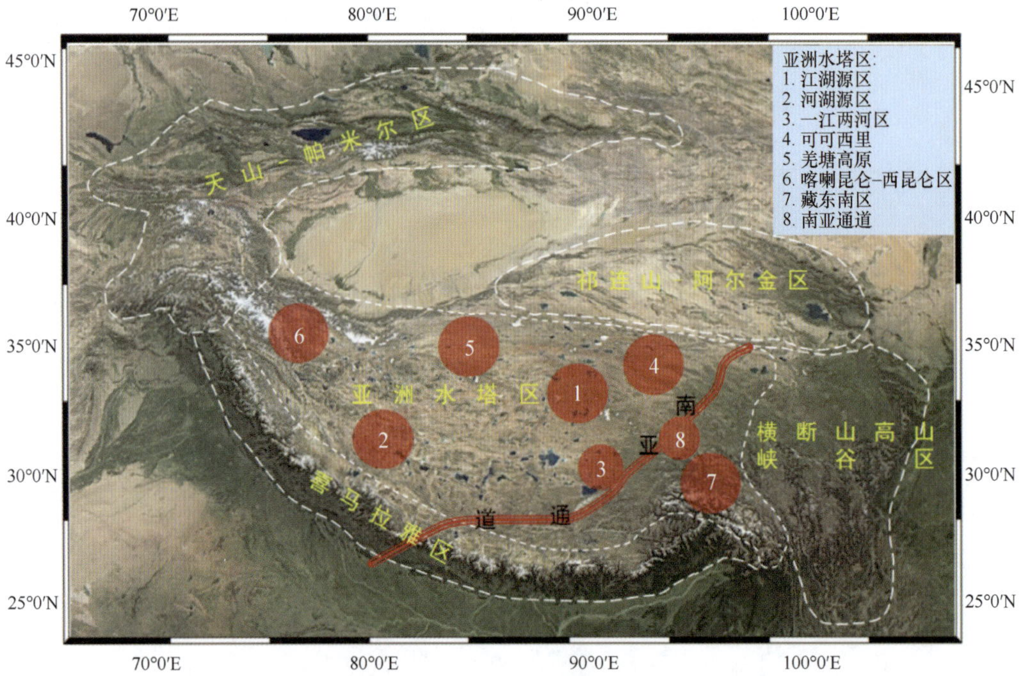

图 1.1 青藏高原亚洲水塔区

“亚洲水塔”变化对下游的影响直接表现在河流径流量的变化上。发源于喜马拉雅山、喀喇昆仑山、兴都库什山、帕米尔高原、天山、阿尔泰山和昆仑山地区的重要河流包括雅鲁藏布江、印度河、恒河、塔里木河等。印度河上游各子流域径流变化呈现一定的时空差异，除高海拔冰川区河流的年径流量 [罕萨（Hunza）河、Kharmong 河] 呈减少趋势外，其余河流的径流量均呈不同程度的增加趋势（Sharif et al.，2013）；冬春季，各个水文监测断面径流量增加，这与冬季气温升高有关，而夏季径流量表现不一，各支流增减趋势不一致（Hasson et al.，2017）。有研究认为，此现象与补给方式有关，积雪融水补给径流较冰川融水补给径流的径流峰值时间提前 1 个月，因此呈现明显的季节差异（Mukhopadhyay and Khan，2014a）。虽然冰川融水对印度河流域径流的贡献率高（最高可达 50%）(Eriksson et al.，2009)，但用不同的方法计算出的冰川、积雪融水的贡献率却不尽相同（Mukhopadhyay and Khan，2014b；Lutz et al.，2014；Farhan et al.，2014）。在过去 50 年间，阿克苏河、叶尔羌河和和田河极端径流呈增加趋势，尤其是冬季最为显著，此变化归因于不同流域受到的大气环流的影响不同（Wang et al.，2015）。阿姆河和锡尔河是咸海流域的两条主要河流，有研究发现，阿姆河与季风强弱呈显著的正相关，但这种关系在锡尔河却不明显，原因是两个流域的径流补给有所差别，阿姆河是冰 – 雪产流，而锡尔河是雪 – 冰产流（Schiemann et al.，2007）。相关未来预测研究表明，青藏高原积雪在 21 世纪将减少（Shi et al.，2011），多年冻土面积到 21 世纪中期（2030 ～ 2050 年）将减少大约 39%(Guo et al.，2012)；亚洲水塔主要河流径流呈现增加趋势（Lutz et al.，2014），并且这一趋势将在未来（21 世纪中期）得以持续（陈德亮等，2015）；而相对于 1998 ～ 2007 年，印度河、恒河、雅鲁藏布江、湄公河上游等河流的径流增加的幅度相对较大（张人禾等，2015）。

目前，国内亚洲水塔区河流的水文研究主要集中在对径流变化现象的揭示，原因分析多依赖于冰川、积雪与气象的相关性，而对径流变化的过程与机理分析不足。此外，遥感技术的应用为亚洲水塔区水文研究提供了新的手段，如 GRACE、ICESat-STRM DEM 等用于陆地水储量变化估算、冰川厚度变化的冰量变化估算等，但由于 GRACE 较低的空间分辨率，其结果仍有较大的不确定性。

因此，亟须针对亚洲水塔区河流开展综合科学考察，通过在多个河流流域补充实地观测，构建基于星 – 机 – 地的立体观测体系，改善亚洲水塔区河流流域资料匮乏的现状；在此基础上，通过遥感、地面观测结合数值模拟，定量解析主要河流径流的长期变化特征及其驱动机制，并增强对亚洲水塔区河流水文物理机制的理解，为区域综合水资源管理、生态环境保护和发展提供科技支撑。

1.1.2 河流专题科考的必要性

习近平总书记在给第二次青藏高原综合科学考察研究队的贺信中指出：“青藏高原是世界屋脊、亚洲水塔，是地球第三极，是我国重要的生态安全屏障、战略资源储备基地，是中华民族特色文化的重要保护地。开展这次科学考察研究，揭示青藏高原环境变化机理，优化生态完全屏障体系，对推动青藏高原可持续发展、推进国家生态文明建设、促进全球生态环境保护将产生十分重要的影响。”亚洲水塔由面积约 10 万 km^2 的冰川、总面积超过 4.7 万 km^2 的 1200 多个湖泊、总径流量超过 4359 亿 m^3 的十多条大江大河的源头组成。它的供给面积超过 1340 万 km^2，影响 20 多亿人口的水资源。作为全球最重要的冰雪融水补给区，在全球水循环加速的背景下，青藏高原河流水资源变化的时空差异进一步加剧，严重影响了其作为亚洲水塔对水资源的调节作用。亚洲水塔区水资源的演变不仅关系到我国及东南亚、中亚等国家的水资源安全，还关系到这些国家的粮食和生态安全。

亚洲水塔区属于典型的高山寒区环境，是全球除了南北极高寒地区之外，冰雪资源赋存最多的区域，也是我国实施“一带一路”倡议的关键地区。亚洲水塔区河流径流和水资源变化的研究将直接关乎该区域“一带一路”建设和合作的成效。而“一带一路”倡议的实施和推进，也为更好地理解区域水循环过程和河流水文变化带来了契机。

亚洲水塔区河流水系众多（雅鲁藏布江、塔里木河、印度河、恒河、澜沧江、怒江、长江、黄河等），水资源丰富，该区域河流对我国及东南亚地区生态健康和社会稳定具有重要的意义。为了推进第三极国家公园的建设，亚洲水塔区河流专题的科考主要通过水文调查、降水、气温、风速、植被、蒸散发、降雨径流、冰川融雪、融雪径流、总径流、地表水、地下水、土壤水等方面的补充观测获取第一手数据，并利用目前最先进的无线电探空、大气边界层塔和大气湍流系统等观测试验获得该地区较为全面的大气边界层结构变化的特征和规律，加深对陆 – 气水热通量对流域边界层变化的影响以及该地区边界层与对流层的热交换过程的认识，为第三极国家公园的开发和保护所需的气候、水文背景提供基础数据支撑和咨询建议。

亚洲水塔区是典型的缺资料地区和生态脆弱区。目前对区域内的河流演变及其水文、生态效应尚缺乏足够的认识，水文地貌与河流演变表现出的系列特征及与亚洲水塔变化相关的研究才刚刚起步，远未满足解决国家重大问题的需求。聚焦亚洲水塔区域的水文地貌与河流演变，考虑气候变化敏感、生态脆弱特点，考察探索水、生态、人类活动等相关问题，揭示历史时期河流演变与生态环境调整中的印迹证据，揭示地貌尼克点在水文地貌与河床演变、河流生态环境中的控制作用，建立青藏高原河流演变与河流生态评价方法体系，为“亚洲水塔”区域河流治理与生态修复提供对策，具有重大的科学意义和国家战略意义。

因此，开展亚洲水塔区河流水文过程和径流量变化及其影响机制的综合科学考察及相关研究，是正确认识亚洲水塔对地表水资源和区域气候调控作用的科学基础，是科学规划下游水资源的利用与开发的重要前提，将为预防与应对相应的水灾害提供重要的指导依据。

1.1.3 河流专题科考目标

亚洲水塔区是亚洲十多条河流重要的水源地，水资源丰富，其河流水资源动态变化对我国及周边国家都具有重要的战略意义。本次青藏高原西部河流综合科学考察选取亚洲水塔主要的高寒流域作为科学考察的关键区域，通过在流域内加强多圈层观测体系的构建，在一定程度上突破以往因观测资料匮乏及不确定性对高原西部流域水文研究的限制。在此基础上，通过多源遥感和对冰冻圈水资源观测模拟研究，积累水文气象基础数据，研究气候变化影响下西风和季风区径流的变化及影响，增强对主要流域水文物理机制的理解，明确亚洲水塔水资源的现状、历史变化及变化的机理，在“泛第三极”地区极高海拔气候变化及其水资源研究方面做出国际一流水平成果，引领国际“泛第三极”地区西风和季风相互作用对区域水循环的影响研究；通过“一带一路”地区区域及国家间的合作与交流，共同解决涉水问题，为流域水资源合理利用、区域生态环境保护和发展提供科学服务和科技支撑，提升国家科技外交和环境外交的国际影响力，从而为“一带一路”倡议的旗舰项目——“中巴经济走廊”的建设提供决策层面的科学支撑；评估未来气候变化情景下，亚洲水塔对“一带一路”沿线国家水资源的贡献，为区域水资源开发及生态安全屏障工程提供科技支撑，增强我国在“泛第三极”地区水资源问题上的话语权，为国家顺利实施和推广“一带一路”倡议提供水资源方面的科学依据和决策支撑，助力于保障地区水安全与区域和平。

1.1.4 河流专题科考内容

1. 基础数据搜集与整理

搜集或融合多套降水产品（如 TRMM、CMORPH、GPM、GPCC 等）以及流域地形、土壤、土地利用、冰川分布、土壤温湿度和植被动态变化（LAI/FPAR）数据，收集已有的流域出山口径流数据和流域气象站观测数据，通过 ArcGIS 平台构建亚洲水塔区各主要河流流域水文 – 气象数据库，为水文模型的构建和验证提供数据支撑。

2. 资料稀缺地区的补充观测

1）径流观测

雅鲁藏布江流域缺测区的径流补充观测：在雅鲁藏布江源（马泉河 / 杰马央宗曲）、上游、帕龙藏布支流、墨脱以及布拉马普特拉河的巴哈杜拉巴德分别增设水位计观测点。同时，加强雅鲁藏布江流域冻土 – 植被协同观测和降水 – 气温协同观测。

在塔里木河源区建立流域监测点，安装自动气象站，收集高山区周边气温、降水、风等气象要素，以及土壤温度及含水量；开展阿克赛钦湖泊水位观测。

选取伊犁河流域的主要干流和支流（喀什河、巩乃斯河、特克斯河）增加水位计观测点，结合实测水位和高分卫星影像提取的河宽数据，反演干流和重要支流缺测区（无水文站）的径流。

在阿姆河流域，结合其他子课题的冰川物质平衡观测研究，选取有物质平衡观测的 Archa 冰川流域，在冰川主导的高海拔流域测量水位，并观测流速，通过建立水位与流速的统计关系，由长期观测的水位推算冰川径流；在 Vakhsh 支流水库上游（海拔

2500 m)、Pamir 和 Bartang 支流汇合处（海拔 1740 m），以及出山口处各设置水位计一个，初步形成 3500 m、2500 m、1700 m 以及 250 m 左右海拔的水文断面观测。利用卫星遥感的河流水面宽度，以及实测的河道深度和断面的形状之间的关系，结合 Manning 公式推算合适断面的径流量时间序列。

在印度河源（狮泉河、噶尔藏布）径流观测，对现有气象站点仪器维护，并建立水体同位素监测网路。

针对恒河，在冰川融水主导的吉隆藏布和绒布河测量水位、流速，建立水位与流速的统计关系，利用自动观测的水位推算冰川径流量；在恒河源（孔雀河）、Trishuli 河和朋曲测量出山口水位、流速，建立水位与流速的统计关系，利用自动观测的水位推算出山口径流量。

在锡尔河出山口布设水位计，利用实地水位观测和高分辨率卫星数据提取河宽的方法测定相应观测点处的径流，为研究区模型模拟总径流提供验证基础。

综上建成亚洲水塔区（8 条跨境河流）出山口径流监测网络，阐明亚洲水塔区代表性河流径流的年度变化特征与空间格局。拟观测的亚洲水塔区主要流域出山口断面见表 1.1。

表 1.1　亚洲水塔区主要河流出山口水文断面经纬度信息

河流名称			地理位置	
			经度 (°E)	纬度 (°N)
跨境河流	印度河		72.8648	34.8995
	锡尔河	观测断面 H6	69.27	40.22
		观测断面 H7	70.00	41.70
	阿姆河	Upper Surkhan（遥感）	67.9817	38.2702
		Kunduz Left（遥感）	66.9484	36.5913
		Saighachi（遥感）	67.6950	36.6603
		Kunduz left branch（遥感）	68.8998	36.4902
		Kunduz right branch（遥感）	69.1978	36.7288
		Kocha（遥感）	69.4722	37.0804
		Vakhsh Dam（实测）	69.8091	38.7264
	恒河	卡克拉河	81.2831	28.6413
		甘达基河	84.4190	27.6994
		科西河	87.1505	26.8551
		马哈卡利河	80.3828	29.5712
	雅鲁藏布江		95.291	29.323
	怒江		98.6771	27.7302
	澜沧江		98.7884	28.5535
	伊犁河	断面 A	81.7952	43.6264
		断面 B	79.4147	43.7146
非跨境河流	黄河（唐乃亥）		100.15	35.50
	长江（直门达）		97.10	33.15
	和田河		81.47	36.47
	黑河		100.2333	38.200
	叶尔羌河		76.22	37.73

2）气象要素观测

在 Fedchenko Glacier 冰川区设置自动气象站和雨量桶、在 Archa、Lahsh 以及 Pyandj 气象站设置雨量桶，生成 4200 m、3400 m、1200 m 和 360 m 的降水梯度；通过观测气温、降水、地表温度、风速、相对湿度等要素，分析研究高寒流域的水文气象季节和年际特征，结合已有的气象观测资料，评估校正阿姆河源区卫星和同化降水产品。

在恒河流域的不同海拔增设 10 个雨量桶，分析南北断面降水梯度特征，结合已有的气象观测资料，校正流域降水。

针对目前锡尔河上游气象信息缺乏的现状，本次科考拟在锡尔河上游流域选择不同的梯度断面，架设自动气象站，并观测冰川径流水位（位置：41.97°N，77.92°E），以获取不同海拔内降水和温度的垂直梯度，为校正卫星降水以及区域气候模式的输出提供地形校正依据。

3. 缺测区遥感径流反演

1）雅鲁藏布江遥感径流反演

在拟补充观测径流的支流和奴下水文站以下干流处，结合实测的水文断面和高分卫星影像提取的河宽数据反演流域径流。采用面向对象和决策树结合的方法从中高分辨率影像提取水位观测点的河宽数据，利用实测水位数据和水文断面推导出的河宽数据对其进行评估。从 MERIT (multi-error-removed improved terrain) 高程数据中提取水位观测点的河床坡度，基于实际观测的水文断面，结合高分影像获取的河宽数据计算断面面积和湿周，并结合曼宁公式［式 (1.1)］反演对应点的径流。

$$Q = \frac{k}{n} R^{\frac{2}{3}} S^{\frac{1}{2}} \tag{1.1}$$

式中，k 为转换常数，国际单位制中值为 1；n 为糙率，使用时可查表选用；R 为水力半径，是流体截面积 (A) 与湿周长 (P_{wet}) 的比值；S 为河床坡度。

曼宁公式可写为

$$Q = \frac{1}{n} A\left(\frac{A}{P_{wet}}\right)^{\frac{2}{3}} S^{\frac{1}{2}} \tag{1.2}$$

式中，A 和 P_{wet} 均为河宽和水位的函数，具体的函数关系因断面类型而异。

利用实测水文断面和实测水位数据推导出流体截面积和湿周长，计算径流，并用该数据的遥感反演的径流数据进行验证。验证之后的遥感径流反演方法可以用于反演缺乏观测数据时间段（历史和未来）的径流。

2）布拉马普特拉河下游巴哈杜拉巴德水文站径流反演

在布拉马普特拉河下游巴哈杜拉巴德水文站附近，采用多源遥感数据获取的河宽数据和水位数据反演流域径流。采用面向对象和决策树结合的方法从中低分辨率影像提取水位观测点的河宽数据，并利用雷达高度计数据提取水位信息。结合改进的曼宁公式［式 (1.3)］反演对应点的径流。

$$Q=k(W \cdot D^3)+b \tag{1.3}$$

式中，W 为河宽；D 为水深；k 和 b 为系数，需要通过实测数据拟合得到。式 (1.3) 通过不同水文断面的公式推导得到，只适用于 $W>>D$ 的情况。

利用水文站点数据对反演得到的径流数据进行验证。同样，该方法可以用于填补缺测时段的径流数据。

4. 利用分布式水文模型模拟不同流域的径流

1）伊犁河流域和布拉马普特拉河流域

基于陆面水文模型（water and energy budget-based distributed hydrological model，WEB-DHM）(Wang et al.，2009a，2009b，2009c），完善模型对冰川消融物理过程的描述，构建基于能量平衡且综合考虑积雪 – 冻土 – 冰川水热平衡的冰冻圈陆面水文模型（图 1.2），为研究的开展提供计算工具与平台。同时，WEB-DHM 能够描述土壤 – 植被 – 大气间的水热传输，能够考虑植被的动态变化过程。利用生成的模型验证数据集，结合遥感产品，对 WEB-DHM 模型及其子模块进行验证，检验并完善模型的合理性。利用验证好的流域 WEB-DHM 模型生成不同海拔干流水文断面的径流量，并为获取亚洲水塔区为下游提供的水资源量提供基础数据。

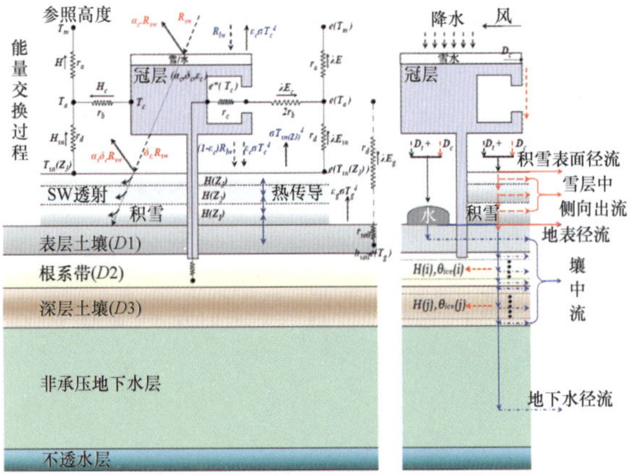

(a) 积雪和冻土过程水热耦合示意图

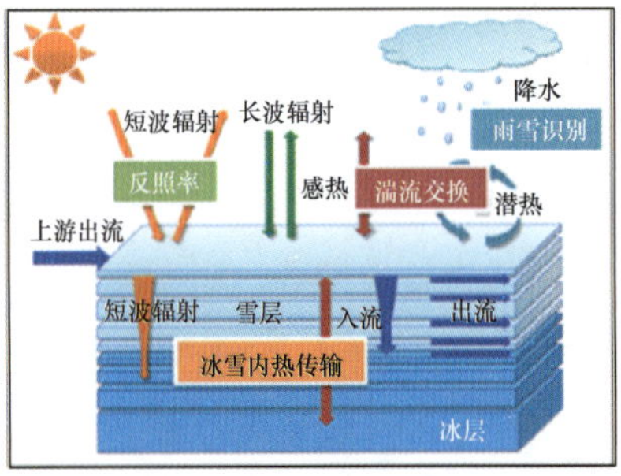

(b) 基于物质和能量平衡的冰川消融模型

图 1.2　基于物质和能量平衡的冰川消融模型与 WEB-DHM 模型耦合方案示意图
(Wang et al.，2009a，2009b，2009c)

2）阿姆河流域

水文模型 VIC(Liang et al.，1994) 构建：搜集并生成阿姆河流域水文模型时间序列和空间输入数据，包括气象驱动、土地及其覆被类型、河道、高程，以及模型相关参数等。通过观测断面的径流，验证、校正水文模型，提高水文模型模拟冰川融水的能力，并分析干旱、洪涝及正常年份径流的变化，分析阿姆河上游径流长期变化的特征及其归因。

3）黄河、长江、塔里木河、黑河

这几个流域高海拔径流观测资料比较齐全，可以从水利部相关单位获取。本书将主要利用收集到的观测资料分析径流在唐乃亥（黄河源区）、直门达（长江）等的长期变化特征和总径流量。

4）恒河

构建基于物理机制的水文模型，利用径流观测和积雪遥感数据率定模型参数，模拟冰冻圈水文过程及缺测区域径流；分析径流组分的空间分布特征及其随季节和年际的变化特征。

5）锡尔河流域

在前期 VIC 模型在青藏高原其他流域成功改进和应用的基础上，在锡尔河上游构建 10 km×10 km 的模型模拟框架；利用其他相关研究的冰川物质平衡观测和本次科考中冰川径流观测数据，发展和完善基于能量平衡的冰川径流模型，最后发展和完善适合高寒地区的包含融冰融雪过程的分布式陆面水文模式。

在上游选取若干没有水库影响的子流域，分别在月和年尺度上对模型进行率定，然后将模型参数移植到相似流域；在有水库影响的干流上选取水文断面，在年尺度上对水文模型进行校核；在出山口控制点，对模型模拟与实测径流进行对比，分析上游水库对出山口年径流和季节分配的影响。

6）怒江和澜沧江

依据怒江与澜沧江流域气候、下垫面条件等特征，综合考虑资料的可获取性、模型结构的稳定性及可操作性等条件，筛选出最适宜应用于研究区的水文模型，并通过模型参数率定，以增强模型在研究区的适用性。对率定后的模型进行敏感性分析，并利用实测径流数据对模型模拟精度进行验证。关键气候要素变化对流域径流的影响模拟：利用已校验后的模型模拟不同时期气候条件下流域的径流过程，以定量阐述关键气候要素变化对径流的影响和作用机制。

7）印度河

降水空间分布特征研究：在典型流域不同高程设置降水观测点，得出研究区降水梯度，研究降水在流域内的空间分布特征；利用 GIS 手段和 GPM 遥感降水数据，建立流域规模降水网格化资料库。

气候变化条件下冰雪融水特征研究：通过对流域内冰川物质平衡的观测，研究冰川消融过程和表碛厚度对冰川融水的影响，探讨不同季节冰雪消融规律，评估气候变化对印度河上游的冰川和积雪水资源的影响。

流域尺度水文过程解析：利用同位素观测采样，示踪和模拟印度河上游典型流域产汇流过程；结合 HBV 模型，定量分析冰雪融水对于河道径流的贡献，阐明气候变化背景下印度河上游径流变化过程和原因。

5. 亚洲水塔区水资源量的模拟和预估

利用模型模拟亚洲水塔区各主要流域水循环过程的变化，并通过实测径流、遥感积雪数据、冰川编目数据等对模型进行验证；系统分析亚洲水塔区主要流域出山口径流的历史演变特征及其驱动机制，重点探索西风和季风相互作用对径流的影响；结合IPCC多模式气候预估数据集和验证后的水文模型，预估亚洲水塔区各流域出山口径流总量及其变化。

1.2 青藏高原西部河流科考的关键区域

青藏高原西部流域科考的关键区域分布着众多的冰川、湖泊（羌塘高原西部）以及发源于该区域的河流，水资源丰富，因而该区域是亚洲水塔的核心区，也被称为“百川之源”，其生态意义非常重要。该区域主要以西藏阿里地区为中心，北部以昆仑山为界和新疆相连，东部与那曲地区毗邻，南以喜马拉雅山脉为界与印度、尼泊尔接壤，西部接克什米尔，是世界上人口密度最低的地区之一，平均海拔超过4000 m，素有“世界屋脊的屋脊”之称，是西藏自然条件最严酷的地区之一。该区域特殊的地质地貌形成了独一无二的气候特征，全区分为高原温带季风干旱气候区、高原寒带季风半干旱气候区和高原寒带季风气候区。区域内主要流域包括：雅鲁藏布江流域、恒河流域、印度河流域、塔里木河流域和羌塘高原内流区（图1.3），其中，雅鲁藏布江流域、印度河流域和恒河流域的源头（三河源）均位于阿里地区附近，也是本次科考的关键区域。在青藏高原西部科考的关键区域内，自然景观及动植物资源极为丰富，拥有羌塘国家级自然保护区、玛旁雍错湿地国家级自然保护区、札达土林国家地质公园、狮泉河国家湿地公园、冈仁波齐国家森林公园等多个国家级的自然保护地。区域内生态系统较少受到人为扰动、动植物和生态环境多样、政府部门较好的生态文明建设措施以及适当的旅游开发等，使得阿里地区具有建设国家公园的先天条件，但要建设国家公园，首先有必要对区域内地表资源环境做好系统的调研和考察。

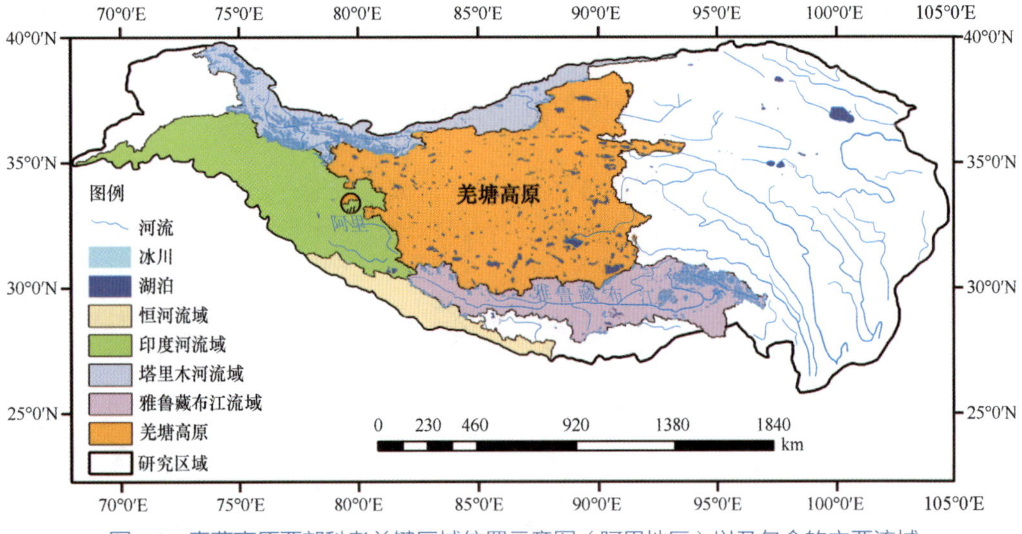

图1.3 青藏高原西部科考关键区域位置示意图（阿里地区）以及包含的主要流域

三河源以及北部塔里木河的部分支流均分布在阿里地区附近（图 1.3），因而高原西部科考关键区域的水资源动态变化对整个青藏高原以及下游均有重要影响。雅鲁藏布江是青藏高原上最大的河流，是西藏的主要淡水来源和水汽通道，发源于喜马拉雅山北麓的杰马央宗冰川，其总径流量 1500 亿 m^3，仅次于长江、珠江。印度河、恒河是发源于我国的重要的国际河流，也是我国西藏乃至南亚部分国家（包括印度、孟加拉国、巴基斯坦等）水资源的重要来源。（雅鲁藏布江上游为马泉河，印度河和恒河的源头分别为狮泉河和孔雀河），三河源地区观测数据严重匮乏，制约了对源区水文演变机理的认识，并进一步影响到对下游水资源开发、利用的相关评估，如跨境河流的水电开发等。雅鲁藏布江、狮泉河（印度河）、孔雀河（恒河）水资源问题对我国西部跨境资源竞争利用、国防、外交和区域合作等若干重大国家战略和西南地区的可持续发展具有重要意义，但目前我国对雅鲁藏布江等西南国际河流的开发利用率尚不足 5%。高原西部科考关键区域的水文状况不仅是气候 – 水文 – 生态链条上的关键一环，也维系着地区的生态安全，甚至关系到青藏高原作为“亚洲水塔”的影响和发展走向。由于海拔高、地势偏远以及环境恶劣，区域内水文要素及过程的观测和研究基础相对薄弱，导致对源区河流径流各成分的变化机制、相互之间的关联等的认识不清，从而极大地制约了下游水资源的开发与利用。本次高原西部流域水文气象综合科学考察重点关注三河源区及塔里木河部分支流径流的变化以及冰冻圈要素与径流的关系，涉及对气象、冰川、冻土等要素的考察。通过科学考察，正确认识三河源区水文演变机理以及气候 – 水文 – 冰冻圈的相互作用机理，不仅对下游水资源的开发利用具有现实的指导意义，也对我国外交政策和西部大开发计划的实施具有重要的战略意义。此外，其对提高我国科学领域在青藏高原的研究水平、丰富青藏高原的水科学理论、扩大我国学术界在世界范围内青藏高原西部流域研究的话语权具有重大的现实意义。科学考察及其研究成果将为国家公园的开发和保护所需的气候、水文背景提供基础数据支撑和咨询建议，为该地区国家公园建设中的生态保护与合理开发提供有力的科学支撑。

第2章

青藏高原西部流域基本概况

2.1 自然地理

2.1.1 水系

流域内所有河流、湖泊等各种水体组成的水网系统称作水系。其中，水流最终流入海洋的称为外流水系，水流最终流入内陆湖泊或消失于荒漠之中的称为内流水系。发源于河湖源区的河流包括雅鲁藏布江、孔雀河（恒河）、狮泉河（印度河）和塔里木河，其中塔里木河是内流水系，最终汇入塔里木盆地，雅鲁藏布江、孔雀河（恒河）和狮泉河（印度河）是外流水系，均汇入印度洋。

塔里木河由发源于天山山脉的阿克苏河、发源于喀喇昆仑山的叶尔羌河以及和田河汇流而成。其流域面积 19.8 万 km^2，最后流入台特马湖，以叶尔羌河源起算，全长为 2179 km，是中国最长的内流河。塔里木河上游源流的叶尔羌河、和田河、阿克苏河三条支流在阿克苏市阿瓦提县境内汇合后始称塔里木河。西南源叶尔羌河是塔里木河最长的支流，发源于我国克勒青河谷喀喇昆仑山脉特拉木坎力峰东南麓的特拉木坎力冰川，自西南向东北流入塔里木河；南为和田河，源自昆仑山西段的玉龙喀什河，它自南向北横穿塔克拉玛干沙漠后入塔里木河；北源阿克苏河有昆马力克河及托什干河两源，均出自塔吉克斯坦境内的天山山脉，汇合后称阿克苏河，它自西北流向东南，注入塔里木河。因有腾格里高山冰川融水的补给，阿克苏河的水量非常丰富，是塔里木河的主要水源。塔里木河干流羊吉巴扎以上为上段，此段河床不分叉，侧蚀强烈，曲流发育，河床不稳定（中国水利百科全书委员会，1991）。

雅鲁藏布江是中国最长的高原河流，位于西藏境内，也是世界上海拔最高的大河之一。其发源于西藏西南部喜马拉雅山北麓的杰马央宗冰川，上游称为马泉河，由西向东横贯西藏南部，绕过喜马拉雅山脉最东端的南迦巴瓦峰转向南流，经巴昔卡出中国境。雅鲁藏布江全长 2057km，流域面积约为 24.6 万 km^2。雅鲁藏布江正源杰马央宗曲至里孜段为雅鲁藏布江上游河段，段内河长约 268km，集水面积 26570km^2，占雅鲁藏布江总河长的 13%，段内集水面积占流域总面积的 11%，海拔 4530 ～ 5590m，水面落差约 1060m。上游段河谷形态为高原宽谷类型，谷宽 1000 ～ 2000m，多汊流和江心洲，多沼泽和湖泊。

印度河发源于青藏高原西部西藏阿里地区的冈底斯山，流经克什米尔进入巴基斯坦，于巴基斯坦卡拉奇入阿拉伯海。印度河总长度 2900 ～ 3200km，流域总面积 113.88 万 km^2，其中 86% 的面积位于巴基斯坦和印度境内，在中国和阿富汗境内的面积约占 14%。印度河干流上游为中国境内森格藏布（又称狮泉河）。印度河干流从源头至卡拉巴格 (Kalabagh) 为上游，长约 1368km。河流穿行于峡谷中，河道狭窄，比降大，多急滩，流速大①。

① 中国西藏网 . 2006. http://www.tibet.cn/。

恒河是南亚最大、最主要的河流，流经中国、尼泊尔、印度和孟加拉国四国。恒河主源阿拉克南达河发源于根戈德里等冰川，其干流汇和多条支流，流经印度北部广大地区，进入孟加拉国后，分为多条河道注入孟加拉湾。其中，帕德玛河河道进入孟加拉国后汇合布拉马普特拉河，与梅格纳河共同形成世界上最大的三角洲之一。恒河长约 2700km，从源头到印度境内的安拉阿巴德为上游，其下流入印度以西孟加拉国。在恒河水系中，涉及中国的恒河支流从西向东主要有甲扎岗噶河、马甲藏布及其支流萨拉达河，吉隆藏布－特耳苏里河及其支流斗嘎尔河、桑青河与东林藏布河，波曲河，朋曲－科西河及其支流绒辖藏布－孙科西河、松宗曲河与甘马藏布河等。恒河的两个较大源头是阿勒格嫩达河和帕吉勒提河，两河上游奔腾于喜马拉雅山间，地势由 3150m 急降至 300m，急流汹涌。两河在代沃布勒亚格附近汇合后，才被称为恒河。当恒河流至安拉阿巴德时，海拔已降至 120m。上游河段以赫尔德瓦尔为界，以上的河段穿过西瓦利克山脉，河床多为岩石，河道狭窄，多急流；以下的河段进入平原，河面变宽为 0.76 ～ 3.3km，泥沙淤积，河道两侧多沼泽和低洼地，雨季常改道。

2.1.2　植被

植被是某一地区内全部植物群落的总体。陆地表面分布着由许多植物组成的各种植物群落，如森林、草原、灌丛、荒漠、草甸、沼泽等，总称为该地区的植被。河湖源区是指雅鲁藏布江、恒河、印度河和塔里木河 4 条河流的源头（图 2.1）。

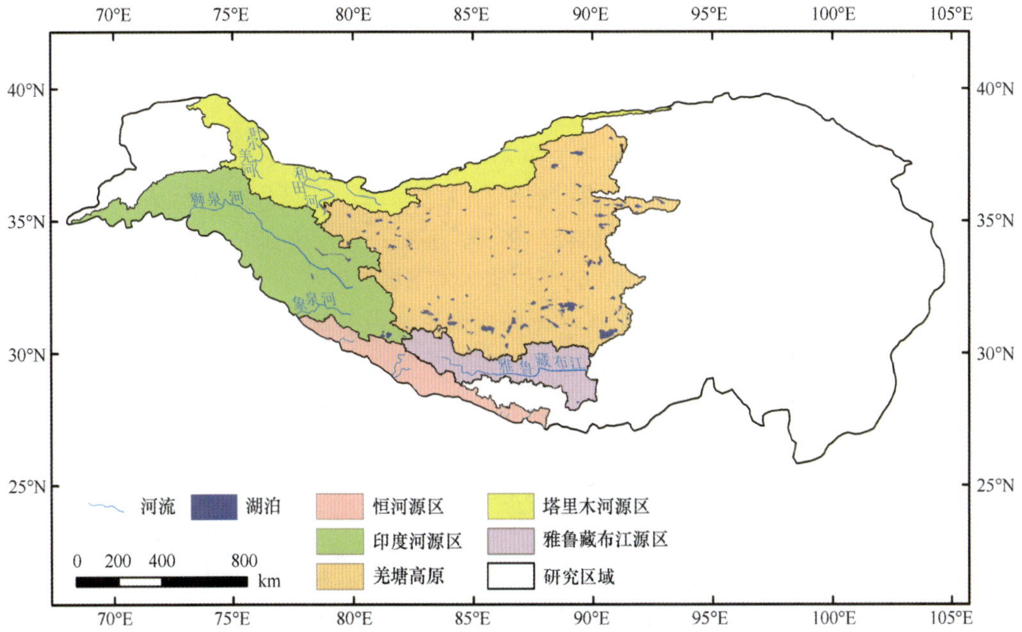

图 2.1　青藏高原西部流域水系图

塔里木河流域的植被由山地和平原植被组成。山地植被具有强烈的旱化和荒漠化特征，中、低山带覆盖超旱生灌木，旱生灌木是最具代表性的旱化植被。其主要表现是植被种类贫乏、结构单纯、生长稀疏。植被的发育程度与分布、地形水系和水文地质条件密切相关。距河道越近，植物种类越丰富，生长也好，反之植物种类越单纯，生长也越差。塔里木河流域天然植被主要有：水泛地低地草甸和沼泽化低地草甸，主要以芦苇、罗布麻为建群种；疏林低地草甸，乔木主要为胡杨，灌木为黑果枸杞、多枝柽柳，草本有芦苇、罗布麻、胀果甘草等；盐化低地草甸，以耐盐植物为主，建群种为花花柴、芦苇；灌丛低地草甸，建群种为黑果枸杞、铃铛刺、疏叶骆驼刺；荒漠化疏林地，只有柽柳、胡杨、疏叶骆驼刺、铃铛刺等（侯钰荣，2008）。塔里木河发源于河湖源的两条重要支流分别是叶尔羌河和和田河。叶尔羌河流域内有从高山到平原荒漠的各种自然景观，复杂多样的环境，其为各类植被的发育提供了有利的条件。该流域植被垂直带谱完整：海拔 1300 ～ 1800 m 为冲积平原贫瘠荒漠带，以塔里木沙拐枣、麻黄等为代表；海拔 1800 ～ 2800 m 为荒漠带，以高山绢蒿、合头草为代表，局部区域有片状昆仑锦鸡儿灌丛分布；海拔 2800 ～ 3600 m 为森林草原带，森林以雪岭云杉、昆仑圆柏、昆仑方枝柏为代表，草原包括荒漠草原和高寒草原，荒漠草原以镰芒针茅为代表；海拔 3600 m 以上为高山草甸带，以线叶嵩草为主。荒漠植被在整个垂直带上处于最优势地位，山前倾斜平原经高山上升到 3000 m（王彦涛，2010）。和田河两岸分布着大面积的胡杨林及柽柳灌木林。

在西藏植被分区系统［《中国高等植物图鉴》(2001 ～ 2002)］中，雅鲁藏布江源头区地处亚热带植被地带，东亚亚热带常绿阔叶林地区、雅鲁藏布江上游宽谷高山草原亚区（赵鲁青，2011）。源头区的植被主要包括高寒草原、高寒草甸、高寒灌丛和高寒垫状植被和流石坡植物等类型（何萍等，2005），主要包括菊科、蔷薇科、毛莨科、蝶形花科、唇形科等重要组成类群，高山松为该区针叶林的主要组成树种，壳斗科的川滇高山栎为该区针阔混交或常绿阔叶林的主要组成树种，鸢尾科的尼泊尔鸢尾在该区分布也较广（张剑等，2008），东坡下至帕龙藏布江以至雅鲁藏布江大拐弯峡谷，至今在峡谷地区仍拥有地球上最完整的山地垂直生态系统，垂直分布上有从热带到高山寒带比较完整的山地垂直带谱，森林类型多样，包括：①热带低山半常绿雨林，阿丁枫 + 千果榄仁群落、阿丁枫 + 小果、紫薇群落、阿丁枫群落；②亚热带常绿阔叶林，刺栲 + 阿丁枫群落、刺栲群落、短刺栲 + 毛曼青冈 + 西藏石栎群落、西藏栎 + 毛曼青冈群落、通麦栎群落；③亚热带山地半常绿阔叶林，薄片青冈群落、俅江栎群落；④常绿针叶林，不丹松群落、喀西松群落。此外，该区还分布有处于次生演替各个时期的大面积的次生植被，主要有尼泊尔档木群落、中平树 + 鸡嗉子果 + 尼泊尔桤木群落、常绿竹丛、野芭蕉群落、热带高草群落（孙航和周浙昆，1997）。

图 2.2 是提取自《中国植被图集（1 ∶ 100 0000）》的高原西部植被分布图，图中显示的雅鲁藏布江源区是日喀则以上的区域，印度河源和恒河源分别是印度河和恒河位于中国境内的区域，塔里木河源是两条支流叶尔羌河和和田河出山口以上的区域。从图 2.2 可知，雅鲁藏布江、印度河和塔里木河的源区植被分布存在较大差异，这种差异

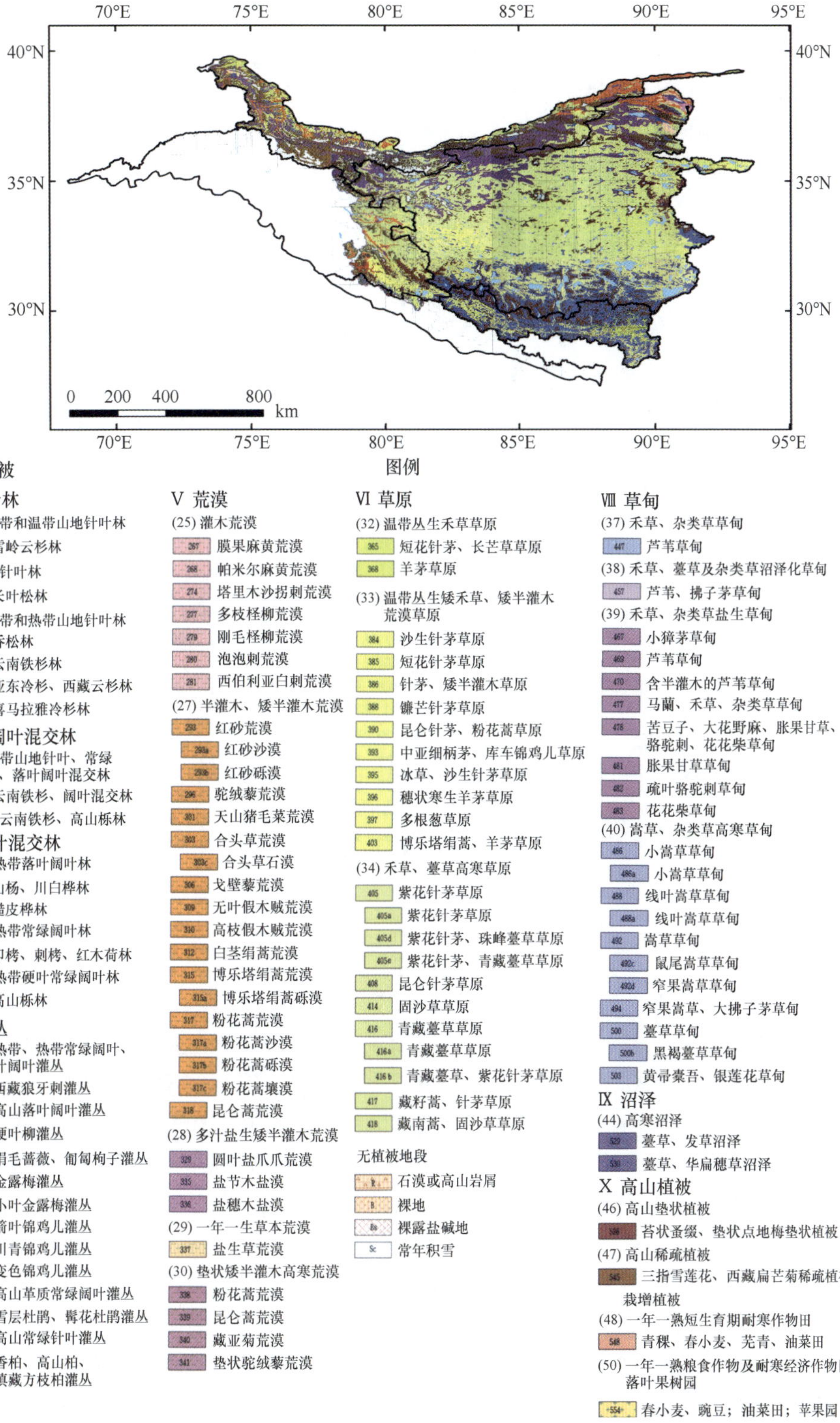

图 2.2　青藏高原西部植被分布图

是地形和气候条件共同作用的结果。塔里木河源的主要植被类型有青藏薹草草原、紫花针茅草原、高山稀疏植被、垫状驼绒藜荒漠、粉花蒿荒漠、合头草荒漠。印度河源和恒河源的主要植被类型有沙生针茅草原、紫花针茅草原、高山稀疏植被、驼绒藜荒漠。雅鲁藏布江河源的主要植被类型有西藏狼牙刺灌丛、沙生针茅草原、紫花针茅草原、藏籽蒿针茅草原、藏南嵩固沙草草原、小嵩草草原、高山稀疏植被、驼绒藜荒漠。

2.1.3 土壤

土壤是形态和成土过程都相当复杂的自然综合体。土壤成土过程中不同的物理、化学、生物等因素的影响，使得土壤性质具有高度空间异质性。西藏高原陆表环境变化以冻土退化和沙漠化加剧为特征。过去几十年间，西藏高原冻土活动层以每年 3.6 ～ 7.5 cm 的速率增厚，同时冻土层上限温度也以每十年 0.31℃的幅度升高（Wu and Zhang，2010；Li et al.，2012a，2012b）；沙漠化面积扩大、程度加剧，江河源区尤为突出；土壤侵蚀总体呈现先加剧后略微减轻的趋势。

雅鲁藏布江流域内地势西高东低，东南部最低，海拔垂直差异大，地貌大体可分为上游高宽谷区、中游宽窄相间的河谷区、下游峡谷三大地貌类型区域，属于温带半干旱气候区（黄锡荃等，1995），太阳辐射强，光照强烈，日照时间长，全年无夏，春秋相连，冬季漫长，气温年差较小，气温日差较大，多年平均气温介于 –1 ～ 8℃，年均气温的地带性分布也十分明显。流域内降水量的分布是由东南部向西递减，年均降水量为 300 ～ 600 mm，主要集中在 7 ～ 9 月，占全年降水量的 50% ～ 80%。流域内土壤类型有高山草甸土、亚高山草甸土、高山草原土、亚高山草原土、山地灌丛草原土和草甸土、沼泽土和潮土、山地黄棕壤、山地棕壤等（赵健和李蓉，2008；欧阳琰等，2014）。

雅鲁藏布江源区发源于喜马拉雅山北麓的杰马央宗冰川，其生态功能状况直接关系到下游西藏日喀则、拉萨等经济较发达地区，流域生物多样性丰富地区以及水系下游孟加拉湾三角洲洪涝灾害严重地区的生态安全（何萍等，2005）。其地势较高，物理冻融侵蚀作用分布广泛，地表多沙，植被稀疏，山体坡面物质不稳定，生态环境极其脆弱。土壤发育程度低，气候表现为干旱多风。近年来，随着全球气候变暖、冰川退缩，再加上人类的不合理活动，较强烈而旺盛的风沙作用直接破坏着丰美的水草牧场，草地退化趋势明显（杨逸畴，1984）。源区水土流失面积广，冻融侵蚀和水力侵蚀为风沙灾害的形成提供了物质基础。这里风沙地貌非常发育，处在源区的仲巴县城，因为环境恶化、沙进人退，自 1960 年建县至今已多次搬迁（孙明等，2010）。雅鲁藏布江源区风力侵蚀面积为 1404.55 km^2，占总面积的 5.33%。由风力侵蚀形成的流动沙地、半流动沙地、半固定沙地和固定沙地分布在马泉河谷两侧。其中，流动沙地主要分布在 219 国道边的珠珠至奔得，半流动沙地主要分布在纳查、森里、珠珠、曲京曲脉和帕羊附近的马泉河及其支流沿岸，面积所占比例虽小，但危害很大。固定沙地和半固定沙地面积较大，主要分布在高程较低、地势开阔的河流两岸，宽谷盆地和支流汇入口地带。

流域水力侵蚀面积为 3197.42 km^2，占总面积的 12.14%，以微度侵蚀为主，主要分布在西北部（李海东等，2010）。不同季节流域内发生的主要侵蚀类型不同。春秋季节温度变化频繁，冻融侵蚀强烈，破碎物质在雪（冰）融水或重力作用下发生侵蚀，在缓坡地带堆积形成冲洪积扇（裙）。夏季水力侵蚀强烈，在冲洪积扇（裙）上形成细沟、切沟，慢慢发育成冲沟，在冻融侵蚀堆积体上叠置明显的水力侵蚀地貌。冬季风力侵蚀强烈，水力侵蚀区域在风力作用下，形成两种侵蚀地貌交错分布（李明森，2000；邹学勇，2003）。

干旱地区降水稀少、蒸发强烈，土壤中可溶性盐分随水分运移到地表并累积，极易发生盐渍化（张飞等，2007）。塔里木河流域是我国 21 世纪重要的资源接替区，在新疆及全国可持续发展战略实施中发挥着重要作用，在干旱区资源环境研究中具有典型性和代表性。该流域上游绿洲位于塔克拉玛干沙漠北缘，地处典型的生态脆弱带和环境危机带，对以人类活动为主导的区域水土资源的开发反响强烈（贡璐等，2005）。近年来，大规模的农业生产活动、不合理的灌溉垦殖方式加大了绿洲生态系统的负荷，土壤沙化、盐碱化、贫瘠化的现状越发严重（贡璐等，2011）。绿洲内部林地覆被高，土壤侵蚀弱，植物残体积累在土壤表层，腐质化作用明显，因而其土壤质量评分值较高。棉田的土壤质量次于林地，在相同的土地利用方式下，不同的耕作制度也会造成土壤特性的区域异质性（吴文斌等，2007）。盐碱地覆被物少甚至无覆被物，使得阳光和雨水直接与土壤接触，造成土壤结构的破坏和表土的流失，进而减少了土壤主要养分的含量，毁坏了生物的生存环境，降低了土壤酶的活性，其中退化最为显著（魏恒等，2010）。农田外围，由于强烈的蒸发和不合理的灌溉发生的土壤次生盐碱化，进一步降低了绿洲的土壤质量。近年来，随着气候变暖、蒸散发增大与河流径流量减少（郝兴明等，2008a；李宝富等，2011），河道经常性断流、地下水位持续下降及地表返盐，部分区段地下水位已超过植被忍耐阈值（郝兴明等，2008b），直接导致区域植被衰败与土地沙化。

塔里木河上游荒漠河岸林土壤含水量随深度而增加，以表层土壤含水量最低，40 cm 深以下变化较大。土壤总盐含量变化相反，表层盐分聚集显著，垂直方向逐渐降低。土壤含水量、总盐含量均表现为从上段至下段逐渐降低的趋势，离河岸越远，地下水位越深，其土壤水分与盐分含量越低。土壤水分、表层盐分与地下水位呈极显著的负相关，盐随水走的特征明显（韩路等，2016）。上游荒漠河岸林土壤含水量与总盐含量的变异性均属于中强度变异，因生境不同差异显著。垂直方向上土壤总盐含量比土壤含水量的变异性弱，从上段至下段变异程度增大。土壤水盐空间变异性揭示干旱荒漠区地下水直接调整土壤水盐空间变化与分布格局（葛广华等，2016）。

印度河源狮泉河与恒河源孔雀河位于西藏西北部，四周群山环抱，东有冈底斯山脉，南望喜马拉雅山脉，西界克什米尔，北倚喀喇昆仑山脉。狮泉河盆地上空的大气环流主要受高空西风带控制，近乎东西向的狭长山间河谷盆地地形，使偏西风进入河谷地带后，产生“狭管效应”，气流很快被加速，形成盛行的强偏西风。干旱多风的气候、丰富的地表沙源、稀疏的植被是狮泉河盆地风沙灾害的主要原因（张春来等，2006）。该地区地带性土壤为发育在高原温带干旱亚高山区荒漠植被下的冷漠土和发育在高原亚寒带半干旱高山草原植被下的莎嘎土（高山草原土）（李胜功，1994）。0 ～ 200 cm深土层主要由中砂、粗砂、细砂和砾石组成，砂质成分占 30% ～ 60%。此外，在山地还存在着大量风化物。极度干旱的气候导致盆地内广大沙砾质地表以及山坡基岩风化物一般无植被生长（董治宝等，1996）。地表绝大部分处于裸露或半裸露状态，松散的沙质地表直接暴露于风力作用之下。

丰富的沙物质来源和强劲的风动力条件是河湖源区风沙化土地发生发展的潜在条件，全球气候变暖、气温升高、干燥度增加是源区风沙化土地进一步发展的重要原因。另外，源区牲畜数量的增加、局部地区的过度放牧以及采矿活动也是造成风沙化土地发展的原因之一。因此，应继续加强对河湖源区土壤的科学管理，对部分沙化草地应实施围栏封育，同时，对采矿活动进行有效的管理。

2.2 水文气象

2.2.1 气候条件及其变化

雅鲁藏布江流域作为西藏最重要的经济区，其气候条件的变化必将对青藏高原及其周边地区国民经济及人民生活带来重大影响。雅鲁藏布江发源于西藏西南部喜马拉雅山北麓的杰马央宗冰川，由西向东横贯西藏南部，经巴昔卡出中国境，是世界上海拔最高的一条大河。流域内地形复杂、各地海拔差异较大，流域横跨上游的高原寒温带半干旱气候、中游的高原温带半干旱气候、下游山地亚热带和热带气候 4 个气候带（杨志刚等，2014）。雅鲁藏布江由于海拔高，空气中尘埃颗粒和水汽含量少，大气透明度高，太阳光线透过大气时，能量损失少。雅鲁藏布江由于纬度低，因此日照时间长，光照充足，是我国太阳辐射最强的地方，比同纬度的平原地区约强一倍。1962 ～ 2001 年近 40 年雅鲁藏布江流域及其相邻区域日照时数变化趋势非常微弱，其基本特点是西北部日照时数多，而东南部少，察隅、波密等地全年阴湿多雨，日照时数最短（巩同梁，2006）。

雅鲁藏布江流域内地势大体趋势为西高东低，气温随高程升高而降低（图 2.3）。近年来，雅鲁藏布江流域普遍存在升温的变化趋势，流域内 1960 ～ 2004 年年平均气温的升温幅度为 0.205℃ /10a（刘剑等，2007），明显高于全国和全球气温的增长率。20 世纪 50 年代气温较高，60 年代气温异常偏低，70 年代末 80 年代初进入气温较高时期，尤其是 90 年代增温幅度较大（杜军，2001；王堰等，2004；黄俊雄等，2007）。张小侠等 (2011) 对雅鲁藏布江流域平均气温时间序列进行突变检验，研究发现，雅鲁藏布江流域平均气温序列先后于 1987 年和 1997 年发生气候突变，1987 年出现流域气温增暖突变信号，1997 年出现气温快速增暖突变信号。

雅鲁藏布江流域地势高亢，且受喜马拉雅山的屏障作用，使来自印度洋孟加拉湾的暖湿气流受阻北上，仅沿着雅鲁藏布江干流河谷上溯运动，故降水一般由东南向西北，即下游向上游逐渐减少（图 2.4）。上游地区气候寒冷，雨量稀少，属高原寒温带

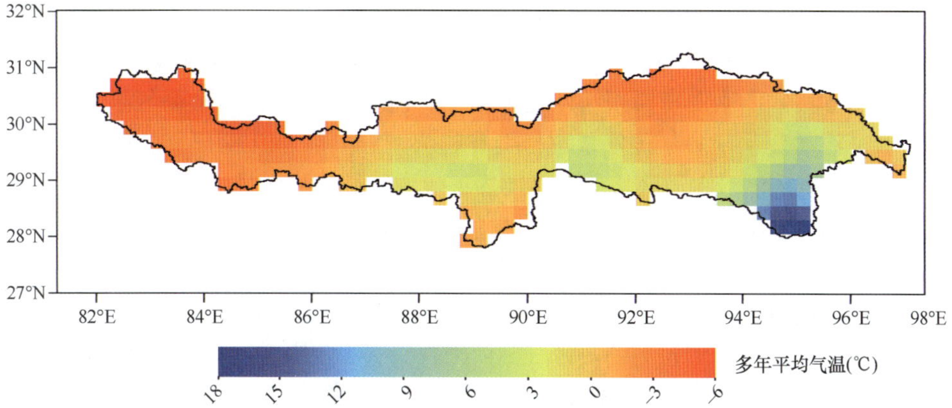

图 2.3　基于 CN05 数据的雅鲁藏布江流域多年平均气温空间分布（1971 ～ 2000 年）

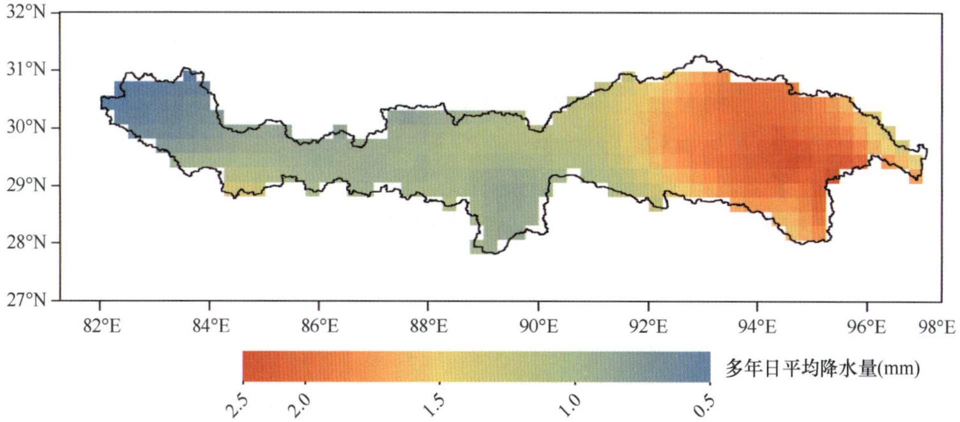

图 2.4　基于 CN05 数据的雅鲁藏布江流域多年日平均降水空间分布（1971 ～ 2000 年）

气候，年平均降水量不足 300mm。中游地区气候温凉，属高原温带气候，年平均降水量为 300 ～ 600mm。下游地区低谷气候温热，湿润多雨，属热带亚热带气候，年平均降水量在 4000mm 以上，特别是流域下游的巴昔卡、戴林一带平均降水量约为 5000mm（张小侠，2011）。20 世纪 80 年代初是降水由多到少和由少到多的转折点。降水量的年代际变化在 20 世纪 60 ～ 70 年代表现为逐年代减少的趋势，80 年代最少，到 90 年代降水明显增多（黄俊雄等，2007；杨志刚等，2014）。

印度河发源于中国青藏高原境内的喜马拉雅山脉西部、冈底斯山冈仁波齐峰北坡的冰川湖，河源中国狮泉河。流域大部分属于亚热带气候，具有明显的季风气候的特点，气候偏干燥，河流蒸发量大，由于东北部高山的阻挡，流域气候介于热带与亚热带之间。印度河流域一年分为 4 个季节；12 月至次年 3 月，气温低、降水少、湿度较小，为东北季风季；4 ～ 6 月则是东北季风向西南季风转变的过渡期，空气干燥、温度较高；7 ～ 9 月，降水多，多雷雨和暴雨，湿度大，是全年的降雨季节，为西南季风季；10 ～ 11 月，西南季风开始减弱，是西南季风向东北季风的过渡季节，昼夜温差大，整体气温温和，降雨少。流域内最高气温在 46℃左右，最低气温约为 –15℃。从河源到河口，印度河地区年降水量为 125 ～ 500mm（杨瑞芳，2017）。尚可政等（2006）通过研究印度河源狮泉河站基本气候要素发现狮泉河站过去 40 年气温明显上升，日最高气温上升最为明显，降水呈波动变化趋势，蒸发量也呈上升趋势。Yao 等（2012）研究表明，西风环流在冬季扫过印度河流域上游区域会明显增加该流域区域的降水量。

恒河发源于喜马拉雅山脉南坡加姆尔的甘戈特里冰川，它是典型的山地型河流、南亚次大陆最大的河系。恒河流域水源补给在一定程度上依靠 7 月西南季风带来的降雨，以及 4 ～ 6 月热季中喜马拉雅山脉融雪汇成的流水。恒河流域降水与西南季风相伴，但也随 6 月间起源于孟加拉湾的热带气旋而来。只有少量降雨发生在 12 月间。张飞跃等（2016）对南亚、东南亚大河流域（印度河、恒河、湄公河、萨尔温江、伊洛瓦底江和布拉马普特拉河六大流域）气温和降水进行多模式的预估，研究得出，1961 ～ 2005 年南亚大河流域气温较高月主要集中在 5 ～ 8 月，6 月气温最高，流域整体气温呈南高北低的空间分布特征；降水量均集中于 6 ～ 9 月，其余月份降水量较少，流域整体降水量呈东多西少、南多北少的空间分布格局。

塔里木河流域是我国最大的内陆河流域，也是世界著名的内陆河流域之一，地处西部干旱区，它是塔里木盆地中唯一的水系。塔里木河的源流由阿克苏河、和田河、叶尔羌河 3 条支流组成，在阿瓦提县肖夹克附近汇合后称塔里木河（傅丽昕等，2008）。如图 2.5 所示，阿克苏河区的气温在 20 世纪 70 年代出现下降的趋势，其中春季气温下降较其他季节更为明显，80 年代，气温有所回升，各季节的气温均有升高，到 90 年代，气温升高到近 47 年最高，秋季气温升高较其他季节最为明显，比 70 年代升高了 3.4℃。叶尔羌河区 60 ～ 90 年代各季节的气温升高不明显，气温基本保持在多年平均气温水平上。和田河区气温自 90 年代起，正距平出现次数较多，说明其 90 年代的气温要高于多年平均气温，秋季气温增长较为明显，其他 3 个季节的变化幅度不

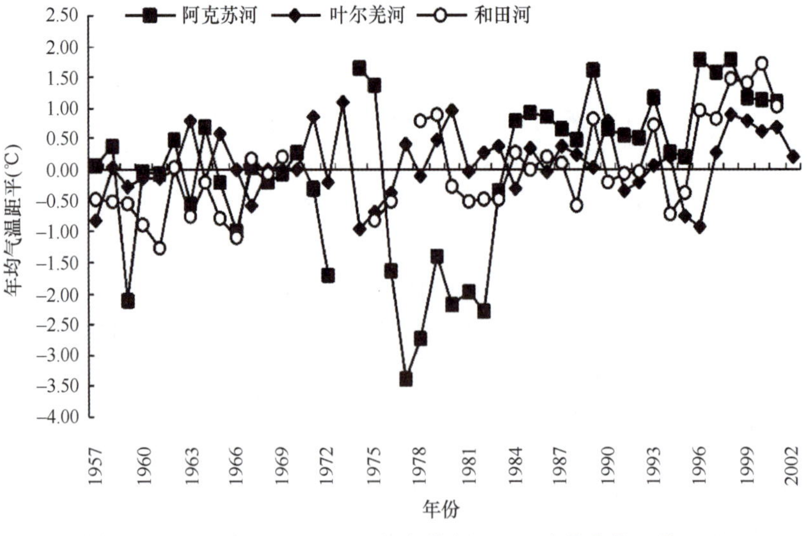

图 2.5　塔里木河三源流 1957 ～ 2002 年年均气温距平变化曲线（傅丽昕，2008）

大（傅丽昕等，2008）。总体上来看，塔里木河三源流的年平均气温 60 ～ 90 年代呈逐年代递增趋势，与全球气候变化同步，其中 90 年代与 60 年代相比，阿克苏河、叶尔羌河、和田河的年平均气温分别升高了 0.3℃、0.6℃、0.3℃，塔里木河三源流年平均气温升高了约 0.4℃（陈亚宁和徐宗学，2004）。

塔里木盆地气候干燥、干旱少雨、昼夜温差大，是典型的大陆性气候。在过去 50 年里，三源流年平均降水量呈现逐年上升的趋势（陈亚宁和徐宗学，2004；徐长春等，2006）。20 世纪 50 ～ 70 年代，降水量增长幅度较小，且其增长呈现略微下降的趋势，阿克苏河、叶尔羌河、和田河降水量分别以 –24.87mm/10a、1.36mm/10a、–7.92mm/10a 的速率变化，而 80 ～ 90 年代，降水量增长幅度较大，上升的趋势也比较明显，其增长速率分别为 32.18mm/10a、16.23mm/10a、28.39mm/10a。另外，从降水量距平变化曲线看 [图 2.6(b)]，20 世纪 60 ～ 80 年代以负距平为主，且有略微下降的趋势，但 90 年代降水量增加，转为以正距平为主（傅丽昕，2008）。随着气温的升高，蒸发对气温的响应非常敏锐，徐长春等 (2006)、傅丽昕等 (2008) 和陈亚宁等 (2003) 均通过研究表明，随着气温的升高，塔里木河三源流的蒸发量也随之增加，在假定未来降水增幅为 20% 而温度升高 1 ～ 3℃的情况下，塔里木河流域 3 个测站阿拉尔、新其满、卡拉的蒸发量则均增加，温度升高引起的蒸发潜力加大在一定程度上削弱了降水带来的径流增多。但也有研究表明，塔里木河源降水量的增长速率远大于蒸发量的增长速率，所以即使蒸发量增加也不足以使径流量减少（傅丽昕等，2008）。

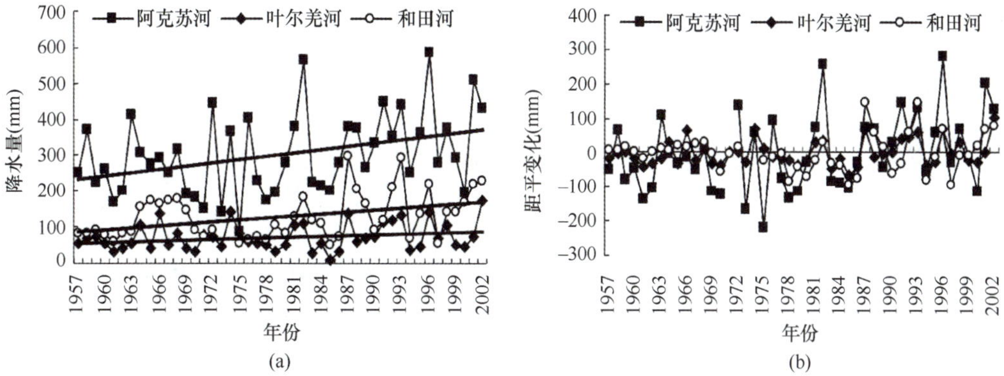

图 2.6　塔里木河三源流 1957 ～ 2002 年年均降水量变化曲线 (a) 和距平变化曲线 (b)（傅丽昕，2008）

2.2.2　水资源概况及水循环变化

雅鲁藏布江地处青藏高原中南部，属孟加拉湾北部亚热带，海拔高、地形复杂，气候条件复杂而多样化，该区具有较明显的季风气候特征，旱、雨季分明（高志友等，2007）。雅鲁藏布江地区是夏季印度洋暖湿气流向青藏高原腹地输送水汽的重要通道（高登义等，1985）。雅鲁藏布江的水量非常丰沛，年径流总量为 1395.1 亿 m^3，年平均流量为 4425m^3/s，约占西藏外流水系年径流总量的 42.4%。雅鲁藏布江径流补给以大气降水为主，由于高寒气候冰川发育，冰川融水也是河流重要的补给水源，地下水补给也占一定的比重（黄艳等，2010）。雅鲁藏布江干流流域多年平均径流深分布不均匀，由下游到上游逐渐减少，从东南向西北按年径流深依次划分为：丰水带（年径流深 800 ～ 2000mm 及 2000m 以上）、多水带（年径流深 200 ～ 800mm）、过渡带（年径流深 50 ～ 200mm）（黄俊雄等，2007）。年径流量变异系数较小，地表径流的年内分配明显受气候和降水影响，主要集中在夏、秋两季（高志友等，2007）。

通过对 1961 ～ 2010 年雅鲁藏布江流域各水文站的实测径流数据分析得到，在这 50 年中，雅鲁藏布江流域年径流量的变差系数为 0.15 ～ 0.40，年径流量在各年代间存在一定的周期性波动，总体上呈弱的减少趋势。从年代际变化来看，20 世纪 60 年代是一个相对丰水期，年径流量为各年代最多；70 年代显著减少，属平水期；80 年代整个流域为枯水期；90 年代上游段偏枯，而中下游为平水；进入 21 世纪前 10 年，中上游的水文站点江孜、日喀则、拉孜的径流量继续减少，达到各年代最少，其他站点呈不显著的增多趋势。降水变化是雅鲁藏布江天然径流最主要的影响因子，在一定程度上控制着河川径流的丰枯程度（图 2.7）。湿季径流量和降水量的相关性最为显著，湿季降水量的增减影响着流域径流量的增减，最终决定了流域年径流量的丰枯（杨志刚等，2014）。另外，水汽输送和冰川退缩也在一定程度上影响径流的演变（黄俊雄等，2007）。雅鲁藏布江流域年径流和各季节径流存在 8 ～ 10 年时间尺度的丰枯交替，表现出明显的周期特征，其次 14 ～ 16 年时间尺度的周期特征也较明显（钱晓燕等，2010）。雅鲁藏布江径流量主要集中在汛期，其中，8 月径流量最大，2 ～ 3 月径流量最小，径流量月最大值是月最小值的 12 倍左右；径流年内分配不均匀系数和 7 ～ 9 月占全年比例年际间较稳定（洛珠尼玛等，2011）。

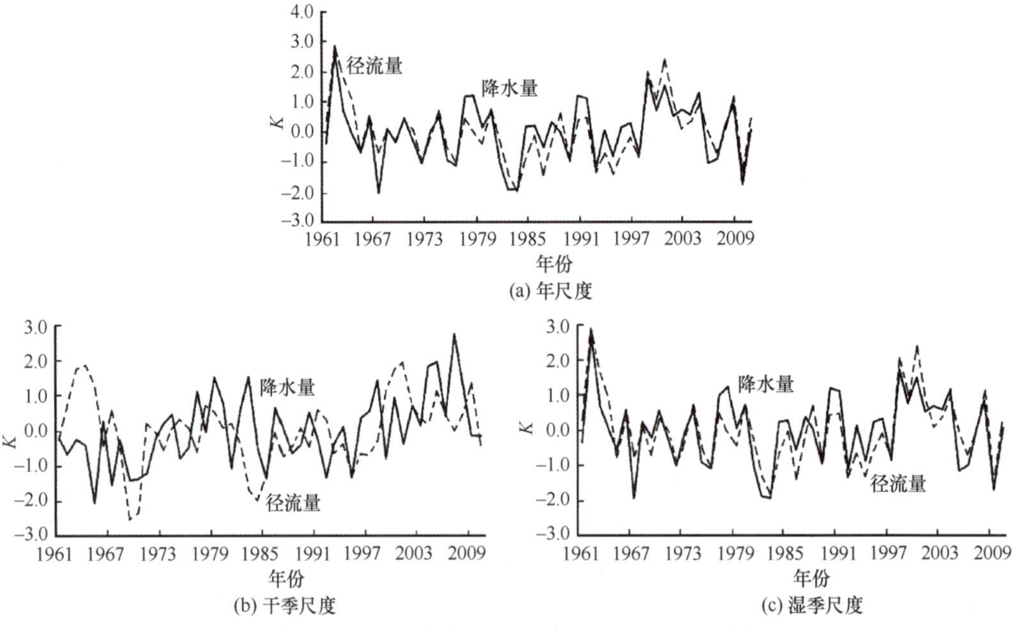

图 2.7　1961 ～ 2010 年雅鲁藏布江流域降水量与径流量的标准化曲线（杨志刚等，2014）

塔里木河流域地处亚欧大陆腹地，远离海洋，西来的寒湿气流难以进入，属大陆性暖温带、极端干旱沙漠性气候，流域内气候干燥，降雨稀少，蒸发强烈，水资源极为匮乏，生态环境十分脆弱。塔里木河干流不产流，其径流量主要来源于上游阿克苏河、和田河、叶尔羌河三源流经引用灌溉后的余水及回归水。塔里木河的 3 条源流河的径流变化和水资源利用状况决定了塔里木河的水量变化，也深刻影响了塔里木河干流的水质和下游的生态环境（傅丽昕，2008）。在汇入塔里木河干流的三源流中，阿克苏河的补给量占 73.2%、和田河占 23.2%、叶尔羌河只占 3.6%（杨鹏等，2015）。三源流的来水季节性强，60% 以上的水量集中在 7 ～ 9 月，而枯水期长，流量小（刘伦芳等，2003）。研究表明，塔里木河流域综合径流补给比重为：冰川融水占 47.9%，地下水占 24.2%，降水（雨雪混合）占 27.9%（三源流的主要径流组成见表 2.1）。塔里木河三源流的年冰川融水比超过 60%，塔里木河的径流量主要受上游冰川融水的限制（傅丽昕等，2010）。

表 2.1　塔里木河三源流主要径流组成统计（杨鹏等，2015）

河流		和田河	叶尔羌河	阿克苏河
径流构成（%）	冰川融水	59.50	64.3	38.55
	降水（雨雪混合）	19.55	13.4	37.75
	地下水	20.95	22.3	23.70

从 20 世纪 60 年代起的约 50 年里，塔里木河三源流径流量总体呈现增加的趋势，尤其体现在 20 世纪 90 年代以后，丰水年出现次数较多（傅丽昕等，2010）。由于温度的持续升高，阿克苏河的径流量有显著的增加趋势；和田河的径流量有微递减的趋势，但趋势并不显著；叶尔羌河的径流量虽然表现出增加的趋势，但趋势不显著（傅丽昕等，2009）。在 Mann-Whitney 突变检验中，塔里木河源流区径流量与温度的突变点均在 1993 年，流域内降水量在 1992 年发生了显著的增多跃变（凌红波等，2011）。对径流量和降水量与温度作相关分析可知，随着温度的逐年代升高，其对径流量的影响越来越显著。蒸发量随着温度的升高也在逐渐增大，但是降水量的增长速率远大于蒸发量的增长速率，所以即使蒸发量增加也不足以使径流量减少（徐海量等，2007；傅丽昕等，2010；张程程，2016）。

研究表明，在塔里木河源流区农业用水占源流区耗水比重较大，达 90% 以上（Zhang et al.，2014）。近 50 年来，塔里木河干流产生土地沙漠化等生态问题的原因是人类活动对水文过程的干扰（吐尔逊 • 哈斯木等，2010）。分析考虑塔里木河源流区农业用水量对干流生态系统结构的影响，发现 1960 ～ 1990 年塔里木河“四源”（包括开孔河）农用地总量变化不大，农业水足迹缓慢小幅增长；以 2000 年为分界点，2000 年之前农用地和农业水足迹显著增加；2000 年后在生态治理工程的影响下，虽然农用地和农业水足迹在持续增加，但是节水工程效果显著，保证了下游生态系统的需水量，使其得到一定恢复（孟凡浩等，2016）。

印度河在中国境内河长 384km，流域面积 69671km^2，模拟径流 100 亿 m^3/a；恒河在中国境内流域面积 44042km^2，模拟径流 140 亿 m^3/a。印度河的源头狮泉河

（森格藏布）、恒河的源头孔雀河（马甲藏布）位于我国青藏高原喜马拉雅山，作为国际河流，印度河、恒河的水资源管理存在两个问题：第一，区域内一些国家对国际河流水资源争执不断；印度河、恒河源区的水资源是制约这些国家经济发展的最重要因素之一；对水资源开发利用权限的争夺成为除领土争议之外的长期威胁该地区和平稳定的另一个因素。第二，区域内水资源及其他社会经济的研究数据比较匮乏；该地区中有一部分是领土争议区域和人迹罕至区域，其水资源的基本信息和相关研究非常有限，这给该地区的水资源管理带来了困难（孙静等，2011）。

在印度河流域上游地区，对 1991 ～ 2014 年冰川提取结果分析发现，兴都库什山和喜马拉雅山西段的冰川主要呈现退缩趋势，位于喀喇昆仑地区的希格尔河以及什约克河子流域的冰川有扩张现象发生。而喀喇昆仑地区的冰川扩张现象可能与以下两方面有关：一是该地区受西风影响，冬季降水量高于夏季降水量；二是喀喇昆仑的年均温在冰点以下，在降水增加的趋势下，喀喇昆仑地区的降水能以冬季降雪的形式积累下来（杨瑞芳，2017）。

2.3 社会经济

社会经济系统是一个以人为核心，包括社会、经济、教育、科学技术及生态环境等领域，涉及人类活动的各个方面和生存环境的诸多复杂因素的巨系统。它与物理系统的根本区别是社会经济系统中存在决策环节，人的主观意识对该系统具有极大的影响。社会经济系统是一类重要的、典型的复杂系统，与无生命的系统和生物及生态系统对比而言，社会经济系统具有若干特殊的情况与性质，使得它更难以被认识、描述和控制。本节将着重介绍西藏的社会经济情况，涵盖 GDP 及人口情况、教育、农工商旅、城镇化与工程建设 4 个方面，凸显社会经济对雅鲁藏布江源区的影响。

2.3.1 GDP 及人口情况

国内生产总值（GDP）是一定时期内一个国家或地区经济生产出的全部最终产品和劳务的市场价值总和，是衡量一个国家或地区经济总产出及发展水平的重要指标（张虹等，2010）。从图 2.8（西藏自治区统计局，2017）中可以看出，1990 ～ 2016 年，西藏与全国的人均国内生产总值增长率趋势越来越接近，1991 ～ 1996 年西藏人均国内生产总值增长率明显低于全国水平，2012 ～ 2016 年西藏人均国内生产总值增长率明显高于全国水平。同时，表 2.2 给出了西藏历年的人口组成变化。20 年来，西藏人口增加了近 38%，城镇人口稳步增长，其中男性人口数呈略微增长趋势，女性人口数则相反。

2.3.2 教育

义务教育是现代经济和民主政治发展的客观要求，也是现代文明的标志（范先佐

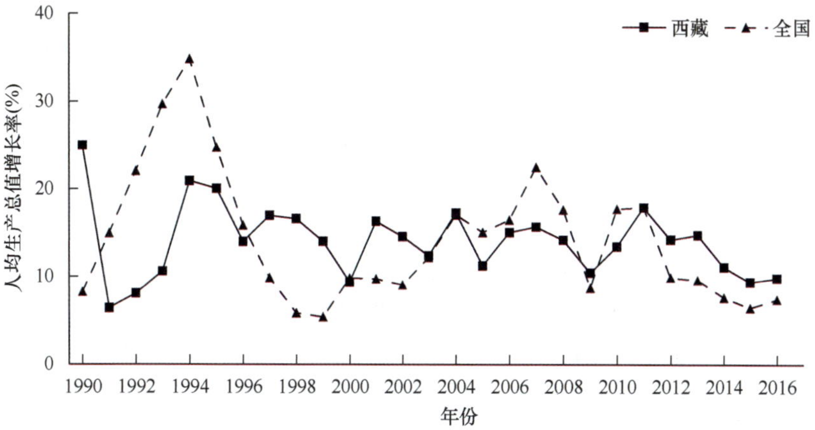

图 2.8 1990 ～ 2016 年西藏与全国人均国内生产总值增长率

表 2.2 西藏历年人口数及构成统计（1995 ～ 2016 年）

年份	总人口（年末）	按性别分				按城乡分			
		男		女		城镇		乡村	
		人口数（万人）	比例 (%)	人口数（万人）	比例 (%)	人口数（万人）	比例 (%)	人口数（万人）	比例 (%)
1995	239.84	118.51	49.4	121.33	50.6	40.05	16.7	199.79	83.3
1996	243.7	121.1	49.7	122.6	50.3	43.64	17.9	200.06	82.1
1997	247.6	123.32	49.8	124.28	50.2	45.14	18.2	202.46	81.8
1998	251.54	124.51	49.5	127.03	50.5	46.69	18.6	204.85	81.4
1999	255.51	126.99	49.7	128.52	50.3	48.29	18.9	207.22	81.1
2000	259.83	131.47	50.6	128.36	49.4	50.22	19.3	209.61	80.7
2001	263.55	133.52	50.66	130.03	49.34	51.77	19.64	211.78	80.36
2002	268.24	136.1	50.74	132.14	49.26	53.36	19.89	214.88	80.11
2003	272.16	138.25	50.8	133.91	49.2	55	20.21	217.16	79.79
2004	276.35	140.56	50.86	135.79	49.14	56.7	20.52	219.65	79.48
2005	280.31	142.9	50.98	137.41	49.02	58.45	20.85	221.86	79.15
2006	285.08	145.25	50.95	139.83	49.05	60.25	21.13	224.83	78.87
2007	288.83	147.04	50.91	141.79	49.09	62.1	21.5	226.73	78.5
2008	292.33	149.4	51.11	142.93	48.89	64.01	21.9	228.32	78.1
2009	295.84	151.8	51.31	144.04	48.69	65.99	22.3	229.85	77.7
2010	300.22	154.26	51.38	145.96	48.62	68.06	22.67	232.16	77.33
2011	303.3	155.29	51.2	148.01	48.8	68.88	22.71	234.42	77.29
2012	307.62	156.89	51	150.73	49	69.98	22.75	237.64	77.25
2013	312.04	158.83	50.9	153.21	49.1	73.99	23.71	238.05	76.29
2014	317.55	160.99	50.7	156.56	49.3	81.77	25.75	235.78	74.25
2015	323.97	164.29	50.71	159.68	49.29	89.87	27.74	234.1	72.26
2016	330.54	167.86	50.78	162.68	49.22	97.71	29.56	232.83	70.44

等，2015)。目前，我国的义务教育包含小学与初中，对应到入学、升学率上就是小学学龄儿童入学率与小学毕业生升学率、初中毕业生升学率。从图 2.9（西藏自治区统计局，2017）中可以看出，1983 ～ 2016 年小学学龄儿童入学率与小学毕业生升学率整体呈上升的趋势，其中小学学龄儿童入学率持续稳定上升，而小学毕业生升学率存在一定的波动性。孙志军（2012）的研究发现，2003 ～ 2009 年我国初中毕业生升学率以每年 3% 左右的速度提高；初中学校资源投入对初中升普通高中比例有着显著的影响，但对升中等职业学校比例的影响并不明显；经济因素与初中升普通高中比例之间没有显著关系，但其对升中等职业学校比例却有显著的正向影响。从中可以看出，教育资源投入的增加与经济的增长都会使初中毕业生升学率提升。从图 2.9 中可以看出，1983 ～ 2016 年西藏地区的初中毕业生升学率整体呈上升趋势，但是其波动特别大，并且远低于小学毕业生升学率。

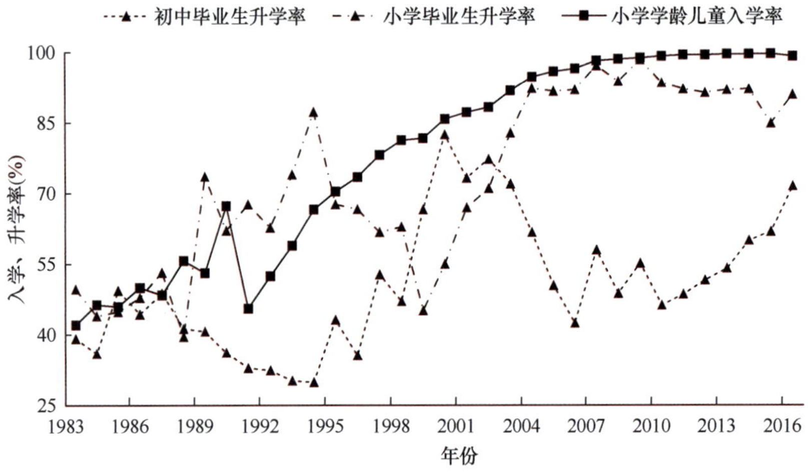

图 2.9　1983 ～ 2016 年西藏地区入学、升学率

2.3.3　农工商旅

农工商旅是一个地区发展经济的重要组成部分。表 2.3 给出了西藏各个县（市）2016 年农林牧渔业产值及工业总产值，其中雅鲁藏布江源区位于日喀则市仲巴县。可以看到，仲巴县没有林业产值，牧业产值占比最大，说明牧业是该县的主要产值来源。

表 2.3　2016 年西藏农林牧渔业产值及工业总产值统计　　（单位：万元）

地区	农林牧渔业产值	农业产值	林业产值	牧业产值	渔业产值	服务业产值	工业总产值
拉萨市							
城关区	16324	9519	41	6764			449456
堆龙德庆区	29539	12231	1118	15204		986	365955
林周县	44451	20804	44	23603			13397

续表

地区	农林牧渔业产值	农业产值	林业产值	牧业产值	渔业产值	服务业产值	工业总产值
拉萨市							
当雄县	44481	7895		36262		324	86280
尼木县	17565	6188	754	10623			7982
曲水县	27105	17460	813	8653	179		116874
达孜县	27611	17126	384	10101			77821
墨竹工卡县	47405	17233	780	29392			190481
昌都市							
卡若区	44675	16513	25	27591	16	530	70526
江达县	42447	11456	194	29656	1	1140	57516
贡觉县	20821	6759	92	13379	1	590	217
类乌齐县	32735	13679	1806	16784	4	462	706
丁青县	52147	34735	125	16092		1195	2610
察雅县	27467	10729	193	16246	4	295	1007
八宿县	20469	7070	207	12711	4	477	627
左贡县	27933	11092	1358	14493	5	985	583
芒康县	42218	15030	3042	22687	3	1456	6796
洛隆县	31380	12610	1310	17028	1	431	1501
边坝县	28900	9723	247	18478	1	451	503
山南市							
乃东区	19862	8466	632	8852	190	1722	106902
扎囊县	10398	4761	236	5008		393	5457
贡嘎县	13228	6691	343	6104		90	3857
桑日县	7412	3703	47	3442		220	98475
琼结县	4831	3059	48	1544		180	1333
曲松县	6196	2042	71	3994		89	187
措美县	4662	1417	13	3041		191	57
洛扎县	7391	3422	49	3531		389	974
加查县	12803	9076	140	3465		122	47883
隆子县	10733	4602	135	5912		84	1470
错那县	4276	1836	57	2136		247	938
浪卡子县	8883	1654	64	6599		566	761
日喀则市							
桑珠孜区	65077	52393	809	7165		4710	87916
南木林县	48595	31029	2012	13369		2185	794
江孜县	48643	30410	807	16261		1165	4609
定日县	27953	15380	151	7926		4496	3789
萨迦县	27066	18545	785	7525		211	64485
拉孜县	37574	27587	639	8682		666	1095

续表

地区	农林牧渔业产值	农业产值	林业产值	牧业产值	渔业产值	服务业产值	工业总产值
日喀则市							
昂仁县	28410	10055	7	17680		668	542
谢通门县	28633	17808	106	9271		1448	14506
白朗县	33788	27327	397	5747		317	7444
仁布县	13178	6818	134	5125		1101	6535
康马县	13022	5596	102	7024		300	901
定结县	9954	4645	73	4783		453	389
仲巴县	21451	22		20843		586	2630
亚东县	10717	2213	94	6765	1500	145	1411
吉隆县	9762	3882	45	5607		228	1224
聂拉木县	12798	5546	30	6692		530	4306
萨嘎县	9934	1335		8519		80	172
岗巴县	4712	1445		3192		75	2423
那曲地区							
那曲县	32608	6614		25855		139	8970
嘉黎县	22793	15592		7167		34	943
比如县	46069	34006		11742		321	1101
聂荣县	13292	1664		11579		49	48
安多县	13763			13749		14	158
申扎县	9936			9581		355	1598
索县	21057	12160		7586		1311	929
班戈县	16770			16420		350	1014
巴青县	27006	18149		8476		381	132
尼玛县	16840	58		16337		445	
双湖县	5015			4416	364	235	
阿里地区							
普兰县	5848	1585	80	3817		366	3035
札达县	4291	401	12	3828		50	470
噶尔县	6394	1159	63	5071		101	7715
日土县	9350	816	3	8381		150	540
革吉县	14978	197		14551		230	1302
改则县	26043	174		25564		305	382
措勤县	10638	75		10363		200	421
林芝市							
巴宜区	21535	10147	499	10546	84	259	80569
工布江达县	24738	9121	667	14333	59	558	705
米林县	17654	9025	84	6478	23	2044	1126
墨脱县	4697	2252	272	1783	1	389	348
波密县	25308	13756	1122	9703	1	726	1183
察隅县	17853	10762	318	6264	3	506	961
朗县	16246	6816	114	8830	6	480	1259

旅游发展主要通过创造就业机会（Durbarry，2002）、吸引外部投资（Sinclair，1998）、刺激地区消费（Divisekera，2010）以及增加税收（Archer，1995）等形式对地区经济增长产生正向影响。在中国，旅游产业对经济的作用存在一定的滞后性，对经济的影响也相对发达国家小（赵磊，2015）。从另外一方面来说，经济的发展也会促进居民旅游，张金宝（2014）的调研与分析证明了收入与预期收入会对旅游业有正向影响。西藏的旅游人数与收入中，绝大多数都来源于国内游客，而中国游客收入与预期收入取决于全国经济的增长，这带动了西藏的旅游业，也带动了西藏经济的发展。《西藏统计年鉴》中有 1983 ～ 2016 年旅游人数、收入增长率的数据，但是在 1991 年前波动性过大。从图 2.10（西藏自治区统计局，2017）中可以看出，1992 ～ 2016 年，西藏地区旅游人数及旅游收入增长率都很高，其中 1999 ～ 2009 年的平均增长率均超过 28%，远高于全国平均水平 15%（赵磊，2015）。

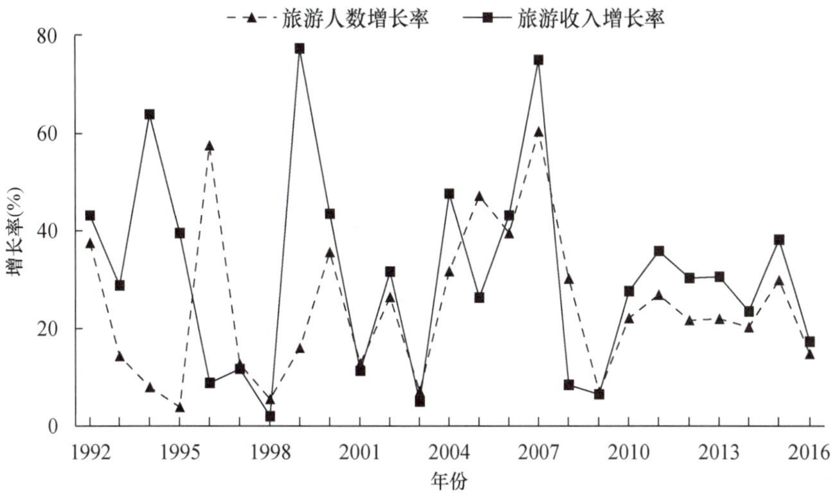

图 2.10　1992 ～ 2016 年西藏地区旅游人数、收入增长率

2.3.4　城镇化与工程建设

叶昌友和王遐见（2013）的研究表明，中国的经济增长在 1997 ～ 2010 年与公路建设有明显的相关性，其对区域经济增长有直接的拉动作用，同时可以通过有效带动就业和其他产业发展来间接拉动经济增长。从图 2.11（西藏自治区统计局，2017）中可以发现，在 2000 年前，西藏地区公路总长增加较少，而 2000 年后快速增长，这可能与经济发展带来的产业发展有关。此外，邮政业作为第三产业的重要组成部分是整个经济系统实物信息传递与沟通的桥梁，以及政府、企业和普通大众都不可或缺的交流渠道和网络，随着经济社会的发展，邮政业的网络、质量都被提出了更高的要求，也因此能够有更为和谐的发展（吴晓明和张程，2013）。涂智寿（2010）基于 1997 ～ 2008 年重庆邮政业与经济发展的相关性分析，发现经济发展与邮政业发展存在着正相关性，

邮政业的发展能够促进和带动经济的发展。从图 2.11 和表 2.4（西藏自治区统计局，2017）中可以看出，2000 年后，西藏公路总长增长迅速；邮政业务总量除个别年份外均持续增长，包裹数存在先上升后下降的趋势，这可能是由于 2000 年左右快递业务的兴起导致的；报刊期发数存在很大的波动性，可能是由于一方面新的报刊不断发行，另一方面传呼机、移动电话等移动媒体的兴起导致的。

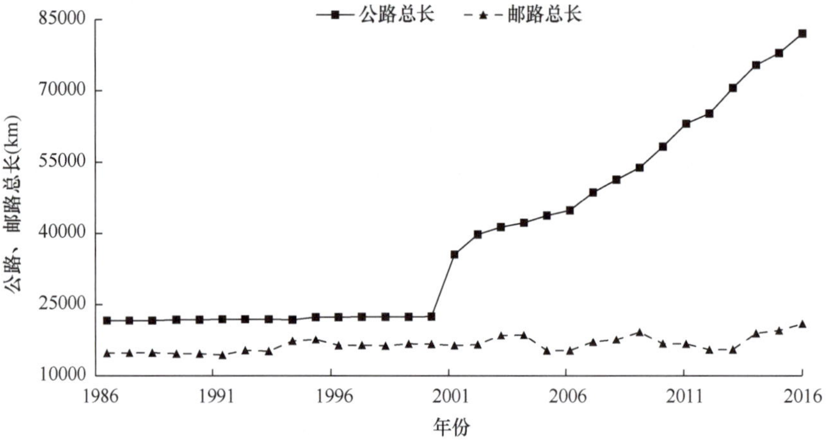

图 2.11　1986 ～ 2016 年西藏地区公路、邮路总长

表 2.4　1986 ～ 2016 年西藏地区邮政业务统计表

年份	邮政业务总量（万元）	函、包件总量（万件）	报刊期发数（万份）
1986	191	733	29
1987	203	812	24
1988	296	809	25
1989	396	796	21
1990	836	804	25
1991	1127	762	27
1992	1480	876	25
1993	1399	1180	26
1994	1527	1477	58
1995	1665	1669	22
1996	1858	1607	19
1997	2282	1393	26
1998	2410	1325	18
1999	3073	1449	27
2000	3220	1380	40
2001	7276	957	20
2002	8184	967	24
2003	9288	672	22

续表

年份	邮政业务总量（万元）	函、包件总量（万件）	报刊期发数（万份）
2004	10040	509	24
2005	10466	379	27
2006	11346	382	36
2007	13285	338	26
2008	14788	314	26
2009	16918	571	26
2010	12478	310	42
2011	13724	259	47
2012	14316	310	54
2013	15137	389	50
2014	16400	407	48
2015	17084	314	52
2016	21095	413	

中国的经济在改革开放 40 年来总体上保持了长期高速增长，形成了世界关注的中国模式，但是在国民经济快速增长的过程中，也积累了不少结构性矛盾，大量实证研究表明，中国收入差距在很大程度上表现为城乡收入差距（钞小静和任保平，2014）。钞小静和沈坤荣（2014）的研究中发现，中国经济发展中存在城乡收入差距通过劳动力质量影响经济增长的机制。从图 2.12（西藏自治区统计局，2017）中可以看出，西藏地区也存在该问题，在 1996 年、2001 年、2002 年这三年城镇 – 乡村收入比超过了 5 ∶ 1，2012 ～ 2016 年稳定在 3 ∶ 1 左右，同时房屋建设逐年递增，生产力逐步提高，见表 2.5。

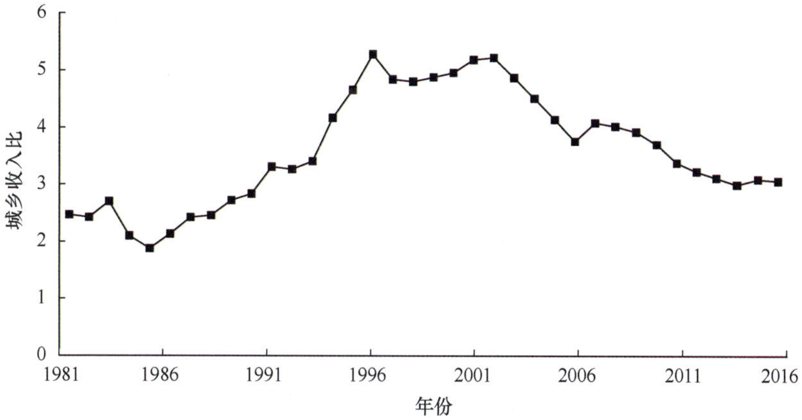

图 2.12　1981 ～ 2016 年西藏地区城乡收入比

表 2.5　西藏主要年份建筑业企业生产情况统计（2000 ～ 2016 年）

指标	2000 年	2010 年	2015 年	2016 年
企业个数（个）	141	174	167	194
建筑业总产值（万元）	168178	1218763	1069180	1114347
建筑工程产值（万元）	153122	1201636	878571	982679
安装工程产值（万元）	10099	11641	115307	68099
其他（万元）	4957	5486	75302	63569
建筑业增加值（万元）	45811	277279	251765	271608
竣工产值（万元）	133086	941158	718914	660406
房屋建筑施工面积（万 m^2）	86.98	272.42	295.41	244.98
房屋建筑工程竣工面积（万 m^2）	81.06	128.25	173.93	143.99
住宅面积（万 m^2）	27.53	56.33	102.69	102.14
全部职工平均人数（人）	26782	58315	34783	33606
全员劳动生产率 [元 /(人 ·a)] 按总产值计算	62795	208996	307386	331590
全员劳动生产率 [元 /(人 ·a)] 按增加值计算	17105	47548	70405	77951

邓逸等 (2014) 的模拟分析指出，至今为止，我国居民可支配收入增长率都低于国民生产总值增长率，但两者的差距随时间的推移不断缩小，并且居民可支配收入增长率将会反超国民生产总值。从图 2.13（西藏自治区统计局，2017）中可以发现，西藏地区在 2007 年起，人均可支配收入增长率与人均生产总值增长率几乎相当，提前于全国水平，从上述模拟的结论来看，这属于提前反超，可能的原因是该地区企业部门劳动者报酬占企业部门增加值的比重得到提高。

杭斌和闫新华 (2013) 的分析中指出，中国不仅处于经济转型期，同时还处于经济

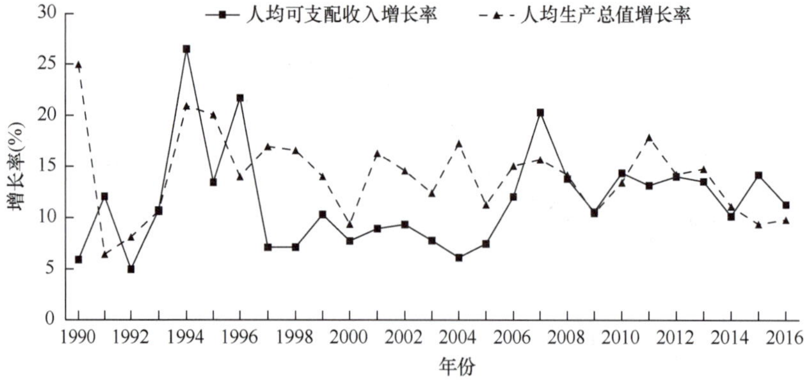

图 2.13　1990 ～ 2016 年西藏人均可支配收入增长率与人均生产总值增长率

快速增长期。1978 年以来，中国经济保持了接近两位数的平均增长率，社会平均生活水准也因此而不断提升，当人们已经逐渐习惯于生活水平不断提高时，其消费效用就不仅依赖于消费的数量，而且还取决于消费的增长幅度。在经济快速增长的同时，中国城镇居民家庭的预期支出也一直在不断提高。预期支出越高，家庭当前的消费预算也就越高。这说明自 20 世纪 90 年代以来，中国城镇居民的平均消费倾向呈明显下降的趋势。从图 2.14（西藏自治区统计局，2017）可以看出，自 20 世纪 90 年代起，西藏地区的居民消费倾向也呈下降趋势，但是在 2002 年存在一个异常的上升，有可能是由自然灾害或者不动产采购造成的，在这之后，居民消费倾向也逐步下降，直至最近几年，经济增长率趋向平稳，使得居民消费倾向有所回升。

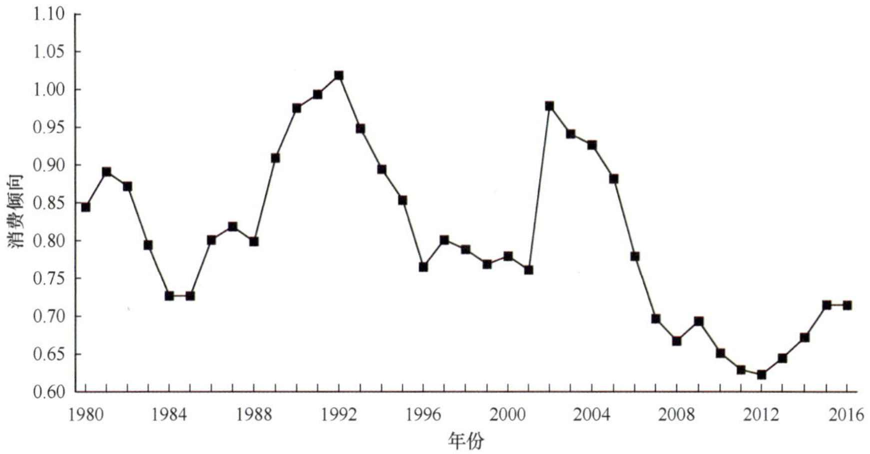

图 2.14　1980 ～ 2016 年西藏地区居民消费倾向

在一个国家和地区的经济发展过程中，城市化和经济增长往往是相伴相随的，中国的城市化在经历了中华人民共和国成立后至改革开放前的城市化抑制阶段，以及改革开放以来至 20 世纪 90 年代中期的以小城镇为主导的城市化阶段后，目前正处于城市化加速阶段（钱陈，2005）。蔺雪芹等（2013）的研究发现，自改革开放后，城镇化水平的提高与国民生产总值的提高有着直接的正相关关系，人均生产总值的提高会导致城镇化水平的提高，但反向看，城镇化水平的提高并不能对经济有明显的推动作用。从而影响城市化进程和经济增长的效率（钱陈，2005）。从图 2.15（西藏自治区统计局，2017）可以看出，1995 ～ 2016 年西藏城镇化水平不断提高，其中 2013 ～ 2016 年显著提升，而这并没有带动人均生产总值的提高。

二三十年来，西藏历经了长足发展，城市建设迅速，城市人口稳步增长，人均收入增加，人民文化素质渐渐提高。其在发展的同时应充分利用河湖源区的水资源，维护源区环境，寻求利益最大化。

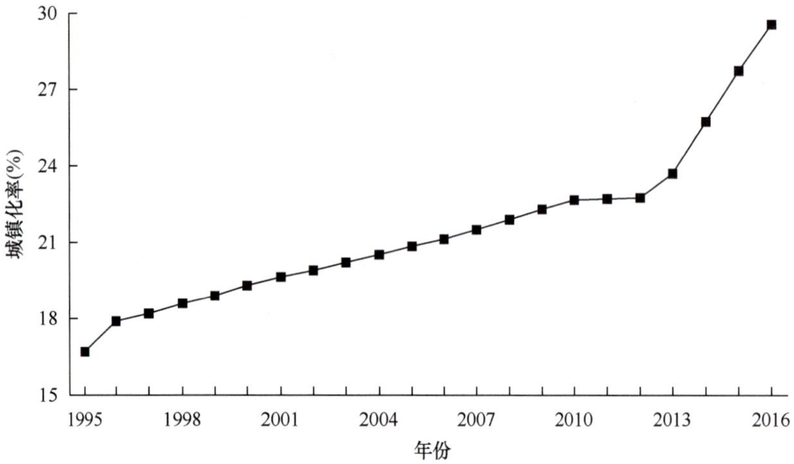

图 2.15　1995 ～ 2016 年西藏地区城镇化率

第3章

青藏高原西部气候特征及地表有效热通量特征分析

3.1 基本气象要素变化特征

气温、降水、风速与蒸发这些常规气象要素能够充分反映出河湖源区气象的变化特征，因此我们对青藏高原及西部流域这些常规气象要素的分布特征进行了分析，并利用高原西部具有代表性的3个站点（表3.1）的数据进行了分析与检测。

表3.1 河湖源区各站点经纬度及海拔

站点	经度 (°E)	纬度 (°N)	海拔 (m)
狮泉河	80.05	32.30	4279.8
改则	84.25	32.09	4416.1
普兰	81.15	30.17	3901.2

3.1.1 气温

气温是地气作用及能量交换的综合反映，因此在众多研究领域，如气候、水资源都需要该参数。植被是陆地生态系统的主体，是连接土壤、水分与环境的自然纽带，具有明显的季节变化和年际变化规律。温度的变化会引起生态系统中生物组成和多样性发生变化，使自然生态系统无法适应，从而改变生物群落的边界。随着全球变暖，青藏高原升温比周边地区更快，近50年来其变暖幅度超过北半球和同纬度的其他地区，被认为是“全球气候变化的驱动机和放大器”（潘保田和李吉均，1996），一直以来受到科学家的广泛关注。由于青藏高原自然条件险恶，山区气象观测台站很少且分布不均匀，气象资料极度匮乏，由这些台站获得的气象数据只能反映局地气温变化，并不能反映整个青藏高原的实际气温分布情况。姚永慧和张百平（2013）基于MODIS地表温度数据估算了青藏高原气温，发现青藏高原的增温效应非常突出，在相同的海拔上青藏高原内部气温要比外围地区高6～10℃。随后，姚永慧和张百平（2015）发现，等温线的海拔自青藏高原东北部、东部边缘向内部逐渐升高，等温线在青藏高原内部比东部边缘高500～2000m。青藏高原西北部的羌塘高原、可可西里为寒冷区，全年有7个月的气温低于0℃，3～4个月的气温低于–10℃；青藏高原南部和东部是青藏高原的温暖区，全年有5个月的气温能达到5～10℃，有3个月的气温能超过10℃，尤其是拉萨—林芝—左贡一带在3500～4000 m及3500 m以下的地区最冷月均温也能高于0℃。张核真等（2013）在对青藏高原的区域性研究中指出，青藏高原增暖幅度大于全国，青藏高原西北中东部升温趋势显著。焦洋等（2016）利用自然正交函数分解（EOF）、旋转自然正交函数分解（REOF）方法，对青藏高原年平均、冬季平均及夏季平均气温的空间分布特征及时间变化趋势进行分析，其中夏季平均气温分为柴达木盆地、西部、中东部及南部4个型，冬季分为东北部、西北部及南部3个型，并指出青藏高原在夏季受热力作用天气系统影响，而冬季受动力作用天气系统影响，发现青藏高原1979～2012年夏季中东部型和南部型气温有微弱的下降趋势，其他型呈上升趋势并有所减缓。

高原作为一个高大地形，海拔从周围的平原地区上升到 8000m，其增温幅度与海拔有密切的关系，表现在高原的增暖幅度要大于周围低海拔地区（Duan and Xiao，2015），且高原内部不同海拔的增暖幅度也不一致。Wang 等（2017a，2017b）利用 ERA-Interim 再分析数据（0.75°×0.75°）分析了 1979 ～ 2012 年青藏高原近地面气温的变化（图 3.1），研究发现，年均温在高海拔地区较低而在低海拔地区较高，青藏高原西部是青藏高原年均温较低的地方，多年年均温主要在 –9 ～ –3℃，其中冬季和夏季多年均温分别在 –18 ～ –9℃和 0 ～ 9℃。此外，在年际变化趋势上，分析结果表明，几乎整个青藏高原都呈现出增暖的趋势，其中增温趋势显著的区域（每十年

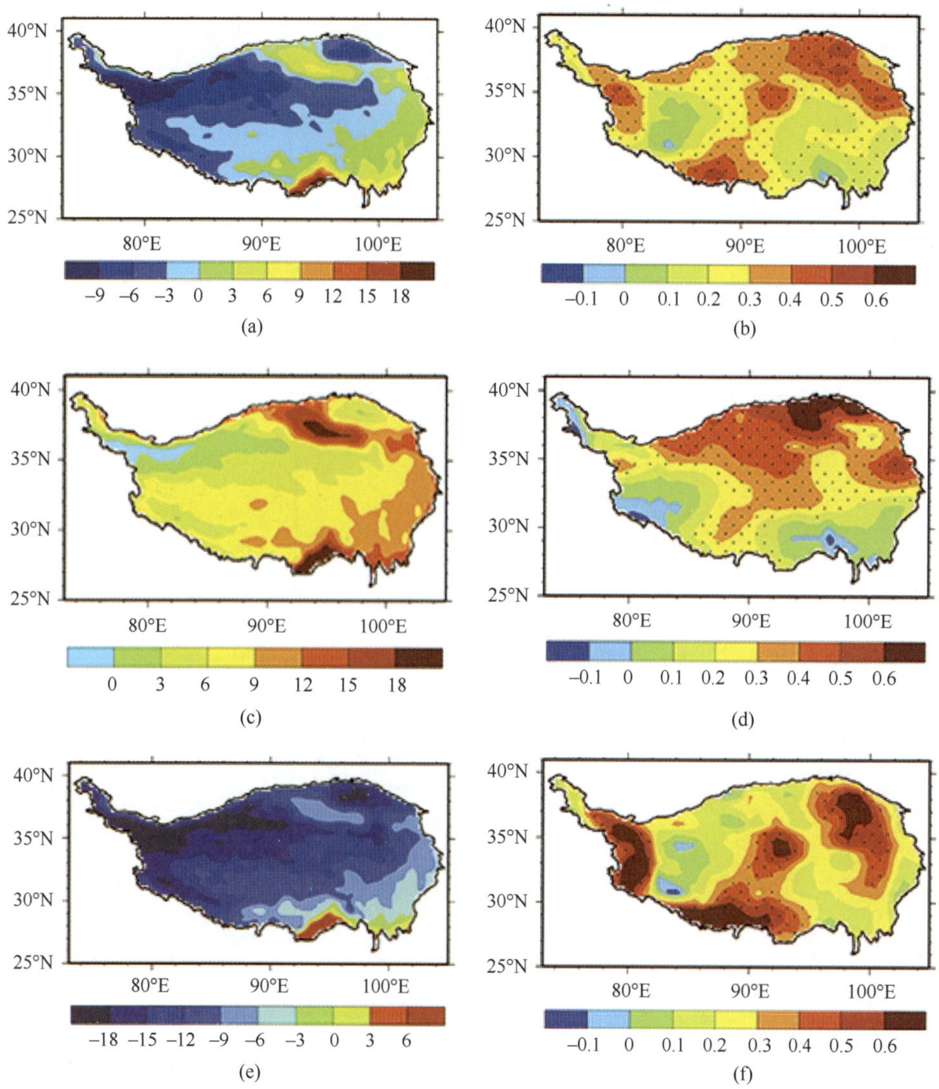

图 3.1　基于 ERA-Interim 再分析数据的青藏高原地区 1979 ～ 2012 年近地面气温均值（℃）及变率（℃ /10a）（Wang et al.，2017a）

(a)，(c)，(e) 分别代表年、夏季、冬季均温；(b)，(d)，(f) 分别代表年、夏季、冬季每十年温度变率

0.4 ～ 0.6℃）主要分布在青藏高原东北部、西部和南部部分区域。其中，高原西部地区气温上升趋势较为明显，但区域差异也较明显，该区域的西部和北部升温趋势显著，升温速度在每十年 0.3 ～ 0.6℃，而其东部和南部区域升温速度相对较慢，从气温季节变化趋势上来看，高原西部流域冬季升温尤为显著，特别是西部和西南部地区达到了每十年 0.4 ～ 0.6℃，而夏季变化趋势较小且西南部地区气温还呈现出下降的趋势，说明高原西部年均温的显著升高主要是由于冬季气温的增加而拉升的。

此外，基于自 1973 ～ 2016 年的中国地面气候资料月值数据集，对高原西部 3 个长时间观测的狮泉河、改则和普兰气象站点的气温数据进行分析（图 3.2)，发现河湖源地区的 3 个站点年均温均呈现出显著的上升趋势，其中普兰站升温趋势显著低于另外两个站点，且狮泉河站和改则站升温趋势较接近，每十年增温分别是 0.60℃和 0.56℃，该变化趋势和 1979 ～ 2012 年青藏高原 ERA-Interim 再分析气温数据结果较接近（图 3.1)。狮泉河站和改则站增温趋势接近于整个青藏高原但要高于青藏高原中部地区。尹云鹤等 (2013) 研究发现自 20 世纪 80 年代以来整个青藏高原的增温趋势达到了每十年 0.50 ～ 0.67℃。Chen 等 (2013a，2013b) 研究发现青藏高原中部地区在 1961 ～ 2001 年升温趋势为每十年 0.30℃。基于再分析资料对高原西部地区高空 550hPa 的年均温进行分析，如图 3.3 所示，年均温也呈现显著的上升趋势，但是相对于距地面 2 m 处气温增温趋势较小。

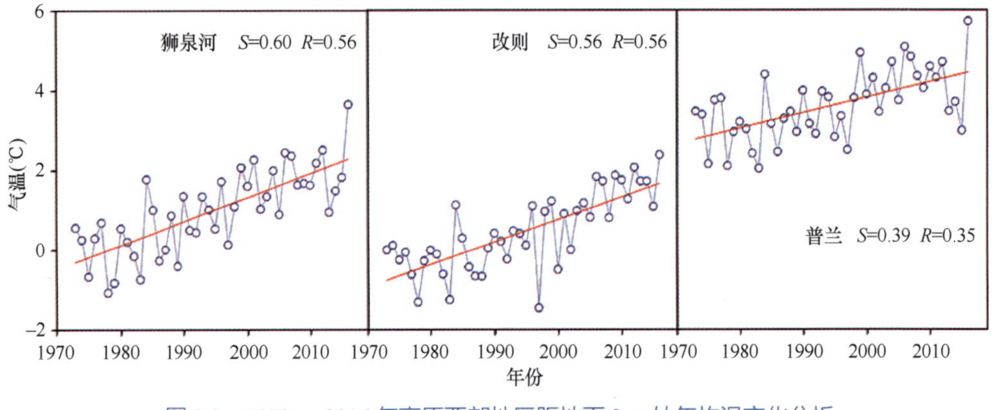

图 3.2 1973 ～ 2016 年高原西部地区距地面 2 m 处年均温变化分析

S 为每十年变化趋势（℃ /10a）

3.1.2 降水

降水是对天空降落的液态（雨）和固态（雪、雹）水量的观测和记录的总称。各种形式的降水均以其承受地点水平面上积聚的水层深度来表示。降水观测值是研究流域或地区水循环系统的动态输入参数，是研究水资源最重要的基础变量之一，在工农业生产、水利开发、江河防洪和工程管理等方面发挥着重要作用。青藏高原的气候主要受到印度季风、东亚季风和西风带的控制。其中，印度季风和西风带占主

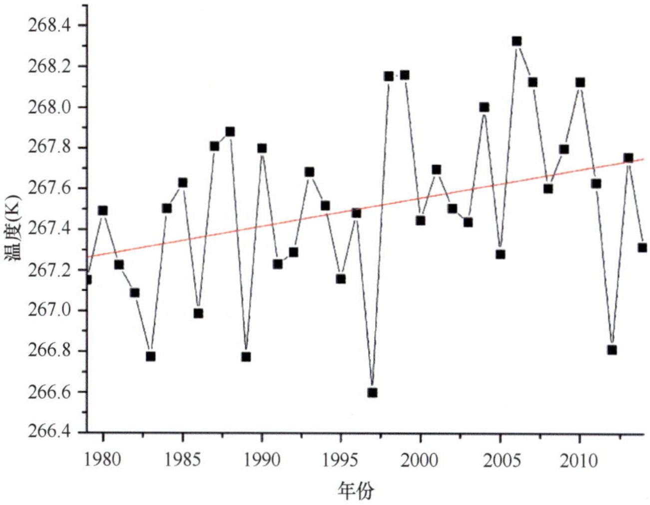

图 3.3 1979 ～ 2014 年河湖源地区 550hPa 年均温变化分析

导作用而东亚季风的作用有限，印度季风和东亚季风控制夏季气候而西风带控制着冬季气候 (Yao et al.，2012；Yang et al.，2014)。青藏高原年均降水量从东南部的超过 1000mm 向西北递减到不足 50mm，降水主要分布在夏季，其次是秋季和春季，冬季降水最少，其中 6 ～ 9 月的降水占到全年总降水的 60% ～ 90%(Kuang and Jiao，2016)。

青藏高原 1960 ～ 2010 年年降水量呈持续上升趋势，从 20 世纪 60 年代的 360mm 增加到 2010 年代的 390mm 左右。但一些研究发现，降水的增加趋势没有像气温那样显著，自 20 世纪 60 年代以来，区域年均降水量每十年增加 3.99 ～ 16.84mm，其中西北部每十年增加 3.99mm，东南部每十年增加 16.84mm。1971 ～ 2011 年，整个青藏高原的降水量平均每十年增加 7.5mm(Du，2004；You et al.，2012；Cuo et al.，2013a，2013b；Tong et al.，2014)。另外，青藏高原降水变化的空间分布十分复杂，年均降水量并没有呈现出一致的增加或是减少的趋势 (Cuo et al.，2013a，2013b；Gao et al.，2014)。在过去几十年间，三江源地区的年均降水量没有显著的变化趋势，其中 1961 ～ 2000 年长江源区年均降水量没有显著的变化趋势，而在 1979 ～ 2011 年却呈现出显著的增加趋势 (Li et al.，2010；Liang et al.，2013)。20 世纪 60 ～ 90 年代，黄河源区年均降水量增加了 7.4%(Hu et al.，2011)。在过去几十年间雅鲁藏布江流域的年均降水量也没有统计上的显著变化趋势 (You et al.，2007)。总之，青藏高原的一些子区域呈现出变湿的趋势，如青藏高原的北部和西南部，而另一些子区域则呈现出相反的变干趋势，如南部和东南部 (Kuang and Jiao，2016；Kang et al.，2010)。

林厚博等 (2015) 基于青藏高原地区 1961 ～ 2010 年高分辨率的逐日降水格点资料，对近 50 年青藏高原年和季节降水量的分布形式以及变化趋势进行了分析，指出青藏高原年平均降水分布不均匀，呈现出由东南部向西北部递减的分布形式，且同时存在季节差异，夏季降水最多，其次是春季和秋季，冬季降水最少。其中，夏季降水分布形式与年降水的空间分布格局对应关系较好；其他季节降水普遍集中在青藏高原南部、东南部以及西南部。季节降水变化趋势存在明显的时空差异，在降水量较大的季节和区域，其降水增加趋势相应较大，反之较小。四季中除了夏季位于青藏高原中东部较大范围的降水减少区以及冬季拉萨地区附近的两个降水减少中心外，其他地区各季节都表现出降水增加的趋势。

此外，基于 CN05.1 观测资料分析了青藏高原 1961 ～ 2012 年年降水量、冬季、夏季降水量（图 3.4），指出青藏高原降水从东南到西北呈减少趋势，且青藏高原冬季降水相对较少 (Wang et al.，2018)。得到的高原西部地区的降水量与林厚博等 (2015) 的结果一致，即青藏高原西部降水整体较青藏高原东部少，但是冬季该区域存在一个降水量相对大的区域。

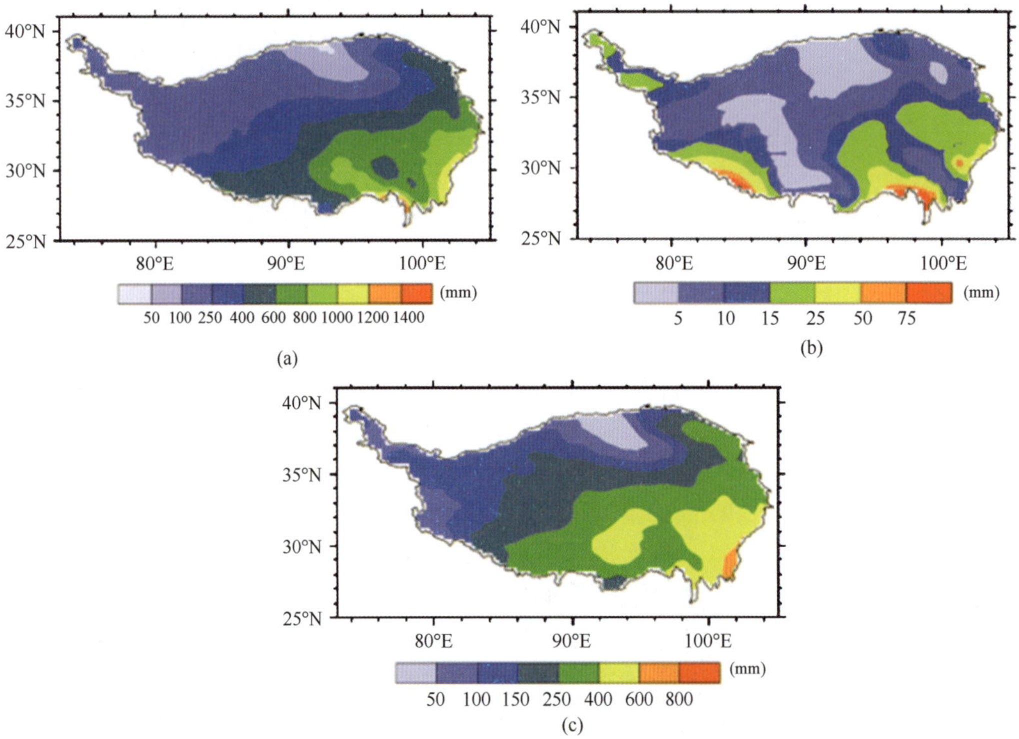

图 3.4　基于 CN05.1 观测资料得到的青藏高原 1961 ～ 2012 年年降水量 (a)、冬季降水量 (b)、夏季降水量 (c) (Wang et al.，2018)

对高原西部的狮泉河站、改则站和普兰站 1973 ～ 2016 年中国地面气候标准值数据集的年降水数据进行分析，如图 3.5 所示，发现改则站和普兰站年降水量呈现出先减少后增加的趋势，转折点发生在 2000 年。2000 年以前年降水量每十年降低 14.1mm 和 20.6mm，表现为变干趋势，2000 年之后每十年增加 16.6mm 和 29.9mm，表现为增湿趋势。而狮泉河站降水变化趋势较微弱，1973 ～ 2016 年每十年降低 1.9mm，但在 2010 年之后降水量有显著增加趋势。

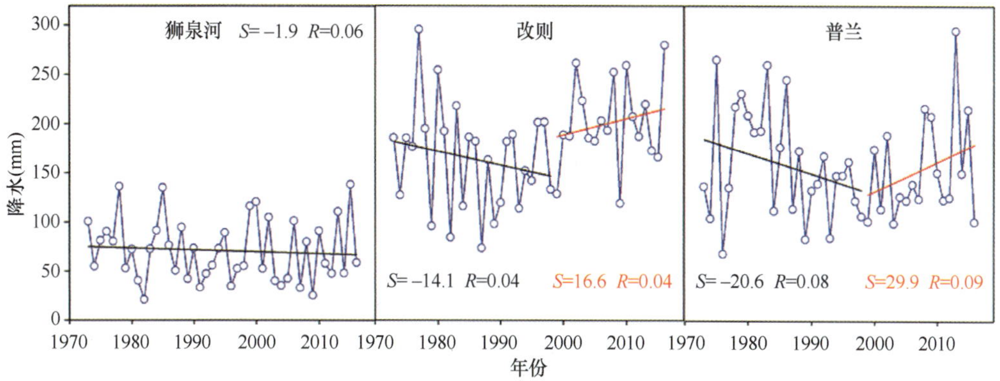

图 3.5　1973 ～ 2016 年高原西部地区年降水量变化分析

S 为每十年变化趋势（mm/10a）

3.1.3　风速

高原西部流域是处于西藏西北的西风控制地区，风速风向的变化对大气环流输送有着重要的影响，特别是水汽的输送对该地区水循环有着极其重要的作用，进而影响下游的流域水循环和地方经济发展。正确分析风速风向的变化趋势，可以为合理管理该地区水文水资源提供有利的科学依据。

20 世纪 70 年代，在中国区域范围内的风速存在减小的趋势（Xu et al.，2006；Jiang et al.，2010），在高原地区减小趋势更加显著（Yang et al.，2011）。在 NCEP 再分析中，Zhang 等（2009）研究表明，高原上的夏季压力梯度力在风衰竭期间下降，并且该研究将风的下降归因于大气环流的调整。Duan 和 Wu（2008，2009）基于数值模拟进一步研究表明，亚洲高纬度地区的变暖可能是造成这种减小的原因。为了进一步了解该地区风速变化的特征，Lin（2013）使用 CMA 数据和 IGRA（integrated global radiosonde archive）（Durre et al.，2006）数据分析了风速的长期变化，他们提供了直接证据来支持 Duan 和 Wu（2009）的发现。同时有研究表明，自 1960 年以来，中国的风速经历了 3 个阶段：1970 年左右的风速骤增，2002 年之后的长期下降以及之后的稳定且均匀的恢复趋势（Yang et al.，2014）。青藏高原的年均风速从高原东南向西北增加。1980 ～ 2005 年，年均风速由青藏高原东南部的低于 1.5m/s 增加到西北部的高于 3.5m/s（You et al.，2014），而整个青藏高原的年均风速为 2.25 m/s。自 1970 年初期开始，青藏高原的年均风速呈现出连续减小的趋势（图 3.6），1970 ～ 2009 年青藏高原年均风速以每十年 0.21m/s 的速度递减（Xie and Zhu，2013）。1984 ～ 2006 年，青藏高原风速在湿润区（年均降水量大于 800mm）以每十年 0.20m/s 的速度稳定递减，而在干旱区（年均降水量小于 200mm）递减的趋势增加到每十年 0.40m/s（Yang et al.，2011），表明青藏高原干旱地区风速递减速率更大。研究表明，近 40 年来，整个青藏高原几乎所有站点的风速都呈现出降低的趋势，仅有极少数站点风速增加，此外，大多数气象站点的风速都有明显的下降趋势（图 3.7）。此外，并没有发现青藏高原风速的减小趋势具有海

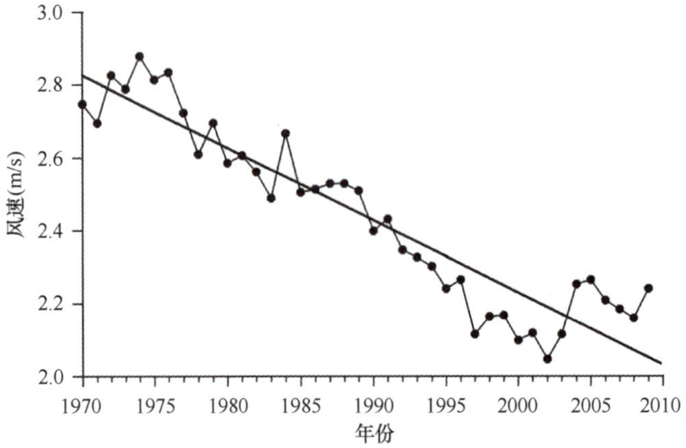

(a)

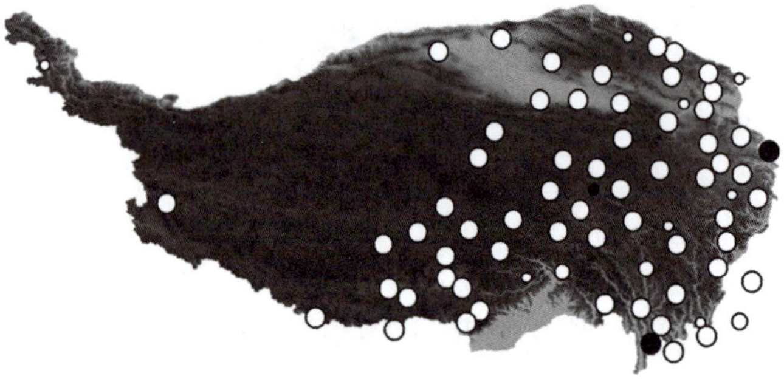

(b)

图 3.6　青藏高原风速随时间的变化趋势，直线代表线性变化趋势（a）；1970 ～ 2009 年青藏高原年均风速的空间变化趋势，黑白圆圈分别代表增加和降低趋势（b）

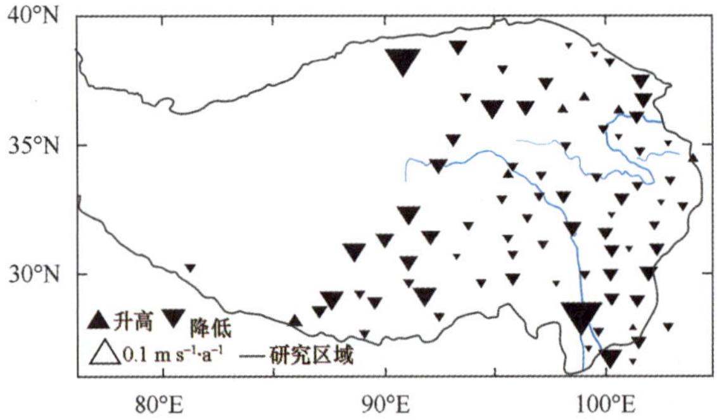

图 3.7　青藏高原观测站点风速变化趋势（Yang et al.，2014）

拔依赖性，所有海拔的风速几乎都在持续下降。季节上，1980 ～ 2005 年风速在各个季节都表现出显著减小的趋势，其中春季风速减小的速度最快。Yang 等（2014）基于中国气象局青藏高原站点 1984 ～ 2006 年的观测数据指出，青藏高原风速包括西部地区的站点在内，几乎所有站点都呈显著减弱趋势。

对高原西部地区的狮泉河站、改则站和普兰站 1973 ～ 2016 年的中国地面气候标准值数据集的风速数据进行分析（图 3.8），发现改则站和普兰站年均风速呈现出显著的减小趋势，每十年分别减小 0.22 m/s 和 0.11 m/s，该减小趋势要远高于青藏高原东南部地区风速的变化。而狮泉河站风速变化比较复杂，在 1997 年之前风速以每十年 0.41 m/s 的速度显著降低，但是在 1997 年之后风速以每十年 0.42m/s 的速度显著增大。通过分析 ECWMF 资料，获得了青藏高原西北部高空 550hPa 的风场变化趋势，如图 3.9 所示，年平均的东西向风速主要在 2.0 ～ 3.5m/s 波动，波动的幅度较大，平均水平风速约为 2.7m/s，但通过长时间的趋势变化，高空 550hPa 的水平风速有着微弱的增大趋势；在南北向经向风速上，如图 3.10 所示，风速在 0.7m/s 左右波动，变化较大，相对于东西向风速，要小很多，但是从长期的变化趋势来看，南北向风速比较稳定，变化不大。但是综合东西南北向风速，550hPa 高空的风速存在微弱的增加趋势。

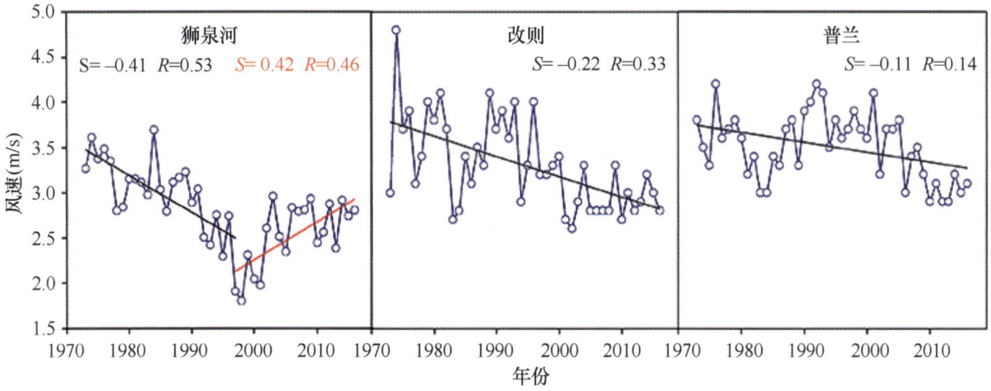

图 3.8　1973 ～ 2016 年青藏高原西部地区地面风速年均变化分析

S 为每十年变化趋势 [(m/s)/10a]

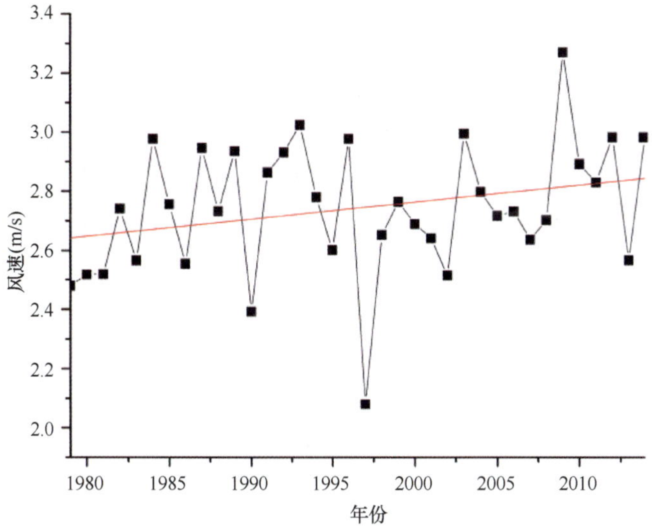

图 3.9　1980 ～ 2014 年青藏高原西部地区 550hPa 纬向风速（东西向）年均变化分析

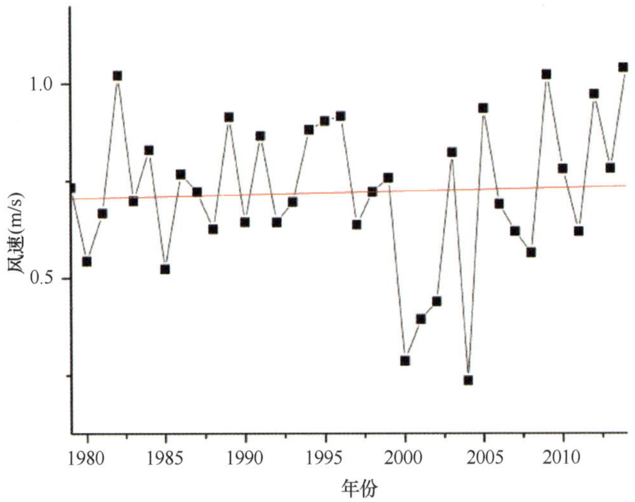

图 3.10　1980 ～ 2014 年青藏高原西部地区 550hPa 经向风速（南北向）年均变化分析

风速减小表明区域大气环流可能减弱 (Chen et al.，2006a；Zhang et al.，2007a；Zhang et al.，2009)。西伯利亚高压、东亚季风以及印度季风在过去几十年间都表现出衰减的趋势 (Wu，2005；Jiang et al.，2010；You et al.，2010)。一些学者指出，青藏高原风速的降低很可能就是上述季风环流的衰减造成的 (Liu et al.，2011；Xie et al.，2015)。此外，风速下降的最终原因可能是近期的全球变暖 (You et al.，2014)。亚欧大陆东部的中纬度到高纬度的温度升高，导致气压梯度降低，并最终导致青藏高原风速的降低 (Guo and Wang，2011)。同时也有学者指出，青藏高原人类活动对风速的影响相对较小，风速的变化主要是自然原因造成的 (You et al.，2014)。

3.1.4　蒸发

通常所说的蒸发包括蒸发皿蒸发量、潜在蒸发量、实际蒸发量。蒸发皿是用来测量进入大气中的水分的蒸发仪器，蒸发皿蒸发量只能说明这一地区的蒸发能力，而不能说明实际蒸发量。潜在蒸发量表示在一定气象条件下水分供应不受限制时，某一固定下垫面可能达到的最大蒸发蒸腾量，也称为参考作物蒸散。实际蒸发量指作物全生长期或其中某时段消耗于作物蒸腾、棵间蒸发以及构成植物组织的水量，实际蒸发量指实际被蒸发的水分量，实际蒸发量通常小于潜在蒸发量，潜在蒸发量能够全面反映一个地区的蒸发能力，潜在蒸散量的变化会对陆地表层生态和环境产生影响，因此，对潜在蒸发量（蒸发皿蒸发量也是一个重要的估算潜在蒸散发的指标）的时间和空间变化趋势的研究，对于探究气候变化对青藏高原上陆地水循环过程的影响具有极其重要的指示意义。

青藏高原蒸发量不但对亚洲季风系统的形成和演化具有重要作用，而且与青藏高原地表水资源变化密切相关。杜军和马玉才 (2004) 的研究显示，1971 ～ 2000 年西藏大部分地区降水呈增加趋势，而高原西部流域呈减少趋势。最近几十年，关于气候变化的研究侧重于降水的变化和湿度的变化。然而，过去几十年间，已经观测到降水在青藏高原大部分区域增加（Wu et al.，2007；Xu et al.，2008；林振耀和赵昕奕，1996；韦志刚等，2003）。著名的 Clausius-Clapeyron 理论认为，温度和水汽压之间呈正相关关系，温度的增加会导致湿度增加，而水汽压会不断加大，最终导致蒸散发增加。Bouchet（1963）研究发现，实际蒸散发与潜在蒸散发之间的互补关系原理，该互补关系在全球各种不同下垫面的蒸散发研究中得到了广泛的验证。

到目前为止，已经有很多学者对青藏高原的蒸散发做了研究，但通过对潜在蒸发量变化的分析，人们认为全球许多地区的蒸发皿蒸发量存在显著的下降趋势，实际蒸散在增加（丛振涛等，2008）。过去的研究成果也揭示了高原总体规模地表潜在蒸发表现出下降趋势（Zhang et al.，2007a），尤其是 1966 ～ 2001 年，潜在蒸发量（蒸发皿蒸发量或参考蒸发量）显示下降趋势（Zhang et al.，2009）。谢虹等（2012a）分析高原 76 个台站的蒸发皿蒸发量数据发现，高原上蒸发皿蒸发量在所有季节都显示降低的趋势。Bowen（1926）从能量平衡方程出发，基于边界层扩散理论建立了波纹比能量平衡法来估算地表蒸发量。Ma 等（2015）则比较了以上各种模型在青藏高原的应用，认为 Katerji-Perrier 模型和非线性互补关系模型比较适合该区域蒸散变化研究。Brutsaert（2013）利用基于蒸发皿蒸发量观测资料的模型，指出 1966 ～ 2000 年，青藏高原陆面潜在蒸发趋势为 0.70 mm/a^2。Zhang 等（2007b）揭示了高原总体规模地表蒸发量的下降趋势，同时指出年日照时数和平均风速的显著下降、年平均相对湿度的明显增加，以及平均气温日间差的显著减小和降水量的增加可能是十年蒸发皿蒸发量显著下降的主要原因，也指出地表土壤湿度的增加导致蒸散发微弱增加（张寅生等，2012）。雅鲁藏布江流域多年平均潜在蒸散发从东南向西北呈递增趋势，即从流域上游向下游呈递减趋势（张小侠，2011）。Yao 等（2013）等对 Priestley-Taylor 模型进行了修改，利用 MODIS 数据和气象观测数据对 2001 ～ 2010 年全国蒸发量进行了估计，其结果表明，全国大部分地区蒸发量呈下降趋势，其中青藏高原地区的下降速率为 0.4W/m^2。Hu 等（2009）等利用 Shuttleworth-Wallace 模型，以西藏拉萨通量站和青海北部通量站的实测数据为模型驱动数据，估算了蒸发量的日变化和季节变化特征。Yao 等（2008）利用实测数据统计了 2004 ～ 2005 年青藏高原唐古拉山地区的感热通量和潜热通量。Zhang 等（2007a，2007b）通过对高原境内 16 个流域的径流量进行分析，结果表明，1966 ～ 2001 年流域的蒸散发呈现显著上升趋势。

青藏高原大部分地区降水增加引起实际蒸发量呈增加趋势，潜在蒸散呈显著减少趋势（尹云鹤等，2013），空间上呈现明显的东高西低、南高北低的格局（Ma et al.，2014a；Zhong et al.，2014）。包括 Landsat TM（马耀明等，2004）、Landsat-7 ETM（Ma et al.，2007）、ASTER（Ma et al.，2009）、MODIS（Ma et al.，2011）等在内的多种遥感影像数据逐渐用于青藏高原蒸散估算。Xue 等（2013）通过水量平衡法估算流域蒸散，验证了多种遥感蒸散产品在青藏高原的有效性。针对青藏高原地区的复杂地形，Amatya 等（2016）基于 MODIS 和 GLDAS 数据，应用 TPSEBS 模型提取了喜马拉雅山脉中部区域潜热通量，并且分析了它与季风的关联性。Han 等（2016）则修正了 TPSEBS 模型参数，以更加准确地获取区域蒸散。青藏高原上各观测站点的多圈层综合观测资料则促进了各类蒸散估算模型的关键参数，如粗糙度参数改进。

对于整个青藏高原的长时间序列和空间分布的蒸散变化情况而言，基于 Chen 改进后的 SEBS 算法，结合 MODIS LST、NDVI、全球森林高度和 GlobleAlbedo 数据得到全球陆地蒸散产品（Chen et al.，2012，2014），因此，基于蒸散产品可以对蒸发量的空间分布和时间变化有一个很好的分析。对 2001 ～ 2016 年月平均蒸散产品进行分析，从图 3.11 可以看出，卫星过境时刻的青藏高原蒸发量全年、季均值都为正值，存在明显的空间分布特征和季节变化，且受南亚夏季风爆发的影响，在夏季达到最高值，最高值可达到 30mm/d；冬季则为蒸发最弱的季节，冬季整个青藏高原的蒸散量小于 5mm/d。从空间分布来看，青藏高原四季感热空间分布呈现自东南向西北递减的特征，从季节变化上来看，随着太阳辐射等其他因素的变化，青藏高原的夏、秋两季的蒸散量远高于春、冬两季的蒸散量。从图 3.11 中可以看出，青藏高原西南部地区潜热通量在各季节都相对较强，这可能与冷季印缅槽的维持、暖季南亚夏季风的建立以及喜马拉雅山脉高海拔导致的常年积雪有关。

为了研究高原地表蒸发状况的年际变化趋势，利用最小二乘法计算了青藏高原各个季节蒸发量的线性变化趋势，如图 3.12 显示，在春、夏、秋三季青藏高原大部分地区的蒸发量在年际间有明显的变化趋势，在青藏高原西北部变化较小，在青藏高原中部地区春季蒸发明显增强，变率为 +3mm/10a，在夏季和秋季，蒸发呈有所减弱的趋

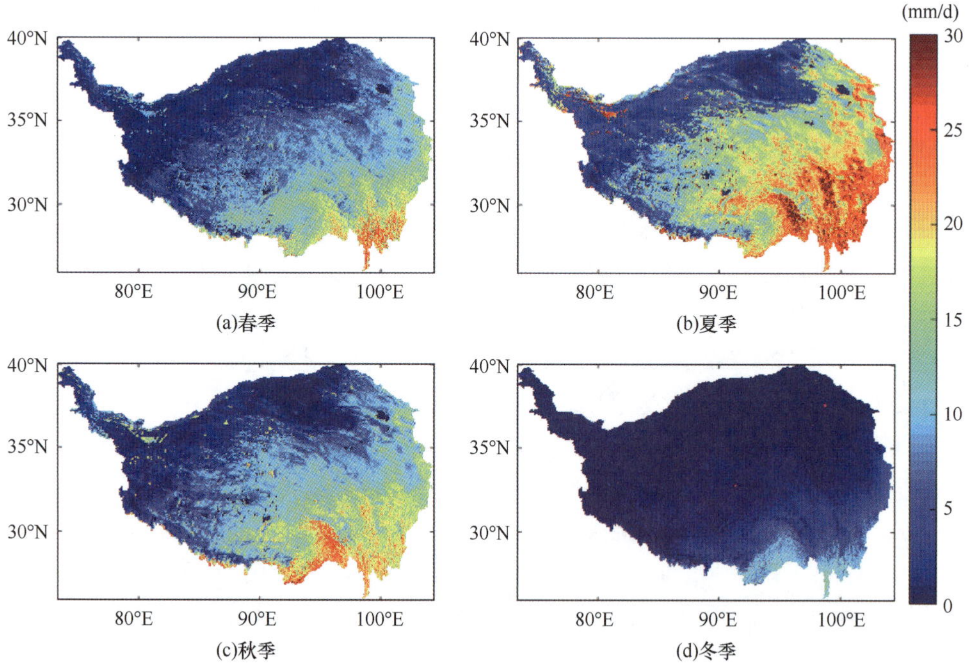

图 3.11　2001 ～ 2016 年青藏高原蒸发量在不同季节的空间分布

势，变率为 –4mm/10a；在高原东部，蒸发在 3 个季节都表现出较弱的趋势，变率为 –2mm/10a；在高原东南部，蒸发表现出增强的趋势，变率为 +3mm/10a；但是由于青藏高原冬季地表蒸发的数值相对较小，在冬季整个青藏高原的蒸发情况没有明显的变化，年际变化并不显著。通过对以上整个青藏高原蒸发的时空分布进行分析，青藏高原偏西地区的蒸发相对较小，年际间变率也很小，在青藏高原的西部地区，各个季节的蒸发量相对于青藏高原东部地区小得多，但是在夏季有所增大，达到 15mm/d 的最高蒸发量，通过长时间序列来看，在西部地区，蒸发的年变率也比青藏高原中东部地区柔和得多，但是大部分地区蒸发都是呈现着增加和减少相互交错，总体上呈现着减弱的趋势，由图 3.13 显示（Han et al.，2017），在高原西部地区的潜热通量在长时间序列上也显示出 2W/(m^2·a) 的减弱趋势，同时在 P<0.1 的显著性检验下蒸发表现出显著的减弱趋势。

对高原西部的狮泉河、改则和普兰 3 个气象站 1973 ～ 2017 年的中国地面气候标准值数据集气象日观测小型蒸发皿潜在蒸散发量的数据进行年平均处理分析，在时间序列上，如图 3.14(a) 所示，普兰站在 1973 ～ 1985 年，潜在蒸散发量呈显著减弱趋势，平均日潜在蒸散量最低约为 5.5mm/d，线性趋势约为 0.67mm/10a；但是 1985 ～ 2016 年，又出现了显著的增加，线性趋势为 0.52mm/10a，增加趋势有所放缓。如图 3.14(b) 所示，1973 ～ 2016 年，改则站日平均潜在蒸散量在 6.0 ～ 7.0mm/d 年际波动的同时，日平均潜在蒸散量约为 6.4mm/d，整体上存在微弱的减弱趋势，但不明显，

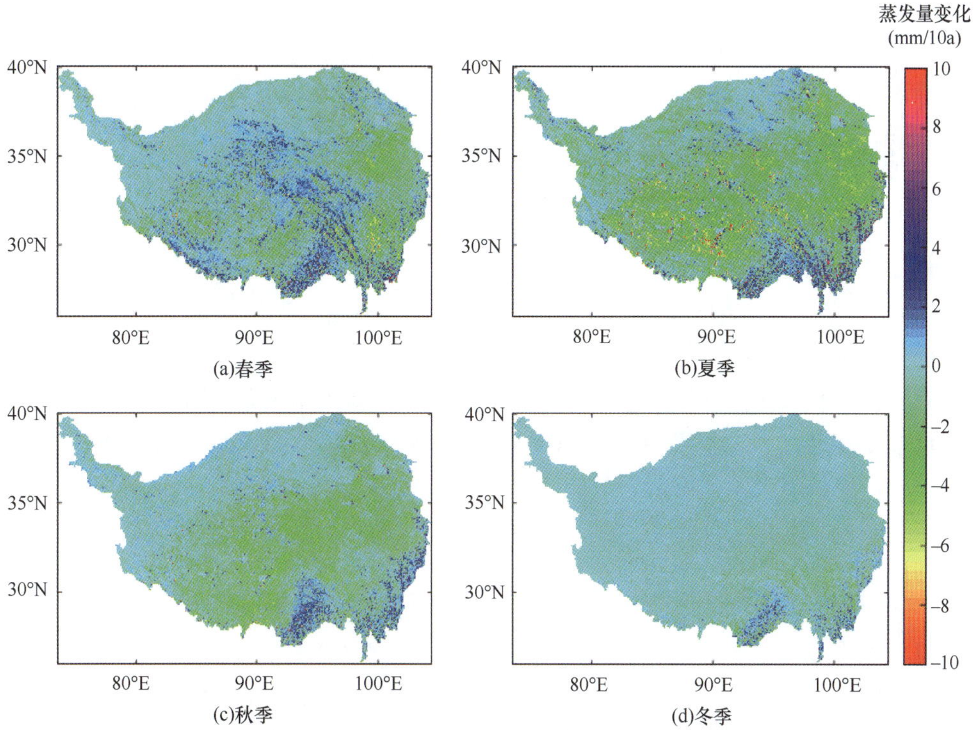

图 3.12　2001 ～ 2016 年青藏高原平均蒸发量变化（10 年）在不同季节的空间分布

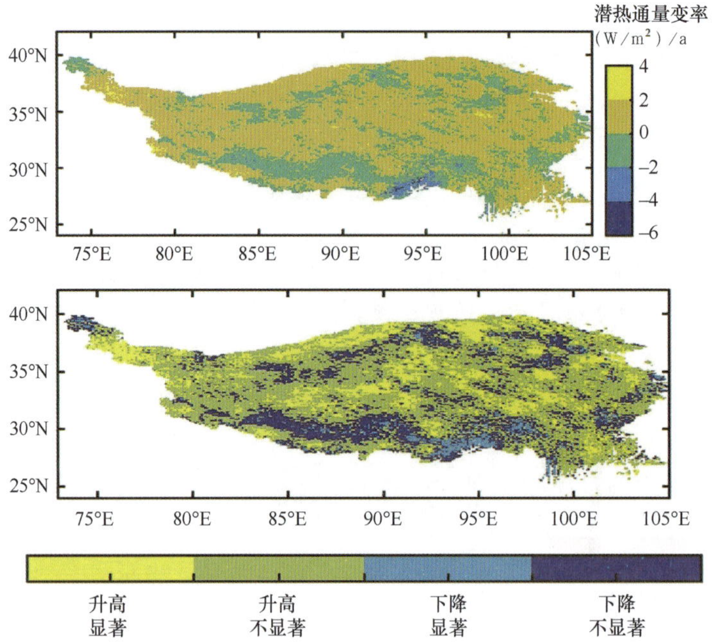

图 3.13　2001 ～ 2012 年青藏高原潜热通量变率空间分布和线性趋势分析

相对稳定，线性趋势为 0.069mm/10a。如图 3.14(c) 所示，在狮泉河站，和其他两站又有不同，1973 ～ 1996 年，潜在蒸散量呈显著的增加趋势，最高约为 8.0mm/d，线性趋势约为 0.52mm/10a；但是 1996 ～ 2016 年，潜在蒸散量又呈减弱的趋势，线性趋势为 0.65mm/10a，比之前的增强趋势稍强。从整个高原西部地区来讲，潜在蒸散量在长时间序列里存在着微弱的减弱趋势，与前面整个青藏高原气候背景条件下表现出一致性。地表蒸散状况既受气候条件的制约，又受地形等地理环境的影响，区域差异性明显。为了更好地理解气候变化对蒸散的影响，由于影响蒸散的因素众多，各气候要素变化的时空差异复杂多变，在不同区域的特定气候条件下，同一气候要素对蒸发的作用也不尽相同。例如，温度、水汽压和净辐射等影响要素的不同变化组合可能是导致潜在蒸散呈减弱趋势的原因 (Yang et al.，2014)。

目前，对于青藏高原的蒸散发和土壤湿度的研究还不充分。马晓波和胡泽勇 (2005) 指出，青藏高原近 40 年来大部分降水增加，但是在南疆和西藏西北部部分站点出现减小趋势；杜军和马玉才 (2004) 同样指出，近 30 年阿里河湖源地区的降水量呈负趋势，出现了暖干化趋势；吴绍洪等 (2005) 指出，青藏高原降水呈增加趋势，潜在蒸散呈现降低趋势，干湿状况由干向湿发展。因此，对青藏高原上西北部变湿还是变干的研究还不完整，还有待深入研究。从站点蒸发皿蒸散量的观测记录来看，高原西部科考区潜在蒸散量有微弱的增强变化趋势，实际蒸散量增加。进一步了解高原西部气温、降水和土壤湿度间的关系，有助于深入了解水分和能量的空间分布，进一步完善该地区的气候研究和水资源的研究成果，提高大尺度范围内的大气环流模式的预报能力，其对区域水资源评估、水资源开发利用和环境保护等方面具有重要的价值。

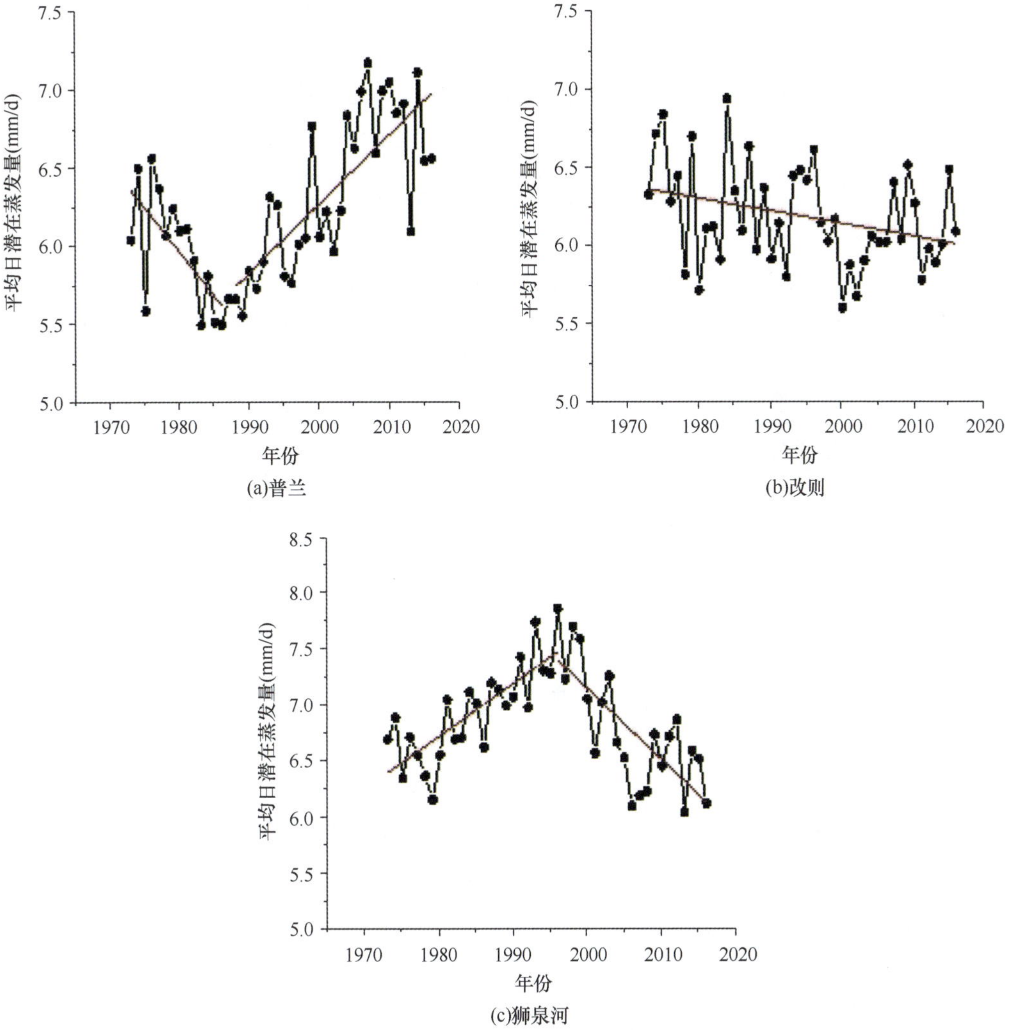

图 3.14　1973 ～ 2017 年高原西部地区日均潜在蒸发量时间序列变化分析

此外，蒸散发的监测在全球气候变化、区域气候变化以及水循环模拟研究等方面具有重要价值，其也是评价自然植被和农田生态系统健康状况的重要因子。

3.1.5　小结

近几十年以来，在全球气候变化大背景下，青藏高原总体上呈现出变暖、变湿、风速减小、潜在蒸发降低的过程，但是这种变化在空间上又呈现出不同的差异性。这些复杂变化与响应将对区域、亚洲甚至全球的能量水分平衡及气候变化产生重要的影响。通过分析青藏高原西部的站点观测数据及再分析资料表明，在长时间序列里，气温、风速和潜在蒸发变化与青藏高原总体变化趋势较一致，但某些站点的降水表现出一定的差异性，这些复杂的变化与局部及大尺度的气候变化密切相关。由于地处青藏高原腹地，气象观测站点极其匮乏，获取的数据较为有限，后期随着“第二次青藏高原综合科学考察研究”在河湖源区的深入进行，通过在关键区布设气象观测站点、构建加密观测网等措施，将会对河湖源区的气候背景及变化有更加深入和准确的认识。

3.2 地表热通量及其加热场特征分析

自叶笃正等 (1957) 和 Flohn(1957) 分别发现青藏高原在夏季为热源后，诸多学者开始对青藏高原的热力特征及其热力作用进行了研究（叶笃正和张捷迁，1974；叶笃正等，1979；陈隆勋和李维亮，1983；Luo and Yanai，1984；Li et al.，1992）。这些研究推动青藏高原研究由单纯的动力作用向青藏高原特有的动力与热力耦合作用转变。本节通过分析青藏高原地区整体地表热通量得出青藏高原整体地表加热场的分布特征，随后利用 ERA-Interim 再分析资料对高原西部流域地表热通量的变化特征进行了分析。

3.2.1 地表感热通量特征分析

为了更好地了解青藏高原西部流域过去几十年间的气候背景及其变化特征，地表热通量是一个很好的切入点。首先，我们应该对青藏高原地区整体地表热通量进行了解。研究表明，青藏高原的热力作用以及地气间的物质能量交换过程对我国、亚洲乃至全球的气候变化均有着重大的影响。而青藏高原对大气的动力和热力作用主要是通过下垫面与大气的相互作用，并通过湍流方式进行物质和能量交换而实现的（仲雷等，2006）。马伟强等 (2005) 发现，高原表面感热和潜热在不同的月份起着不同的作用，其中夏季以潜热为主，冬季则以感热为主。马伟强等 (2007) 还发现高原感热通量日变化十分明显，且夏季日变化明显大于冬季。其中，白天一般为正值，感热向上传输（地面加热大气），夜间一般为负值，感热向下传输（大气加热地面）。李栋梁等 (2003) 利用青藏高原主体的 60 个地面气象观测站 1961 ～ 2000 年的观测资料，计算了青藏高原的地面感热通量。结果表明，多年平均地表感热通量仅在冬季小范围出现较弱的负值，其余时间均为正值。感热通量大的地方其年际变化也大，其年际异常的主要空间型，第一为南北差异，第二为东西差异，第三为青藏高原主体及东部地区与外围的差异。青藏高原地面感热在年际变化中存在明显的 10 年际以上的变化趋势，具体表现在 1961 ～ 2000 年，冬季青藏高原北部和西部地区地面感热有减弱趋势，而青藏高原中部和东南部呈明显的上升趋势；夏季青藏高原主体及东部地区感热通量不断加强，而青藏高原西部地区则相反。阳坤等 (2010) 利用青藏高原 1984 ～ 2006 年的常规气象观测资料，分析了计算的青藏高原地表感热通量的变化趋势，发现由物理方法估计的年均感热通量以每十年 2% 的速率在减弱；除冬季外，各季节的感热通量有每十年 2% ～ 4% 的减弱趋势。姚济敏等 (2008) 发现感热与潜热存在着明显的季节变化特征。其中，感热春季较大，夏季有所降低；潜热夏秋两季较大，冬春较小，这与季风活动，多年冻土活动层冻、融过程及净辐射变化有很紧密的联系。

随后，在青藏高原地面感热通量的基本气候特征以及异常变化的空间结构和时间演变趋势研究的基础上，李栋梁等 (2003) 进一步就青藏高原地面感热异常对北半球大气环流和中国气候异常的影响进行了诊断研究，发现在冬季，当地面感热在青藏高原西部与青海北部地区异常偏弱、在青藏高原中部及东南部异常偏强时，北半球 100hPa 高度场的年际差异会加强。当青藏高原西部、南部感热通量为正，柴达木盆地及青海东部地区为负时，新疆南部、西北东部及江南地区降水减少，全国大部地区气温偏高。随后，李栋梁等 (2003) 又通过数值模式进行了敏感性试验，证实了大气环流及区域气候变化对青藏高原地面感热总体异常的响应。柏晶瑜等 (2003) 探讨了春季青藏高原感热的分布特征，对青藏高原地区地 – 气温差与感热的合成分析表明，长江中下游地区旱涝年春季青藏高原近底层热力结构分布差异显著；统计分析与数值模拟试验也证实了春季青藏高原下垫面感热的南北非均匀异常分布，对长江中下游地区夏季降水存在着显著影响，即春季高原下垫面感热非均匀异常分布特征可能是长江中下游地区夏季旱涝的“强信号”之一。李栋梁等 (1997) 对中国西北夏季气温变化的时空异常特征及其对青藏高原地面感热通量强弱变化的响应进行了诊断分析和数值试验，发现青藏高原地面感热通量的异常增强可引起西北夏季西部偏暖、东部偏冷。赵勇等 (2013) 分析了 1961 ～ 2010 年 5 月青藏高原地区地表感热异常与北疆夏季降水的关系。结果表明，青藏高原主体及其东、西部（以 90°E 为界）地表感热与北疆夏季降水的关系有所不同，其中以青藏高原东部关系最优。当 5 月青藏高原感热偏弱、其西北侧沙漠感热偏强时，南亚高压呈双体型分布，500hPa 中亚和贝加尔湖上空分别受异常气旋和反气旋控制，新疆上空盛行异常偏南风，有利于低纬度暖湿气流北上。同时，越赤道索马里急流加强，阿拉伯海上空为异常反气旋控制，低纬水汽向北输送加强，导致更多的北疆夏季降水；反之亦然。这些研究阐明了青藏高原地表感热通量的时空分布及其对区域气候变化的影响。

研究高原西部地区地表感热通量的变化趋势对于了解区域气候变化及其对地表径流等的影响有着重要作用。由于青藏高原地区观测站点稀少且分布不均匀，观测资料缺测较多等，许多学者选择再分析资料对青藏高原地区的热力作用进行研究。Yanai 和 Tomita(1998) 曾利用 NCEP/NCAR 的再分析资料对北半球的热源分布进行了研究；蓝光东等 (2005) 对比了 NCEP2 再分析资料和 ERA 再分析资料所计算的热源；王毅和王同美 (2007) 则对比分析了 NCEP 和 ERA 再分析资料在青藏高原地区的差异；Annamalai 等 (1999) 通过对比 ERA 和 NCEP 的再分析资料来研究亚洲夏季风，结果发现，在亚洲季风区的非绝热加热方面，ERA 的资料优于 NCEP 资料。这些结果均表明欧洲中期天气预报中心 (ECMWF) 的 ERA–Interim 资料在青藏高原地区适应性较好且精确度较高，更适合计算青藏高原地区的热源状况，本书利用 ERA-Interim 再分析资料中的地表感热与潜热通量来计算高原西部地表热通量的变化特征。

图 3.15 为高原西部 1979 ～ 2014 年地表感热通量的变化趋势图。由图 3.15 可知，1979 ～ 2014 年高原西部地表感热通量整体呈现略微上升趋势，其中 1979 ～ 1995 年上升趋势较为明显。1995 年高原西部地表感热通量存在一个较为明显的下降趋势并于

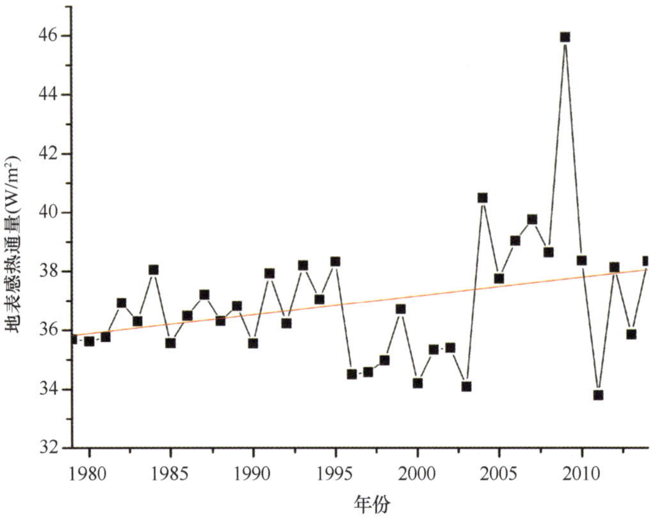

图 3.15　1979 ～ 2014 年高原西部地表感热通量变化趋势

1996 ～ 2003 年围绕一个较小的值波动，2003 年地表感热通量急剧上升并在随后呈现出较为明显的下降趋势，同时在 2010 年前后地表感热通量存在两个极端变化值，但其对整体趋势并无太大影响。

为了更加清楚地了解青藏高原及西部流域地表感热通量的分布趋势，本书分析了 1979 年 3 月～ 2009 年 2 月青藏高原地区地表感热通量及其变化率的空间分布（图 3.16、图 3.17）（樊威伟等，2018）。由图 3.16 可知，青藏高原感热全年季均值都为正值，其中春季在青藏高原西北部出现了高于 100W/m^2 的峰值。随着太阳辐射的增强，青藏高原春、夏两季感热通量远高于秋、冬两季的感热通量，由此可见，地表感热是青藏高原热力状况最重要的组成部分。除冬季外，青藏高原感热空间分布呈现为自西北向

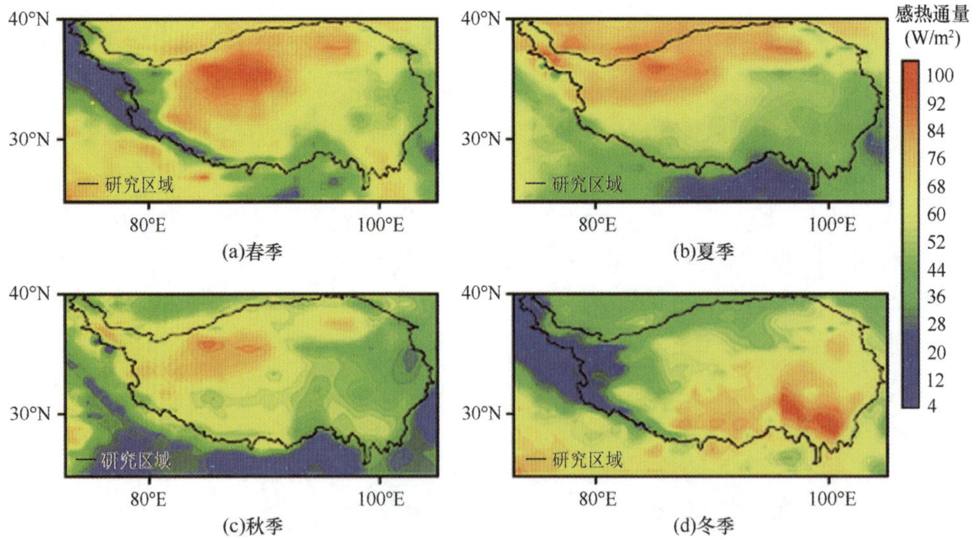

图 3.16　1979 年 3 月～ 2009 年 2 月青藏高原感热通量在不同季节的空间分布（樊威伟等，2018）

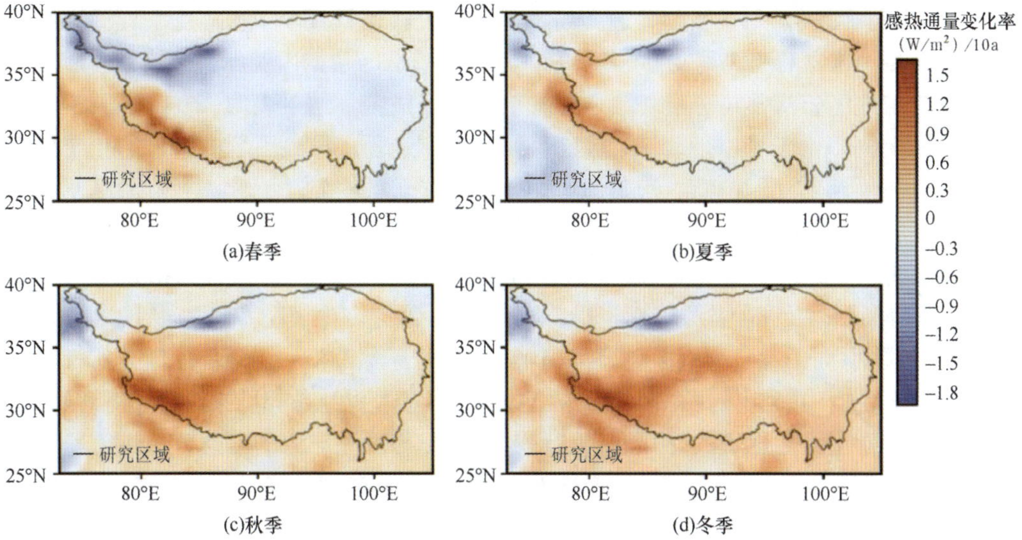

图 3.17　1979 年 3 月～ 2009 年 2 月青藏高原感热通量变化率在不同季节的空间分布（樊威伟等，2018）

东南递减的特征，冬季感热通量最大值出现在青藏高原东南部而其他三季则在青藏高原西北部出现感热通量最大值。同时由图 3.16 可知，春季高原西部流域偏北部存在一个感热通量的极大值区，在夏季，这个极值区的面积逐渐减少，在秋季，地表感热通量的极值区仍旧存在但其强度较为微弱，到了冬季，高原西部流域北部极大值区消失。整体来看，高原西部地区与周围地区相比，除冬季外均为感热通量的较大值区。

图 3.17 为 1979 年 3 月～ 2009 年 2 月青藏高原感热通量年变率在不同季节的空间分布，由图 3.17 可知，春、秋、冬三季青藏高原大部分地区感热通量年变率分别为负、正、正，而夏季则没有明显的空间变化特征。不难发现，青藏高原西南部及西北部各季节感热通量都呈现出相反的年际变化，大体上表现为西南部增强而西北部减弱的趋势。其中，高原西部在春季地表感热通量呈现下降趋势，而在夏、秋、冬季则呈现上升趋势，其中夏季上升趋势较小，而秋、冬两季则呈现较为明显的上升趋势。这也与图 3.15 所呈现的地表感热通量呈现出上升趋势相对应。

3.2.2　地表潜热通量特征分析

鉴于青藏高原地表的热力作用对我国乃至北半球的天气气候和大气环流系统都有着重要的影响，因此，对于青藏高原地表热通量的研究已取得了大量的成果。其中潜热通量作为地表热通量的重要组成部分，受到了大量关注。杨莲梅和张庆云（2007）探讨了南疆夏季降水与青藏高原地区地表潜热通量之间的关系，发现南疆夏季降水与青藏高原北部地表潜热通量呈显著的正相关，与青藏高原南部地区地表潜热通量呈反向相关关系。吴凌云和余志豪（2001）利用改进后的大气环流谱模式（SF-AGCM）探讨了青藏高原地表热通量与我国温度之间的关系，结果表明夏季青藏高原地表热通量增加，与之对应的我国次年冬天温度普遍升高，冬季地表热通量减少，次年夏季青藏高原地区温度升高。崔洋和王澄海 (2008) 研究了在干湿季节转换期（亚洲季风建立前后）青藏高原西部地区感潜热再分析资料所存在的问题及成因，结果表明，青藏高原干湿季节的转换期间，由于处在地表冻 - 融日周期的循环阶段，导致土壤中水分的相变过程会对青藏高原西部地区的感、潜热通量变化产生显著的影响。因此，对青藏高原西部土壤湿度状况模拟能力差是导致季节转换期间青藏高原地区感、潜热资料在该地区可信度较差的主要原因。王宾宾 (2014) 利用 MODIS 卫星遥感数据、ITPCAS 驱动数据，结合复杂地形条件下的辐射传输模型、湖气界面通量传输模型和地表能量平衡系统 (SEBS) 模型得到了青藏高原 2001 ～ 2010 年的地表感热和潜热通量的空间分布特征及其年际变化趋势，并利用陆面站点观测数据对 SEBS 模型遥感估算结果进行了对比验证。结果表明，青藏高原地表的感热和潜热通量显示出与观测一致的空间分布特征和季节变化规律；感热通量呈减弱的趋势而潜热通量呈增强的趋势。华维等 (2008) 则分析了青藏高原地表热源与植被变化及中国降水之间的关系，发现青藏高原地区地表热源与植被间存在明显的正相关关系。其中，青藏高原西部感热与 NDVI 的正相关关系比青藏高原东部更加显著，而青藏高原东部地表潜热与 NDVI 的正相关关系则好于青藏高原西部。当地表植被情况改善后，各季节青藏高原地表热源以增加为主，尤其是在夏季。冬、春季感热对地表热源的增量贡献较大，而潜热贡献相对较小；夏、秋季感热与潜热对地表热源增量贡献同等重要。

以上研究探讨了青藏高原地区整体的地表潜热通量的空间分布及其与降水、温度、植被等的关系，然而，关于高原西部流域地表潜热通量的长期变化趋势的研究较少，因此，本节分析了高原西部流域地表潜热通量的长期变化趋势。

图 3.18 为 1979 ～ 2014 年青藏高原西部流域地表潜热通量的长期变化趋势，由图 3.18 可知，西部流域地表潜热在过去 36 年间呈现较为明显的下降趋势。其中，1979 ～

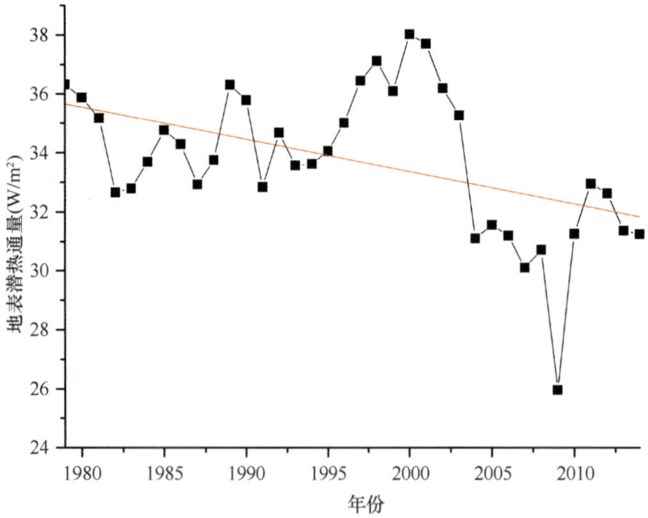

图 3.18　1979 ～ 2014 年青藏高原西部流域地表潜热通量变化趋势

2000 年，地表潜热呈现微弱的上升趋势，2000 ～ 2009 年地表潜热呈剧烈的下降趋势，并于 2009 年达到极小值，随后则呈上升趋势。根据能量平衡方程可知：$H+\mathrm{LE}=R-G$。其中 H 和 LE 分别为感热通量和潜热通量，R 为观测的净辐射，G 为地表热通量。一般来说，感热和潜热通量占据着主要部分，即干季感热通量占主导地位，而相对湿润的情况下，潜热通量占主导地位。因此，基于能量平衡公式可知，地表潜热与地表感热的变化呈现出相反的相关关系，即感热的升高伴随着潜热的下降，而这也与图 3.15 和图 3.18 相符合。

通过分析 1979 年 3 月～ 2009 年 2 月青藏高原地区地表潜热通量的空间分布（图 3.19）可知（樊威伟等，2018），青藏高原四季潜热都为正值，且受南亚夏季风爆发的影响，在夏季达到最高值，冬季则为潜热最弱的季节。从空间分布来看，青藏高原四季感热空间分布呈现自东南向西北递减的特征，基本与感热通量呈反向分布。其中高原西部流域在春、秋、冬三季地表潜热均为较小值且河湖源区北部潜热小于南部地区。在冬季，高原西部流域整体与整个高原均处于地表潜热的极小值区。

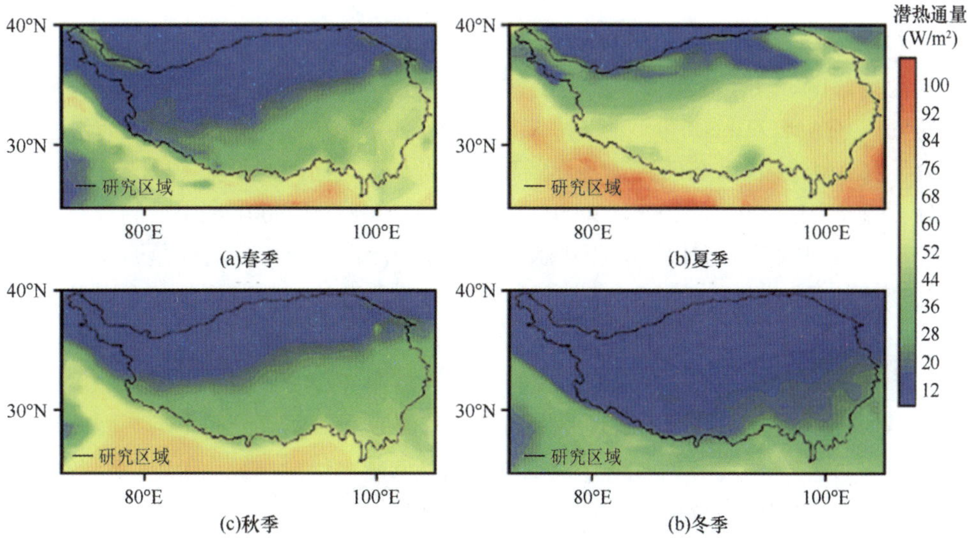

图 3.19　1979 年 3 月～ 2009 年 2 月青藏高原潜热通量在不同季节的空间分布（樊威伟等，2018）

通过对地表潜热通量年变率的分析可知（图 3.20），春季青藏高原潜热通量显著增加而夏季潜热则呈显著减弱的趋势。对于秋季和冬季而言，青藏高原东部潜热增强，西部潜热减弱。其中，高原西部流域除春季外，其余季节其主体均处于地表潜热通量下降的区域。以上结论对研究高原西部流域气候变化背景有着重要的意义。

3.2.3　地表整体地表加热场变化特征分析

青藏高原高大的地形特征和高原地表所吸收的太阳辐射能，使得该地区地 – 气相互作用过程，尤其是能量与水分循环过程对亚洲季风、东亚大气环流及全球气候变化

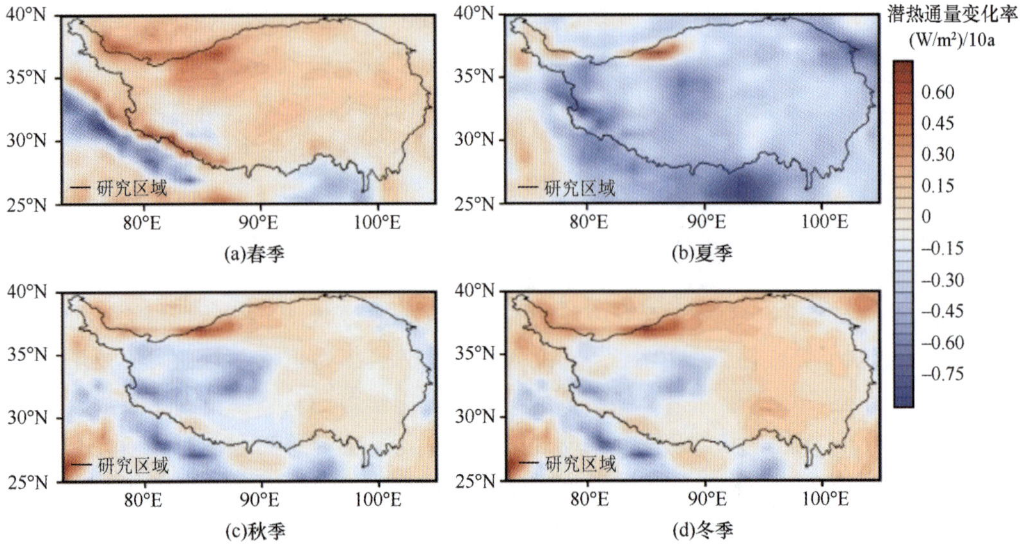

图 3.20 1979 年 3 月～ 2009 年 2 月青藏高原潜热通量变化率在不同季节的空间分布（樊威伟等，2018）

均有极大的影响，由于青藏高原的重要作用，“全球能量水循环之亚洲季风青藏高原试验研究”(GAME/Tibet) 和“全球协调加强观测计划 (CEOP) 亚澳季风之青藏高原试验研究”(CAMP/Tibet) 等研究都将青藏高原地表与大气之间能量交换作为其首要的研究目标 (Ma et al.，2003，2006，2009)。马耀明和吴晓鸣 (2000) 利用观测资料发现，藏北高原地表对大气而言白天为强热源，晚上为弱冷源，日平均为强热源，且地面加热场日变化明显。同时该地区的净辐射通量、感热、潜热及土壤热通量有明显的日变化规律，但感热及潜热通量在白天的净辐射通量分配中所占份额随月份不同而不同。Ma 等 (2006) 发现，青藏高原地表感热与潜热通量存在着明显的季节差异。然而，青藏高原高海拔以及复杂的地形条件导致高原上的气象观测站点分布不均，因此在过去的几十年间，国内外科学家对已有站点进行了大量的观测研究，并获得了大量观测数据，使得我国对青藏高原气候动力学领域的研究逐步加深。

由于直接观测所得到的地表热通量资料较少，且在时间与空间的分布上不均匀，再加上青藏高原上地形复杂、常规观测站点分布不均，因此对于青藏高原地表热通量的计算与分析结论均存在较大的争议。鉴于台站观测资料所存在的诸多缺陷，如站点数量较少、站点分布不均、观测资料缺测较多等，再分析资料与模式资料开始受到学者们的青睐。同时关于再分析资料与观测资料的对比研究也逐渐增多。竺夏英等 (2012) 对青藏高原地区夏季多种地表感热通量资料进行了对比评估，结果表明，由于输入场和计算方法的差异，各种资料估算的感热场也存在明显的区别。同时尽管各资料存在着差异，但这些资料的年际变化较一致，并大都伴随显著的线性减弱趋势，这主要与各套资料中风速一致减弱有关。王学佳等 (2013) 对近 60 年来青藏高原地区的地表感热通量的时空演变特征进行了分析，发现就全年平均而言，青藏高原感热通量大部分地区为正值，说明青藏高原为热源；冬季是全年感热通量最小的季节，为负值；

其余季节感热均为正值，即由地面向大气输送感热。近 60 年青藏高原的感热通量出现了不同程度的减少，春、夏季呈现出不显著的下降趋势，秋、冬季和年平均感热通量的下降趋势比较显著。感热线性趋势的空间分布具有季节性和区域性差异。青藏高原感热的变化与气温呈负相关，与风速和地温呈正相关，与降水的关系不明显。年际尺度上，春季、年平均青藏高原感热的减弱（增强）区域和东亚、南亚夏季风指数有很好的正（负）相关，其显著变化可能会在某种程度上影响东亚、南亚夏季风。张鹏飞等（2009）以 1997 年 9 月～ 1998 年 10 月青藏高原西部改则地区自动气象站（AWS）近地层连续观测的梯度资料为基础，计算了青藏高原西部地区地面感热通量、蒸发潜热通量及地面热源强度，应用 Marr 小波变换重点分析了地表热通量输送以及与此相关的降水量、土壤湿度和土壤热通量的周期振荡特征。结果表明，地面感热具有较为明显的 30 ～ 60 天的低频振荡，并且在夏季存在着准 8 天的中期振荡，蒸发潜热和降水量以准双周振荡为主。土壤热通量以 30 ～ 50 天低频振荡为主，夏季还存在准 8 天的中期振荡。

以上研究着重分析了青藏高原地区地表热通量的分布与变化及它的重要作用，对于整体地表加热场的研究较少，因此为了更好地了解高原西部流域整体地表热通量的变化，本书将感热与潜热相加对该地区整体地表加热场的变化特征进行分析，结果如图 3.21 所示。

由图 3.21 可知，1979 ～ 2014 年高原西部流域整体地表热通量呈下降趋势。其中 1979 ～ 2001 年地表热通量呈上升趋势，2001 年后转为下降趋势。由于在过去 38 年间高原西部流域地表感热通量整体呈上升趋势，潜热通量呈下降趋势，而地表热通量呈下降趋势，说明高原西部流域 1979 ～ 2014 年地表潜热通量的变化幅度大于地表感热通量的变化幅度。

为了更好地了解高原西部流域科考时的地表加热场变化趋势，本书对 2017 年 8 月 29 日阿里站（图 3.22）所观测的地表加热场数据进行分析，结果如图 3.23 所示。

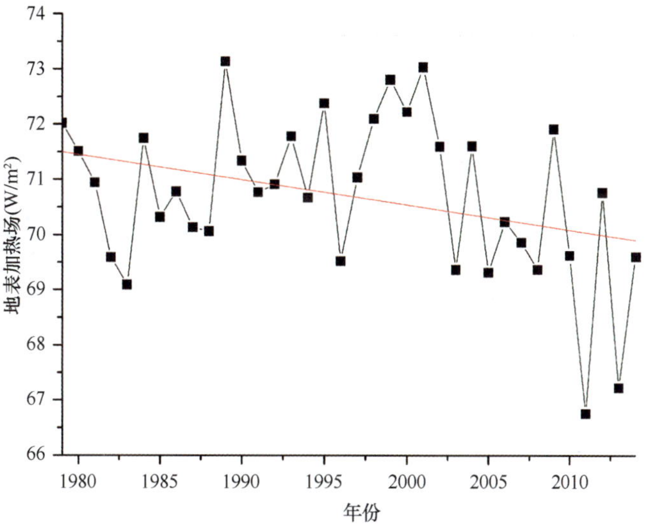

图 3.21　1979 ～ 2014 年高原西部流域地表加热场变化趋势

图 3.22　阿里站地表下垫面（照片摄于 2017 年 8 月 29 日）

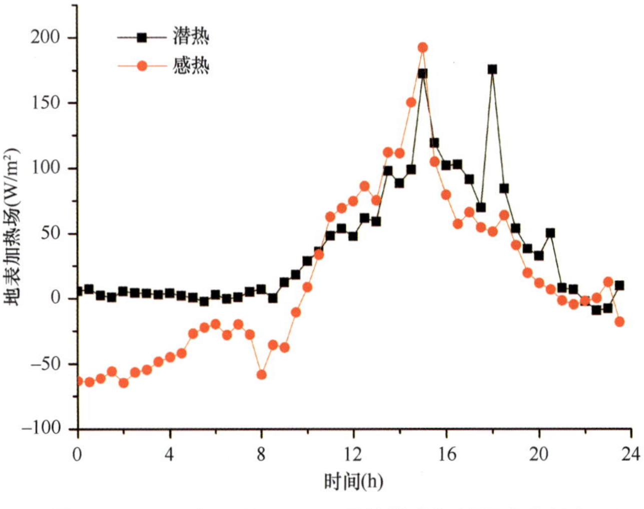

图 3.23　2017 年 8 月 29 日阿里站地表加热场变化特征

2017 年 8 月 29 日阿里站地表感热与潜热通量的整体变化趋势趋于一致，均呈现单峰型分布特征。其中，0 ～ 11h 地表潜热通量整体强度大于感热通量。随后 11 ～ 15h 感热强度强于潜热且两者均于 15h 达到峰值，随后两者均呈下降趋势且潜热强度大于感热强度。总体来说，夜间地表潜热强度更接近于 0W/m^2，大于感热强度，而白天两者整体强度相当。

3.2.4　小结

通过对以上高原西部流域地表热通量及其加热场特征的分析，可以得到西部流域过去几十年间地表加热场的整体分布特征及其变化趋势，并对这一区域整体气候背景有了基本的了解。这些认识将对我们理解该地区的整体气候变化特征奠定基础。然而，由于地面观测站点稀少且观测时间较短，这些因素使得现阶段我们对高原西部流域水文及气候变化的认知仍旧不够充分，我们将随着第二次青藏高原综合科学考察研究进行更加深入的分析与理解。

第 4 章

雅鲁藏布江

雅鲁藏布江位于西藏南部（82°E ～ 97.12°E，28°N ～ 31.27°N），巴昔卡以上流域面积为 24.8 万 km^2（图 4.1）。雅鲁藏布江源于喜马拉雅北麓杰马央宗冰川，由西向东，途经阿里、日喀则、山南、拉萨、那曲、林芝和昌都等地。雅鲁藏布江流域是藏族文化的发源地，也是西藏自治区政治、文化和经济活动中心。雅鲁藏布江被北面的冈底斯山脉和念青唐古拉山脉、南部的喜马拉雅山脉、东部的横断山脉和岗日嘎布山脉包围，是中国海拔最高的河流，平均海拔在 4000 m 以上，流域内气候差异、海拔落差巨大，水能和林业资源丰富。在林芝的南迦巴瓦峰，雅鲁藏布江由自西向东方向转为西南方向，在墨脱县的巴昔卡流出境外，被称为布拉马普特拉河（Brahmaputra river）。雅鲁藏布江由众多支流组成，其中流域面积大于 1 万 km^2 的支流自上而下有多雄藏布、年楚河、拉萨河、尼洋曲和帕龙藏布。通常将雅鲁藏布江流域划分为上、中、下游三段。源头至里孜为上游，流域面积 2.67 万 km^2，河长约 268 km。从里孜到派镇为中游，流域面积 16.5 万 km^2，河长约 1293 km。自派镇至巴昔卡为下游段，流域面积 5.03 万 km^2，河长约 496 km（刘湘伟，2015），自巴昔卡出境进入印度，此后被称为布拉马普特拉河。雅鲁藏布江巴昔卡径流总量约 1500 亿 m^3，仅次于长江和珠江（刘天仇，1999）。雅鲁藏布江干流及五大支流的天然水能蕴藏量约 1.1 亿 kW，仅小于长江（刘天仇，1999）。作为一个跨境河流，雅鲁藏布江的径流变化影响着中国、印度和孟加拉国的社会经济发展。而雅鲁藏布江巨大的水能资源使得它有别于河湖源区的塔里木河和印度河，成为中国境内最重要的河流。雅鲁藏布江流域气候自上游向下游可分为上游高原寒温带半干旱、中游高原温带半干旱、下游山地亚热带和热带 4 个气候带。流域下游海拔最高的南迦巴瓦峰（7782 m）和加拉白垒峰（7234 m）与巴昔卡（150 m）形成巨大的海拔差异。流域内生态系统类型多样，植被空间格局变化显著，包括针叶林、阔叶林、灌丛、荒漠、草原、草丛、草甸、高山植被等。其中，蒿草杂类草高寒草甸的面积最大，高山稀疏植被次之，两者之和占流域总面积的 53%；亚热带和热带山地针叶林面积较大，占 7%，主要分布在米林宽谷带；禾草、薹草高寒草原、温带丛生禾草草原，主要分布在日喀则和山南宽谷带（陈斌等，2015）。本章节将重点阐述雅鲁藏布江流域影响水文过程的主要环境因素，如气象、土壤、土地覆被及利用、冰川、积雪和径流。同时在已有数据的基础上，还将利用统计方法说明气温、降水和积雪与径流的关系。通

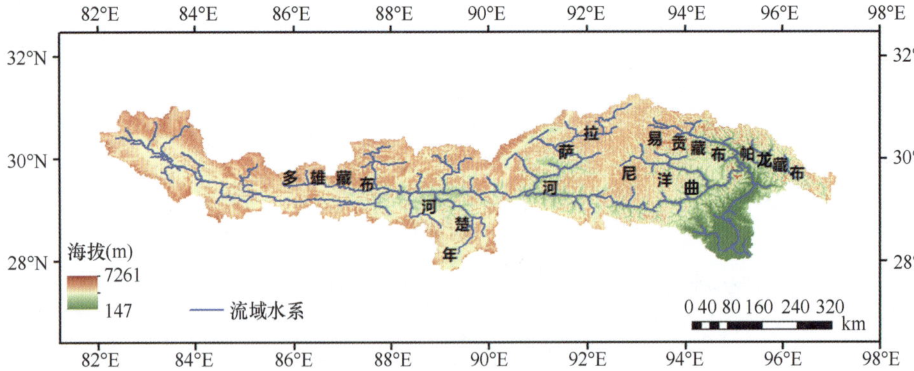

图 4.1　雅鲁藏布江流域地理位置、海拔和主要河道

过本章，可以明晰雅鲁藏布江流域地理环境的现状及其在近 50 年的变化。

4.1　流域气象要素时空特征及其变化

本节从中国气象数据网 (http://data.cma.cn/) 收集了雅鲁藏布江流域（以下简称雅江流域）11 个气象站超过 30 年的气温、降水、风速、水面蒸发的逐日观测资料。这 11 个气象站分别为当雄站、拉孜站、日喀则站、尼木站、拉萨站、泽当站、江孜站、嘉黎站、洛隆站、波密站以及林芝站，这些站点基本覆盖了雅江流域中下游广大地区，上游地区无站点分布（图 4.2）。Mann-Kendall (MK) 趋势统计方法因其样本不需要遵循正态分布特征，而且很少受到异常值的干扰，所以被广泛应用于水文气象的时间序列的变化趋势分析，故本章将采用 MK 方法分析各个要素的变化。本节利用逐日数据，通过计算获得了各气象要素的逐月和逐年序列，并且采用 MK 方法分析了各气象要素在年尺度和月尺度上的变化趋势。

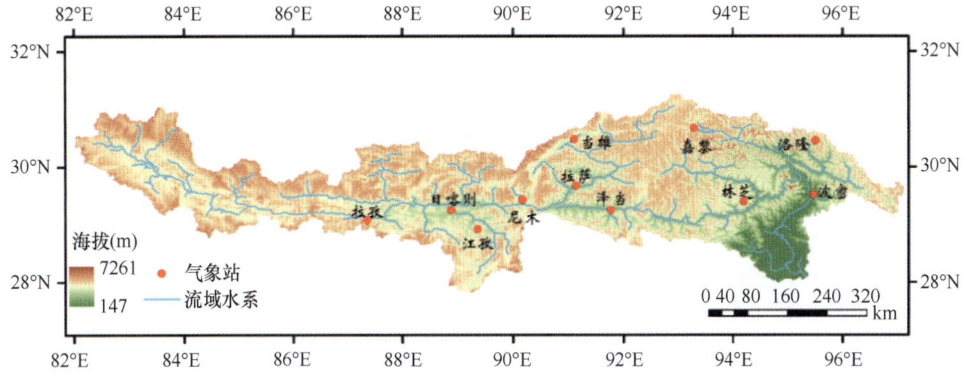

图 4.2　雅江流域气象站分布状况

4.1.1　气象要素多年平均、逐月平均特征

由表 4.1 可以看出，就气温而言，雅江流域内 11 个气象站所记录的多年平均气温的平均值为 6.2℃。其中，除嘉黎站 (–0.3℃) 外，其余 10 个站点的多年平均气温均在 0℃以上，但都不高于 10℃，其中相对较高的为林芝站 (8.9℃)、波密站 (8.9℃)、泽当站 (8.8℃) 和拉萨站 (8.4℃)。可以看出，各站点多年平均气温与海拔存在一定的相关性，一般情况下，海拔较高的站点多年平均气温相对较低。就降水而言，各站降水多年平均值分布在 285.5（江孜站）～ 843.9 mm（波密站），平均值为 488.6 mm。其中，降水多年平均值在 500 mm 以上的站点有 3 个，分为波密站、嘉黎站和林芝站。日平均风速的多年平均值的差异并不大，均分布在 2 m/s 左右，最大的为江孜站 (2.7 m/s)，最小的为拉孜站 (1.5 m/s) 和嘉黎站 (1.5 m/s)。由表 4.2 可以看出，逐月多年平均气温的最大值均出现在夏季 (6 ～ 8 月)，部分站点在 15℃以上，如尼木站、拉萨站、泽当

表 4.1　雅江流域气象站点信息及气象要素多年平均值

站名	经度 (°E)	纬度 (°N)	海拔 (m)	气温		降水		风速		水面蒸发量	
				时间范围（年）	多年平均（℃）	时间范围（年）	多年平均 (mm)	时间范围（年）	多年平均 (m/s)	时间范围（年）	多年平均 (mm)
当雄	91.1	30.48	4200	1963 ～ 2017	1.9	1963 ～ 2017	474.5	1963 ～ 2017	1.7	1963 ～ 2017	1720.6
拉孜	87.36	29.08	4000	1978 ～ 2017	7.1	1978 ～ 2017	332.7	1978 ～ 2017	1.5	1978 ～ 2017	2583.9
日喀则	88.88	29.25	3836	1956 ～ 2017	6.7	1956 ～ 2017	429.7	1956 ～ 2017	1.9	1956 ～ 2017	2082.6
尼木	90.17	29.43	3809	1974 ～ 2017	7.2	1974 ～ 2017	343.6	1974 ～ 2017	2.6	1974 ～ 2017	2136.2
拉萨	91.13	29.67	3649	1955 ～ 2017	8.4	1955 ～ 2017	444.8	1955 ～ 2017	2.4	1955 ～ 2017	2081.9
泽当	91.77	29.25	3552	1957 ～ 2017	8.8	1957 ～ 2017	393.5	1957 ～ 2017	2.1	1957 ～ 2017	2383.0
江孜	89.36	28.92	4040	1957 ～ 2017	5.1	1957 ～ 2017	285.5	1957 ～ 2017	2.7	1957 ～ 2017	2190.6
嘉黎	93.28	30.67	4489	1961 ～ 2017	–0.3	1955 ～ 2017	725.1	1955 ～ 2017	1.5	1955 ～ 2017	1287.2
洛隆	95.5	30.45	3640	1979 ～ 2017	5.8	1979 ～ 2017	419.2	1979 ～ 2017	1.7	1979 ～ 2017	1840.4
波密	95.46	29.52	2736	1955 ～ 2017	8.9	1955 ～ 2017	843.9	1955 ～ 2017	2.3	1955 ～ 2017	1189.4
林芝	94.2	29.4	2992	1954 ～ 2017	8.9	1954 ～ 2017	681.8	1960 ～ 2017	2.4	1954 ～ 2017	1527.9

表 4.2 雅江流域气象要素逐月平均值

站名	气象要素	1 月	2 月	3 月	4 月	5 月	6 月	7 月	8 月	9 月	10 月	11 月	12 月
当雄	气温（℃）	−9.0	−5.7	−1.9	2.0	6.3	10.4	11.1	10.3	8.1	2.6	−3.7	−7.7
	降水（mm）	2.8	2.1	5.2	11.2	32.3	85.6	124.4	114	74	16.6	3.8	2.6
	风速（m/s）	2.2	3.2	3.1	2.8	2.7	2.5	2.2	2	1.9	2.1	1.7	1.7
	水面蒸发量（mm）	87.4	112.3	161.2	186.1	206.7	195.6	166	148.8	133.4	141.7	99.1	83.8
拉孜	气温（℃）	−2.0	0.0	3.6	7.2	11.3	15.2	14.5	13.3	12.2	8.0	2.7	−0.8
	降水（mm）	0.2	0.1	0.2	1.8	14.1	45.3	113.3	116.4	37	3.8	0.3	0.1
	风速（m/s）	2.4	3.1	3.5	3.3	2.9	2.4	1.7	1.5	1.7	2.3	2.1	1.9
	水面蒸发量（mm）	132.5	159.1	240.8	295.7	332.3	312.8	227.2	185.4	184.9	228.4	160.3	127.6
日喀则	气温（℃）	−3.2	0.1	3.9	7.8	11.6	14.8	14.5	13.5	12.0	7.0	0.8	−2.9
	降水（mm）	0.3	0.2	0.6	3	18	64.9	139.2	143.5	54.4	5.2	0.6	0
	风速（m/s）	1.6	2.4	2.6	2.6	2.1	1.8	1.3	1.1	1.1	1.1	1.1	1.1
	水面蒸发量（mm）	104.7	143.7	221.3	251.9	273.5	240.9	188	159.5	152.4	147.1	112.2	88.8
尼木	气温（℃）	−2.5	0.4	4.1	7.7	11.6	15.2	14.9	14.2	12.7	7.9	1.9	−1.9
	降水（mm）	0.4	0.6	1.9	6	22.2	56	97.7	100.3	49.3	8	0.6	0.5
	风速（m/s）	1.3	1.8	2.2	2.2	1.8	1.6	1.2	1.1	1.2	1.2	1.2	1.2
	水面蒸发量（mm）	108.9	137	203.5	221.9	244.4	240.1	204.3	188.6	178.2	187.5	129.3	103.3
拉萨	气温（℃）	−1.0	2.1	5.6	8.8	12.7	16.2	16.1	15.2	13.5	9.1	3.3	−0.4
	降水（mm）	0.7	1.5	2.6	7.3	28.9	79.2	128.9	123	62.4	8.4	1.3	0.6
	风速（m/s）	1.8	2.2	2.3	2.2	2.2	2.1	1.7	1.6	1.6	1.6	1.5	1.5
	水面蒸发量（mm）	108.7	142.1	207.4	216.3	244.5	241.4	199.4	176.9	161.9	166.6	125.5	97.9
泽当	气温（℃）	−0.2	2.7	5.9	9.0	12.8	16.1	16.0	15.3	13.8	9.6	4.1	0.4
	降水（mm）	0.5	0.7	4.2	11.1	26	61.1	113.3	109.5	57.1	8.3	1.3	0.2
	风速（m/s）	2.4	3.2	3.5	3.3	2.9	2.6	2.4	2.3	2.2	2.3	2.2	1.9
	水面蒸发量（mm）	134.9	176.2	254.8	242.1	262.9	249.6	213.2	196.8	182.4	195.5	155.9	121.3

续表

站名	气象要素	1月	2月	3月	4月	5月	6月	7月	8月	9月	10月	11月	12月
江孜	气温（℃）	–4.5	–1.7	1.9	5.5	9.3	12.9	12.7	11.7	10.2	6.1	0.4	–3.5
	降水（mm）	0.2	0.4	1.5	4.6	14.7	42.5	88.9	88.7	38.6	4.2	0.8	0.3
	风速（m/s）	2.3	3.1	3.4	3.3	3.1	2.4	1.8	1.6	1.7	2.2	1.9	1.7
	水面蒸发量（mm）	132.6	159.1	225.8	232.6	250.9	229.7	188.2	166.6	160.1	190.1	143.9	117.7
嘉黎	气温（℃）	–11.0	–8.4	–4.4	–0.5	3.7	7.5	8.9	8.3	6.2	1.2	–5.5	–9.5
	降水（mm）	7.0	11.3	20.9	35.3	79	145.5	144.4	128.8	106	32	9.9	4.9
	风速（m/s）	1.8	2.2	2.3	2.2	2.3	2.4	2.1	2.3	2.2	2.2	1.7	1.7
	水面蒸发量（mm）	69.7	81.2	110.8	127.3	137.7	136	132.6	121.2	110	106	83.9	73.8
洛隆	气温（℃）	–3.8	–1.4	2.0	5.4	9.6	13.3	14.8	14.1	11.8	6.6	0.8	–2.9
	降水（mm）	2.3	6.2	14.6	28.6	43.5	67.3	76.7	74.7	62.1	34.7	6.6	2
	风速（m/s）	2.7	3.2	3.2	2.9	3.2	2.8	2.4	2.3	2.4	2.6	2.3	2.4
	水面蒸发量（mm）	100.7	116	160.4	183.9	201	199.3	189.7	177	163.8	144.8	113.6	96.5
波密	气温（℃）	0.4	2.7	5.4	8.6	12.1	15.0	16.8	16.5	14.1	9.5	4.4	0.8
	降水（mm）	5.3	24.9	78.2	107.2	101.4	140.6	97.5	80.9	106	80.1	16.6	5.3
	风速（m/s）	1.6	1.9	1.8	1.9	1.8	1.5	1.5	1.5	1.3	1.3	1.3	1.2
	水面蒸发量（mm）	65.2	74.1	90.7	113.6	138.5	117.9	134.3	136.7	101	87.4	74.3	59.4
林芝	气温（℃）	0.6	2.7	5.7	8.8	12.0	14.9	16.0	15.6	13.7	10.0	5.2	1.6
	降水（mm）	1.9	4.3	18.8	47.5	75.4	129.4	131.1	118	109.9	39.5	4.8	1
	风速（m/s）	1.9	2.2	2.1	1.9	1.8	1.5	1.3	1.3	1.3	1.7	1.7	1.6
	水面蒸发量（mm）	90.1	98.2	131.7	149.9	165.6	148.2	145.2	144.2	126.1	130.4	112.4	90.7

站、波密站和林芝站，最小值均出现在冬季（12 月、1 月、2 月）。而从逐月降水量的多年平均值可以明显看出，各站点的降水量主要集中在夏季（6 ～ 8 月），且最主要集中在 7 月、8 月，大多数站点达 100mm 以上，冬季降水很少。从逐月风速多年平均值可以看出，流域内 11 个站点最大风速基本都出现在春季（3 ～ 5 月），秋季和冬季风速较小。多年平均水面蒸发量为 1200 ～ 2400 mm，最低值出现在波密站，最大值出现在拉孜站，与海拔没有关系。年内水面蒸发量在湿润的站点小于干旱的站点，如东部的水面蒸发量普遍少于西部的水面蒸发量。

4.1.2　气象要素逐年序列的变化趋势分析

根据 MK 趋势分析结果可以看出（表 4.3），整个雅江流域内 11 个站点的日平均气温均呈现出显著上升趋势，平均升温幅度为 0.34℃ /10a，这与气候变暖的整体趋势是相符合的。其中，日平均气温上升幅度最大的为拉孜站，达到了 0.55℃ /10a，上升幅度最小的为日喀则和江孜站，增温幅度为 0.23℃ /10a。

雅江流域各气象站观测到的年降水量变化趋势较为复杂，呈现出整体上升、个别站点下降的趋势，但下降趋势比较微弱，分别为当雄站（–2.06 mm/10a）、泽当站（–2.52 mm/10a）、江孜站（–0.79 mm/10a）和洛隆站（–0.83 mm/10a）。其中，呈现增加趋势的站点为拉孜站、日喀则站、尼木站、拉萨站、嘉黎站、波密站和林芝站，降水平均增加幅度为 17.3 mm/10a，拉萨站、嘉黎站和波密站的年降水量增加趋势具有统计显著性，其中波密站的增加趋势最高，到达了 42.8 mm/10a。

流域内 11 个气象站所记录的逐年平均风速也呈现出明显的下降趋势。除当雄站、嘉黎站和林芝站外，其余 8 个站点均通过了 0.05 的显著性检验，逐年风速平均减小趋势为 –0.15（m/s）/10a。其中，下降趋势明显的为洛隆站，为 –0.44（m/s）/10a，其次为尼木站 [–0.33（m/s）/10a]，最小的为林芝站 [–0.02（m/s）/10a]。水面蒸发的年趋势均为负值，且除了拉孜站以外都具有统计显著性，减少趋势最大的为拉萨站和泽当站。

表 4.3　雅江流域气象要素逐年序列 MK 趋势检验结果

站名	气温（℃ /10a）	降水（mm/10a）	风速 [（m/s）/10a]	水面蒸发量（mm/10a）
当雄	0.40*	–2.06	–0.05	–128.12*
拉孜	0.55*	26.63	–0.16*	–64.63
日喀则	0.23*	2.32	–0.07*	–166.41*
尼木	0.28*	9.89	–0.33*	–140.80*
拉萨	0.50*	21.91*	–0.11*	–237.40*
泽当	0.28*	–2.52	–0.27*	–244.12*
江孜	0.23*	–0.79	–0.14*	–183.64*
嘉黎	0.24*	15.63*	–0.03	–89.43*
洛隆	0.46*	–0.83	–0.44*	–154.11*
波密	0.27*	42.82*	–0.05*	–123.00*
林芝	0.27*	2.00	–0.02	–117.00*

* 通过 0.05 的显著性检验。

4.1.3 气象要素逐月序列的变化趋势分析

从图 4.3 可以看出，流域内 11 个站点的日平均气温逐月数据均呈现上升趋势，各站点 12 个月的日最高气温均呈现显著上升趋势（通过 0.05 的显著性检验）。其中，拉萨站、洛隆站、波密站和林芝站逐月日平均气温上升趋势尤为显著，全年 12 个月日平均气温均通过 0.05 的显著性检验。此外，嘉黎站逐月日平均气温与其他站点相比，上升趋势不太显著，仅有 1 月、8 月、11 月和 12 月通过了 0.05 的显著性检验。

图 4.4 显示雅江流域 11 个气象站所记录的逐月降水量数据所呈现的趋势比较复杂，总体上增加，但仅有少数站点在春季 3 ～ 5 月和秋季 9 ～ 10 月通过了 0.05 的显著性检验。同时，也有部分月份呈现下降趋势，这些月份主要集中在 9 月、10 月；而夏半年普遍呈现增加趋势。需要指出的是，11 月到次年 2 月，多数站点的趋势为 0，即这些站点并未表现出降水增加或者减少的趋势。

从图 4.5 可以看出，流域内 11 个站点所记录的日平均风速逐月数据总体上呈现出下降趋势，其中，尼木站、泽当站、江孜站和洛隆站全年均呈现显著下降趋势（通过 0.05 的显著性检验）。此外，林芝站 2 月、3 月、6 月日平均风速呈现上升趋势，但并不显著，为 11 个站中出现上升趋势月份数最多的站点，这说明林芝站与其余 10 个站相比，其春季环流形式不同。

从图 4.6 可以看出，雅江流域各站点逐月水面蒸发总体上呈现下降趋势。其中，夏季（6 ～ 8 月）下降趋势尤为明显，除拉孜站外，其余站点均通过了 0.05 的显著性检验。冬季（12 月、1 月、2 月）流域水面蒸发下降趋势不明显，多数站点没有通过显著性检验，其中拉孜站、尼木站、嘉黎站和洛隆站出现了上升趋势。

4.2 流域土壤温度特征及其变化

4.2.1 土壤温度及其变化

利用中国气象局观测的土壤温度数据（表 4.4），分析了雅江流域的土壤温度特征及其变化。图 4.7 ～图 4.12 依次展示了雅江流域多年平均的年、夏季（6 ～ 8 月）和冬季（12 月、1 月、2 月）土壤温度在 0 cm、5 cm、10 cm、15 cm、20 cm 和 40 cm 深度土壤层上的空间分布。

图 4.7 显示，雅江流域多年平均土壤温度在不同土壤层（0 ～ 40 cm）上的空间分布彼此相似，即在年平均土壤温度较高的站点上，6 层深度上的年平均土壤温度都较高；在年平均土壤温度较低的站点上，6 层深度上的年平均土壤温度都较低。由于气象站点所处的纬度直接影响太阳辐射的大小，因此，在其他条件相似的前提下，年平均土壤温度随着纬度的增加而减小。雅江流域的年平均土壤温度空间分布展现出一定程度的纬度和海拔地带性。在各土壤深度层上，较高的土壤温度主要分布在低海拔、低纬度

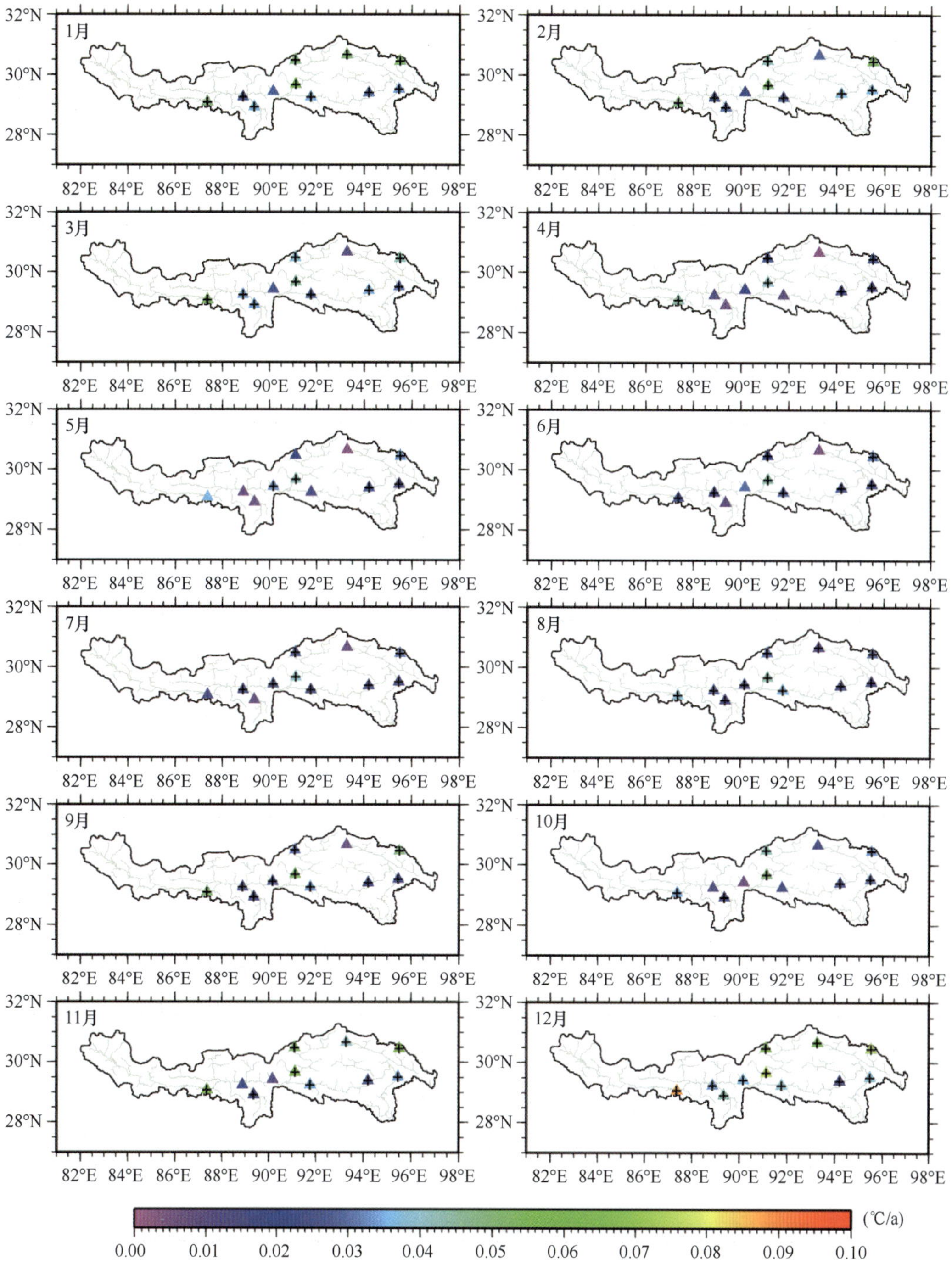

图 4.3 雅江流域日平均气温逐月序列 MK 趋势检验结果

✚ 代表通过 $P<0.05$ 显著性水平，下同；各站的趋势时段不同，详见表 4.1，下同

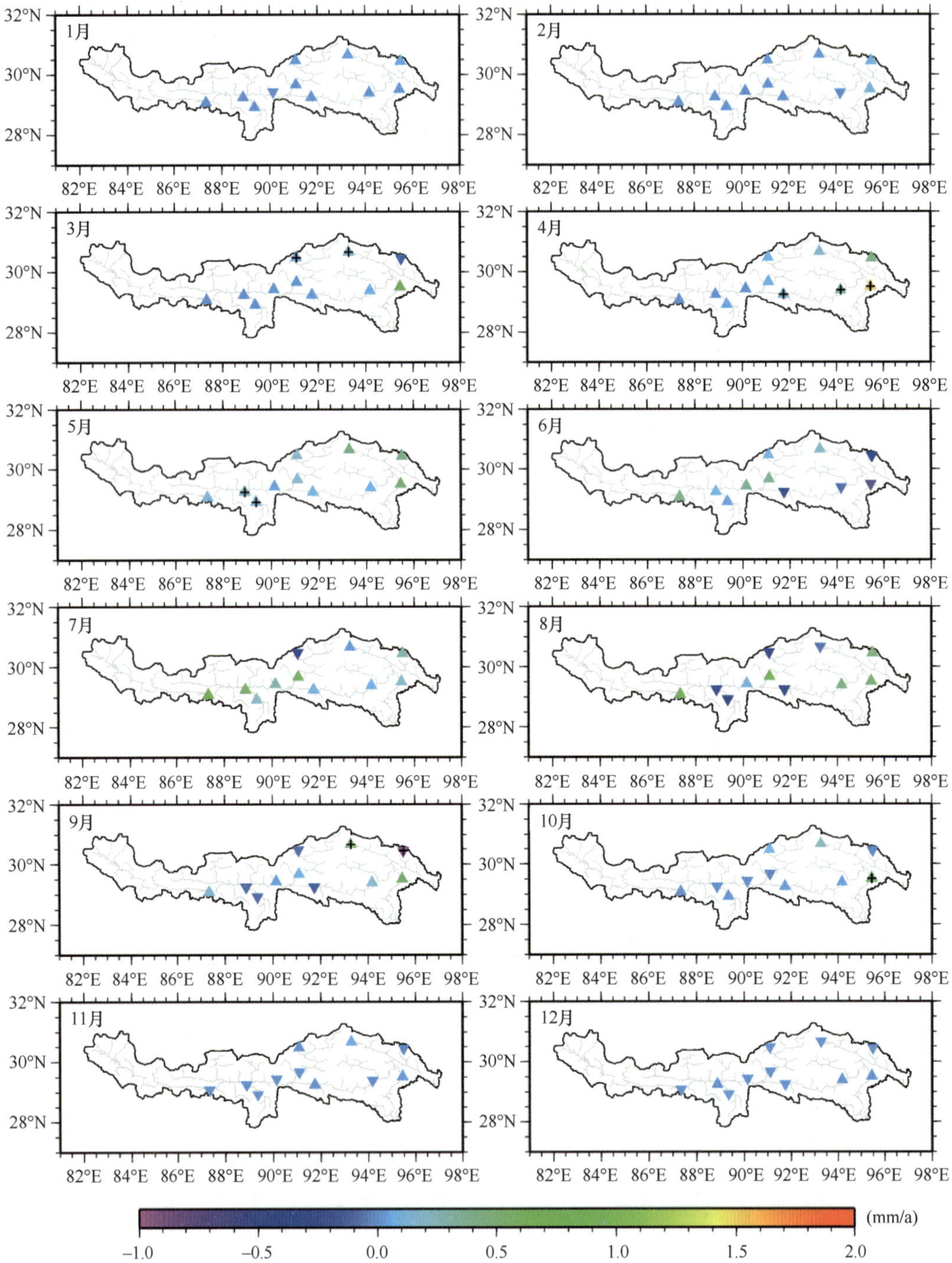

图 4.4 雅江流域降水量逐月序列 MK 趋势检验结果

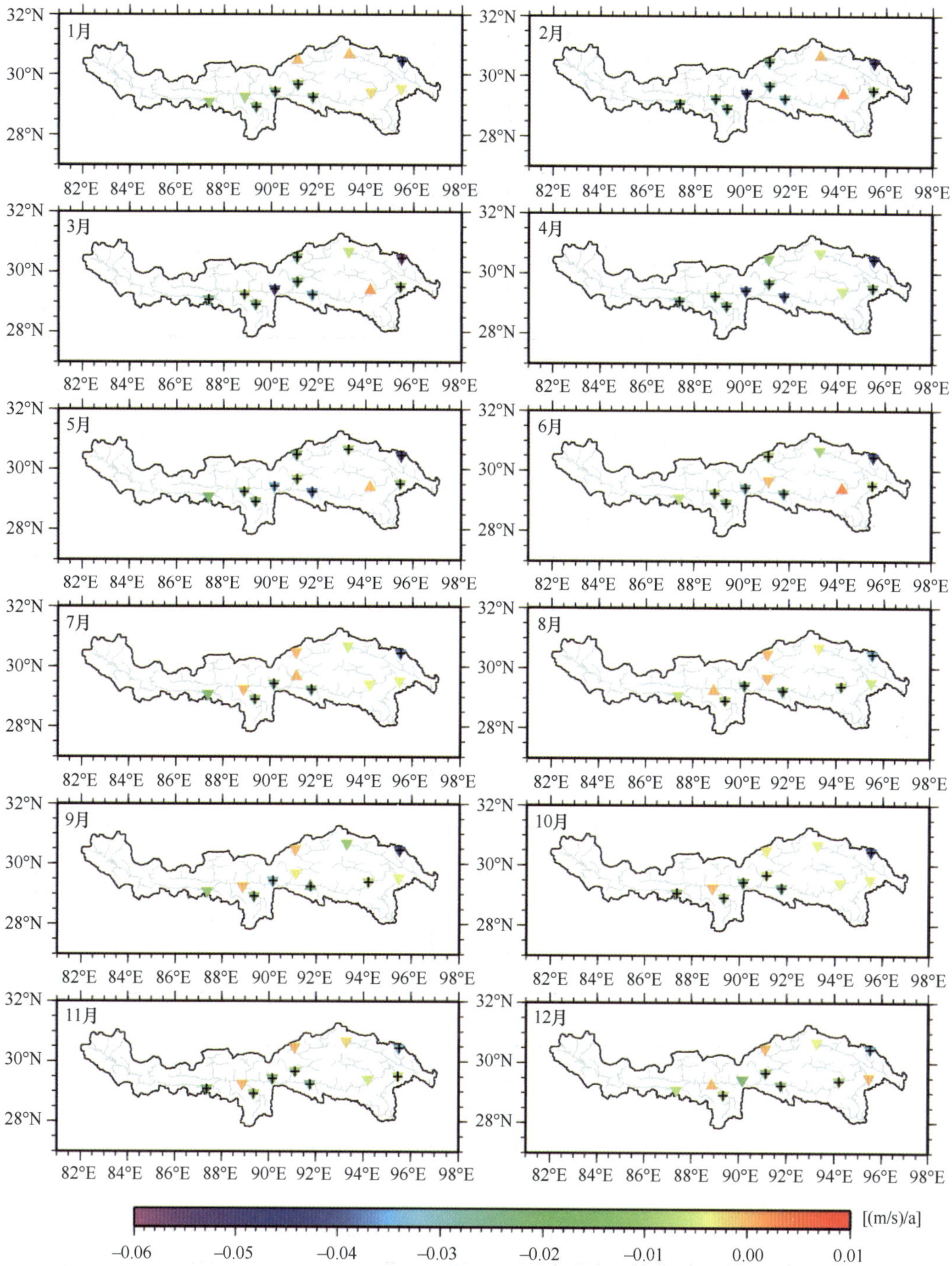

图 4.5　雅江流域风速逐月序列 MK 趋势检验结果

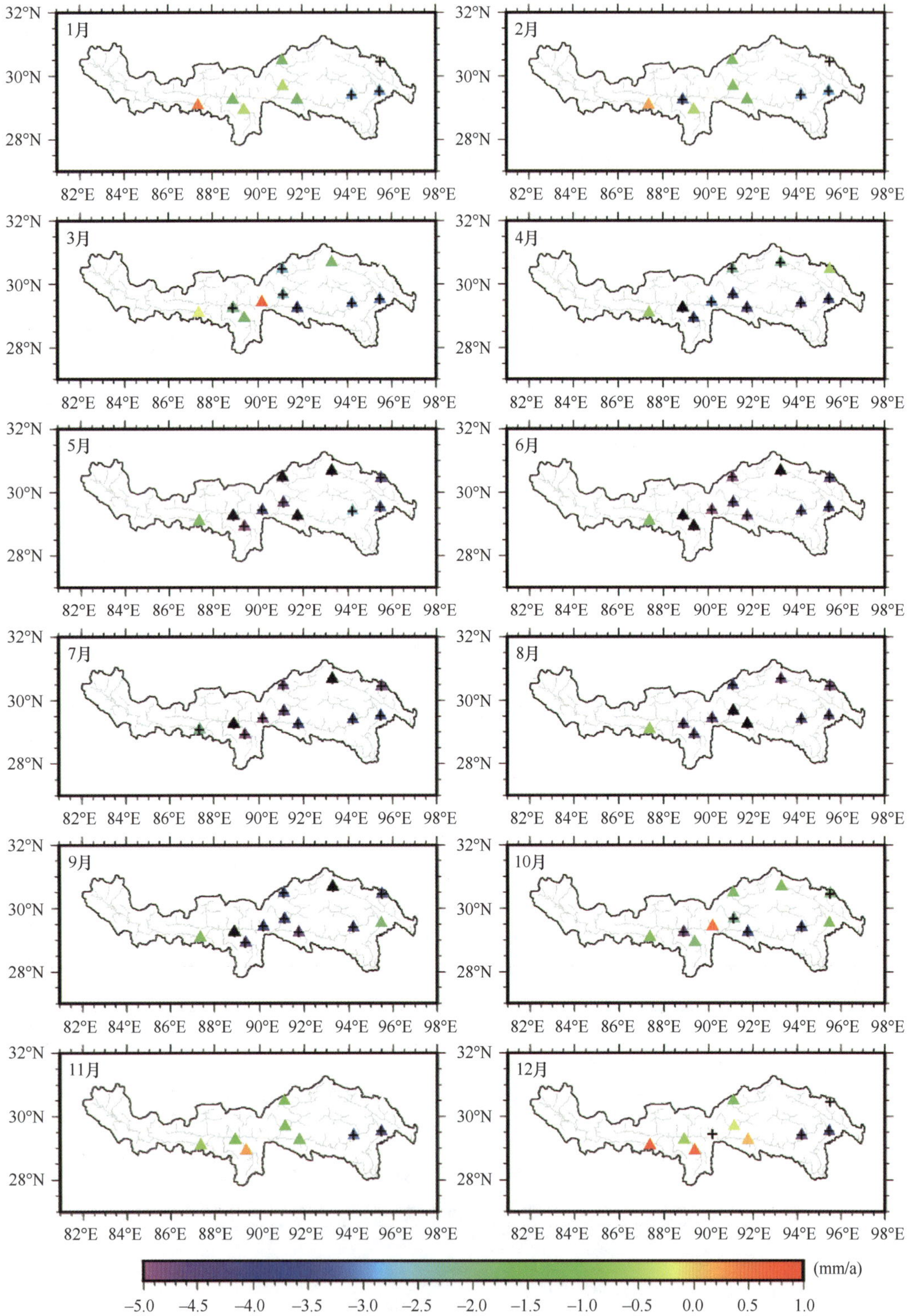

图 4.6 雅江流域水面蒸发逐月序列 MK 趋势检验结果

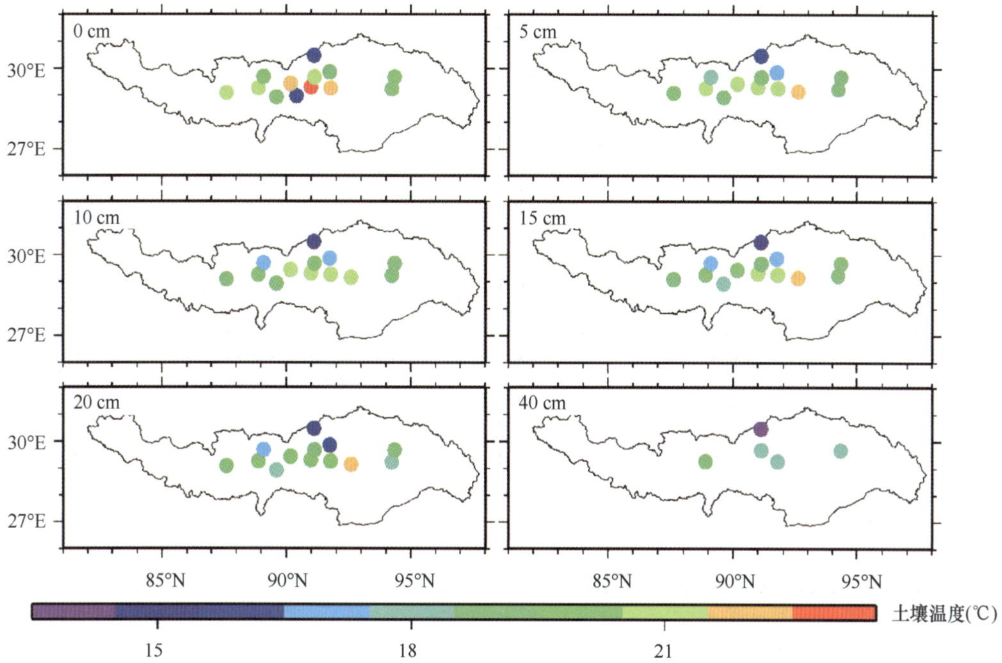

图 4.7　雅江流域 0 ～ 40 cm 深度层 1983 ～ 2013 年年平均土壤温度的空间分布

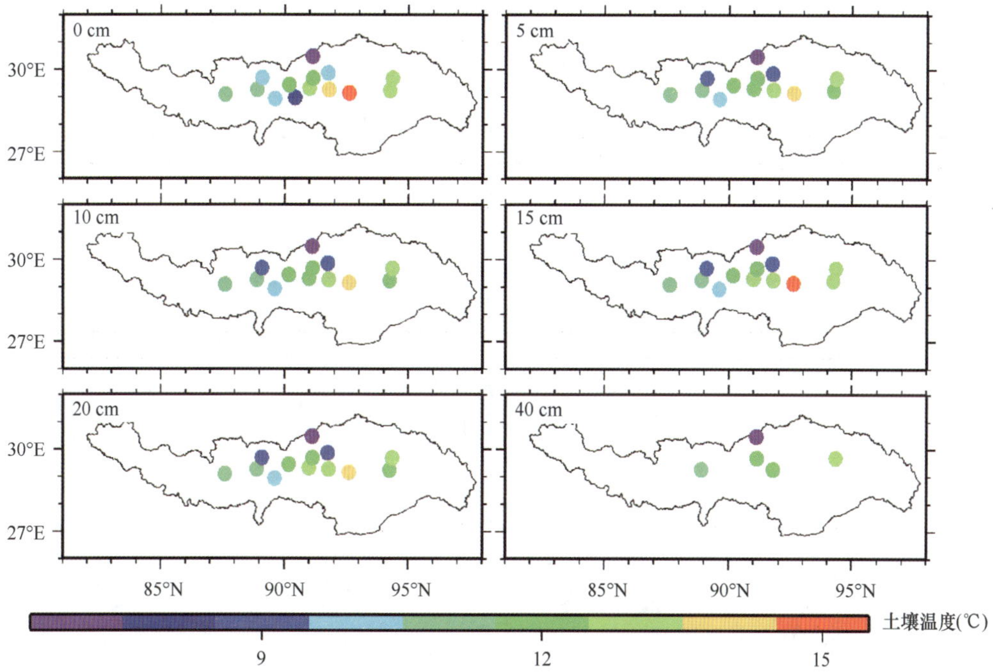

图 4.8　雅江流域 0 ～ 40 cm 深度层 1983 ～ 2013 年夏季平均土壤温度的空间分布

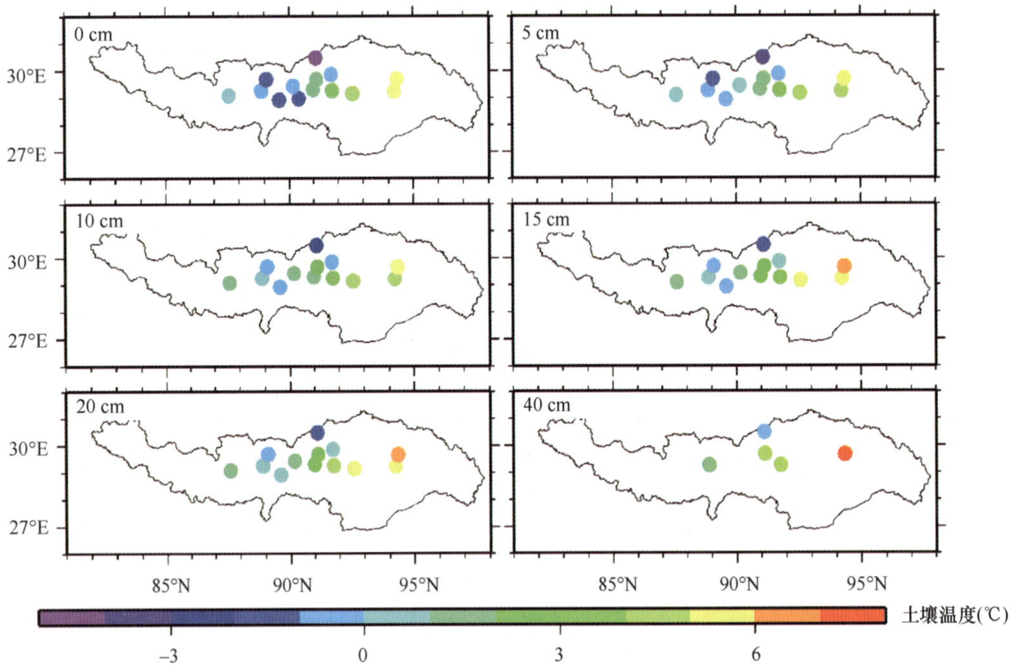

图 4.9　雅江流域 0 ～ 40 cm 深度层 1983 ～ 2013 年冬季平均土壤温度的空间分布

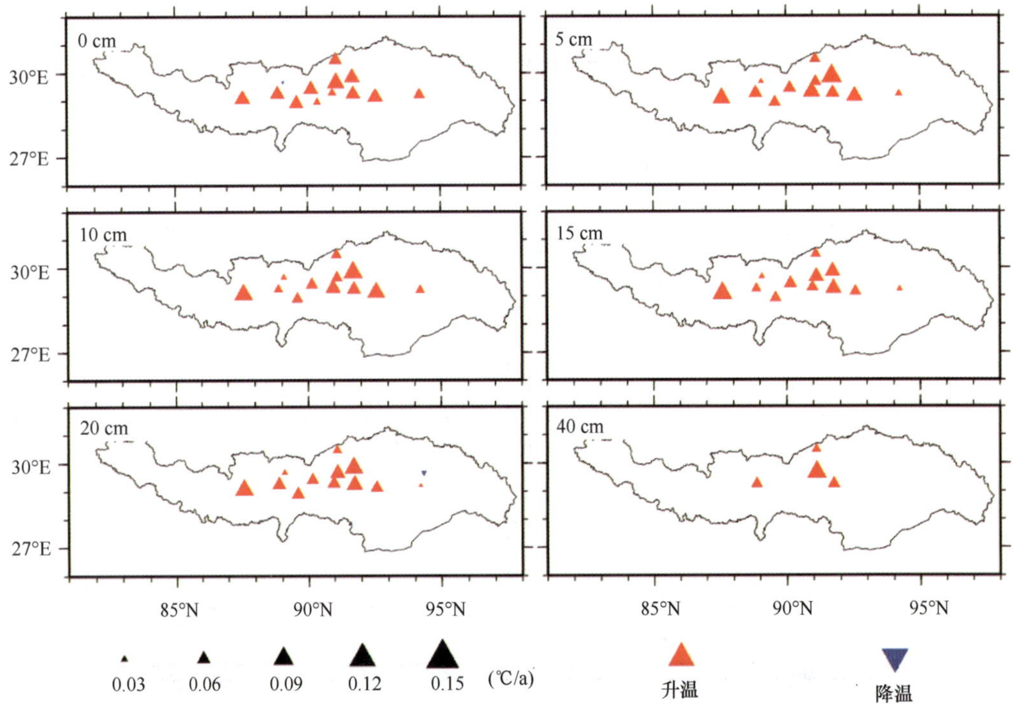

图 4.10　雅江流域 0 ～ 40 cm 深度层 1983 ～ 2013 年年平均土壤温度变化趋势

实心表示通过 0.05 显著性检验，空心表示未通过检验，下同

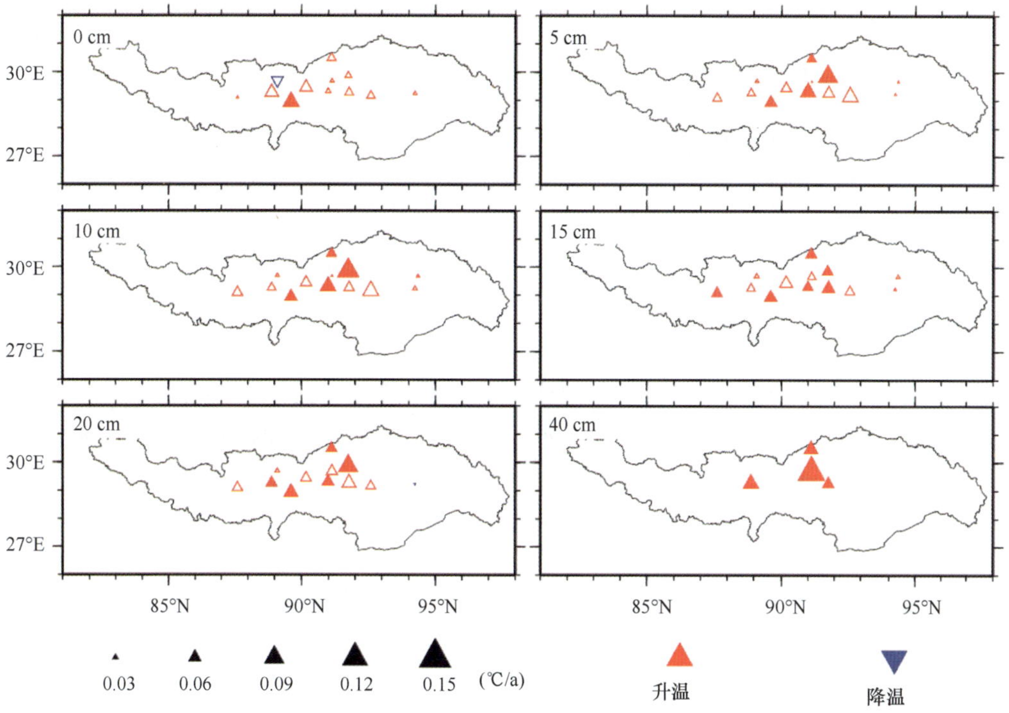

图 4.11　雅江流域 0 ～ 40 cm 深度层 1983 ～ 2013 年夏季平均土壤温度变化趋势

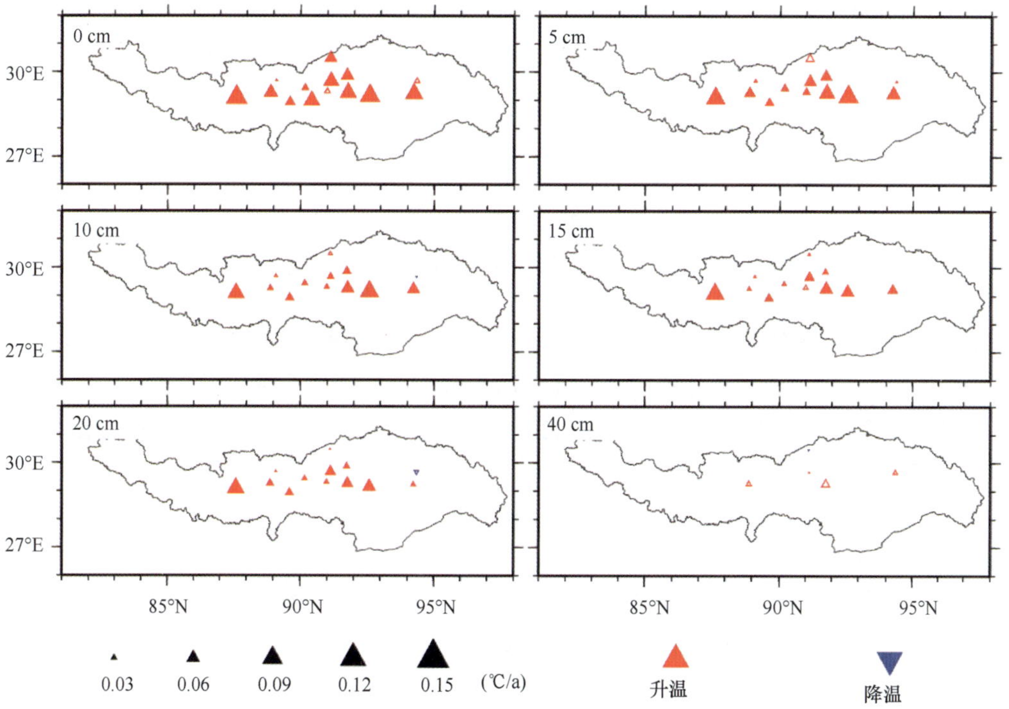

图 4.12　雅江流域 0 ～ 40 cm 深度层 1983 ～ 2013 年冬季平均土壤温度变化趋势

地区的站点上；较低的土壤温度大多分布在高海拔、高纬度地区的站点上。例如，各深度层上年平均土壤温度最低的站点是当雄站（30.48°N，91.1°E，4200 m）；各深度层上年平均土壤温度最高的站点是加查站（29.15°N，92.58°E，3260 m）。

表 4.4　雅江流域土壤温度观测站

站号	站名	纬度（°N）	经度（°E）	海拔（m）	时间范围（年）	观测层（cm）
55680	江孜	28.92	89.6	4040	1983 ～ 2013	0 ～ 20
55681	浪卡子	28.97	90.4	4431.7	1983 ～ 2013	5 ～ 20
55569	拉孜	29.08	87.6	4000	1983 ～ 2013	0 ～ 20
56307	加查	29.15	92.58	3260	1983 ～ 2013	0 ～ 20
56317	密林	29.22	94.22	2950	1983 ～ 2013	0 ～ 20
55578	日喀则	29.25	88.88	3836	1983 ～ 2013	0 ～ 40
55598	泽当	29.25	91.77	3551.7	1983 ～ 2013	0 ～ 40
55589	贡嘎	29.3	90.98	3555	1983 ～ 2013	0 ～ 20
55585	尼木	29.43	90.17	3809.4	1983 ～ 2013	0 ～ 20
55591	拉萨	29.67	91.13	3648.7	1983 ～ 2013	0 ～ 40
56312	林芝	29.67	94.33	2991.8	1983 ～ 2013	0 ～ 40
55572	南木林	29.68	89.1	4000	1983 ～ 2013	0 ～ 20
55593	墨竹工卡	29.85	91.73	3804	1983 ～ 2013	0 ～ 20
55493	当雄	30.48	91.1	4200	1983 ～ 2013	0 ～ 40

图 4.8 展示的雅江流域夏季平均土壤温度在各深度层之间的关系与年尺度的对应关系类似，即在夏季平均土壤温度较高的站点上，6 层深度上的夏季平均土壤温度都较高；在夏季平均土壤温度较低的站点上，6 层深度上的夏季平均土壤温度都较低。雅江流域夏季平均土壤温度的空间变化范围为从浪卡子站（28.97°N，90.4°E，4431.7 m）的 15.97℃到加查站（29.15°N，92.58°E，3260 m）的 23.68℃。此外，同一站点上的夏季平均土壤温度从 0 cm 层向下到 40 cm 层总体上呈减小的变化规律。

图 4.9 展示的雅江流域冬季平均土壤温度在各深度层之间的关系也与年尺度的对应关系类似，即在冬季平均土壤温度较高的站点上，6 层深度上的冬季平均土壤温度都较高；在冬季平均土壤温度较低的站点上，6 层深度上的冬季平均土壤温度都较低。雅江流域冬季平均土壤温度的空间变化范围为从当雄站（30.48°N，91.1°E，4200 m）的 –4.80℃到林芝站（29.67°N，94.33°E，2991.8 m）的 7.47℃。此外，同一站点上的冬季平均土壤温度从 0 cm 层向下到 40 cm 深度层总体上呈增加的变化规律。

以下利用 MK 趋势分析方法计算了雅江流域的各研究站点 0 ～ 40 cm 深度层上的年、夏季和冬季土壤温度的长期（1983 ～ 2013 年）变化趋势。图 4.10 ～图 4.12 依次展示了雅江流域年、夏季和冬季平均土壤温度分别在 0 cm、5 cm、10 cm、15 cm、20 cm 和 40 cm 深度土壤层上的变化趋势。

图 4.10 显示，除了林芝站（29.67°N，94.33°E，2991.8 m）在 0 ～ 40 cm 层和南木林站在 0 cm 层上的年平均土壤温度有不显著的降低趋势外，雅江流域绝大多数站

点上的年平均土壤温度在 1983 ～ 2013 年呈显著的增温趋势。就雅江流域年平均土壤温度的变化趋势在不同深度层之间的空间关系而言，6 层（0 ～ 40 cm）土壤深度上的土壤温度变化趋势的空间分布彼此相似。年平均土壤温度增温率最小值出现在林芝站（29.67°N，94.33°E，2991.8 m），各深度层上的土壤增温率均小于或等于 0℃ /a；年平均土壤温度增温率最大值出现在墨竹工卡站（29.85°N，91.73°E，3804 m），各深度层上的土壤增温率均大于 0.66℃ /a。

图 4.11 显示，除了南木林站（29.68°N，89.1°E，4000 m）和密林站（29.22°N，94.22°E，2950 m）在 0 cm 层上的夏季平均土壤温度有不显著的降低趋势外，雅江流域绝大多数站点上的夏季平均土壤温度在 1983 ～ 2013 年呈不同程度的增温趋势。雅江流域各站点的夏季平均土壤温度变化趋势的空间分布在 5 ～ 20 cm 深度层之间彼此相似。雅江流域 0 cm 层上的夏季平均土壤温度增温趋势均通过了 0.05 水平的显著性检验。在 40 cm 层上，除了林芝站（29.67°N，94.33°E，2991.8 m）外，其他 4 个站点夏季平均土壤温度增温趋势均通过了 0.05 水平的显著性检验。

图 4.12 显示，除了当雄站（30.48°N，91.1°E，4200 m）的 40 cm 深度层上和林芝站（29.67°N，94.33°E，2991.8 m）的 10 ～ 20 cm 深度层上的冬季平均土壤温度有不显著的降低趋势外，雅江流域绝大多数站点上的冬季平均土壤温度在 1983 ～ 2013 年呈显著的增温趋势。雅江流域各站点的冬季平均土壤温度变化趋势的空间分布在 0 ～ 20 cm 深度层彼此相似。冬季平均土壤温度增温率最小值出现在林芝站（29.67°N，94.33°E，2991.8 m），该站点上 0 cm 和 5 cm 深度层上土壤温度增温趋势未通过 0.05 水平的显著性检验，10 ～ 20 cm 深度层上的土壤增温率甚至均小于或等于 0℃ /a；冬季平均土壤温度增温率最大值出现在拉孜站（29.08°N，87.6°E，4000 m），该站点各深度层上的土壤增温率均大于 0.08℃ /a。

4.2.2　土壤冻融日期及其变化

利用从中国气象局获取的 11 个站点 1982 ～ 2013 年的不同深度层次（0 cm、5 cm、10 cm、15 cm、20 cm、40 cm、80 cm、160 cm 和 320cm）逐日土壤温度数据，计算了每个站点每年土壤开始冻结日期（BD）、结束冻结日期（ED）以及冻结天数（FD）。关于开始冻结日期、结束冻结日期以及冻结天数的具体计算方法如下。

开始冻结日期：从每年 7 月 1 日至次年 12 月 31 日，当某个土壤层出现连续 3 天土壤温度小于 0℃时，则将这连续 3 天中的第一天定义为该年该层土壤开始冻结日期。

结束冻结日期：从每年 1 月 1 日至该年 6 月 30 日，当某个土壤层出现连续 3 天土壤温度大于等于 0℃时，则将这连续 3 天中的第一天定义为该年该层土壤结束冻结日期。

为方便计算，将每年 7 月 1 日作为该年的第一天，次年 6 月 30 作为该年的最后一天，将开始冻结日期与结束冻结日期两个日期之间所有土壤温度低于 0℃的天数累加得到该年的冻结天数。

通过计算统计，流域内 11 个气象站点中，有 8 个站点在不同的深度层次发生了连续的土壤冻结（表 4.5），并采用 MK 趋势检验方法分析了各个站点开始冻结日期、结束冻结日期及冻结天数的平均值（表 4.6）及变化趋势（表 4.7）。当 MK 趋势为正值时，表明天数增加，即日期推后，反之，日期提前。

表 4.5 雅江流域各站点土壤冻结状况统计

站名	0cm	5cm	10cm	15cm	20cm	40cm
当雄	√	√	√	√	√	√
拉孜	√	√				
日喀则	√	√	√	√	√	
尼木	√	√				
拉萨	√	√				
江孜	√	√	√	√	√	
嘉黎	√					
洛隆	√	√	√			

注：表中 √ 表示该站点该深度层次的土壤在 1982 ～ 2013 年各年均发生了连续冻结。

由表 4.6 可以看出，就土壤开始冻结日期而言，11 个站点中，最早发生冻结的是嘉黎站（第 125.6 天，即 11 月 1 日左右），最晚发生冻结的是拉萨站（第 161.5 天，即 12 月 8 日左右），相差 36 天左右。同时还可以看出，各站点随着土壤深度的不断增加，开始冻结日期呈不断延后的趋势，这充分说明了冬季浅层土壤冻结是从表层逐渐向下开始的。就结束冻结日期而言，最早开始融化的是日喀则站（第 176.9 天，即 12 月 24 日左右），最晚开始融化的是嘉黎站（第 220.6 天，即 2 月 5 日左右），相差 44 天左右。而随着土壤深度的增加，结束冻结日期并未呈现一致延后的趋势，这说明浅层土壤在融化时，可能并不只是从上到下的单一方向，也存在着由下到上的融化方向。就冻结天数而言，各站点的差异比较大，以 0cm 层为例，冻结期最长的为嘉黎站 (93.8 天），最短的为拉萨站 (17.4 天），相差 76 天左右。结合已有的数据还可以发现，各站点冻结天数存在着从上到下逐渐延长，到达一定深度层次之后又逐渐缩短的特征，并且各站点最长冻结天数出现的深度层次并不一致，这可能与土壤自身属性及深层土壤内部的能量传输有关。

由 MK 趋势检验结果可以看出，就开始冻结日期而言，各站点普遍呈现上升趋势，即表明土壤开始冻结日期呈现出延后的趋势。其中，拉孜站土壤开始冻结日期延后最为明显，0 cm 和 5 cm 深度层次的土壤开始冻结日期分别延后了 0.909 天 / 年和 0.947 天 / 年，其次为拉萨站，0 cm 和 5 cm 深度层次的土壤开始冻结日期分别延后了 0.909 天 / 年和 0.667 天 / 年。此外，仅有嘉黎站 0 cm 土壤开始冻结日期呈现出提前趋势。就结束冻结日期而言，大部分站点呈现下降趋势，即土壤结束冻结日期呈现提前趋势，但其中拉孜站、拉萨站和嘉黎站呈现出相反的趋势，日喀则站和尼木站的情况则更为复杂，日喀则站 0 cm 和 5 cm 深度层次土壤结束冻结日期呈现延后趋势，而 10 cm、15 cm 和 20 cm 土壤结束冻结日期呈现提前趋势；尼木站 0 cm 土壤结束冻结日期呈现延后趋势，5 cm 土壤结束冻结日期呈现提前趋势。就冻结天数而言，各站点几乎呈一致的显著减小趋势，即流域内各站点土壤冻结日期普遍是缩短的。

表 4.6　雅江流域各站点土壤冻结天数多年平均值

（单位：天）

站名	0cm			5cm			10cm			15cm			20cm			40cm		
	BD	ED	FD	BD	ED	FD	BD	ED	FD	BD	ED	FD	BD	ED	FD	BD	ED	FD
当雄	136.7	202.9	61.9	146.7	237.1	85.4	150.4	242.4	88.6	156.5	241.6	82.9	163	245.8	81.4	175	250.1	74.2
拉孜	160.1	185.4	22.7	167.2	189.4	20.8												
日喀则	147.4	176.9	26.9	157.9	191.8	31.9	164.2	208.6	43.1	167	208.7	40.4	172.2	212.1	39.2			
尼木	151.9	193.3	37.8	162.4	194.7	30												
拉萨	161.5	181.2	17.4	172.7	190.2	16.1												
江孜	151.2	188.7	34.9	159.2	200.9	40.2	163.7	205.1	39.9	169.1	220.3	50.1	172.2	216.9	43.8			
嘉黎	125.6	220.6	93.8															
洛隆	158.8	184.9	23.3	162.3	191.2	26.6	169.6	192.5	21.4									

表 4.7　雅江流域各站点土壤冻结天数 MK 趋势检验结果　（单位：天 / 年）

站名	开始 / 结束冻结日期	0cm	5cm	10cm	15cm	20cm	40cm
当雄	BD	0.421*	0.125	0	0	0.036	–0.25
	ED	–0.059	–0.364*	–0.6*	–0.556*	–0.333	–0.389*
	FD	–0.357	–0.5*	–0.583*	–0.571	–0.333	–0.091
拉孜	BD	0.909*	0.947				
	ED	0.455	0.2				
	FD	–0.25	–0.286				
日喀则	BD	0.714*	0.5*	0.2	0.214	0.118	
	ED	1.75*	0.308	–0.2	–0.214	–0.5*	
	FD	0.667	–0.19	–0.364	–0.409	–0.643	
尼木	BD	0.125	0.333*	0			
	ED	0.167	–0.286				
	FD	0	–0.3				
拉萨	BD	0.909*	0.667*				
	ED	0.826	0.286				
	FD	–0.071	–0.2				
江孜	BD	0.208	0.333*	0.391*	0.217	0.412*	
	ED	–0.211	–0.481	0	–0.8*	–0.625	
	FD	–0.409	–0.867*	–0.111	–1.2*	–1*	
嘉黎	BD	–0.179					
	ED	0.188					
	FD	0.263					
洛隆	BD	0.111	0.4*	0.28			
	ED	–0.286	–1.267	–0.455			
	FD	–0.333	–1.188*	–0.5			

* 通过 0.05 的显著性检验。

4.2.3　上游资料稀缺地区近期土壤温湿度观测分析

2017 年 8 月开始的第二次青藏高原科考——雅鲁藏布江源区科考，在仲巴、萨嘎、昂仁和谢通门等地观测（图 4.13）的逐日土壤温湿度序列图显示从 8 月底到 12 月初，土壤含水率很低，均小于 0.25 m^3/m^3，土壤温度从 10 月初开始逐步下降（图 4.14）。10 cm 层的土壤温湿度变化较其他层大，从 11 月开始由浅层逐步向深层开始冻结。昂仁的土壤温湿度均高于其他 3 个观测点。

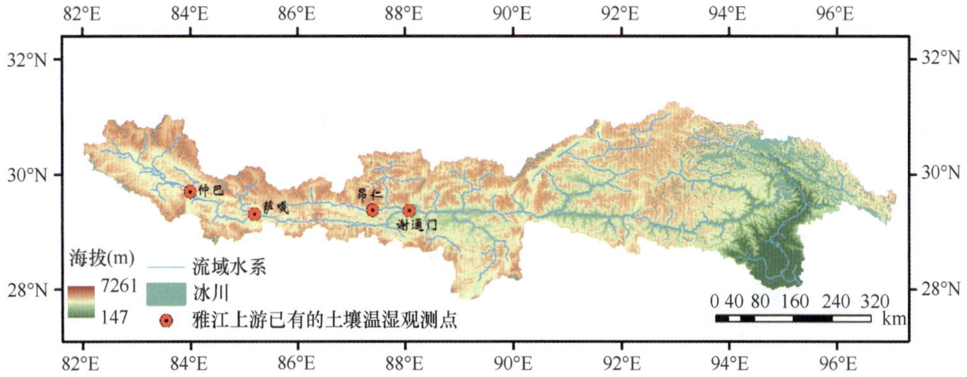

图 4.13　第二次青藏高原科考——雅鲁藏布江源区科考土壤温湿度观测点位置分布状况

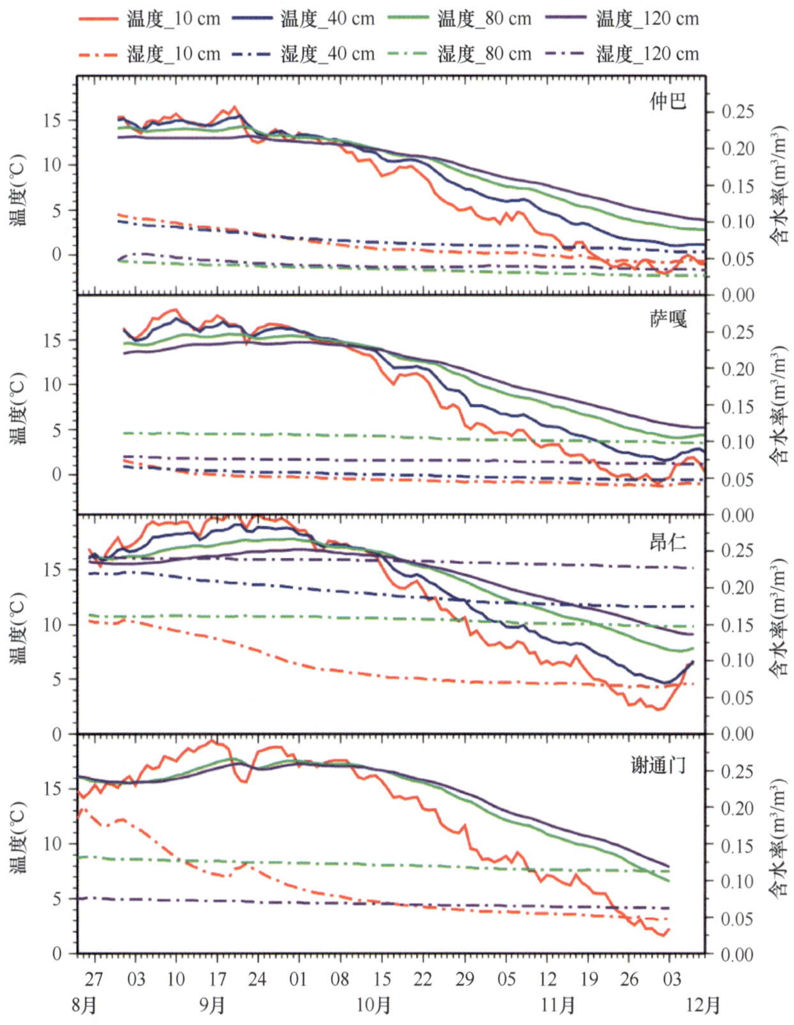

图 4.14　仲巴、萨嘎、昂仁和谢通门观测的逐日土壤温湿度值（2017 年 8 ～ 12 月）

4.3 流域土地覆被类型特征及其变化

土地覆被类型和土地利用类型及其变化是流域物理环境的主要特征，其变化作为流域下垫面变化的主要表现形式，是引起流域水文过程发生剧烈变化的重要诱因。通过改变地表蒸发、截留、填洼、下渗、浅层土壤根系分布、地面反照率、下垫面粗糙度等水文和生态过程而导致产汇流过程、下垫面能量平衡发生变化，从而使得水分和能量在时空格局分配发生变化，进而影响流域的水文和能量循环，以及水资源量。近年来，国内外关于土地利用覆被变化水文效应的研究日趋活跃（Sajikumar and Remya，2015；刘春蓁等，2014；董磊华等，2012；Cuo et al.，2009，2010，2013a）。在流域尺度上影响水循环过程的主要土地利用变化过程包括：①植被变化，如造林和森林砍伐、草地退化或开垦等；②农业开发活动，包括耕地开垦、作物耕种和管理方式等；③城市化过程，包括城镇化和道路建设等。在全球尺度上，毁林和造林是影响水文过程的最主要的驱动因素（张小侠，2011）。雅江流域海拔 150 ～ 7700 m，是世界上平均海拔最高的流域，也是西藏水能资源最丰富的河流，流域内自然条件复杂多变。其作为受全球气候变化影响的脆弱带，分析雅江流域土地覆被类型及其土地利用变化情况对深入了解高寒地区水循环的演变规律、维持流域内水土资源平衡具有重要意义。

本节所用的数据为 1990 年和 2015 年两期的中国土地利用现状遥感监测栅格数据（空间分辨率 1 km），由中国科学院资源环境科学数据中心（http://www.resdc.cn）提供，数据是以 Landsat TM/ETM 或 Landsat 8 遥感影像为主要数据源，通过人工目视解译生成的。

根据雅江流域土地利用情况，将土地利用类型分为耕地、林地、草地、水域、居民地和未利用地 6 个一级类型，林地包括有林地（郁闭度 >30% 的天然林和人工林）、灌木林（郁闭度 >40%，高度在 2 m 以下的矮林地和灌丛林地）、疏林地（郁闭度为 10% ～ 30% 的林地）和其他林地（指未成林造林地、迹地、苗圃及各类园地）4 个二级类型，草地包括高覆盖度草地（覆盖度 >50%）、中覆盖度草地（覆盖度在 20% ～ 50%）、低覆盖度（覆盖度在 5% ～ 20%）草地 3 个二级类型，图 4.15 和表 4.8 分别为 1990 年和 2015 年两期土地利用图和土地利用类型面积及比例变化表，从中可以看出，雅江流域土地利用具有显著的空间差异性，主要土地利用类型为草地、林地及未利用地，三类土地利用面积占到全流域的 94% 以上，草地作为整个流域的主要景观，面积高达 15.15 万 km^2，占流域总面积的 61% 以上，以高覆盖度草地为主，中覆盖度草地次之，不同覆盖度草地的空间分布差异显著，高覆盖度草地广泛分布于整个流域，集中分布在流域中游区域；中覆盖度草地和低覆盖度草地分布于雅江流域的中上游区域。里孜以上为雅江流域上游，面积 2.77 万 km^2（图 4.15）。雅江流域上游土地利用类型以中覆盖度草地为主，这与孙明（2011）的研究结果一致。经过进一步的分析发现，雅江流域源头草地总面积占比超过 84%。2015 年各覆盖度草地面积均低于 1990 年。2015 年雅江流域上游未利用地面积高于 1990 年；1990 ～ 2015 年，草地面积减少了约 187.75 km^2。流域下游则以林地为主，林地总面积占流域面积的 14% 左右，有林地占林地总面积的 80% 以上。与 1990 年相比，其他林地面积的大幅度上升造成 2015 年林地面积增加了 106.51 km^2。这主要与国家对消灭宜林荒山的决心和努力，采取封山育林、天然林全面禁伐以及退耕还林等生态环境保护政策有关。2015 年未利用地面积比 1990 年增加了近 47 km^2，这可能是由于极端天气、不合理人类活动等造成土地退化。耕地从 1990 年的 3346.78 km^2 降低到 2015 年的 3287.12 km^2，其分布于流域的中下游区域。居民地从 1990 年的 101.08 km^2 增长到 2015 年的 196.73 km^2，增长幅度近 95%。居民地变化主要是由于城市规模的快速扩张、农业内部结构调整所造成的。流域内的水域面积多年来无显著变化。

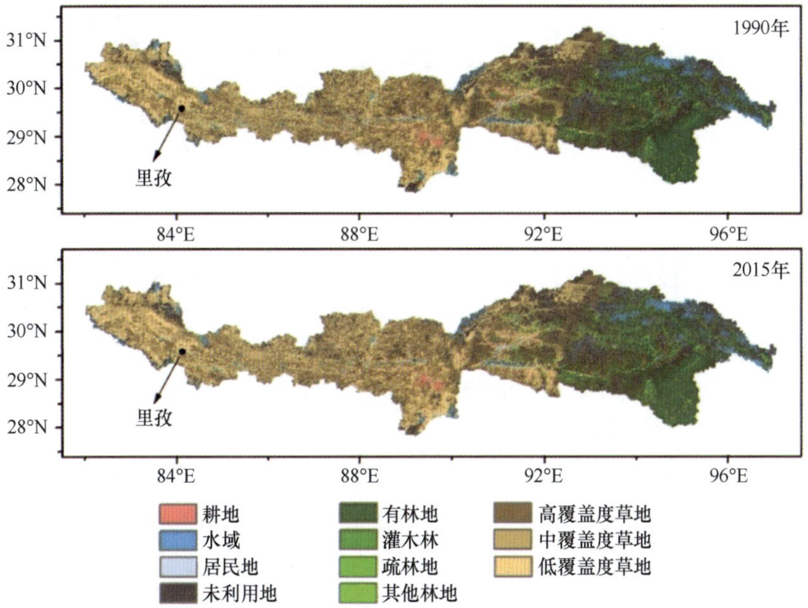

图 4.15 雅江流域 1990 年和 2015 年两期土地覆被和土地利用图

表 4.8 雅江流域 1990 年和 2015 年两期土地覆被和土地利用类型面积及比例变化

类型		1990 年		2015 年		变化量 (km^2)	占比变化 (%)
		面积 (km^2)	占比 (%)	面积 (km^2)	占比 (%)		
耕地		3346.78	1.35	3287.12	1.33	–59.66	–0.02
林地	有林地	29098.01	11.74	29043.12	11.72	–54.89	–0.02
	灌木林	5648.04	2.28	5658.00	2.28	9.96	0.00
	疏林地	1124.04	0.45	1124.04	0.45	0.00	0.00
	其他林地	38.82	0.02	190.27	0.08	151.45	0.06
	合计	35908.91	14.49	36015.43	14.53	106.51	0.04
草地	高覆盖度草地	81878.56	33.03	81810.91	33.01	–67.65	–0.02
	中覆盖度草地	45487.82	18.35	45428.45	18.33	–59.37	–0.02
	低覆盖度草地	24150.56	9.74	24089.82	9.72	–60.74	–0.02
	合计	151516.94	61.12	151329.18	61.06	–187.75	–0.08
水域		10676.21	4.31	10674.52	4.31	–1.69	–0.00
居民地		101.08	0.04	196.73	0.08	95.66	0.04
未利用地		46312.81	18.68	46359.74	18.70	46.93	0.02

为了进一步分析雅江流域土地利用类型的内部转移特征，将两期的土地利用数据叠加，得到前后两期土地利用数据的变化情况，制作土地利用转移矩阵，分析不同土地利用类型的时空转化特征（郝振纯和苏振宽，2015）。转移矩阵用于揭示土地利用类型间的面积转移、变化的去向或来源。

$$B_{ij} = A_{ij} \times 100\% \Big/ \sum_{j=1}^{n} A_{ij} \tag{4.1}$$

$$C_{ij} = A_{ij} \times 100\% \Big/ \sum_{i=1}^{n} A_{ij} \tag{4.2}$$

式中，A_{ij} 为初期土地利用类型转变为后期各种类型的面积；B_{ij} 为初期第 i 种土地利用类型转变为后期第 j 种土地利用类型的面积；C_{ij} 为后期第 j 种土地利用类型中由初期第 i 种土地利用类型转化而来的比例。

表 4.9 为雅江流域 1990 年和 2015 年两期的土地利用转移矩阵。从表 4.9 中可以看出，各土地利用类型之间的互相转换部分占比较低，96% 以上的土地利用类型维持原状。具体来看：①耕地自 1990 ～ 2015 年减少 59.66 km^2，其中 44.31 km^2 转换为建设用地，其余的转换为水域或林地；而在此期间仅有 2.76 km^2 的中覆盖度草地和 1.38 km^2 的低覆盖度草地转换为耕地。②有林地主要转换为其他林地、灌木林、居民地和未利用地，仅有少量耕地转入，造成 2015 年有林地面积低于 1990 年；灌木林和疏林地在 1990 ～ 2015 年面积基本保持不变；而其他林地的面积在 1990 ～ 2015 年扩大了近 4 倍，这主要是由于草地、水域和有林地的大面积转入，其他林地面积的增加也是造成林地总面积增加的主要原因。③ 1990 ～ 2015 年，高、中、低覆盖度草地面积虽均有 99.5% 保持不变，但由于转出的面积高于转入的面积，导致不同覆盖度草地的面积均下降，各覆盖度草地主要转换为其他林地、水域、居民地和未利用地，中、低覆盖度草地也有少量转换为耕地，而不同覆盖度草地之间并无相互转换。④水域面积无显著变化，但转入与转出的主要土地利用类型不同，水域主要转出为其他林地，其次是未利用地，而主要转入为草地，其次是耕地。⑤ 2015 年居民地面积几乎为 1990 年的两倍，说明 90 年代以来，雅江流域城市规模快速扩张，居民地保持不变的面积占 100%，即无转出，而转入类型主要包括耕地和草地，其次为有林地和未利用地。⑥未利用地面积由 1990 年的 46312.81 km^2 增加至 2015 年的 46359.74 km^2，增加了 46.93 km^2，主要来源于高覆盖度草地的转入，其次是水域、有林地和低覆盖度草地，虽然未利用地也转换为其他林地、水域和居民地，但转换面积之和不足 10 km^2。

通常把反映土地及土地上的空间和物质构成的综合体称为景观，土地利用覆被类型是划分景观类型的主要依据，景观结构变化一般体现为土地转化。斑块 (patch) 作为景观格局的基本组成单元，是指不同于周围地块的、相对均质的非线性区域，本书选取斑块数量 (NP)、斑块面积 (A)、斑块密度 (PD)、平均斑块分维数 ($FRAC_{MN}$)、Shannon 均匀性指数 (E) 来表现研究区各景观的格局特征，各指标说明及计算方法如下。

(1) 斑块数量 (NP)：景观的斑块数量用来描述景观的异质性，其值越大说明景观越破碎。

表 4.9　雅江流域 1990 年和 2015 年两期土地覆被和土地利用转移矩阵　　（单位：km^2）

1990 年 \ 2015 年	耕地	有林地	灌木林	疏林地	其他林地	高覆盖度草地	中覆盖度草地	低覆盖度草地	水域	建设用地	未利用地	总计
耕地	3282.98	5.65	1.42						12.42	44.31		3346.78
有林地		29037.47	9.92		24.02	7.08			1.39	8.40	9.72	29098.00
灌木林			5646.66						1.37			5648.03
疏林地				1124.04								1124.04
其他林地					37.44				1.39			38.83
高覆盖度草地					20.75	81803.84			13.86	20.83	19.28	81878.56
中覆盖度草地	2.76				26.30		45425.70		20.63	6.92	5.51	45487.82
低覆盖度草地	1.38				20.77			24089.82	16.52	13.81	8.26	24150.56
水域					56.83		2.75		10602.77		13.85	10676.20
建设用地										101.08		101.08
未利用地					4.16				4.15	1.38	46303.12	46312.81
总计	3287.12	29043.12	5658.00	1124.04	190.27	81810.92	45428.45	24089.82	10674.50	196.73	46359.74	247862.71

(2) 斑块面积 (A)：景观要素的大小，它可以直接反映景观要素的规模，面积的增减是景观动态的直接反映。其计算公式为

$$A_i = \sum_{i=1}^{\mathrm{NP}} a_i \tag{4.3}$$

式中，A_i 为第 i 种景观要素的总面积；a_i 为第 i 种景观要素的单个斑块面积，单位 km^2。

(3) 斑块密度 (PD)：每 100 km^2 面积中斑块数目所占比例，反映景观破碎化程度，公式为

$$\mathrm{PD} = \mathrm{NP}/A \times 100 \tag{4.4}$$

(4) 平均斑块分维数 ($\mathrm{FRAC_{MN}}$)：描述斑块几何形状的复杂程度，范围在 1 ～ 2，斑块形状越简单其值越趋近于 1，斑块形状越复杂其值越趋近于 2，公式为

$$\mathrm{FRAC_{MN}} = \sum_{i=1}^{\mathrm{NP}} 2\ln(0.25P_i)/\ln a_i/\mathrm{NP}_i \tag{4.5}$$

式中，P_i 为第 i 个要素的斑块周长；a_i 为第 i 个要素的斑块面积；NP_i 为第 i 个要素的斑块数量。

(5) Shannon 均匀性指数 (E)：反映景观中斑块类型的均匀程度，E=0 表明全景观仅由一种斑块组成；E=1 表明各斑块类型均匀分布，有最大的景观多样性，公式为

$$E = \frac{H}{H_{(\max)}} = \frac{-\sum_{i=1}^{m} P_i \ln P_i}{\ln m} \tag{4.6}$$

式中，E 为 Shannon 均匀性指数；$H_{(\max)}$ 为各斑块类型均衡分布时的景观多样性指数；P_i 为斑块类型 i 在景观中出现的概率，即该斑块类型的栅格数占景观栅格数的比例；m 为斑块类型总数。

通过计算雅江流域土地利用类型的景观特征指标，得到表 4.10 的雅江流域景观格局特征。从表 4.10 中可以看出，1990 ～ 2015 年雅江流域的土地利用景观格局发生了微弱的变化。斑块总量由 1990 年的 15377 个增长到 2015 年的 15519 个，增加了 142 个。除耕地和有林地斑块数量微弱下降，以及疏林地没有变化外，其余土地利用类型的斑块数量表现出不同幅度的增加，说明景观整体破碎化程度增加。对于斑块密度而言，雅江流域斑块密度最大的为其他林地，说明其他林地在流域中的破碎化程度最高，居民地次之，而有林地的破碎化程度最低。居民地和其他林地斑块密度下降，这是由于城市规模的快速扩张引起的建设用地面积成倍增加而相应的数量涨幅却较慢所造成的。除居民地和其他林地外，其余土地利用类型的斑块密度均上升，反映出流域其余土地利用类型的景观破碎化程度增加。各土地利用类型的平均斑块分维数均接近于 1，表明斑块形状简单，2015 年的平均斑块分维数与 1990 年相差不大，说明流域斑块形状变化不大。雅江流域的 Shannon 均匀性指数由 1990 年的 0.741 增加到 2015 年的 0.744，说明多年来雅江流域的景观多样性和均匀性略微增加，反映出各斑块类型朝着均衡化发展。

表 4.10　雅江流域景观格局特征

景观指标	斑块数量		斑块面积（km^2）		斑块密度		平均斑块分维数		Shannon 均匀性指数	
	1990 年	2015 年	1990 年	2015 年	1990 年	2015 年	1990 年	2015 年	1990 年	2015 年
耕地	830	827	3346.78	3287.12	24.800	25.159	1.017	1.017		
有林地	547	546	29098.01	29043.12	1.880	1.880	1.035	1.035		
灌木林	979	987	5648.04	5658.00	17.333	17.444	1.028	1.027		
疏林地	343	343	1124.04	1124.04	30.515	30.515	1.018	1.018		
其他林地	22	95	38.82	190.27	56.666	49.930	1.008	1.009		
高覆盖度草地	3072	3078	81878.56	81810.91	3.752	3.762	1.034	1.034	0.741	0.744
中覆盖度草地	2809	2817	45487.82	45428.45	6.175	6.201	1.033	1.033		
低覆盖度草地	2638	2642	24150.56	24089.82	10.923	10.967	1.029	1.029		
水域	1200	1211	10676.21	10674.52	11.240	11.345	1.024	1.024		
居民地	48	72	101.08	196.73	47.489	36.598	1.009	1.011		
未利用地	2889	2901	46312.81	46359.74	6.238	6.258	1.032	1.032		
合计	15377	15519	247862.73	247862.72	19.728	18.187	1.024	1.025		

4.4 流域冰川、积雪分布特征及其变化

4.4.1 冰川

山地冰川作为冰冻圈的重要组成部分，是反映气候变化的天然记录器和警示器，素有“高山固体水库”之称（谢自楚等，2005）。青藏高原及周边地区拥有除极地以外的中低纬度面积最大的冰川。中国第二次冰川编目数据集（Liu et al.，2014）表明，中国共有冰川 48571 条，总面积约 5.148 万 km^2，占世界冰川（除南极和格陵兰冰盖外）面积的 7.1%。雅鲁藏布江是世界上平均海拔最高的河流，也是中国主要的海洋型冰川分布区，占整个青藏高原冰川面积的 30%，是中国冰川数量最多的外流水系（施雅风和刘潮海，2005）。本节利用已有的多个冰川编目数据集，以期较全面地阐述冰川的现状和变化。

本书选取巴昔卡作为雅江流域出口，流域面积 247862.71 km^2，并依照中国第一、第二次冰川编目数据集统计了雅江流域的冰川面积和条数。第一次冰川编目数据集（1910 ～ 1983 年）提取到雅江流域内的冰川数共 9743 条，冰川面积 11719.27km^2；而第二次冰川编目数据集（1968 ～ 1980 年，2001 ～ 2010 年）表明，雅江流域冰川条数下降至 8543 条，冰川总面积降低为 9725.50km^2。据统计，第二次冰川编目数据集中雅江流域有 4031 条冰川记录未更新，即它们沿用了第一次冰川编目数据集的记录，若可以实现全流域冰川的统一更新，则冰川面积和条数将下降更多，这种下降趋势出现主要是受气候变暖的影响。

为了更进一步对比雅江流域的冰川变化特征，本书分析了两次冰川编目的不同朝向和不同海拔的冰川面积分布情况，如图 4.16 和图 4.17 所示。不同朝向的划分方法：冰川平均坡向介于 0° ～ 22.5° 和 337.5° ～ 360°，朝向为北（N）；坡向介于 22.5° ～ 67.5°，朝向为东北（NE）；坡向介于 67.5° ～ 112.5°，朝向为东（E）；坡向介于 112.5° ～ 157.5°，朝向为东南（SE）；坡向介于 157.5° ～ 202.5°，朝向为南（S）；坡向介于 202.5° ～

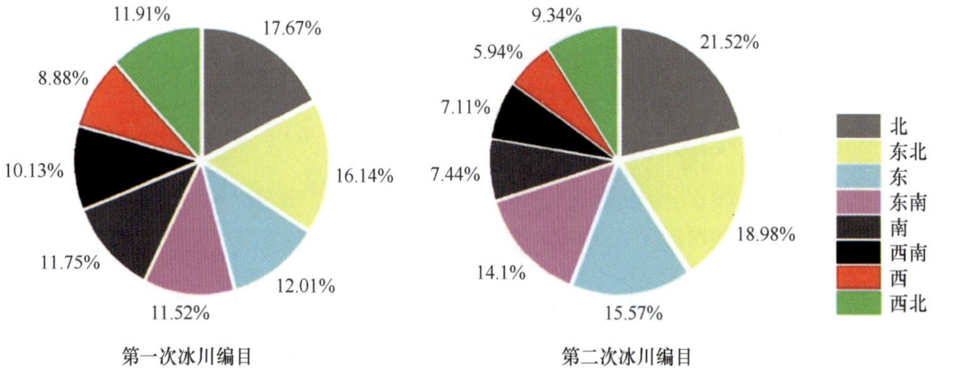

图 4.16 雅江流域两期冰川编目中不同朝向冰川面积的分布

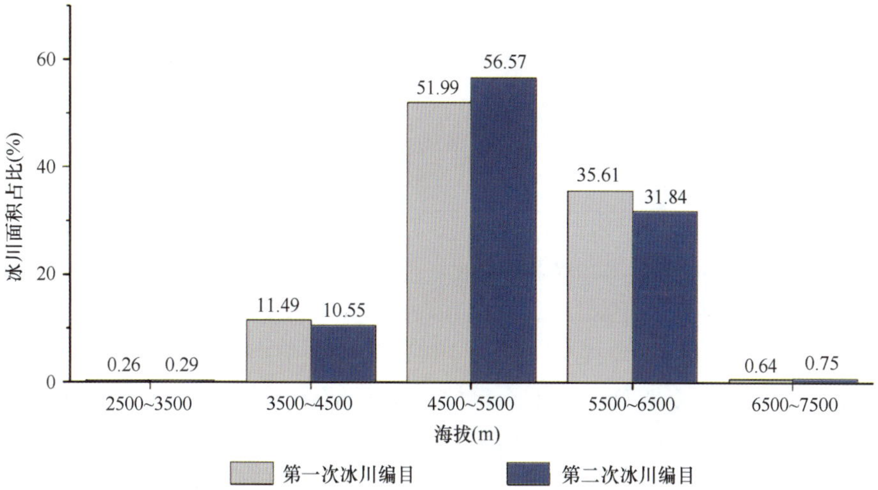

图 4.17　雅江流域不同海拔的冰川面积分布

247.5°，朝向为西南（SW）；坡向介于 247.5° ～ 292.5°，朝向为西（W）；坡向介于 292.5° ～ 337.5°，朝向为西北（NW）。就不同朝向上的冰川面积而言，冰川面积最大的朝向为北，冰川面积最小的朝向为西，偏南向冰川面积仅为偏北向的 35%，反映了偏北向冰川因太阳辐射相对较小而对冰川发育带来的有利影响。偏西向冰川面积为偏东向的 38%，充分说明了印度季风带来的降水对冰川的重要影响。由于喜马拉雅山、念青唐古拉山和横断山脉的阻碍，雅鲁藏布江大峡谷成为水汽汇聚地，造成该流域东部冰川发育好于西部，使得东西向冰川发育不对称。同第一次冰川编目结果比较，朝北、东北和东 3 个方向的冰川面积占比均增大，且 3 个朝向的总冰川面积占比超过 56%，而其余方向冰川面积的占比均下降，这可能是流域内降水分布、气温升高及太阳辐射差异共同作用的结果。

不同海拔冰川面积的分布情况如图 4.17 所示，其中第一次冰川编目数据集根据聂宁和张智杰（2013）的统计结果整理得到。首先依据冰川面积的最高、最低海拔分布情况，将其分为 5 组，分别为：2500 ～ 3500 m、3500 ～ 4500 m、4500 ～ 5500 m、5500 ～ 6500 m 和 6500 ～ 7500 m，分组统计不同海拔区间雅江流域的冰川分布情况。整体来看，雅江流域冰川面积在海拔 4500 ～ 5500 m 占比最高且超过流域总冰川面积的 50%，其次是 5500 ～ 6500 m，在 2500 ～ 3500 m 占比最低。对比第一、第二次冰川编目数据集可以看出，海拔区间在 3500 ～ 4500 m 和 5500 ～ 6500 m 的占比下降；而海拔区间在 2500 ～ 3500 m、4500 ～ 5500 m 和 6500 ～ 7500 m 的冰川面积占比有所提升。从空间分布来看，海拔区间在 3500 ～ 4500 m、4500 ～ 5500 m 和 6500 ～ 7500 m 的冰川主要分布在藏东南地区。海拔区间在 5500 ～ 6500 m 的冰川在全流域广泛分布。雅鲁藏布江源里孜以上地区冰川分布在海拔 4500 ～ 7500 m，海拔区间 5500 ～ 6500 m 冰川面积占比最大，其中雅鲁藏布江发源地杰马央宗冰川海拔 5088.8 ～ 6539.3 m，冰川面积 1.17 km^2。

Ye 等（2017）为了研究青藏高原冰川面积的变化情况，获取了美国地质调查局（USGS）提供的高质量、云量较少的 Landsat 卫星数据，数据时间范围为 1972 ～ 1979

年/1980～1994年和2013/2014年，分别代表不同时期的卫星数据，每个时期中影像占比最高的年份被定义为图像的参考年份，即1976年和2013年，依靠假彩色图像合成，通过人工目视解译的方法提取不同时期的冰川轮廓。Ye等（2017）的结果比第一、第二次冰川编目时间序列长。这批数据由于采用相同的冰川面积提取方法，因而数据一致性较好，且时间范围更大，因此有利于揭示冰川较长期的变化。根据Ye等（2017）结果，雅江流域冰川分布如图4.18所示。雅江流域1976年和2013年冰川面积分别为14543.9 km^{2}和9864.94 km^2，而第一次冰川编目（1910～1983年）和第二次冰川编目（1968～1980年，2001～2010年）数据集统计的雅江流域冰川面积分别为11719.27 km^{2}和9725.50 km^2，流域冰川主要集中在念青唐古拉山，其次是喜马拉雅山。虽然各数据源有其不确定性，但综合不同数据，依然可反映雅江流域冰川面积多年来呈下降趋势。由Ye等（2017）的数据可知，1976～2013年37年间流域冰川面积下降4678.96 km^2，平均每年减少126.46 km^2。里孜以上流域为雅江上游，其冰川面积由1976年的1112.50 km^{2}下降为2013年的804.80 km^2，平均每年减少8.32 km^2。里孜至派镇之间为中游，冰川面积由1976年的5304.69 km^{2}下降至2013年的3496.45 km^2。派镇以下为下游，下游冰川面积占全流域冰川面积的55%以上，1976～2013年下游冰川面积由8126.71 km^{2}下降为5897.17 km^2，幅度很大，37年间下降2229.54 km^2。刘晓尘和效存德（2011）发现，1974～2010年雅鲁藏布江源头杰马央宗冰川的面积由21.78 km^{2}下降至20.67 km^2，冰川末端退缩768 m，且退缩速度加快，可能是由于气温上升和降水减少造成的。

冰川物质平衡，即冰川累积与消融量大致相等，是反映气候变化和冰川发育水热

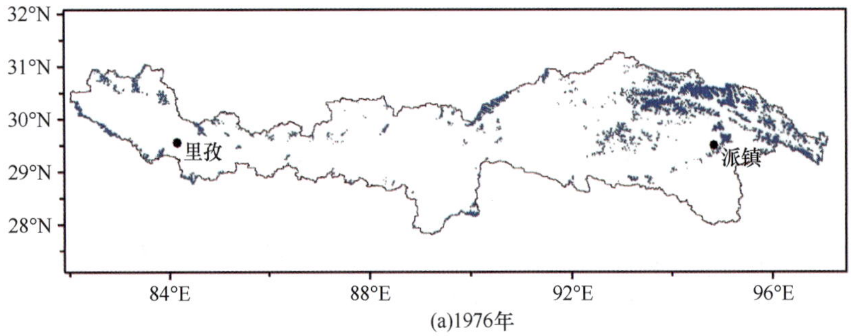

(a)1976年

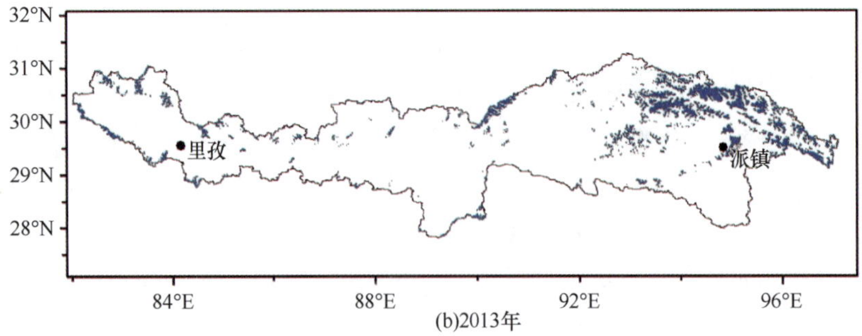

(b)2013年

图4.18 雅江流域冰川分布空间图（Ye et al.，2017）

条件的敏感指示器。姚檀栋等（2010）利用等高线法计算不同冰川的物质平衡，发现临近雅江流域的大陆性冰川（扎当冰川）和流域内的海洋性冰川（帕隆 4 号、帕隆 10 号、帕隆 12 号、帕隆 94 号，德木拉冰川，24K 冰川）均呈现较强的物质亏损，低海拔小面积冰川由于积累面积少，冰川物质亏损更严重。表 4.11 为雅江流域典型冰川物质平衡。由表 4.11 可知，藏东南地区冰川物质亏损严重，帕隆 12 号冰川物质亏损最大，2005 ～ 2010 年平均值约 –1699 mm w.e./a。而位于雅江流域中游的古仁河口和临近雅江流域的扎当冰川物质亏损相对较低，古仁河口冰川物质亏损最低，2005 ～ 2010 年平均值约 –312 mm w.e./a。Yang 等（2016）通过物质平衡模型重建了帕隆 94 号冰川 1980 ～ 2010 年的冰川物质平衡，发现自 2003 年以后由于气温和季节性降水的影响冰川物质显著亏损。

表 4.11　雅江流域典型冰川物质平衡

冰川	纬度 (°N)	经度 (°E)	2005/06	2006/07	2007/08	2008/09	2009/10	2010/11	平均值 (mm w.e./a)
帕隆 10 号 *	29.28	96.90	–675	–283	–593	–1575	—	—	–782
帕隆 12 号 *	29.30	96.90	–1449	–1112	–1410	–2476	–2046	—	–1699
帕隆 94 号 *	29.38	96.98	–913	–254	–1079	–2018	–347	—	–922
帕隆 390 号 *	29.35	97.02	—	–170	–1250	–1673	–982	—	–1019
古仁河口 *	30.18	90.47	–319	–196	497	–839	–703	—	–312
扎当	30.47	90.63	–1143**	–838**	208**	—	–1969***	–431***	–835

资料来源：* Yao et al.，2012；** Zhang et al.，2013，*** 青藏高原科学数据中心。

4.4.2　积雪

除了冰川，积雪也是青藏高原降水在冬季水资源中的另一种储存形式。不同于冰川，积雪在夏季消失。由于青藏高原主体受西风环流、南亚和东亚季风的影响，青藏高原秋冬季（10 ～ 4 月）的降水量较少。大部分地区暖季（5 ～ 9 月）的降水量占全年降水的 70% 以上（Cuo and Zhang，2017），因而降雪的比例较少，这就注定积雪面积在整个青藏高原也有限。为了明晰积雪在雅江流域的分布、变化及其与径流的关系，本小节将利用已有的卫星遥感积雪资料分析积雪的特征和变化。

雅江流域积雪覆盖率来自邱玉宝等（2016）发布的青藏高原 MODIS 逐日无云积雪面积数据集（2002 ～ 2015 年）。该数据集以积雪产品 MOD10A1 以及 MYD10A1 为基础，通过 8 个步骤逐步将云像素重新分类为积雪或陆地。其中，经过上下午星合成、三天合成、“永久”积雪陆地方法、邻近四像元法、高程滤波方法、修改阴影区错误分类、最大积雪陆地范围掩膜这 7 个步骤，获得 MODIS 少云积雪产品，将逐日无云积雪产品的云面积降至平均约 5.1%，积雪精度损失减小。最后，采用拟合预期雪线方法，去除全部云污染，从而，获得 MODIS 逐日无云积雪产品（邱玉宝等，2016）。该数据集起止时间为 2002 年 7 月 5 日～ 2015 年 4 月 13 日。在此数据集的基础上，经进一步处理和计算，得到雅江流域年均积雪覆盖率、最大积雪覆盖率及其出现日期以及月均积雪覆盖率。

数据分析表明，雅江流域的积雪主要出现在 10 月至次年 3 月，故以每年 1 ～ 3 月，以及 10 ～ 12 月这 6 个月积雪覆盖率的均值作为该年积雪覆盖率的年均值。因 2002 年缺少 1 ～ 3 月数据，2015 年缺少 10 ～ 12 月数据，故选取 2003 ～ 2014 年完整时间序列进行积雪覆盖率年均值的研究。每年的最大积雪覆盖率则通过每年的逐日积雪覆盖率选出。

在近十几年中，气候变暖导致雅江流域年均积雪覆盖率和年最大积雪覆盖率均呈现下降趋势（图 4.19）。两者分别以每年 0.1837%/a 和 0.7104%/a 的趋势下降，但两个下降趋势均不满足 0.05 的统计显著性检验。

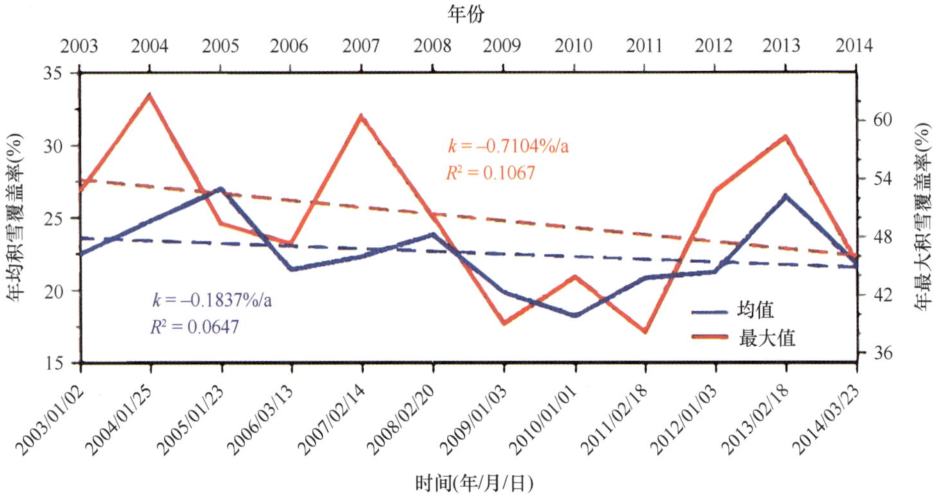

图 4.19　雅江流域年均积雪覆盖率和年最大积雪覆盖率年际变化和出现日期

近十几年雅江流域年积雪覆盖率介于 18.20%(2010 年）～ 27.00%(2005 年）。除了 2010 年 (18.20%) 和 2009 年 (19.83%) 两年的年积雪覆盖率小于 20% 以外，其他年份的积雪覆盖率均在 20% ～ 27% 的范围内变化。年最大积雪覆盖率介于 38.24%(2011 年 2 月 18 日）～ 62.60%(2004 年 1 月 25 日）。其中，2011 年 (38.24%) 和 2009 年 (39.08%) 的最大积雪覆盖率较低，二者均小于 40%；2004 年 (62.60%) 和 2007 年 (60.43%) 的最大积雪覆盖率最高，二者均超过 60%。2010 年、2014 年、2006 年和 2005 年四年的最大积雪覆盖率在 40% ～ 50%，其值分别为 43.87%、45.35%、47.27% 和 49.40%；2008 年、2012 年、2003 年和 2013 年四年的最大积雪覆盖率在 50% ～ 60%，其值分别为 50.08%、52.68%、52.77% 和 58.30%。另外，从最大积雪覆盖率出现的时间可以看出，较大的积雪覆盖率主要出现在 1 ～ 3 月，较多集中在 1 月。从图 4.19 中可以看出，年均积雪覆盖率和年最大积雪覆盖率的变化情况大致相同，均在 2009 ～ 2011 年出现积雪覆盖率的较小值，在 2004 年、2007 年、2013 年等年份出现较大值。表 4.12 展示了雅江流域的年和月平均积雪覆盖率。多年平均年积雪覆盖率在整个雅江流域仅为 18.32%，其中高海拔的里孜以上流域和拉萨河流域积雪覆盖率大于奴下以上流域。

表 4.12　雅江流域多年平均的月和年积雪覆盖率　（单位：%）

月份	雅江流域	里孜以上流域	奴下以上流域	拉萨河流域
1	25.05	32.99	15.57	25.48
2	29.10	46.46	20.29	25.86
3	27.74	38.84	18.82	28.20
4	24.42	24.48	15.85	27.52
5	17.93	11.83	11.43	22.55
6	10.66	4.63	5.59	9.84
7	8.87	5.92	7.03	8.74
8	9.79	7.77	8.24	9.12
9	10.99	5.95	7.57	11.97
10	15.84	12.54	10.66	20.84
11	21.26	13.60	12.66	31.11
12	18.29	13.72	10.46	20.20
多年均值	18.32	18.23	12.01	20.12

月平均积雪覆盖率由逐日积雪覆盖率平均求出。除了 1 月（0.4072 % /a）和 3 月（0.198 % /a）的积雪覆盖率在近十几年呈现上升趋势外，2 月（–0.35 % /a）、10 月（–0.2916 %/a）、11 月（–0.3341 %/a）和 12 月（–0.1772 %/a）均表现出下降趋势（图 4.20），且这 6 个月的变化趋势均未通过 0.05 的统计显著性检验。上升趋势中，1 月拥有最大的上升率；下降趋势中，2 月拥有最大的下降率。雅江流域 1 ～ 3 月的积雪覆盖率不但容易出现较大值，而且变化也比其他月份大。1 月、2 月、3 月、10 月、11 月和 12 月的积雪覆盖率分别介于 13.37%（2006 年）～ 38.29%（2015 年）、15.64%（2006 年）～ 41.58%（2007 年）、17.30%（2004 年）～ 33.94%（2013 年）、10.01%（2009 年）～ 24.35%（2013 年）、11.84%（2012 年）～ 31.42%（2006 年）和 13.40%（2010 年）～ 24.76%（2006 年），总体覆盖率不超过 50%。

图 4.21 为雅江流域上游里孜以上流域、奴下以上流域和拉萨河流域 3 个子流域的积雪覆盖率变化情况。除了里孜以上流域积雪覆盖率在 2003 ～ 2014 年以每年 1.0382%/a 的速率增加外，奴下以上流域和拉萨河流域均以每年 0.0891%/a 和每年 1.2539%/a 的速率减少，且只有拉萨河流域的积雪覆盖率变化趋势满足 0.05 的统计学显著性检验。里孜以上流域的年均积雪覆盖率介于 15.97%（2008 年）～ 41.70%（2014 年）；奴下以上流域的年均积雪覆盖率介于 8.96%（2010 年）～ 19.62%（2013 年）；拉萨河流域的年均积雪覆盖率介于 12.49%（2010 年）～ 37.81%（2004 年）。从图 4.21 中可以看出，奴下以上流域和拉萨河流域的年均积雪覆盖率变化趋势比较接近，基本在年际变化中出现同增同减趋势。同时可以看出，越往上游和高海拔地区，积雪覆盖率越大。奴下以上流域的积雪覆盖率相对较小。多年平均的月积雪覆盖率最大值均出现在 2 ～ 3 月，而最小值出现在 6 ～ 8 月（表 4.12）。

积雪深度可以从另一个角度说明流域积雪状况。雅江流域雪深和积雪日数的原始

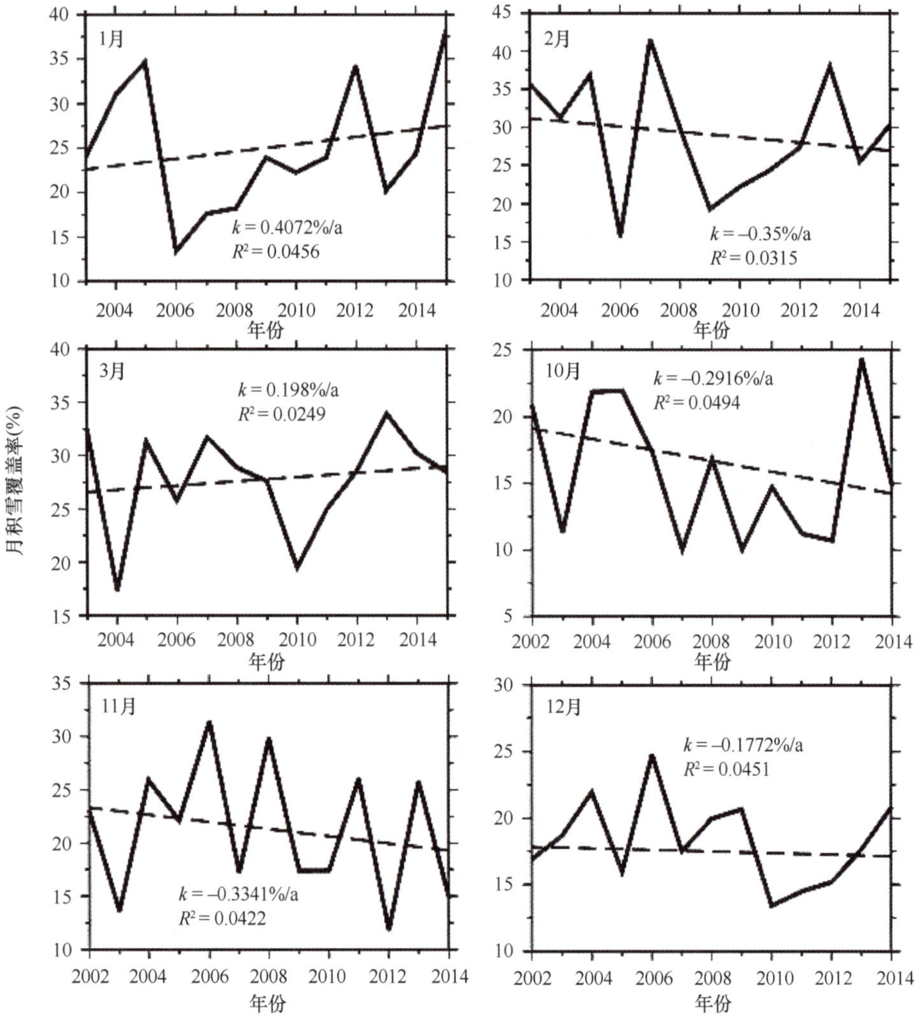

图 4.20　雅鲁藏布江流域月积雪覆盖率的年际变化

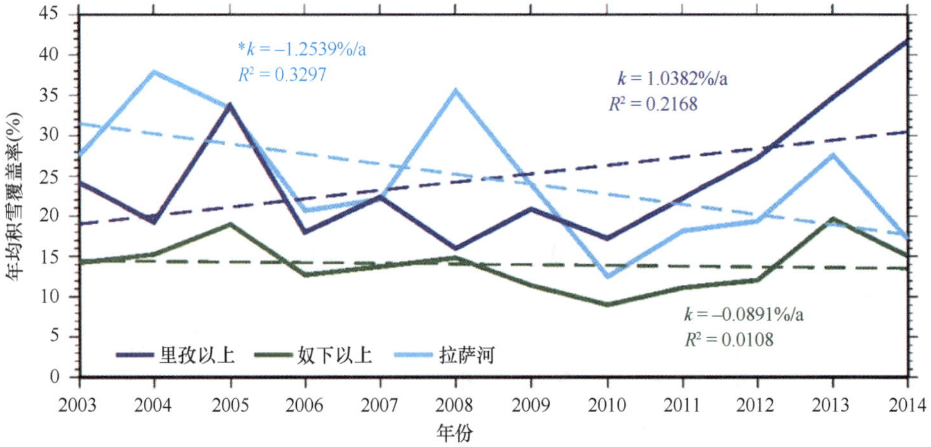

图 4.21　雅鲁藏布江 3 个子流域积雪覆盖率年际变化

数据来自中国雪深长时间序列数据集（1979 ～ 2016）（数据来源于“寒区旱区科学数据中心”，http://westdc.westgis.ac.cn）(Che et al.，2008；Dai et al.，2012；Dai，2015)，其空间分辨率为 0.25°。该数据集来自美国国家雪冰数据中心（NSIDC）处理的 SMMR（1979 ～ 1987 年）、SSM/I（1987 ～ 2007 年）和 SSMI/S（2008 ～ 2016 年）逐日被动微波亮温数据（EASE-Grid），通过不同传感器的交叉定标、确定被动微波遥感雪深反演算法系数、识别积雪地表的被动微波遥感分类树算法和积雪反演等步骤计算处理生成。该数据集起止时间为 1979 年 1 月 1 日～ 2016 年 12 月 31 日，共计 38 年的逐日数据。

从图 4.22 中可以看出，雅江流域拥有长积雪日数的区域具有较大的雪深。流域中积雪主要分布在河源区域及下游高海拔地区，这些地区同样也是拥有较长积雪天数的地区。整个雅江流域在 1979 ～ 2016 年，不同区域的平均雪深为 0 ～ 9.1 cm，平均的积雪天数介于 0 ～ 271.6 天。

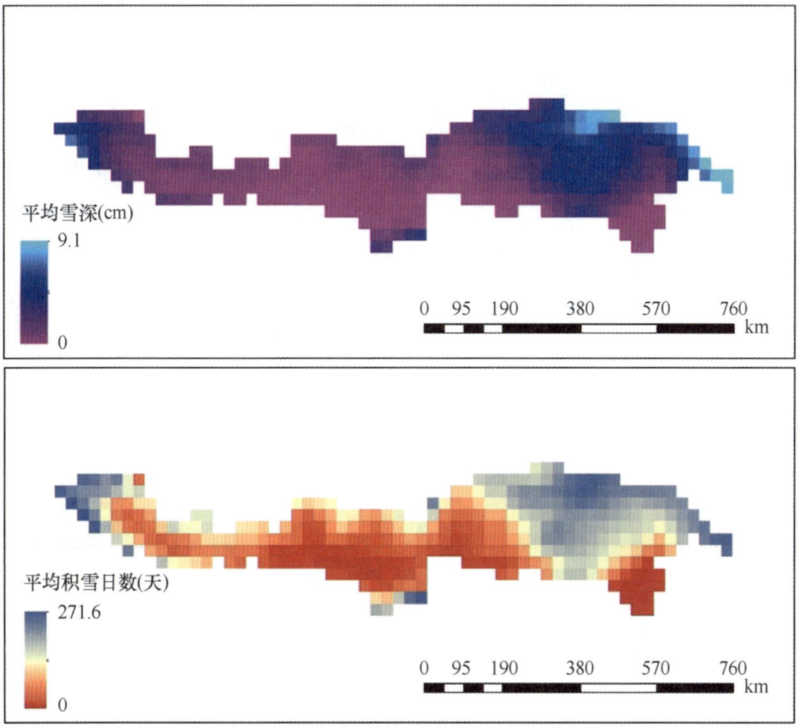

图 4.22　雅江流域平均雪深与积雪日数空间分布

1979 ～ 2016 年，年均雪深和流域平均积雪日数均呈减少趋势（图 4.23），年均雪深以每年 0.0242 cm/a 的趋势显著减少（$P<0.05$），流域平均年积雪天数以每年 0.3233 天 / 年的趋势减少。年积雪日数在近 38 年中，介于 171（2007 年）～ 231 天（1997 年）。积雪日数大于 200 天（201 ～ 231 天）和小于 200 天（171 ～ 197 天）的年份各有 19 年。整体上看，积雪日数大的年份，雪深也较深。

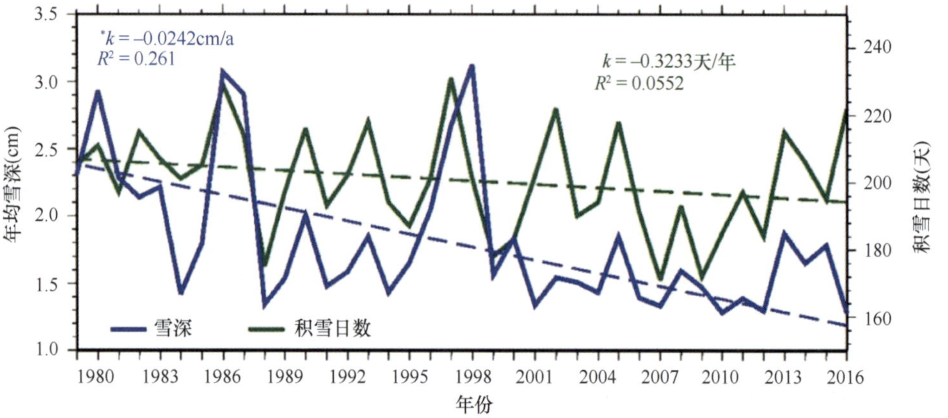

图 4.23　雅江流域平均雪深与积雪日数年际变化

近 38 年中，年均雪深的变化介于 1.28(2016 年) ～ 3.12cm(1998 年)。38 年中，1998 年 (3.12cm) 和 1986 年 (3.07cm) 两年的年均雪深大于 3cm，9 年 (1980 年，2.93cm；1987 年，2.91cm；1997 年，2.67cm；1979 年，2.30cm；1981 年，2.28cm；1983 年，2.21cm；1982 年，2.14cm；1996 年，2.04cm；1990 年，2.00cm) 的年均雪深介于 2 ～ 3cm，其他年份的平均雪深均介于 1.28 ～ 1.87cm。

在 38 年中，年最大雪深以每年 0.0667 cm 的速度显著减少，该变化趋势达到 0.05 的统计学显著性检验 (图 4.24)。年最大雪深介于 3.44(2016 年) ～ 10.34 cm(1998 年)。最大雪深主要集中出现在 1 月和 12 月 (共 17 年的最大雪深出现在 1 月，13 年的最大雪深出现在 12 月)，与积雪最大覆盖率出现时间稍有差别。除了 1998 年 (10.34 cm)、1997 年 (9.12 cm)、1987 年 (9.06 cm)、1980 年 (8.54 cm)、1986 年 (8.17 cm)、1979 年 (6.77 cm)、1981 年 (6.23 cm)、1988 年 (6.19 cm) 和 1990 年 (6.16 cm) 这 9 年的最大雪深超过 6 cm 外，其余年份的最大雪深均在 3.44 ～ 5.69 cm 的范围内。可以看出，20 世纪 80 年代，较深积雪出现频率增大。

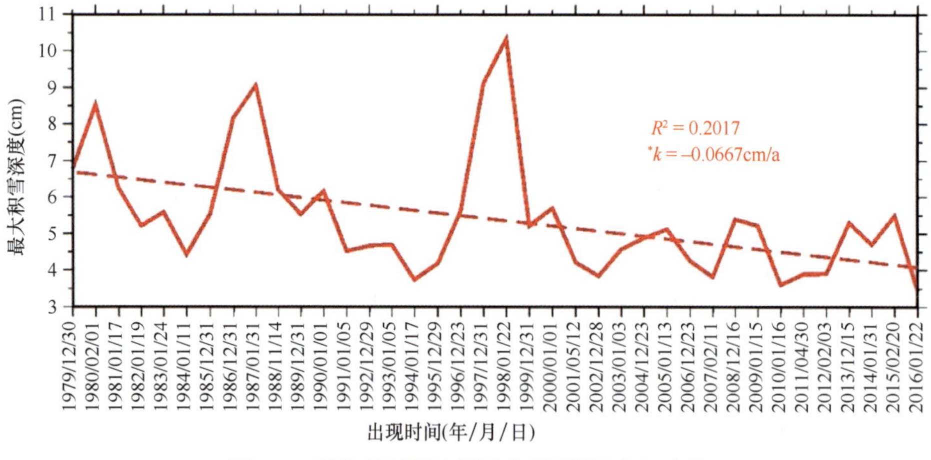

图 4.24　雅江流域最大雪深出现日期及年际变化

图 4.25 为雅鲁藏布江上游（里孜以上流域）、奴下以上流域和拉萨河流域 3 个子流域年均雪深的变化情况。3 个子流域的年均雪深均在 1979 ～ 2016 年呈现下降的趋势，其中，里孜以上流域以每年 0.0257 cm/a 的速率减少，奴下以上流域以每年 0.0567 cm/a 的速率减少，拉萨河流域以每年 0.1051 cm/a 的速率减少。里孜以上流域、奴下以上流域和拉萨河流域的平均雪深分别介于 1.08(2016 年）～ 11.43 cm(1998 年)、0.72(2001 年）～ 5.70 cm(1998 年)，以及 0.42(1988 年）～ 11.32 cm(1980 年)。3 个子流域的雪深在 1985 ～ 1988 年、1995 ～ 2000 年两个阶段有较大值。表 4.13 展示了多年平均的月和年积雪深度。平均来看，高海拔的流域积雪深度较大，但也不足 3 cm。1 ～ 2 月以及 12 月，雅江流域积雪深度大。而高海拔的里孜以上流域和拉萨河流域较大的积雪深度持续到 3 月。6 ～ 10 月，平均积雪深度不足 1 cm。

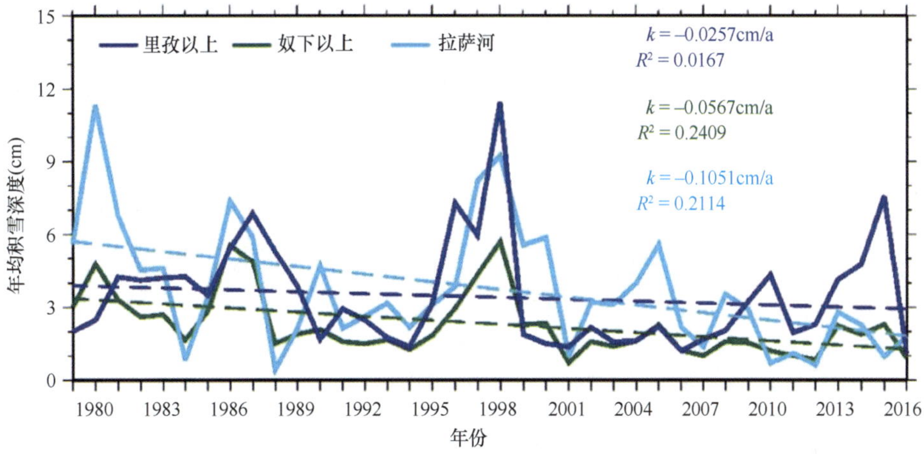

图 4.25　雅鲁藏布江 3 个子流域平均雪深的年际变化

表 4.13　雅江流域多年平均的月和年积雪深度　（单位：cm）

月份	雅江流域	里孜以上流域	奴下以上流域	拉萨河流域
1 月	4.17	4.05	2.87	4.94
2 月	3.95	5.17	2.84	4.36
3 月	3.30	5.12	2.55	3.67
4 月	2.60	3.99	1.87	2.78
5 月	1.47	2.13	0.89	1.53
6 月	0.19	0.54	0.13	0.15
7 月	0.02	0.03	0.01	0.01
8 月	0.01	0.02	0.01	0.00
9 月	0.06	0.15	0.05	0.04
10 月	0.60	0.76	0.51	0.85
11 月	2.18	2.39	2.05	3.47
12 月	3.43	3.10	2.64	4.86
多年均值	1.83	2.29	1.37	2.22

4.5 流域河川径流特征及其变化

4.5.1 国家水文站长期观测记录分析

本节利用已有的国家水文站的逐日、月和年径流序列，求月和年序列的平均值以及变化，并通过对年最大值和最小值进行分析，揭示雅江流域各站径流的特征及其空间分布差异。表 4.14 展示了搜集到的逐日径流的站点信息、逐月径流的变化和平均值。不同站的时间段不同，所控制的流域面积也不同，从高海拔的雅鲁藏布江支流到其干流，流域面积逐渐增大。随站点集水面积的增大，月平均径流量也增大，从沃卡站的 16.4 m^3/s 增大到巴昔卡站的 4425 m^3/s。利用 MK 趋势分析方法得出逐月径流的变化见表 4.14。1982 年以前，各站的逐月径流均呈减少趋势，但都不具统计显著性。因没有巴昔卡站的径流时间序列，因此没有该站的变化分析结果。图 4.26 为表 4.14 中各站的多年月平均径流特征。沃卡站集水面积只有 146 km^2，在各站中，它的月平均径流也最小。中国境内奴下站集水面积最大，为 189843 km^2，因而它的月径流也是中国境内各站中最大，其峰值达到 5530 m^3/s。由于受到夏季西南季风暖湿条件和冬季西风干冷条件的影响，整个流域都具有年内径流分布不均匀的特征。径流峰值多出现在 8 月，谷值多出现在 1 ～ 3 月。其中，汛期 6 ～ 9 月径流占其多年年平均径流量的 65% ～ 77%。选择具有 10 年以上逐日观测序列的江孜站、唐加站、拉萨站、奴各沙站、羊村站和奴下站的径流，挑选出逐年最大径流值，分析其再现概率，结果如图 4.27 所示。流域的年最大径流值随着各站集水面积增加。江孜站的年最大径流值位于所有站的低端，而奴下站位于高端。江孜站、唐加站、拉萨站、奴各沙站、羊村站、奴下站 50% 不超过峰值的概率 (non-exceedence probability) 相对应的年最大径流值分别约为 120 m^3/s、1330 m^3/s、1750 m^3/s、2570 m^3/s、4500 m^3/s、8360 m^3/s；而其年最大径流值的极值（出现日期）分别为 229 m^3/s(1978/08/08)、2050 m^3/s(1966/09/04)、2790 m^3/s(1962/08/31)、4850 m^3/s(1962/08/31)、8810 m^3/s(1962/09/02)、12600 m^3/s(1962/08/31)。干流年最大径流的极

表 4.14 雅江流域具有逐日径流资料的各水文站信息及从逐日径流计算的月径流特征

站名	河流名	经度 (°E)	纬度 (°N)	集水面积 (km^2)	起止年份	月平均径流 (m^3/s)	MK 月径流变化趋势 [(m^3/s)/ 月]
沃卡	沃卡河	92.33	29.39	146	1971 ～ 1977	16.4	－0.004
江孜	年楚河	89.6	28.9	6216	1963 ～ 1982	22.2	－0.005
唐加	拉萨河	91.78	29.88	20367	1963 ～ 1975	247.4	－0.025
拉萨	拉萨河	91.15	29.64	26225	1956 ～ 1968，1973 ～ 1982，1999 ～ 2005	285.6	－0.030
奴各沙	雅鲁藏布江	89.75	29.3	106478	1956 ～ 1982	557.5	－0.080
羊村	雅鲁藏布江	91.88	29.28	153191	1956 ～ 1982	945.7	－0.120
奴下	雅鲁藏布江	94.57	29.23	189843	1956 ～ 1982	1915.8	－0.149
巴昔卡	雅鲁藏布江	95.33	28.1	247862	—	4425	

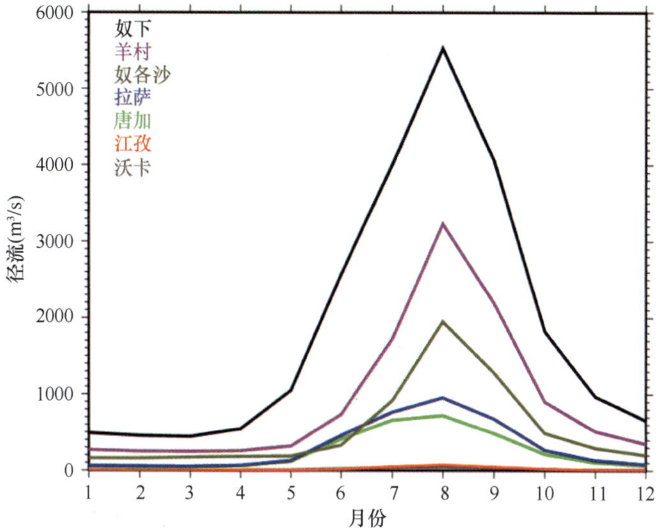

图 4.26　雅鲁藏布江各站多年月平均径流

各站时间跨度见表 4.14

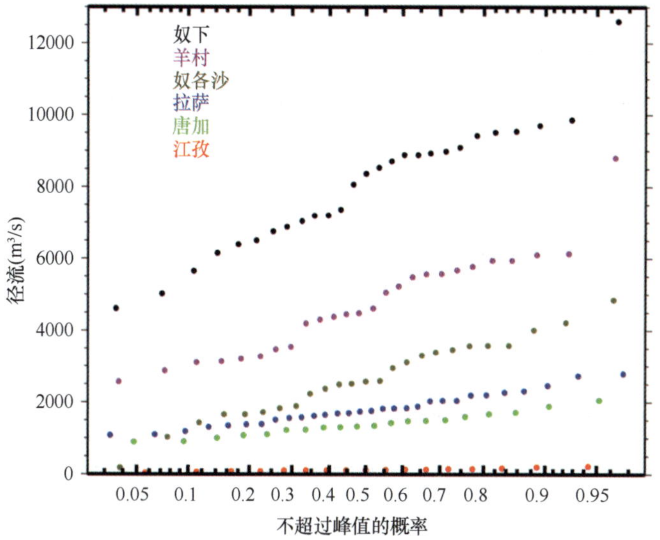

图 4.27　年最大径流出现概率

各站时间跨度见表 4.14

值均出现在 1962 年的汛期，可见 1962 年是历史上一个极端丰水年，这主要是因为降水的极端异常造成的，如羊村站年平均降水量为 406 mm，但 1962 年该站的年降水量达到 631 mm；奴下站年平均降水量为 532 mm，1962 年其年降水量为 612 mm。

图 4.28 是各站连续 1 天、3 天、7 天的年最低流量。资料的时间跨度见表 4.14。由于唐加站逐日数据截至 1975 年，为了统一对比，所有站的时间序列所用的资料均截至 1975 年。最低流量主要发生在每年 1 ～ 3 月。受西风环流影响，1 ～ 3 月雅江流域降水量很小，河川径流主要由地下水供给。由于集水面积的差异，各站的最低流量值

在 0 ~ 500 m³/s，其中江孜站的最低流量均小于 6 m³/s，而奴下站的最低流量在 300 ~ 400 m³/s。其余各站的最低流量值介于江孜站和奴下站之间。一个异常现象是，尽管沃卡站集水面积小于江孜站集水面积，但同时段内，沃卡站的最低流量值要高于江孜站的。这可能与两个流域的地下水储量差异不同有关。地下水量丰富的流域最低流量相对较大，因此在个别流域，最低流量不完全受控于流域面积的大小。由图 4.28 还可以看出，1 天、3 天和 7 天连续最低流量值基本接近，这是因为 3 天和 7 天分别为各自天数的平均值。但 1 天最低流量值年际变化要大于连续 3 天和 7 天平均的最低流量。

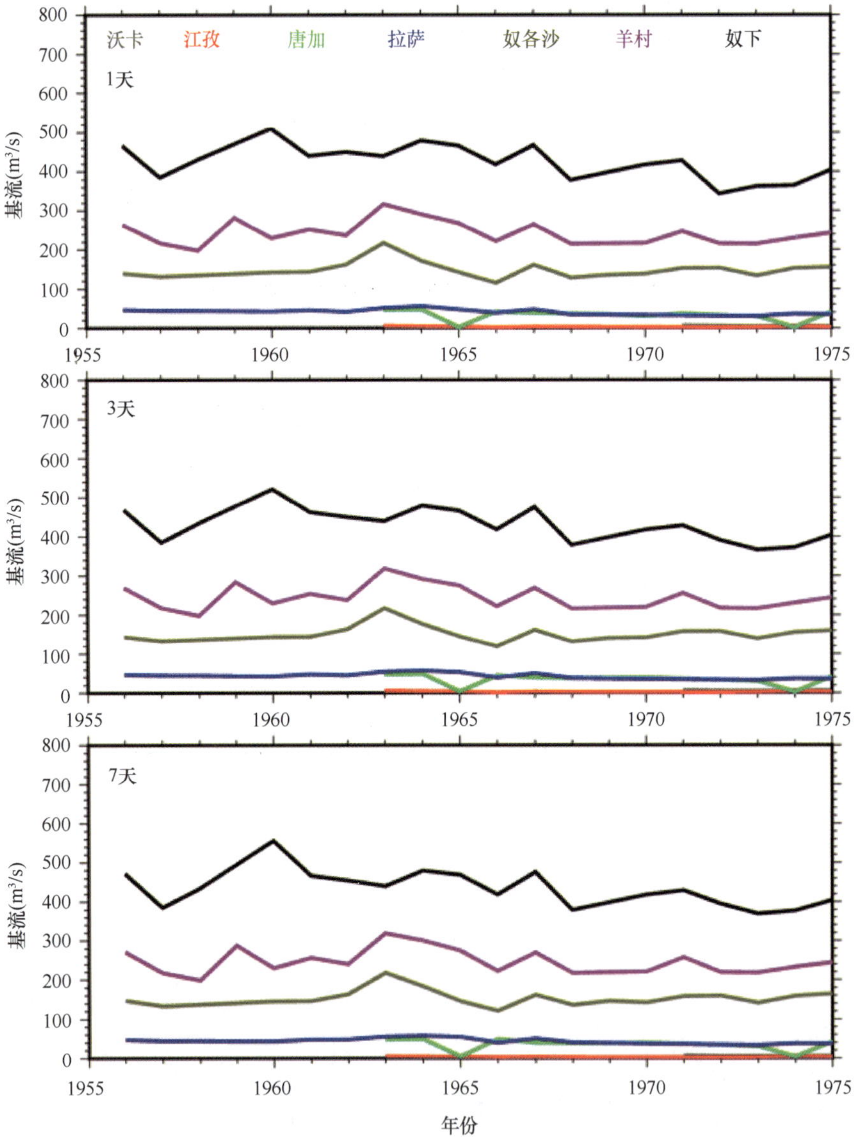

图 4.28 雅鲁藏布江各站连续 1 天、3 天和 7 天的年最低流量

各站时间跨度见表 4.14

利用日喀则站、拉孜站、拉萨站、更张站、羊村站和奴下站近 30 年以上的年径流序列，计算了它们的年和年代平均值，以及年际变化的 MK 趋势，结果见表 4.15 和图 4.29。同表 4.14 类似，随着集水面积增加，年平均径流量也增加，从日喀则站（集水面积 11121 km^2）的 35.9 m^3/s 到奴下站（集水面积 189843 km^2）的 1878.8 m^3/s。不同于表 4.14 中的 1982 年之前的月径流变化，截至 2011 年，除了拉孜站以外，其他 5 个站均为增加趋势，但这些变化都没有达到统计显著性。从图 4.29 的年代平均值（虚线部分）可以看出，1956 ～ 1980 年代，拉萨站、羊村站和奴下站呈下降趋势，与表 4.14 所展示的变化趋势一致。在具有 50 多年序列的拉萨站、羊村站和奴下站，1980 年的径流平均值最小。其后，径流开始增加。2000 年左右，中下游地区包括拉萨站、羊村站、更张站和奴下站均出现很高的年平均流量。其中，奴下站 2000 年左右的年径流几乎与 1962 年的平均流量相当。表 4.15 中总体的增加趋势显然与 2000 年左右的径流升高相关。刘湘伟（2015）研究表明，雅江流域上述各水文站的年径流与年降水的相关性很高，并均通过了 99% 的置信度检验；年气温与年径流无明显相关性，而年水面蒸发与年径流呈负相关，但年水面蒸发对年径流的影响程度明显小于年降水的影响。

表 4.15　具有长期年径流序列水文站点信息、年径流平均值及其变化趋势

站名	河流名	经度 (°E)	纬度 (°N)	集水面积 (km^2)	起止年份	年平均径流 (m^3/s)	MK 变化趋势 [(m^3/s)/a]
日喀则	年楚河	88.900	29.283	11121	1980 ～ 2011	35.9	0.26
拉孜	雅鲁藏布江	87.683	29.167	49370	1978 ～ 2011	171.6	–0.05
拉萨	拉萨河	91.150	29.640	26225	1956 ～ 2011	292.9	0.65
更张	尼洋曲	94.150	29.750	15581	1979 ～ 2011	475.7	1.58
羊村	雅鲁藏布江	91.880	29.280	153191	1956 ～ 2011	932.7	1.88
奴下	雅鲁藏布江	94.567	29.233	189843	1956 ～ 2011	1878.8	1.61

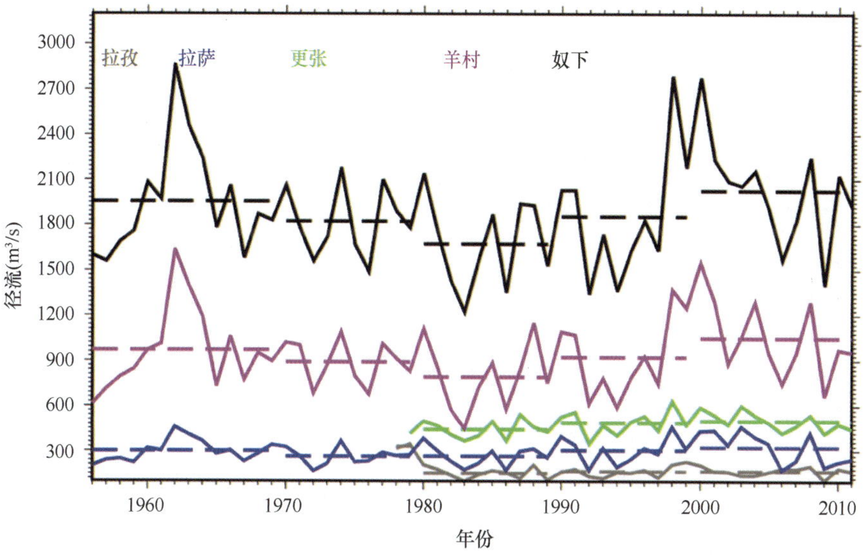

图 4.29　年径流序列和径流年代平均值

4.5.2 上游资料稀缺地区近期径流观测分析

2017 年 8 ～ 9 月第二次青藏科考期间在雅鲁藏布江源区观测了雅鲁藏布江干流和支流的水位与水温，如图 4.30 所示，2017 年 8 月 23 日～ 9 月 10 日观测期间，4 个站的水温呈现昼夜变化，而水位则在观测时期逐步下降。由于数据序列较短，无法再做详细的分析。

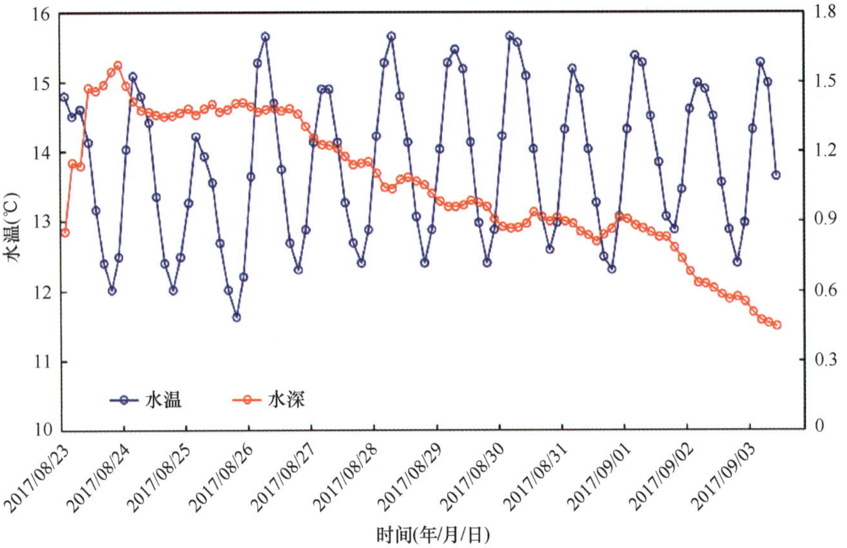

(a)旁达雅江大桥

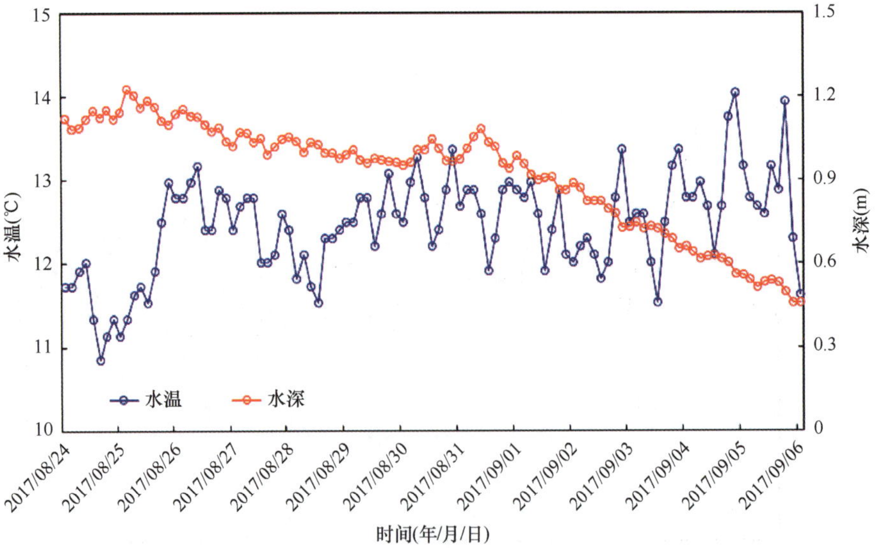

(b)多雄藏布

图 4.30　在旁达雅江大桥（谢通门县）、多雄藏布（昂仁县）、萨嘎大桥（萨嘎县）和马泉河（仲巴县）观测的逐小时水深与水温

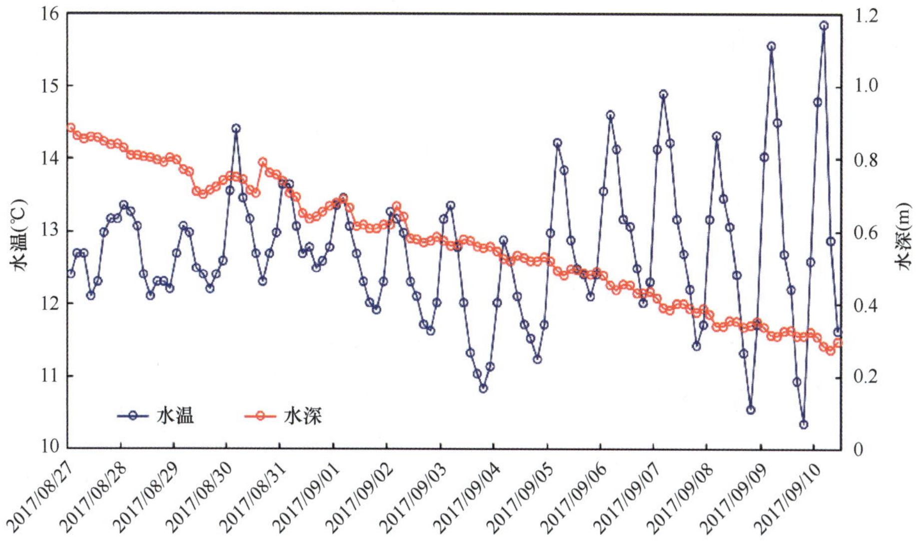

(c)萨嘎大桥

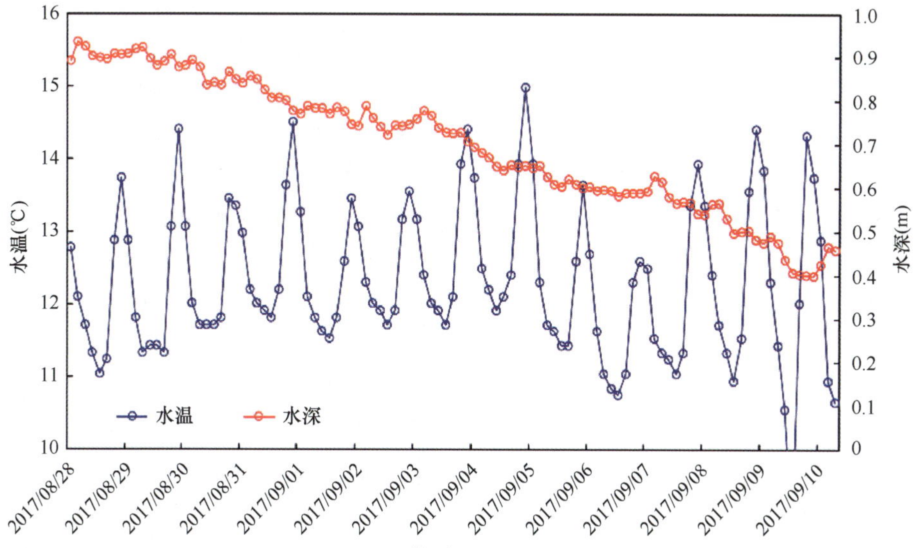

(d)马泉河

图 4.30 （续）

4.6　气候、冰冻圈变化对河川径流的影响

4.6.1　气温、降水变化对河川径流的影响

随着全球的升温，水循环在加强，高纬度和高山寒区表现得尤为明显，雅江流域

水资源丰枯变化受气候变化影响很大（杨志刚等，2014）。了解与掌握区域水资源对气候变化的响应，对于分析水资源开发利用中存在的问题、合理利用水资源具有重要的现实意义。

以唐加站为代表，分析主要支流之一的拉萨河流域中上游径流与气温、降水的关系，控制流域在海拔 3800 m 以上，探讨高海拔子流域气候变化对径流的影响；以干流中游的奴下站为代表，分析雅江流域径流和气候变化的关系；对比两个流域气候变化对径流影响的差异性，并探讨其原因。高海拔流域与中游流域的比较，有助于揭示水文过程的空间差异，了解寒区要素对河川径流的影响程度。水文站信息见表 4.16。

表 4.16　雅江流域具有逐月径流资料的水文站信息

站名	经度 (°E)	纬度 (°N)	控制流域面积 (km^2)	河流	数据区间（年份）	控制流域内气象站
唐加	91.78	29.88	20367	拉萨河	1963 ～ 1982	当雄
奴下	94.34	29.27	189843	雅鲁藏布江干流中下游	1956 ～ 2000	当雄、拉萨、拉孜、日喀则、江孜、尼木、泽当、林芝

唐加站位于西藏自治区墨竹工卡县唐加乡，是拉萨河中游控制站，唐加站控制流域占拉萨河流域总面积的 64%。将该站 1963 ～ 1982 年所有月份的径流与其控制流域内当雄气象站的降水、气温数据建立统计关系（图 4.31)，分析径流与降水、气温的相关性。径流与气温呈显著的指数关系 (R^2=0.529，P<0.05)。因拉萨河与雅鲁藏布江一样属雨热同季型气候，因此在径流 – 气温指数曲线的基础上，有必要找出气温突变点或阈值，区分径流补给成分随季节的变化。利用 Mann-Kendall 检验法发现径流与气温的关系在 5℃时发生突变，因此以 5℃作为气温阈值将数据分为两个阶段。由图 4.31 可以看出，5℃是径流随气温升高的气温上限，当气温高于 5℃时气温与径流不存在明显关系。此外，5℃阈值符合季节分配。当气温低于等于 5℃时，主要为 10 月至次年 4 月，是流域的冷干季节，随着气温升高，径流也升高，但相关性低，此时气温与径流呈较弱的线性相关 (R^2=0.255)；当气温高于 5℃时，主要为 5 ～ 9 月，是流域的暖湿季节，气温与径流的线性相关性更弱 (R^2=0.237)。以 5℃为界限，对比冷干和暖湿阶段的降水发现，在气温低于等于 5℃时的冷干季节，径流与降水的相关性较低 (R^2=0.257)；在气温高于 5℃时的暖湿季节，径流随降水呈线性增加 (R^2=0.548，P<0.05)，二者相关性显著。与同期气温与径流的相关性相对比，显而易见，暖湿季降水对径流的影响明显大于气温对径流的影响。在暖湿季节，受气温影响的水文变量主要包括冰雪融水和蒸散发，可见降水对径流的影响大于蒸散发消耗和冰雪融水对径流影响。这是因为，一方面拉萨河流域雨热同季，暖湿季节气温高的同时降水也多，较多的降水为产生较高的径流提供决定性条件；另一方面位于高海拔地区的唐加站控制流域分布有冰川 (1976 年冰川面积 303.6km^2)、积雪和冻土，因此暖湿季冰雪融水也是径流的补给来源。同时在暖湿季节较大的蒸散发消耗流域水量，会减少径流量。在冷干季节由于气温低，消融量有限，以地下水补给的基流为主，此时的径流量也是年内径流分配中的较低阶段。因此，此时气温对径流的正面影响有限，这可以从弱线性决定系数 (R^2=0.255) 看出。而降水

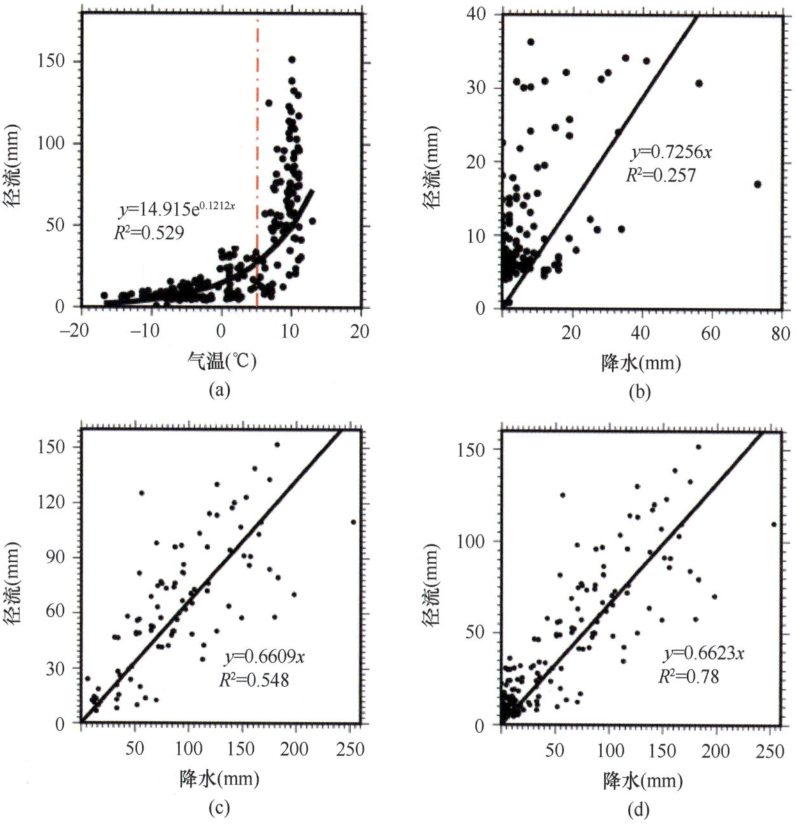

图 4.31 唐加站控制流域径流与气温、降水的关系

(a) 径流与全部气温，红色线为 5℃气温阈值；(b) 径流与冷干季节降水；(c) 径流与暖湿季节降水；(d) 径流与全部降水

在此阶段较少，且在高海拔其主要形式为降雪，若气温高于 0℃时，间或有降水，因而直接补给径流的量有限，这也可从它们的弱相关性（R^2=0.257）看出。

综合分析两个阶段的所有数据，由于暖湿季节高降水量的主导，径流与降水（R^2=0.78，P<0.01）呈显著的线性相关，其决定系数高于气温与径流的指数相关性的决定系数，说明唐加站控制流域的年总径流分配以暖湿季节降水补给为主，降水偏多的月份径流偏高，反之，降水偏少的月份径流相应偏低；暖湿季节产生的消融水也是径流的补给来源之一，但补给比例依然低于降水，因为气温与径流在暖湿季节的相关性仅为 R^2=0.237。这一结论与前述径流年内分配结果一致（图 4.26）。唐加站控制流域气温对径流影响的阈值为 5℃，可能反映了径流补给的转折点。降水和气温对径流的影响时段及强度不同，形成了径流与气温的指数关系。

奴下站是雅鲁藏布江干流中下游水文控制站，位于林芝地区，是雅鲁藏布江在我国境内的最后一个水文站，集水区面积约 19 万 km^2，占流域总面积的 79%，奴下站的观测基本能够代表整个雅江流域中国境内的整体水文特征，基于该站 1956 ～ 2000 年所有月份的观测数据，分析径流与降水、气温的关系，初步探讨气候变化对径流的影响。其气象数据来源于流域内的 8 个国家基本气象站（表 4.16），缺测数据用邻近站点插补。

气温为日平均值，降水为月累积值，两个要素在月尺度上计算 8 个站点的平均值。

奴下站径流与气温、降水的关系类似于唐加站。径流与气温呈显著的指数关系（R^2=0.489，P<0.01）（图 4.32）。类似于唐加站的分析法，奴下站气温与径流关系的突变点为 7℃，高于唐加流域 2℃，但两个季节所包含的月份与唐加站控制流域一致，体现了两个流域不同的自然环境，如海拔、地形和气候。因此，以 7℃为气温阈值。当气温低于 7℃时，是流域的冷干季节，径流随气温呈弱的线性增加（R^2=0.169）；当气温高于 7℃时，是流域的暖湿季节，径流与气温的相关性非常低（R^2=0.094）。对比两个气温阶段的降水发现，两个阶段中径流与降水均呈现出显著的相关性，当气温低于 7℃时（R^2=0.770，P<0.01）和高于 7℃时（R^2=0.802，P<0.01），径流都随降水呈显著的线性增加，两个阶段差别很小，即径流与降水的相关性在暖湿季节和冷干季节是相似的，降水在两个阶段的径流补给中都占主导地位。

在冷干季节，奴下站控制流域内占比不大的冰雪（表 4.12、表 4.13，图 4.21）在 0 ～ 7℃仍然有一定量的消融补给（R^2=0.169），但是流域的东部地区因靠近水汽通道，常年四季降水较西部充沛（图 4.32），如林芝站 10 月至次年 4 月降水量为 120 mm/ 月，是西部日喀则站、拉孜站等站的十多倍，而林芝站同期气温高达 5℃，降水形式以降雨

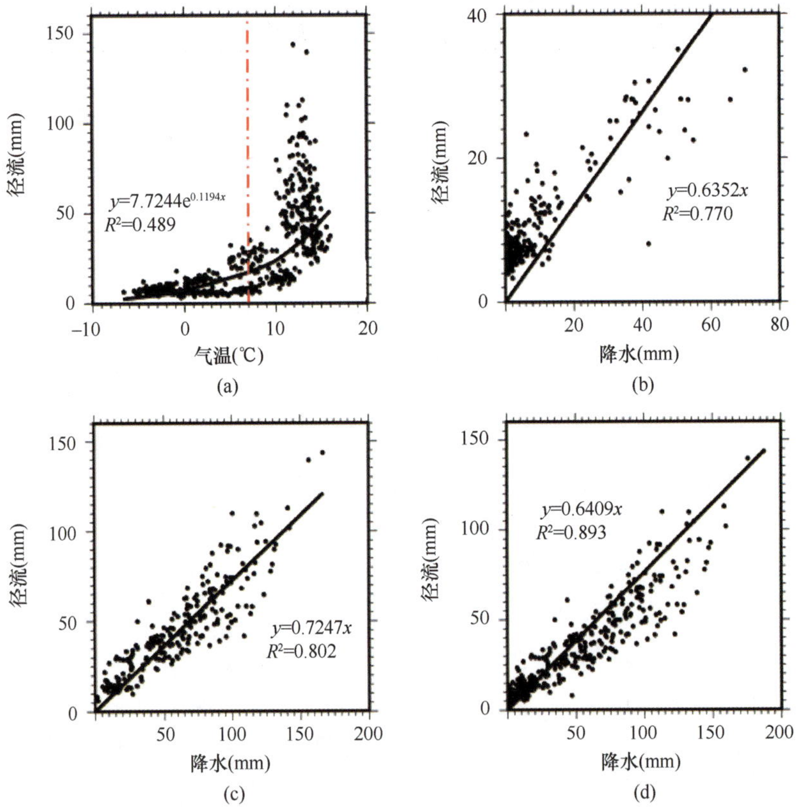

图 4.32　奴下站控制流域径流与气温、降水的关系

(a) 径流与全部气温，红色线为 7℃气温阈值；(b) 径流与冷干季节降水；(c) 径流与暖湿季节降水；(d) 径流与全部降水

为主。东部是雅鲁藏布江的主要产流区，因而即使在冷干季节，降水补给依然占主导地位（R^2=0.770，P<0.01）。暖湿季节气温高的同时，整个流域降水也多，特别是靠近水汽通道的藏东南高降水地区，如 5 ～ 9 月，降水从西部拉孜站的 290 mm/ 月增加到林芝站的 450 mm/ 月，而同期温度则仅从拉孜站的 13℃升至林芝站的 14℃，较多的降水是奴下站控制流域产生较高径流的主要条件。综合分析两个阶段的所有数据，径流与降水的相关性（R^2=0.893，P<0.01）高于径流与气温的相关性，再次说明奴下站控制流域的径流主要由降水主导，即不论在暖湿季节、冷干季节还是全年度，降水都是径流最为重要的补给来源。以往针对雅鲁藏布江干流的径流补给来源的研究结果差别很大，并未形成一致的结论。目前的分析加强和证实了不管在暖湿或是干冷季节，都是以奴下站控制流域降水补给为主的论点，但还需要更加深入的研究，量化各个补给成分的时空特征并阐明其物理机制。总之，与唐加站不同的是，奴下站控制径流主要补给来源变化的气温阈值为 7℃，是消融水补给的转折点，表明在冷干季节消融水有一定补给，而当气温阈值超过 7℃时，消融水的补给完全被降水替代，因而形成了径流与气温的指数关系。显然，唐加站与奴下站自然环境的差异造成其特殊的径流 – 气温 – 降水关系。

图 4.33 显示，唐加站控制流域主要产流期为多降水和高温的 6 ～ 9 月，表明径流的季节性特征与降水和气温一致，但以降水为主导。年尺度的相关性检验也显示，降水是径流的主控因子；汛期月尺度的相关性检验显示，6 月、7 月、8 月 3 个月份径流和降水显著相关，而径流和气温只在 1 个月份（6 月）显著相关（表 4.17）。年尺度上径流和降水线性相关显著（R^2=0.622，P<0.01），径流与降水的线性相关较高的月份为夏季（6 ～ 8 月），达到 0.05 的显著性水平。原因在于，年降水的 70.8% 发生在夏季（6 ～ 8 月），相应地，60.5% 的径流产生于夏季。在月和年尺度上，径流与气温的指数关系较弱，反而线性相关较强。径流与气温的相关性普遍偏低，6 月较高，达到 0.05 的显著性水平。这与径流气温回升导致的消融对径流的补给有关。

表 4.17　唐加站控制流域月和年尺度上径流与降水的线性相关统计

R^2	1 月	2 月	3 月	4 月	5 月	6 月	7 月	8 月	9 月	10 月	11 月	12 月	年
降水	0.065	0.024	0.002	0.033	0.006	0.372**	0.250*	0.540**	0.168	0.129	0.015	0.013	0.622**
气温	0.082	0.028	0.038	0.097	0.093	0.220*	0.135	0.009	0.041	0.001	0.080	0.009	0.074

** 显著性水平 0.01；* 显著性水平 0.05。

图 4.33 显示，与唐加站控制流域类似，奴下站控制流域主要产流期对应多降水和高温的 6 ～ 10 月，表明径流的季节性特征受降水和气温的控制，但以降水为主导。年尺度的相关性检验也显示，降水是径流的主控因子；汛期月尺度的相关性检验显示，有 5 个月份径流和降水显著相关，而径流和气温只有 3 个月份显著相关（表 4.18）。年尺度上径流和降水线性相关显著（R^2=0.715，P<0.01）。径流与降水的线性相关较高的月份为雨季（6 ～ 10 月），达到 0.01 的显著性水平。6 ～ 10 月是降水和径流较大的时间段，降水量占到年总降水量的 89.8%，径流占到年径流的 79.7%。其中，2 月径流与降水的相关性达到 0.05 的显著性水平，但两者呈负相关关系，月平均气温 0℃左右，

降水多以降雪的形式发生，不利于径流的产生。与唐加站控制流域类似，在月和年尺度上，径流与气温的指数关系较弱，反而线性相关较强。径流与气温的相关性普遍偏低，4 ～ 6 月以及 11 月相关性显著，特别是 4 ～ 5 月消融季节，达到 0.01 的显著性水平（表 4.18）。

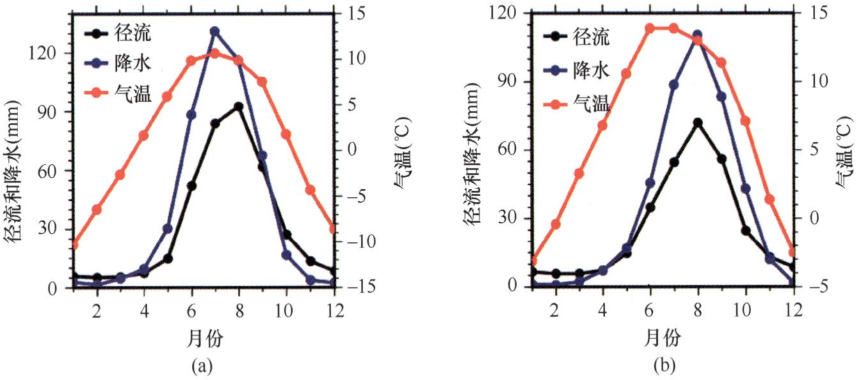

图 4.33　唐加站控制流域 (a) 和奴下站控制流域 (b) 径流与降水、气温的逐月变化过程

表 4.18　奴下站控制流域月和年尺度上径流与降水的线性相关统计

R^2	1 月	2 月	3 月	4 月	5 月	6 月	7 月	8 月	9 月	10 月	11 月	12 月	年
降水	0.003	0.126*	0.007	0.004	0.002	0.402**	0.362**	0.639**	0.504**	0.391**	0.074	0.001	0.715**
气温	0.007	0.001	0.006	0.149**	0.247**	0.105*	0.035	0.118*	0.030	0.012	0.127*	0.000	0.005

** 显著性水平 0.01；* 显著性水平 0.05。

对比所有月尺度的数据发现，从相关性来看，除了 1 月、11 月和 12 月，月降水与月径流的相关性在雅鲁藏布江干流流域大于支流拉萨河流域，说明降水对径流的影响在干流更大。径流与降水的年内变化过程显示，雅鲁藏布江干流流域径流和降水变化过程具有高度的一致性，而拉萨河流域径流略滞后于降水（图 4.33）。月均气温与月径流的相关性在支流拉萨河流域有 7 个月大于雅鲁藏布江干流流域。可能的原因是，除了拉萨河流域与雅鲁藏布江干流流域具有一致的降水季节性特征之外，子流域相对干流流域具有较大的冰雪储量，产生的消融水成为径流的补给来源。

控制径流补给来源比例的气温阈值，奴下站控制流域为 7℃，高于唐加站控制流域（5℃）。唐加站控制流域位于海拔 3820 m 以上，平均为 4892 m；奴下站控制流域位于海拔 2900 m 以上，平均为 4991 m。可以看出，两个控制流域气温阈值的差异，主要由流域海拔效应导致而成。其中的误差可能是由气象站点数量太少，以及空间分布不均而产生的。但两个控制流域气温阈值的出现时间相同，均为 5 月，说明径流主要补给方式的转变时间一致。这一结论与径流和降水的相关性检验结果相吻合，即自 6 月开始降水与径流显著相关，是径流的主导补给源（表 4.17，表 4.18）。

在月尺度上，与拉萨河流域相比，奴下站控制流域的高降水与高径流延长至 10 月，说明奴下站控制流域径流受降水影响的时段更长。与拉萨河流域相比，奴下站控制流域的气温与径流的显著相关性提前至 4 月，说明奴下站控制流域对气温的响应更早。奴下站控制流域分布有较多的山谷低海拔区域，升温早，4 月平均气温达到 6.8℃，远高于唐加站控制流域的 1.7℃，其为消融提供了能量条件。以积雪为例，2002 ～ 2015 年，4 月奴下站控制流域的积雪覆盖率为 15.9%，3500 ～ 4000 m 和 4000 ～ 4500 m 海拔范围的雪深分别为 7.7 mm 和 16.4 mm（图 4.34），为积雪消融提供了物质条件。同期唐加站控制流域的积雪覆盖率为 27.9%，3700 ～ 4000 m 和 4000 ～ 4500 m 海拔范围的雪深分别为 18.5 mm 和 12.6mm，物质条件充分，但因能量不足，消融水相对较小。

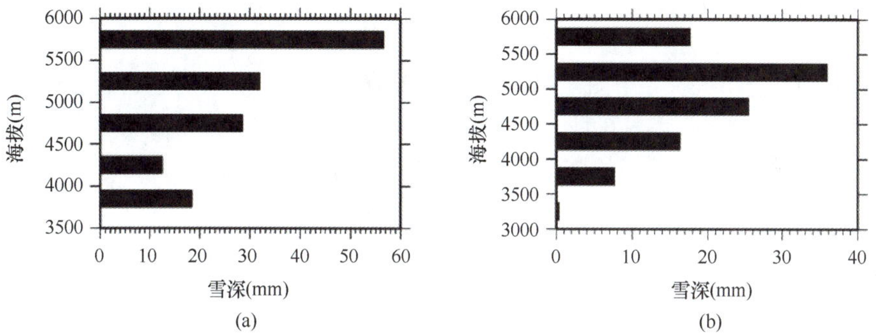

图 4.34　唐加站控制流域（a）、奴下站控制流域（b）1979 ～ 2016 年 4 月平均雪深的海拔分布特征

4.6.2　冰川、积雪变化对河川径流的影响

雅江流域内冰川物质平衡、面积和储量观测时间序列较短且不连续（表 4.11），不便于进行冰川和径流统计分析。关于冰川与径流的关系，前期研究很少。相关的报道多是综合积雪与冰川融水补给，且结果差异很大，无法综合。主要原因是消融和径流的年际变化较大，不同的年份有不同的贡献率，不同时期无法比较。多个有限的年份（如 1 年）的研究结果并不能代表流域的平均状况，但可以初步表示贡献率的变化情况。由表 4.19 可知，拉萨河融水贡献率在 26% ～ 40%，奴下流域贡献率在 38% ～ 41%。其中 Zhang 等（2013）的模拟结果表明，冰川贡献率在奴下仅为 11.6% 左右，因此相关的研究还需要进一步开展。

表 4.19　唐加站和奴下站控制流域径流补给来源

流域	年份	降水（%）	积雪（%）	冰川（%）	地下水	数据来源
拉萨河（唐加以上）	1965	46	26		28	刘天仇，1999
	1988	40	40		20	王铁峰，2001
	1990	49	36		15	王铁峰，2001
干流（奴下以上）	1969	30	38		32	刘天仇，1999
	1978	37	34		29	王铁峰，2001
	1990	33	41		26	王铁峰，2001
	1961 ～ 1999	65.4	23	11.6	—	Zhang et al.，2013

选择与拉萨站（1979 ～ 1982 年和 1999 ～ 2005 年）以及奴下站（1979 ～ 2000 年）逐月径流时间相重合的积雪深度，分别进行统计相关分析。结果表明，奴下站的径流与积雪深度在月和年际尺度上均不存在相关关系。这与前面关于奴下站径流与气温在 4 ～ 6 月有显著的相关关系的结果有些差异，说明 4 ～ 6 月气温是综合冰川、冻土、积雪消融和蒸散发的指标。当单独关注某个要素的消融影响时，其径流效应并不一定显著。另外，Zhang 等 (2013) 模拟结果显示，1961 ～ 1999 年奴下站 23% 的年径流由积雪补给。根据目前的统计分析，模拟的 23% 的积雪贡献率可能有些偏大，不符合实际情况。拉萨站径流与积雪深度在年际尺度也没有相关关系，但在月尺度上，它们之间的相关关系有差异，有些月份没有相关关系。但在 5 月、6 月，径流与积雪深度呈统计显著 ($P<0.01$) 正相关关系 [图 4.35(a)，图 4.35(b)]。这与前面所述的唐加站径流与气温呈显著正相关出现在 4 ～ 6 月一致。经过寒冷冬季的积累，4 ～ 6 月冰雪出现消融。但对于积雪而言，5 ～ 6 月对径流的影响更显著，其间径流 64%、66% 的变化率可以由积雪深度解释。此外，当年 1 ～ 4 月累积积雪深度对 5 月的径流也有一定的影响，显著性达 0.1，但决定系数只有 0.28，即 5 月径流 28% 的变化率可由 1 ～ 4 月的累积积雪深度解释，因此在拉萨河流域积雪对径流的滞后效应相对较小。表 4.20 列出了拉萨河月平均径流深度，与前述图 4.26 和图 4.33 所展示的内容一致。从表 4.20 看出，积雪影响最大的 5 ～ 6 月，径流只占年径流的约 15%，因此在拉萨河流域积雪对年径流的影响有限，但在消融季节，其消融效应较大。

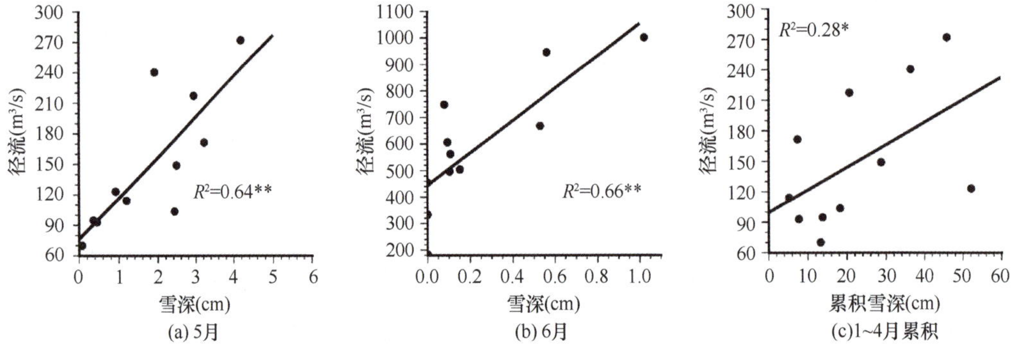

图 4.35 拉萨站 5 月和 6 月平均径流与积雪深度的线性相关关系 (a) 和 (b)；拉萨河 1 ～ 4 月累积积雪深度与 5 月径流的相关关系 (c)

*、** 分别表示相关关系通过 0.1 和 0.01 显著性检验。径流和积雪深度时间跨度分别为 1979 ～ 1982 年和 1999 ～ 2005 年

冰雪融水的径流效应与其在雅江流域的储量有关。冰雪以冰川、冻土和积雪形式存在于雅江流域。但冻土及其变化的水文效应研究在雅江流域很缺乏，因此在此不做阐述。今后的科考应加强对冻土的研究和考察，以弥补不足。由于缺乏冰川和雪水当量的数据，因此用冰川面积覆盖率、多年平均积雪覆盖率和积雪深度来代替，见表 4.21，表 4.12，表 4.13。不论是积雪覆盖率、积雪深度，还是冰川面积比例，拉萨河流域均大于奴下以上流域，因此拉萨河流域冰雪消融的径流效应更大。至于拉萨河 5 月、6 月积雪影响很大的原因是，在这段时期，降水还没有大规模产生。拉萨站和当雄

站 5 月、6 月多年平均降水只有 30mm 和 80mm 左右，约占年降水量的 6% 和 17%，而同期多年日平均气温已超过 13℃（表 4.1，表 4.2），因此随气温升高，冰雪消融的影响在 5 月、6 月非常显著。

表 4.20　拉萨河月径流及其在年径流中所占的比例

月份	径流（mm）	比例（%）
1	5.8	1.6
2	5.0	1.4
3	5.3	1.5
4	6.5	1.8
5	13.1	3.6
6	45.4	11.9
7	78.3	20.8
8	97.6	26.1
9	67.0	17.9
10	27.4	7.5
11	13.3	3.6
12	8.4	2.3

注：数据序列时长为 1956 ～ 1968 年、1973 ～ 1982 年和 1999 ～ 2005 年。

表 4.21　拉萨河和奴下以上流域冰川占比

站名	年份	冰川面积（km^2）	流域面积（km^2）	冰川占比（%）
拉萨	1976	1026.211	26225	4
	2013	403.874		2
奴下	1976	4757.524	189843	3
	2013	2749.413		1

未来气候变化情景下，有研究表明，雅江流域气温持续增加，如 21 世纪中期，气温增加 1.60 ～ 2.12℃，末期增温将达 2.34 ～ 3.69℃；而降水年际变化不明显，但秋、冬、春季的降水减少趋势明显，夏季降水明显增加（刘文丰等，2014）。但也有研究表明，降水变化随不同排放情景而不同（Wijngaard et al.，2017）。本书第 7 章 7.1 节对雅鲁藏布江径流未来变化研究表明，未来径流将增加，其中冰川径流贡献也将增加。Wijngaard 等（2017）指出，雅鲁藏布江未来极端降水将趋于增加。由于降水对雅鲁藏布江径流的绝对控制，未来径流将主要随降水而变化，既极端洪水事件将有可能增加（Wijngaard et al.，2017）。但同时也应该明白，目前全球气候系统模式在降水预测方面还有很大不确定性，因此未来气候变化对水资源的影响结果始终是处于一个不断发展更新的过程。

4.6.3　雅鲁藏布江水能、水储量与经济

西藏水能资源十分丰富，水能理论蕴藏量为 2.055 亿 kW，约占全国的 30%，但

开发程度极低。而雅鲁藏布江的水能理论蕴藏量为 1.1 亿 kW，且雅鲁藏布江水质良好，河水含沙量低，为开发利用提供了良好的基础（刘天仇，1998）。近几十年来，随着气候变暖，雅江流域的储水量和水能资源发生了一系列重要变化。利用 72 个月 GRACE 月平均重力场数据，许朋琨和张万昌 (2013) 发现，青藏高原水储量大约以每年 14mm 的速度递减，约合 36.4 亿 t/a；雅鲁藏布江水储量大约以每年 16mm 的速度递减，约合 3.8 亿 t/a。其中，降水量的减少似乎并不是雅江储水量减少最主要的原因，人类社会的水资源消耗占据雅鲁藏布江储水量减少的绝大部分 (Khandu et al., 2016)。西藏的水能资源开发应优先考虑雅鲁藏布江，因为雅鲁藏布江是西藏水能资源相对集中的地区之一，且人口密集，交通及各种基础设施相对比较完善（谷兆祺等，2003)。但雅鲁藏布江的水能资源开发面临诸多问题，如地质条件复杂、生态环境脆弱等，其中最突出的问题是中印两国边界问题。雅鲁藏布江水资源开发对西藏乃至全国都有重大的战略意义，雅鲁藏布江水能资源的尽早开发是我国取得河流水资源开发主导权的关键，为我国的长足发展提供了能源战略储备（邱志鹏和张光科，2006)。

雅鲁藏布江流域的经济总量是整个西藏经济的主体部分，主要包括农业和旅游等。关于对西藏经济的初步分析，第 2 章 2.3 节已有论述，不在此赘述。农业受气象和水文变化影响很大。气候变暖对农业的影响主要通过气温、降水变化反映。气温升高分别导致春季和秋季物候期提前和推后，使得作物蒸散发和需水量增加，若此时降水量的时空分布无法满足农作物生长需求，就需要通过引水灌溉来弥补（韩国军等，2011)。因此，受气候变化和人类活动影响的径流变化也将深刻影响流域的经济活动。未来增温趋势已定，因而雅江流域农业经济发展不确定性将由降水以及随之变化的径流决定。

4.7 小结

雅江流域的水资源和主体经济活动等正面临气候变暖和人类活动加剧带来的双重影响。年际尺度上，气候变暖主要体现在流域内 0 ～ 40 cm 地温和 2 m 气温显著升高；流域内的年积雪覆盖度和雪深呈下降趋势；冰川退缩；年降水量有不显著的增加趋势；水面蒸发下降；风速下降；土壤开始冻结和消冻日期分别推后和提前，使得冻结日数缩短。在月际和季节尺度上，上述各气候变量的变化基本与年际尺度的变化趋势一致，但量级有所不同。近几十年径流年际变化多呈现增加的趋势。雅鲁藏布江干流和支流的径流与降水在年内分配和年际波动上密切相关，年径流量受冰雪消融的影响很小。因此，气候变化对年水资源总量的影响并不是负面效果。拉萨河流域 5 月、6 月的径流与冰雪消融关系密切，而这段时间正是这些子流域（如多雄藏布、拉萨河、年楚河和尼洋曲）谷地农业需水的关键时期。随着未来气候持续变暖，冰川消融加剧、积雪减少、高海拔子流域 5 月、6 月的水资源紧缺局面将持续恶化。另外，由于人口增加，雅江流域土地覆被和利用正面临着压力。居民用地的快速增加正以耕地、草地、林地和未利用土地消失为代价。而居民用地的增加同样预示着城市用水增加，这一系列由气候变暖、人类活动加剧导致的水资源紧缺和水资源供需矛盾在 5 月、6 月会更加严重。因此，为了保证各子流域农业生产水资源需求，合理调配水资源，雅江流域水资源管理部门需要制定合理的应对措施。

雅江流域的冰川、冻土及其与水资源的关系研究还很缺乏。这种现状不仅存在于雅江流域，也存在于青藏高原其他高海拔流域。现有的有限研究结果差异很大，很难综合。主要原因是缺少长期的观测数据支持和模型开发利用，缺乏对寒区要素物理过程和机理的认识。因此，建议第二次青藏科考今后的工作应特别关注这方面的研究。

第5章

印度河与恒河

5.1 流域概况

5.1.1 印度河流域

1. 水系分布

河流是最活跃的自然地理环境要素之一，对自然生态系统与人类社会起主导作用。在亚洲干旱区，河流是占据首位的十分宝贵的自然资源。印度河是“亚洲水塔”重要的国际河流之一，流域总面积达 114 万 km^2，其中 86% 的面积位于巴基斯坦和印度境内（关志华和陈传友，1980；胡文俊，2010）。Tarbela 大坝以上称为印度河上游流域(upper Indus basin，UIB)，共分为狮泉河、Kharmong、Astore、Hunza、Shigar、Shyok、Gilgit 和 UIB Downstream 等子流域。狮泉河流域（含森格藏布和噶尔藏布）系印度河上源，位于青藏高原西北部地区，地理位置分布于 31°08′ ～ 33°17′N 和 79°08′ ～ 81°49′E，流域面积 27450 km^2（图 5.1）。流域北部、东部紧邻内流水系，南部、西部与朗钦藏布流域相连，西南端与克什米尔地区毗邻。

狮泉河发源于冈底斯山主峰冈仁波齐峰北侧的冰川湖，自东北向西南贯穿盆地中央，流经革吉、日土、噶尔等县后，于多布流出国境进入克什米尔地区，称为印度河。从河源至国境，干流全长 444 km，天然落差 1668 m，平均比降 3.76‰。其中，革吉县城至扎西岗为中游段，河长 186 km，落差 288 km，平均比降 1.55‰。

2. 气候要素特征

西风环流与印度季风的相互作用塑造了印度河上游独特的气候格局，温度和降水变化呈现较大的区域性和季节性差异。具体表现为：冬季，源于地中海和大西洋中西部的对流层底部东向移动的西风环流对南亚 10 月至次年 5 月降水天气的影响极为重大，西风扰动的低压槽带来丰沛的降水 (Ridley et al.，2013)；夏季降水受控于印度夏季风的增强，喀喇昆仑山脉阻挡来自东南的水汽，致使南坡湿润多雨，年内降水分布呈“双峰模态”，冬季降水更多，冬春季降水对当地冰冻圈变化影响显著 (Kapnick et al.，2014；Palazzi et al.，2013)。

高原阻挡和地形摩擦作用对行星环流起着动力和热力作用，狮泉河流域受喜马拉雅山脉大气环流屏障影响，属于典型的高原季风气候。夏季一般为青藏高压控制，印度洋季风可以沿河谷进入，形成降水，但其影响远不及高原东部；冬春季主要受高空西风环流影响，高空盛行西风受青藏高原和帕米尔高原阻挡被分为南北两支，南支气流主要影响西喜马拉雅山和印度河等地区，近乎东西向的狭长山间河谷盆地地形，使偏西风进入河谷地带，产生“狭管效应”，气流很快被加速，形成强偏西风。

狮泉河地区自然条件恶劣，加之海拔高，缺氧十分严重，含氧量只有海平面的 53% ～ 57%。长期以来，由于气象台站稀少且多建在河谷低地，很难反映该区气候

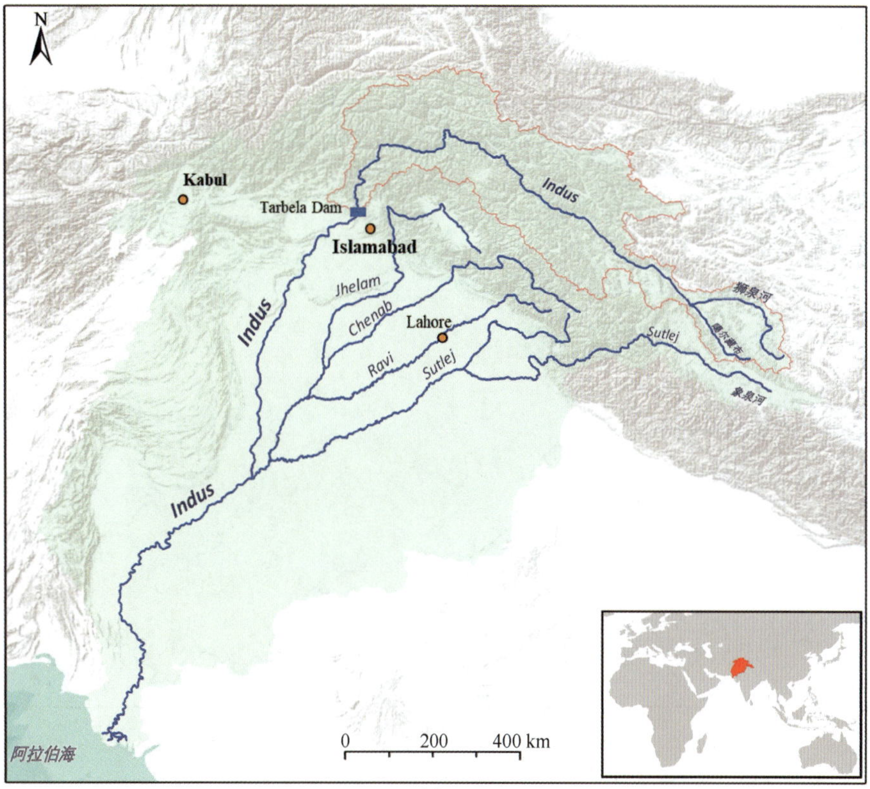

(a)

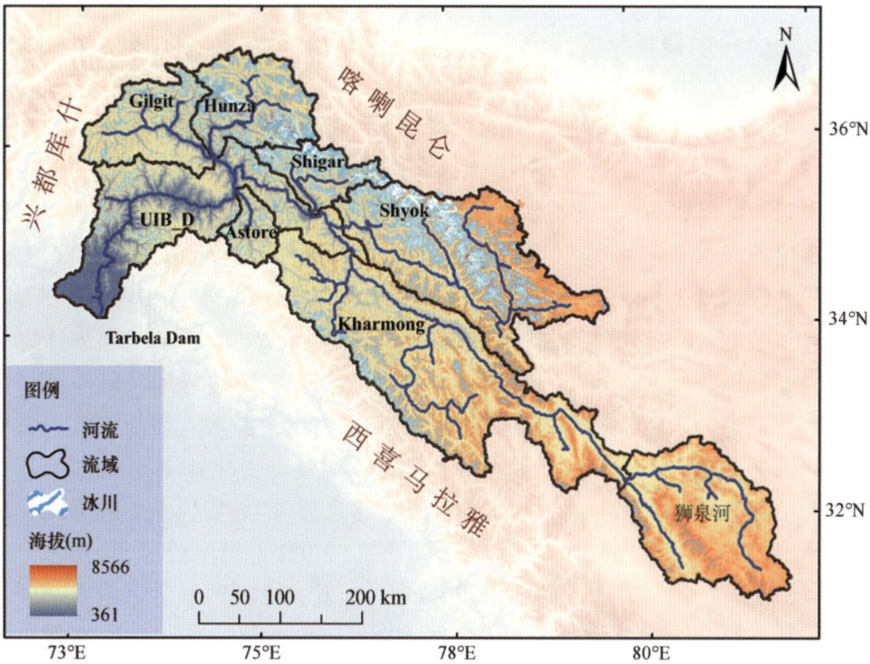

(b)

图 5.1 印度河流域地理位置示意图

(a) 印度河流域水系及印度河上游位置；(b) 印度河上游流域；(c) 河源区狮泉河流域

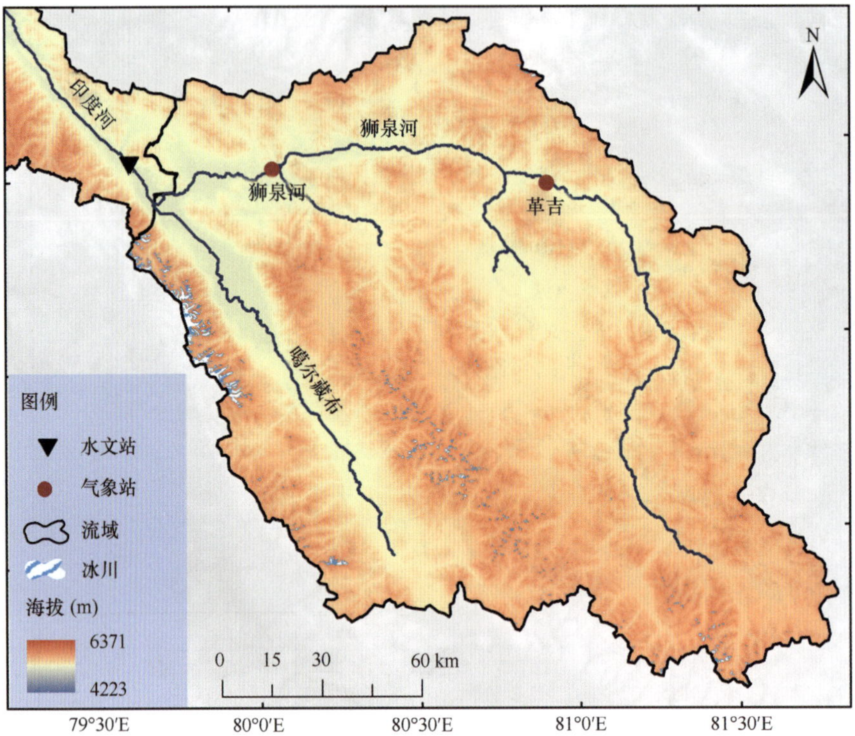

(c)

图 5.1 （续）

的真实情况，现利用搜集到的气象记录和实地考察资料，概述区域气象要素的分布特征。

据狮泉河气象站 (80.05°E，32.30°N，4275 m) 1980 ～ 2012 年 30 多年的气象要素观测资料统计显示 (图 5.2)，该地区多年平均气温为 1.1 ℃，年平均最高气温 16.3 ℃，最低气温 –17.6 ℃，月平均气温低于 0 ℃的月数从 11 月持续到次年 3 月，四季气温变化差异较大。年均气温呈显著的增温趋势，上升速率达 0.76 ℃ /10a，属青藏高原升温较快的地区，显示出高寒气候的特征。从年降水分布图 [图 5.2(d)] 上看，狮泉河流域属于干旱区，年均降水量仅为 65.4 mm，非常稀少，并且还呈现显著的下降趋势，下降速率为 4.74 mm/10a，印证了青藏高原边缘地区降水减少的趋势 (张淑萍等，2012)。当气流翻过喜马拉雅山系时，大气中的水汽大都已被消耗殆尽，致使该区的气候极端干旱。降水的季节分异明显，夏季变化比冬季明显。其中，10 月至次年 5 月各月平均降水量在 3.0 mm 以下，多年冬季降水不超过 20 mm。而夏季 (6 ～ 9 月) 降水量为 54.2 mm，占全年降水量的 82.9% (尚可政等，2006)。年平均相对湿度为 33%，年均潜在蒸发量为 2300 mm，蒸发力大，蒸发量远远大于降水量，在 6 ～ 8 月最大，最大潜在蒸发量在 900 ～ 1300 mm 变化，整体呈现下降趋势，下降速率为 19.7 mm/10a。

狮泉河年均感热通量为 54.1 W/m^2，全年各月平均值均为正，季节变化表现为 1 月

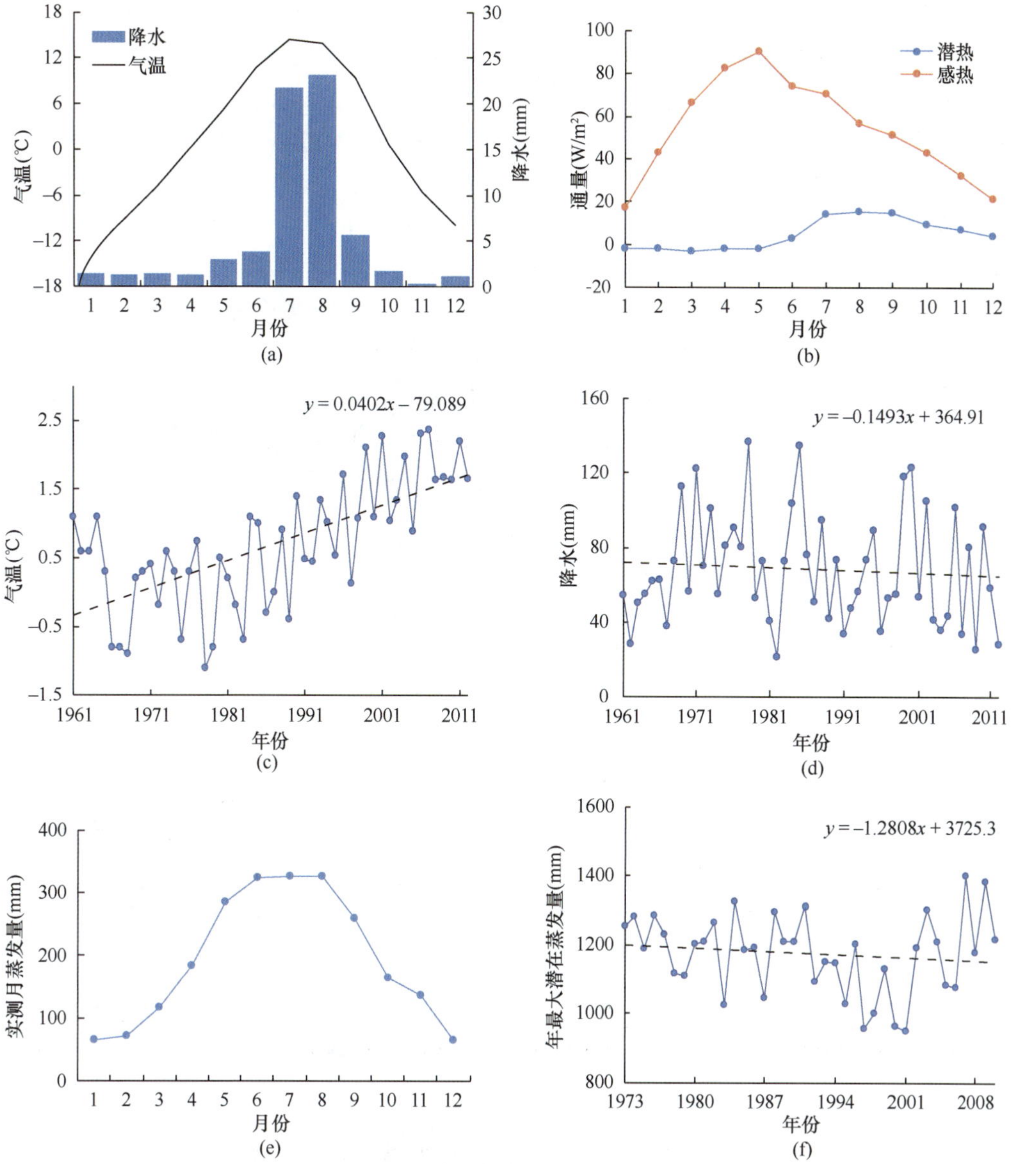

图 5.2　狮泉河站气象要素分布

(a) 多年平均年内气温与降水；(b) 多年平均年内热通量；(c) 1961 ～ 2012 年站点年平均气温序列；(d) 1961 ～ 2012 年站点年平均降水序列；(e) 多年平均月实际蒸发量；(f) 1975 ～ 2010 年潜在蒸发量

最小，5 月最大。多年平均总潜热通量为 72.3 W/m^2，月平均潜热通量最大值出现在 8 月，1 ～ 5 月平均潜热通量为负，全年感热通量是潜热通量的 13 倍多。感热通量的月平均日变化特征表明：白天为正，最大值出现在 15：00 左右，夜间为负，且夏季正值的时间长于负值，冬季则相反（余锦华等，2004）。盆地内多年平均风速为 3.0 m/s，冬春季（11 月至次年 5 月）为风季，年平均风速≥ 6.0 m/s 的累积时间达 1470 h，最大瞬时风速可达 27 m/s。

该区气候极端干旱寒冷，又分布有现代冰川，对该区太阳辐射及其分光辐射特征的研究，不仅对青藏高原的气候与自然环境研究有重要意义，而且对青藏高原作物生长也有现实意义。在近地面的物理过程和生物生长过程中，太阳辐射是最主要的能源。青藏高原的太阳辐射居全国之冠，年总辐射量为 58.6 亿～ 79.5 亿 J/m^2，这与西部高原海拔密切相关。狮泉河流域内太阳辐射强，昼夜温差大，年辐射量达 8200 J/ m^2，这是西藏乃至全国的最高值。年日照时数达 3153 ～ 3417 h，年日照率为 71% ～ 76%，长冬无夏，春秋相连。狮泉河流域总辐射的日变化在夏季达到极大值，反射辐射在冬季达到极大值，这与青藏高原西部地区积雪覆盖相关。地面长波辐射与总辐射的变化基本相当，但极大值出现在 6 ～ 7 月，比总辐射晚 1 ～ 2 月。大气逆辐射的日变化振幅要小得多，并且极大值出现在午后的傍晚前，比地面长波辐射晚了 3 ～ 4 h，月平均极大值 8 月才出现，相对于总辐射晚了 2 ～ 3 个月，也比地面长波辐射晚了 1 ～ 2 个月，而且月均最小值出现在 1 月，比其他辐射分量晚 1 个月（图 5.3)（巩远发，2005)。

在地理位置、地形地貌、太阳辐射和大气环流的综合影响下，狮泉河流域具有高寒缺氧、气压低、降水少、多沙暴、蒸发量大、日照时间长、大风盛行、干燥寒冷和植被覆盖度低等特点，特别是春季干旱少雨，自然环境极为严酷恶劣，多冰崩、冰川泥石流、地震和沙暴等自然灾害（张春来等，2006)。

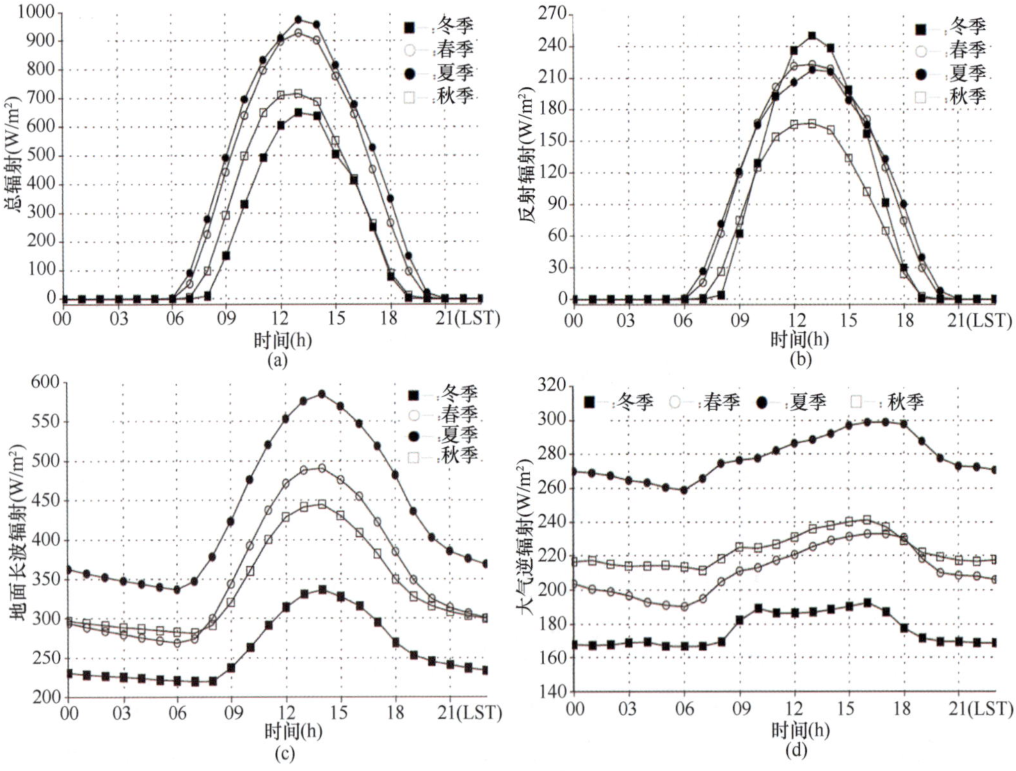

图 5.3　狮泉河地区总辐射、反射辐射、地面长波辐射与大气逆辐射在不同季节的平均日变化

3. 地表条件特征

冰川：现代冰川是自然环境综合作用的产物，除水汽来源及适宜发育的地形条件外，干旱山地还要依赖雄伟山势的高海拔提供所需的低温条件。UIB 地区分布着相对大面积的积雪和冰川，发育了众多的河流和湖泊，其是 UIB 地区重要的自然地理特征之一。冰川蕴藏着丰富的淡水资源，是地表径流特殊的储备形式，每年可提供较为稳定、大量的冰川和积雪融水径流，致使干旱山地出现山高水长的景象。高山冰川与干旱区的生态环境及人类生产活动休戚相关、兴衰与共。冰川 – 河流 – 绿洲，是高山冰雪与平原绿洲以河流为纽带而构成密不可分的统一生命带。因此，在不断提高珍惜干旱区水资源的意识中应当认识到冰川是宝贵的资源。据中国第二次冰川编目的统计结果，如图 5.4 所示，狮泉河流域共有现代冰川 605 条，冰川面积达 175.74 km^2，通过 Glacier bed Topography 冰厚模型（Frey et al.，2014），计算得出狮泉河流域的平均冰厚分布区间为 0 ～ 196 m，流域冰储量为 6.09 km^3。冰川物质平衡线高度（ELA）为 5600 ～ 5800 m。在地形部位上，冰川主要围绕山峰和山脊两侧谷地分布。坡向及冰川雪线高低与冰川规模及垂直分布有密切关系。这里的冰川，按气候属性划分属于极大陆性冰川，按形态类型划分属于山谷冰川。

遥感影像分析结果显示，流域内的冰川在过去 40 年内一直保持萎缩状态，尤其是 1976 ～ 1990 年的萎缩速度最快，这种冰川持续消融萎缩的过程直接响应大气温度的持

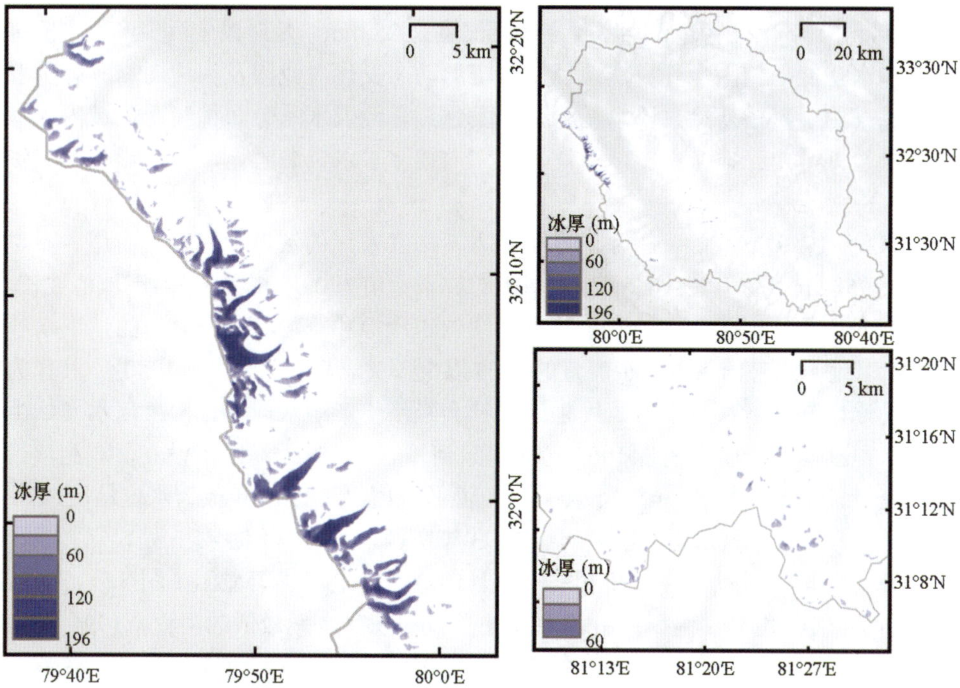

图 5.4　狮泉河流域冰川厚度分布图

续升高。

植被：高原山体的屏障作用，使印度洋暖湿季风气流难以深入。流域内下垫面植被稀疏、矮小，一般只有几厘米高，低温干旱的水热条件和贫瘠的土壤条件决定了该地区的地带性植物为亚高山荒漠（谷地）和高山草原（山地）。宽阔的谷地中，主要分布着典型的亚高山荒漠，广大沙砾质地表以及山坡基岩风化物一般无植被生长，地表绝大部分处于裸露或半裸露状态，直接暴露于风力作用之下。谷地周围的山地则分布着高山荒漠草原。对应的地带性土壤是发育在亚高山区荒漠植被下的冷漠土和发育在高原亚寒带半干旱高山草原植被下的高山草原土，以及流域内的草甸土和沼泽土，并伴有轻度盐渍化。而在狮泉河岸边，有季节性河流形成的地方，或有泉水出露的地方（海拔≤ 4250 m），出现以篙草和薹草为建群种的沼泽和草甸。草甸植物种类较丰富，植被盖度大，春季返青较早，产草量高，成为流域内重要的牧草资源（张春来等，2006）。

4. 河川径流特征

印度河流域多年平均径流量约 2080 亿 m^3，主要来自于印度和巴基斯坦的产流占总径流量的 88% 左右。狮泉河作为其水源地，解决了下游居民生活和社会经济生产用水问题，同时也是西藏阿里地区的主要外流河，属于印度洋水系，以冰川 / 积雪融水和大气降水补给为主，水量充沛，具有强烈的下蚀及侧蚀能力。狮泉河长约 430 km，河床高程从 4500 m 降至 4220 m，平均纵比降 1.8%，全河段一级阶地及河漫滩十分发育，河谷宽窄不一，以革吉、狮泉河荒地两处最宽，为 7 ～ 10 km，在我国境内的流域面积为 27450 km^2，年径流量为 6.9 亿 m^3，径流深度为 25 mm，是居民生活生产用水的重要水源地和水功能保护区，其自然地理及水资源动态变化对我国及周边国家具有重要的战略意义。由于气候寒冷、降水稀少、蒸发强烈、地表水系分布稀疏，流域内水体可利用储量较低，山缘地带大多以潜流形式渗入地下，水资源匮乏，严重影响区域生态安全及可持续发展。

狮泉河的较大支流多从干流的左侧汇入，故其左岸的流域面积大于右岸。左岸流域面积 17950 km^2，右岸 9500 km^2，流域不对称系数值为 0.0616。狮泉河流域植被较差，两岸多为光山秃岭，仅河谷地带分布有断续的沼泽地和草场，属于典型的地下水补给型河流，其地下水补给量占年径流量的 60% 以上（关志华和陈传友，1980），其作为国际河流的水源地，解决了下游居民生活和社会经济生产用水问题。狮泉河水文站由新疆水利水电勘测设计研究院于 1965 年在狮泉河镇上游 13km 河段上设立，观测项目有水位、流量、水温、冰情、降水、蒸发、气温和湿度等，1969 年改为水位站，1970 年撤销；西藏自治区水文水资源勘测局于 1993 年在狮泉河大桥下游 45m 处设立狮泉河水文站，开展水位、流量、降水和蒸发等项目的观测。径流资料显示（图 5.5），流域平均径流量为 2.79 亿 m^3，为西藏外流水系中单位面积产水率最低的河流，1994 ～ 2000 年全年径流量的年际变化较大，在 1.57 亿～ 3.98 亿 m^3 波动，1997 年以来年径流量呈现上升状态，年内 7 ～ 9 月为流量峰值期。狮泉河泥沙主要来自降雨和融雪水对地表

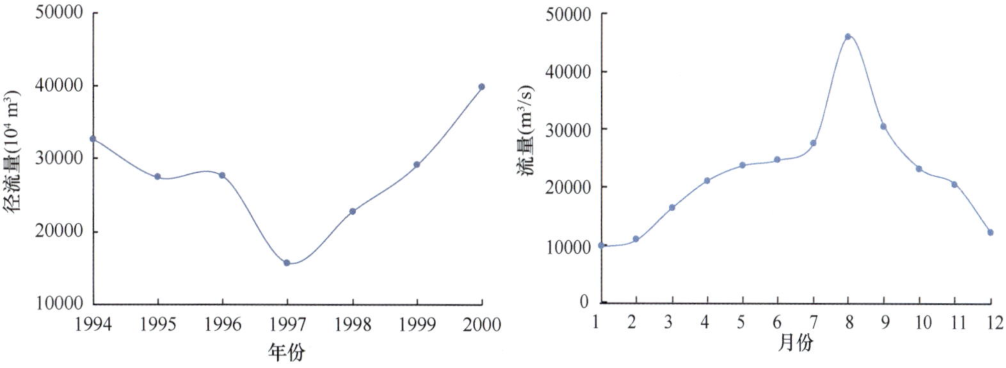

图 5.5　狮泉河径流量年际和年内分布

资料来源：西藏阿里地区行政公署，2003，西藏自治区阿里地区能源工业发展规划

的侵蚀，由于降水量及雨强较小，且气候严寒，冬季地表形成冻土，河流悬移质含量不大。

5. 社会经济概况

狮泉河为阿里地区的噶尔、革吉、日土、札达 4 县所辖，居民主要集中在工作区 20 余千米处的狮泉河镇以及公路沿线附近，狮泉河镇作为中国西部边陲重要的政治、经济和军事中心，人口约 3.5 万人，人口密度为 0.26 人 /km^2。其东部的大片荒漠为无人区，镇子方圆百里①都是人烟稀少的高原地带，以藏族为主，信仰喇嘛教，邮电、通信、文教、卫生、商贸服务基本齐全，而且作为新藏公路、黑阿公路和阿日公路的交会处，已成为阿里西部的交通枢纽、经济文化中心和边境贸易中心。计划经济以前，阿里地区整体发展十分缓慢，物资供应相当困难，改革开放以后，尤其是 20 世纪 90 年代以来，狮泉河镇已发展成为青藏高原上的新兴小镇。

该区矿产旅游资源得天独厚，已探明矿种 30 多种，硼、盐、铁、金、煤等，尤以硼矿和金矿储量居多，具有较高的经济价值。畜牧业是最主要的经济主体和优势产业，作为草地畜牧业的生产基地之一，畜牧产品久负盛名，种类主要有牦牛、黄牛、马、骡、驴、山羊和绵羊等，种植作物以青稞、小麦、豌豆和油菜等为主，经济作物及野生资源种类繁多。野生动物有狼、豹、野牛、野驴、藏羚羊等，野生植物有毛刺、红柳、雪莲等，工业发展相对薄弱，以食品加工、皮革、制药、建材、森工、电力及采矿业为主，民族手工业发展较快。

狮泉河流域水能资源理论蕴藏量 10 MW 及以上的河流共 3 条，总理论蕴藏量 135.7 MW，技术和经济可开发电站 4 座，装机容量 15.0 MW，年发电量 0.51 亿 kW·h，均在干流上，已建电站 1 座，装机容量 1.0 MW，年发电量 0.05 亿 kW·h。狮泉河水电站的建成解决了当地群众的全天照明问题，结束了镇上几十年来通过柴油机发电间歇供电

① 1 里 =500 m。

的历史，对于维护西藏地区的安全稳定、振兴西藏边疆民族地区经济、促进当地群众增产增收、改善生活条件、促进民族团结有着重要意义。但恶劣的自然地理生态环境严重制约了农牧业和社会经济发展，加之人类活动对自然资源的不合理利用引起区域荒漠化（次仁尼玛，2018）。

5.1.2 恒河流域

1. 水系分布

恒河（Ganges）是印度次大陆最大的河流（图 5.6），发源于喜马拉雅山，从中国境内流出，分别流经印度、尼泊尔及孟加拉国，最终与布拉马普特拉河汇合流入孟加拉湾，长约 2700 km，流域面积 108 万 km^2（Jain et al.，2007），其流域面积的 79% 都在印度，在中国、尼泊尔和孟加拉国的面积分别为 3%、14% 和 4%（Nepal and Shrestha，2015）。恒河在流经喜马拉雅山区峡谷约 250 km 河段后，于 Rishikesh 结束峡谷河段，在 Haridwar 附近进入恒河平原（Lodrick and Ahmad，2018），在 Haridwar 上游的河段大致向西南流，其下游则为向东南流；接着流经约 800 km 的曲折河段，拉姆根加河（Ramganga）由左岸汇入，注入恒河的平均流量为 500 m^3/s（Jain et al.，2007），亚穆纳河（Yamuna）于 Allahabad 附近从右岸汇入，此汇流点 Yamuna 河流量大于恒河，为 2950 m^3/s（Jain et al.，2007），约占汇流后总流量的 58.5%（Gupta，2007）。从此至恒河河口，有 8 条主要支流由左岸汇入，分别为戈默蒂河（Gomti）、加格拉河（Ghaghara）、甘达基河（Gandak）、布里根德格河（Burhi Gandak）、戈西河（Kosi）、默哈嫩达河（Mahananda）、贾木纳河－布拉马普特拉河－雅鲁藏布江（Jamuna-Brahmaputra-Yarlung Zangbo）、梅克纳河（Meghna），有 3 条主要支流由右岸汇入，分别为塔穆萨河（Tamsa）、松河（Son）、蓬蓬河（Punpun）（表 5.1）。

恒河属印度洋水系，该水系在大地构造上，主要属喜马拉雅构造带，它的上源有两条，即东支南达河（Alaknanda，又称“阿勒格嫩达河”），西支巴吉拉提河（Bhagirathi），两河在印度的波里（Devprayag）附近相汇，汇合前两河分别长 240 km 和 232 km（Verma et al.，2014），汇合后始称恒河。上述两源都发源于我国西藏的阿里地区。乌热渠（曲）- 乌扎拉渠（曲）是东支南达河的最上源；甲扎岗噶河（Jadh Ganga）是西支巴吉拉提河的最上源（中国科学院青藏高原综合科学考察队，1984）。除上述两源外，我国境内流入恒河的主要河流有朋曲、波曲、吉隆藏布、马甲藏布、斗嘎尔河等（表 5.2），总面积约 3.9×10^4 km^2（全国水力资源复查工作领导小组，2004）。

乌热渠（曲）— 乌扎拉渠（曲）流域位于西藏的西南部，介于普兰和札达之间。流域的北部、西部、东部都与朗钦藏布（象泉河）流域相接，南部与印度相邻。流域面积约 650 km^2，呈近东南 — 西北向的狭长形。乌热渠（曲）— 乌扎拉渠（曲）由三支组成：源于马佐拉附近的西支乌热渠（曲），源于昆里宾里山口附近的东支乌扎拉渠（曲），还有同样源于昆里宾里山口附近的中支。上述三支在西藏境内相汇，然后流

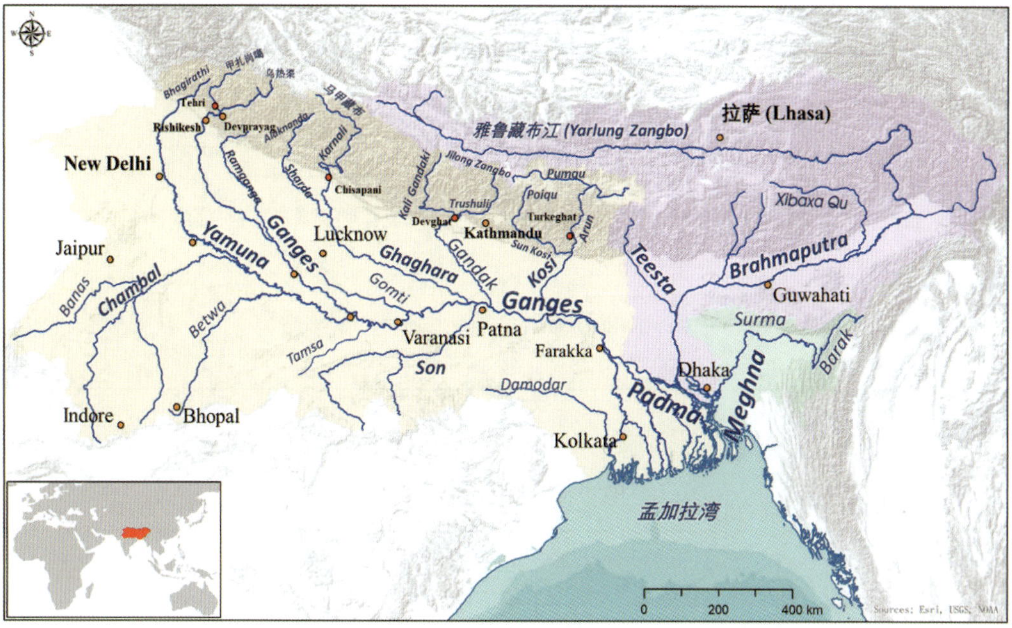

图 5.6　恒河（橙色）、雅鲁藏布江（紫色）及梅克纳河（绿色）流域图

表 5.1　恒河主要支流（由源头至河口）

序号	汇入位置	一级支流		二级支流	
		名称	流量*（m^3/s）	名称	流量*（m^3/s）
1	东源	阿勒格嫩达河（Alaknanda）	439.36	乌热渠（曲）- 乌扎拉渠（曲）（Wurequ）	—
2	西源	巴吉拉提河（Bhagirathi）	257.78	甲扎岗噶河（Jadh Ganga）	—
3	左岸	拉姆根加河（Ramganga）	500		
4	右岸	亚穆纳河（Yamuna）	2950	昌巴尔河（Chambal）	456
				贝特瓦河（Betwa）	658
5	右岸	塔穆萨河（Tamsa）	—		
6	左岸	戈默蒂河（Gomti）	234		
7	左岸	加格拉河（Ghaghara）	2990	格尔纳利河（尼泊尔）– 马甲藏布（孔雀河，中国）（Karnali-Majia Zangbo/Kongque He）	—
				夏达河（Sharda）	730
8	右岸	松河（Son）	—		
9	左岸	甘达基河（Gandak）	1760	特耳苏里河（尼泊尔）– 吉隆藏布（中国）（Trusuli-Jilong Zangbo）	—
				卡里甘达基河（Kali Gandaki）	—
10	右岸	蓬蓬河（Punpun）	—		
11	左岸	布里根德格河（Burhi Gandak）	—		

续表

序号	汇入位置	一级支流		二级支流	
		名称	流量 * (m^3/s)	名称	流量 * (m^3/s)
12	左岸	戈西河 (Kosi)	2166	阿龙江 – 朋曲 (Arun-Pumqu)	—
				桑戈西河 – 波曲 / 麻章藏布 (Sun Kosi -Poiqu)	
13	左岸	默哈嫩达河 (Mahananda)	—		
14	左岸	贾木纳河 – 布拉马普特拉河 – 雅鲁藏布江 (Jamuna-Brahmaputra-Yarlung Zangbo)			
15	左岸	梅克纳河 (Meghna)			

* 源自 https://www.wikipedia.org/。

表 5.2 中国境内汇入恒河的河流特性（全国水力资源复查工作领导小组，2004）

河流名称	河长 (km)	流域面积 (km^2)	落差 (m)	平均比降 (‰)	出境处年平均流量 (m^3/s)	径流模数 [$L/(s·km^2)$]
朋曲	376.2	25307	3325	8.8	235	6.16
波曲（麻章藏布）	81	1930	3530	43.7	23.5	15.9
吉隆藏布	113	2500	2785	24.6	22.41	9.51
马甲藏布（孔雀河）	90	3020	1800	20	9.6	3.17

入印度称香扎渠、道里河，右岸支流维什奴干加河汇入后称卡拉河、南达河。乌热渠（曲）— 乌扎拉渠（曲）在西藏境内河长约 26 km。热渠（曲）与乌扎拉渠（曲）的河长约 20 km（中国科学院青藏高原综合科学考察队，1984）。

甲扎岗噶河流域位于西藏的西南部、阿里地区札达的南偏西。该流域的北部、西部、东部与朗钦藏布流域相接，流域的南部与印度相邻，面积为 1330 km^2，比乌热渠（曲）— 乌扎拉渠（曲）流域约大一倍，流域呈矩形。甲扎岗噶河发源于札达县的塔加山口 (Thaga La，海拔 5147 m) 及桑久拉山口 (Tsang Chok La，海拔 5416 m) 附近冰川（冰川区域属于中国与印度有领土争议的地区），河流大体向南流，至葱莎以上约 5 km 处有源于仲尼拉附近的支流汇入，两河汇合后拐向西流，经讷郎山口（公贡桑巴通道）流出国境。甲扎岗噶河在西藏境内河长约 35 km。它流到印度称巴吉拉提河。甲扎岗噶河的主要支流有源于仲尼拉附近的一条河，它大体由东向西流，河长约 30 km（中国科学院青藏高原综合科学考察队，1984）。

马甲藏布是恒河上源支流，又名孔雀河，曾译为麻楚河，位于西藏西南部普兰县境内，发源于喜马拉雅山脉兰批雅山口附近的马羊浦，源头海拔 5400 m，向北流至茄勒纳布朗玛不加曲后折向东流，纳过拉曲后始称马甲藏布，继续流经普兰、科迦，于谢尔瓦附近汇入尼泊尔，名呼那卡那里河，在梅耳查姆折向南流入印度国境，在巴特那附近汇入恒河。中国境内长 110 km，平均坡降 16.1‰，流域面积

3020 km²，年平均流量为 4.2 m³/s，年均径流量 1.3 亿 m³。流域内有天然牧场和土质肥沃的农田①。

2. 气候特征

南亚季风系统很大程度上控制了恒河流域的气候和水文状况，恒河流域降水与西南季风相伴，但也随 6 月间起源于孟加拉湾的热带气旋而来，80% 的降水发生在 6 ～ 8 月 [图 5.10(a)](Jeuland et al.，2013)，只有少量降雨发生在 12 月和 1 月间。喜马拉雅山脉地区和三角洲地区年平均降水量最大（>2000mm），西部拉贾斯坦邦（Rajasthan）的塔尔沙漠（Thar desert）的降水量最小（<250mm）(图 5.7)。在北方邦（Uttar Pradesh）的恒河平原上游，年平均降水量为 760 ～ 1020 mm；在比哈尔邦（Bihar）的恒河平原中游为 1020 ～ 1520 mm；在恒河三角洲地区为 1520 ～ 2540 mm(Lodrick and Ahmad，2018)。三角洲地区在雨季开始前的 3 ～ 5 月和雨季结束后的 9 ～ 10 月都遭受强气旋风暴的侵袭，其中一些风暴会造成很多生命财产损失。例如，1970 年 11 月的一场灾难性风暴造成至少 20 万人乃至可能多达 50 万人死亡。在过去的半个世纪里，恒河流域年降水量总体上无明显变化，但在季风期前后有不显著的增加趋势，局部地区变化显著（Singh et al.，2008）。Pervez 和 Henebry(2014) 利用全球气候模式（GCM）对流域降水进行了模拟，在 A1B 和 A2 排放情景下，预测恒河流域的降水在季风期和季风期后

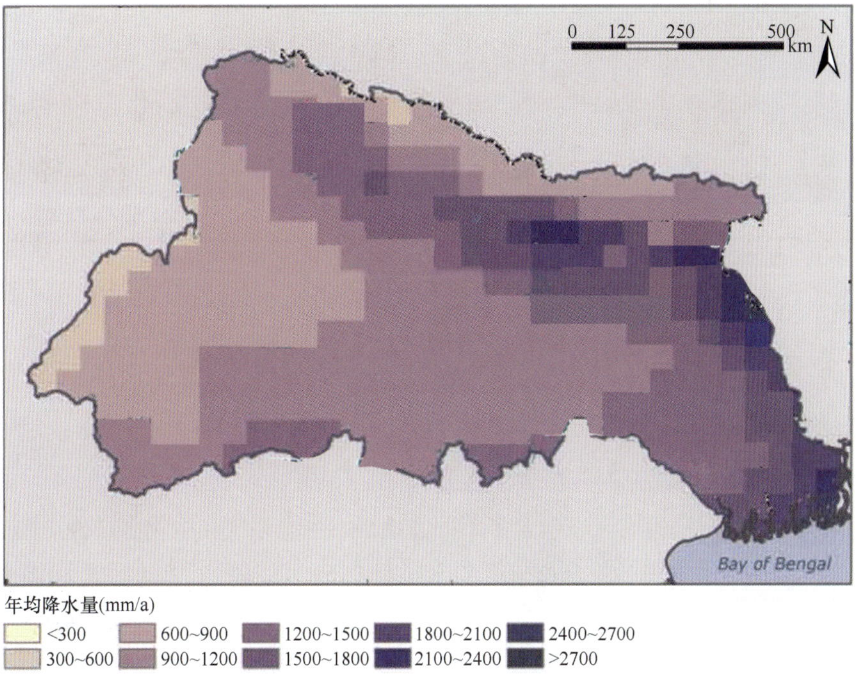

图 5.7 恒河流域降水分布（1901 ～ 2006 年）(Jeuland et al.，2013)

① 西藏在线 . 马甲藏布 . http://www.tibet.cn/。

将会增加，但是季风期前的降水将减少，季风降水峰值会从 6 月推迟至 8 月。

流域内除喜马拉雅山地区外，年均温较高（图 5.8），并且在季风期前（4 ～ 6 月）达到最高［图 5.10(b)］。多数研究均发现恒河流域有明显升温趋势，尼泊尔的最高气温以 0.06℃ /a 的速度增加（Shrestha et al.，1999），戈西河流域的升温速率也达到了 0.058℃ /a（Nepal，2012），且未来仍将继续升温（Nepal and Shrestha，2015）。流域年均实际蒸散发量为 748 mm，潜在蒸散发量可达 2359mm（Masood et al.，2015），上游河源流域年均蒸散发量小于 400mm（图 5.9）。流域平均蒸散发量的最大值出现在雨季后的 9 月［图 5.10(d)］，其季节变化与布拉马普特拉河流域 5 ～ 10 月相对稳定不同，年均蒸散发量也要大于后者（251 mm）。

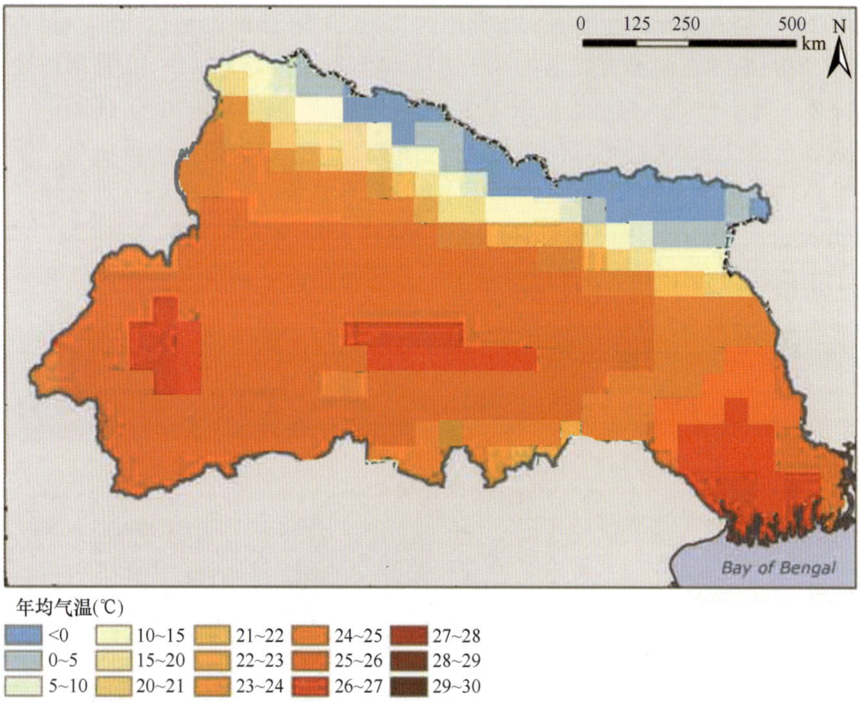

图 5.8　恒河流域气温分布（1901 ～ 2006 年）（Jeuland et al.，2013）

3. 地表条件特征

地形 / 土地利用：恒河流域包含了不同的地形、生态系统和生物多样性（图 5.11），有青藏高原的高寒干旱地区，有地势峻峭的高山地区，也有平原地区。由于恒河平原整个地表平坦，在德里（Delhi）的亚穆纳河（Yamuna）与孟加拉湾（Bay of Bengal）之间，距离近 1600 km，落差仅约 210 m，恒河流速缓慢。但是年轻并且脆弱的地质环境和强烈的季风降雨造成了这里较高的侵蚀速率，由此带来的大量泥沙沉积在恒河平原，引发了频繁的河道变化，形成了中下游地区广袤的耕地，可达流域总面积的 68%，林地面积为 11%（Masood et al.，2015），整个流域归一化植被指数（NDVI）为 0.41。

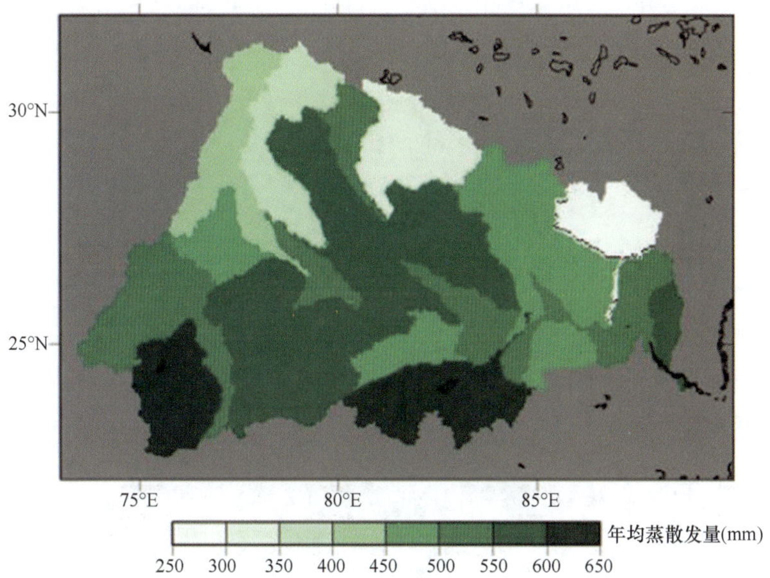

图 5.9　恒河子流域年均蒸散发量（1971 ～ 2000 年）(Mishra and Lilhare，2016)

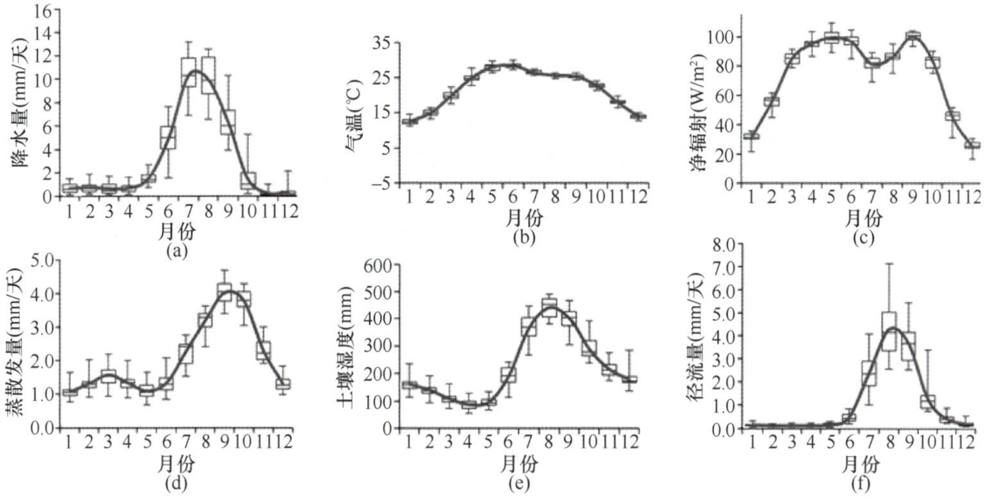

图 5.10　恒河流域气候水文变量季节变化（1980 ～ 2001 年）(Masood et al.，2015)

近几十年来，为了保障粮食安全、促进可持续经济发展，印度开始了绿色革命，不断造林和增加耕地面，以恒河上游流域为例（图 5.12)，1984 ～ 2010 年，在总面积为 8.7 万 km^2 的流域内，林地增加了 4.7%、城镇化面积增加了 5.8%、耕地增加了 1.3%，荒地则减少了 9.5%(Tsarouchi et al.，2014)。

冰川 / 积雪：恒河流域的冰川面积为 8314 km^2，全部分布在喜马拉雅山区，近年来冰川持续退缩，冰川物质平衡负增长，2000 ～ 2016 年以 –2.7±0.7 Gt/a 的速率减少 (Brun et al.，2017)。图 5.13 显示了恒河流域喜马拉雅山地区的积雪持续时间，空间上，在受季风影响的东部地区，积雪持续的时间更长，在夏季，雪覆盖在足够高海

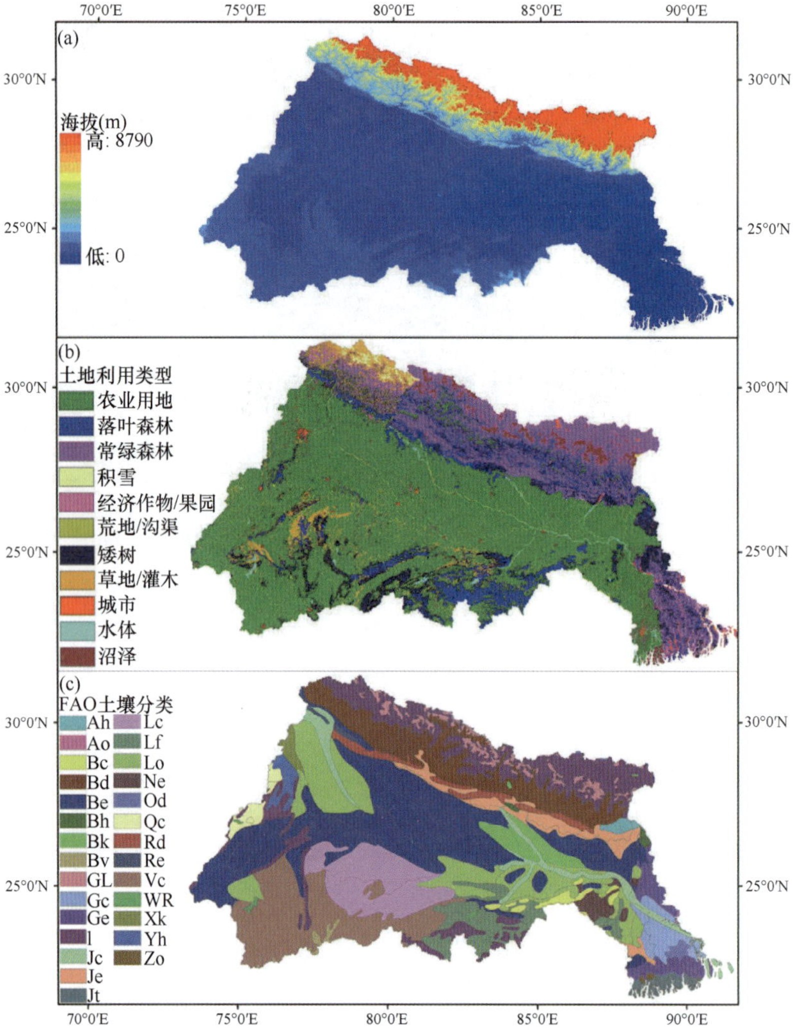

图 5.11 恒河流域地表状况（Mishra and Lilhare，2016）

(a) 地表高程；(b) 土地利用现状；(c) 土壤类型

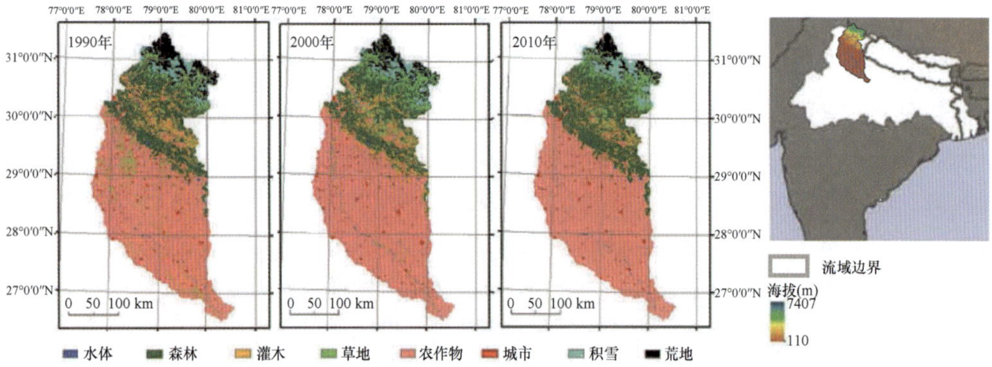

图 5.12 恒河上游流域土地覆盖变化（Tsarouchi et al.，2014）

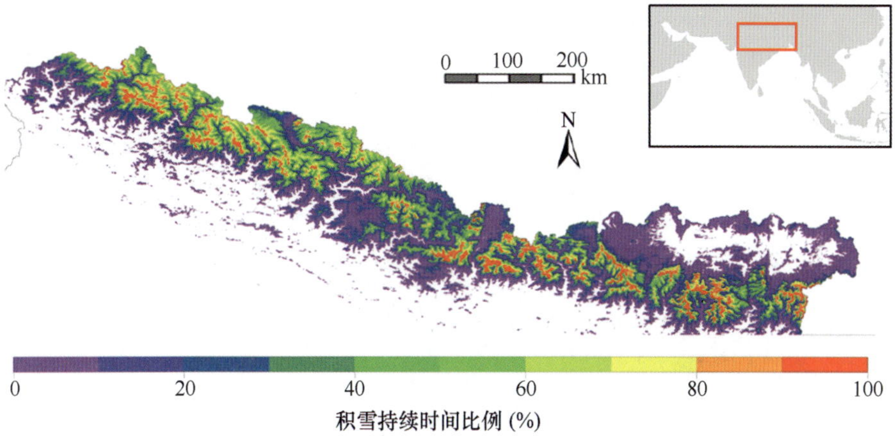

图 5.13　恒河流域喜马拉雅山地区积雪持续时间空间分布（2001 ～ 2010 年）（Siderius et al.，2013）

拔的冰川地区；在流域的东北地区，受喜马拉雅山脉的阻隔，到达青藏高原的雪量有限；而在流域的西部地区，积雪的季节性变化较大。时间上，8 ～ 9 月的积雪面积最小(1.2%)，之后在冬季持续增加，2 月达到峰值，覆盖率达到 10.0%，然后再次下降。

4. 河川径流特征

恒河流域有南亚次大陆最大的河流系统。水的补给在一定程度上依靠 6 ～ 9 月西南季风带来的降雨，以及 4 ～ 5 月旱季喜马拉雅山脉冰川和积雪消融汇成的流水。每年整个流域输入的水量为 11700 亿 m^3，其中 5000 亿 m^3 转化为径流，其他则以蒸发的形式回到大气 (World Bank，2015)。其中，6 ～ 9 月的季风带来了全年 80% 的降水，对径流的贡献也能达到八成（图 5.14，表 5.3)，其他时间的降水所占比例较小，径流主要由地下水和冰雪融水补给，径流的季节分配极不均匀。对位于流域下游孟加拉国的一处水文站 (Harding Bridge) 的观测发现，该站多年平均径流量在 1970 亿～ 4860 亿 m^3 变化，但旱季时（11 月至次年 5 月）的径流量只有 430 亿～ 630 亿 m^3(Muthuwatta et al.，2017)。恒河流域的大部分地区受夏季风的影响，并且由东向西逐渐减弱。例如，东部的科西河流域 72% ～ 81% 的降雨来自季风期（6 ～ 9 月），西部的巴吉拉提河则只有 55% ～ 65%(Molden et al.，2014)，河源区受积雪、冰川及冻土的控制，冰雪融水从季风期前一直持续到季风期后。

然而，在恒河河源流域，冰川面积占流域总面积的比例增加，产流模式也有所不同。图 5.15 显示了位于恒河源的 Gangotri 水文站冰川融水径流季节变化，6 ～ 8 月径流量增加，9 月以后开始下降，并且不同月份间变化较大，可以发现，流量的高值多发生在 7 月和 8 月，主要是由河网的畅通和更多的冰川融化所致，同时，还观测到突然的峰值，这通常是由夏季末温度上升引起的冰川河谷冰湖溃决产生及短时的暴雨所致 (Kumar et al.，2015)。

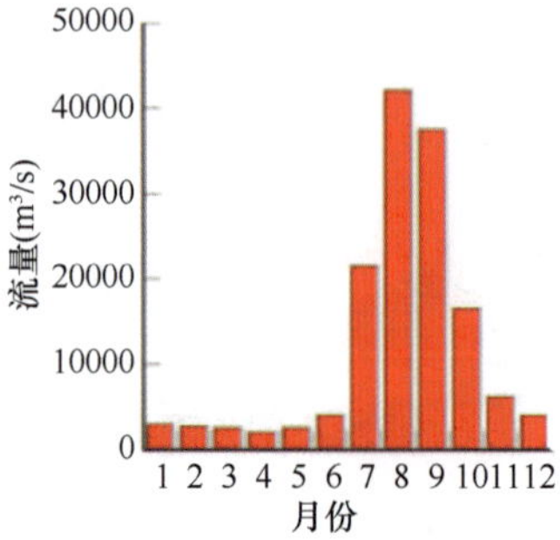

图 5.14　恒河流域径流季节分配

表 5.3　恒河子流域年均径流量（Muthuwatta et al.，2017）

编号	子流域	径流量（亿 m^3）		径流比例（%）	
		平均值	均方差	雨季（6～10 月）	旱季（11 月至次年 5 月）
1	Ramganga 汇流前	100.2	50.4	81.2	18.8
2	Banas	98.9	71.1	93.8	6.2
3、4	Bangladesh	—	—	—	
5	Bhagirathi 及其他	—	—	—	
6	Chambal 下游	22.4	13.7	94.8	5.2
7	Chambal 上游	87.3	30.1	90.2	9.8
8	Damodar	—	—	—	
9	Gandak 及其他	160.3	65.7	86	14
10	Ghaghara	355.6	175.5	84	16
11	Gomti 汇流后至 Ghaghara 汇流前	47.2	20.7	88.3	11.7
12	Gomti	136.4	73.4	90.8	9.2
13	Kali Sindh	154.8	66.4	80.9	19.1
14	Kosi	94.4	39.5	72.8	27.2
15	Nepal	631.7	115.9	88	12
16	Ramganga	155.6	77.9	82.6	17.4
17	Son	195	78.8	85.1	14.9
18	Tons	67.5	24.7	88.5	11.5
19	Gomti 上游	93.8	47.7	87.8	12.2
20	Yamuna 下游	224.2	107.8	93.8	6.2
21	Yamuna 中游	48.1	37	78.7	21.3
22	Yamuna 上游	71.9	39.2	82.7	17.3

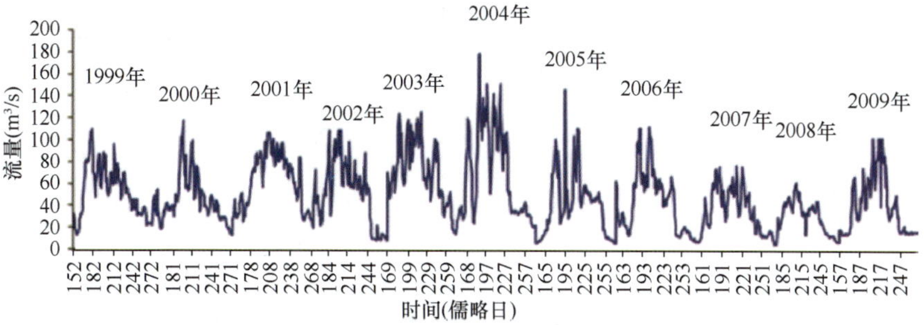

图 5.15　恒河河源流域（Bhagirathi 上游）Gangotri 水文站的径流模式（1999 ～ 2009 年）(Kumar et al.，2015)

5.2　流域水文模拟与观测

5.2.1　流域水文模拟

水文模型是大河流域水资源研究和管理中必不可少的工具，对理解流域尺度的水资源的历史变化、现状，探索气候变化及人类活动影响下的水资源变化趋势具有极大的帮助，其作用主要可以归纳为以下 4 点（WMO，2009）：①水资源评价，对水资源状况、变化趋势的评价；②脆弱性评价，系统对非计划类变化（如气候变化等）的响应；③影响评价，对拟议发展的效果和影响的评价；④洪水风险评估、预测和早期预警。

为估算印度河上游流域来自冰川、积雪融水和降雨的径流量，已经开发出了很多径流模型（表 5.4）。例如，UBC（University of British Colombia）流域模型是 20 世纪 70 年代开发的半分布式山地流域模型（Quick and Pipes，1977），利用巴基斯坦水电发展署（Water and Power Development Authority，WAPDA）在印度河流域 25 个站点的水文 – 气象数据对其进行了校正，评价了冰川变化和升温对印度河径流的影响①；Mukhopadhyay 和 Dutta（2010）基于地形和全球气候数据开发了适用于印度河上游的径流模型；分布式 SPHY（spatial processes in hydrology model）模型也被应用在印度河上游流域，模拟并预测了印度河上游的径流变化（Lutz et al.，2016）。

恒河是一个受季风降水、冰雪融水和地下水共同补给的复杂河流系统，被认为是一个极易受气候变化影响的地区，下游流量峰值出现在 8 ～ 9 月（图 5.16）。受到水电建设、灌溉等人为影响，恒河下游的观测流量显著降低（Adel，2002），但印度政府认为恒河的水资源数据涉及国家安全，自 1973 年以来，数据不公开，因此，对恒河流域水文要素变化特征的研究多基于全球数据库开展全流域水文模型的构建和验证，流域规模的水文研究相对较少（表 5.5）。

① BUP. 2005. Enhacement of National Capacities in the Application of Simulation Models for the Assessment of Climate Change and its Impacts on Water Resources.

表 5.4 水文模型在印度河上游的相关研究（Johnston and Smakhtin，2014）

模型名称	类型	应用流域及时间步长	应用领域	文献来源
WEAP	水量计算及分配	印度河 14 个子流域 月步长	计算冰川融水贡献，对气候变化的影响，评估并配置水资源	de Condappa et al.，2009
SWAT	降水 – 径流模型	印度河上游流域日步长（1994 ～ 2003 年）	气候变化对水循环和水资源的影响	UNESCO（http：//bit.ly/1lMuPjR）
HBV	半分布式水文模型	印度河子流域：Hunza、Gilgit 和 Astore 流域	气候变化对径流的影响	Akhtar et al.，2008
SWAM	径流可用性模型	印度河上游流域	基于拓扑模型和全球气候数据，模拟无观测流域径流可用性（包含融雪）	Mukhopadhyay and Dutta，2010
PWRI	分布式地表水 – 地下水 – 河流模型	印度河中上游流域 2 h 步长（2008 ～ 2010 年）	洪水预测	Aziz and Tanaka，2011
Indus 21 WCAP	径流预测模型	印度河上游	改进融雪和径流预测	http：//www.aht-group.com/index.php?id=622

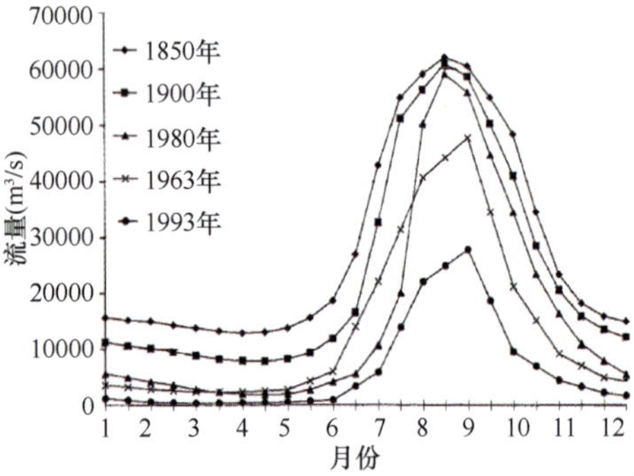

图 5.16 恒河月径流分配年代变化（Farakka 水文站 1850 年、1900 年、1980 年资料和 Hardinge Bridge 水文站 1963 年、1993 年资料）（Adel，2002）

表 5.5 水文模型在恒河上游的相关研究（Johnston and Smakhtin，2014）

模型名称	类型	应用流域及时间步长	应用领域	文献来源
SWAT	基于过程的连续水文模型	恒河全流域及上游子流域 日步长	气候变化下水资源可利用性和流域量平衡 恒河战略流域评价（Ganges strategic basin assessment）中水量平衡、灌溉利用、水质和气候变化对水文的影响	Gosain et al.，2011 World Bank，2012 Bharati et al.，2011
HECS-HMS	全球动态植被水文模型	印度境内恒河子流域 基于月数的日值模拟（1965 ～ 1968 年）	国家河流贯通工程不含融雪、分流、筑坝和灌溉方案	Gourdji et al.，2008
WEAP	水量分配模型	Farakka 水文站以上恒河子流域 月步长	水资源评估和规划：冰川融化的贡献、气候变化的影响等	de Condappa et al.，2009
ANN（人工神经网络）	数据驱动模型	恒河流域 0.25° 日 TRMM 资料 1 km^2 DEM	利用卫星降雨数据进行流量预报，替代水文模型预报	Akhtar et al.，2008
基于随机分析的预测模型	随机分析模型	恒河入海径流 月步长	孟加拉国恒河附属地区水资源规划项目	Tarekul and Yoshihita，2009

5.2.2　河源区 / 上游流域水文观测网络

印度河、恒河是我国重要的国际河流，也是我国西藏阿里地区乃至南亚部分国家水资源的重要来源。其由于偏僻的地理位置和较高的海拔，河源区的观测稀少、研究基础薄弱，严重限制了对河源区水文过程的研究，极大地制约了水资源的开发与利用。因此，本次河湖源流域水文气象综合科学考察分别在印度河河源的狮泉河流域和恒河上源的孔雀河上游设置水文气象观测网络（图 5.17），开展持续观测，以期获得基础资料，为河源区径流的变化以及冰冻圈要素与径流的关系提供研究数据，为阿里国家公园的开发和保护所需的气候、水文背景提供基础数据支撑和咨询建议。

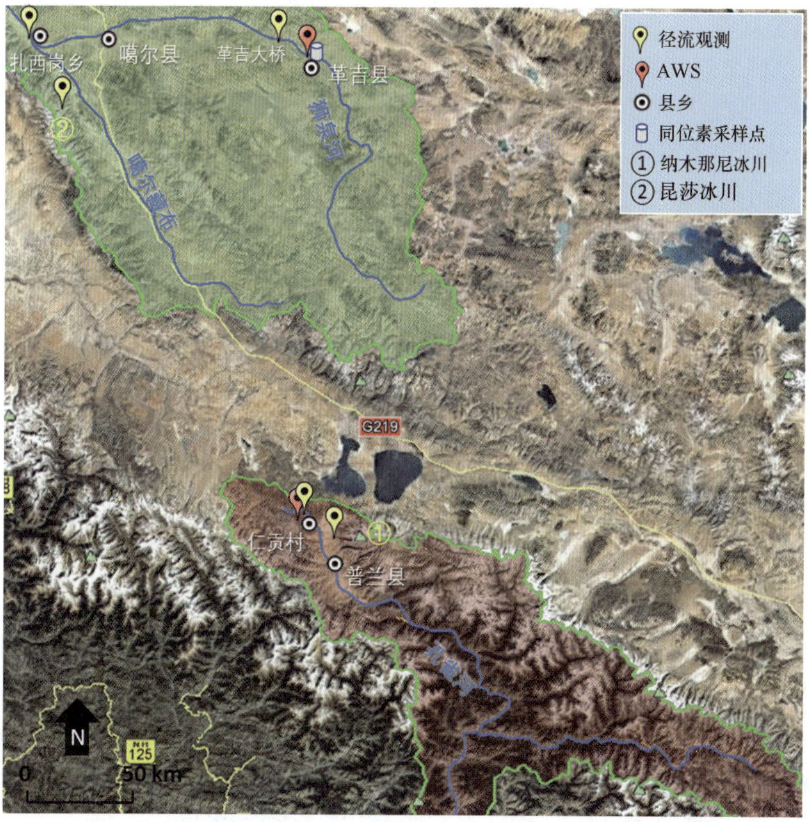

图 5.17　印度河、恒河河源区观测网络（源自：Google Earth）

1. 水文气象观测网络建设

本次针对印度河、恒河河源的亚洲水塔区河流专题考察，依托阿里地区的已有观测，分别对印度河河源狮泉河、恒河河源之一孔雀河开展了水文气象考察，具体为：在狮泉河流域，上源的革吉县附近、昆莎冰川末端设置自动气象站，对气温、降水、风速、风向等进行连续观测；在狮泉河上源（革吉大桥处）及噶尔藏布汇流后（扎西岗乡）设置两处径流观测断面，监测径流变化；在昆莎冰川末端设置一处冰川融水径流观测断面，获取冰川消融的径流资料；依托革吉县的自动气象站，设置降水及河水稳定同位素采样点，按每个降水事件采集降水样品，按每周的频率采集河水样品，试图分析狮泉河流域的降水来源及径流组分的比例；在恒河上源的孔雀河流域，分别在仁贡村和纳木那尼冰川末端设置自动气象站，观测孔雀河上源及冰川的气象状况，并设置径流观测断面，开展河源和冰川融水径流观测。

(1) 径流观测

印度河和恒河河源区共设置了 5 处观测断面，分别对狮泉河、噶尔藏布、孔雀河及源区冰川径流进行了观测（表 5.6），测量了水文断面情况并观测河道内水位和流速变化（图 5.18、图 5.19）。

(2) 气象观测

对位于狮泉河、孔雀河、纳木那尼冰川及昆莎冰川末端的自动气象站（表 5.7）进行维护，并下载数据（图 5.20、图 5.21）。

(3) 水体同位素网络

在狮泉河革吉县设置降水和河水同位素采样点，按时、定期采集降水和河水样品，分别在径流观测断面采集了河水和冰川融水样品。

表 5.6 印度河河源、恒河河源径流观测位置及断面信息

区域	位置	纬度 (°N)	经度 (°E)	海拔 (m)	位置及断面信息
印度河河源——狮泉河	革吉大桥	32.4908	80.8143	4448	位于狮泉河上游
	扎西岗桥	32.5029	79.6889	4235	狮泉河，噶尔藏布汇流后，扎西岗村附近
	昆莎冰川末端	32.0727	80.0106	4717	昆莎机场南侧，冰川融水汇入噶尔藏布
恒河河源——孔雀河	仁贡村桥	30.5164	81.1981	4350	孔雀河上游，仁贡村西北方向
	纳木那尼冰川末端	30.5185	81.1992	4513	位于 207 省道 51 km 里程碑处，冰川融水汇入孔雀河

(a) 革吉大桥断面（王坤鑫 摄） (b) 扎西岗桥断面（高海峰 摄）

图 5.18 印度河河源狮泉河测流工作

图 5.19 恒河河源孔雀河测流工作（工作照片）

表 5.7 印度河河源、恒河河源自动气象站观测位置及内容

区域	位置	纬度 (°N)	经度 (°E)	海拔 (m)	观测起始年份	观测项目
印度河河源——狮泉河	革吉	32.3870	81.0700	4508	2012	气温、降水、相对湿度、风速 / 向
	昆莎冰川末端	32.0191	79.9505	5180	2015	
恒河河源——孔雀河	仁贡村	30.4586	81.1050	4080	2012	
	纳木那尼冰川	30.5189	81.2426	5165	2011	气温、相对湿度

(a) 纳木那尼冰川（高海峰 摄）　　(b) 昆莎冰川（高海峰 摄）

图 5.20 纳木那尼冰川 (5165m) 和昆莎冰川 (5180m) 气象站

2. 径流观测结果

(1) 狮泉河流量

印度河上游源头为狮泉河，支流噶尔藏布在扎西岗乡汇入狮泉河，分别于噶尔藏布汇流前后在狮泉河布设了两个水文观测断面。观测结果表明，在革吉大桥断面（图 5.22)，河流每年 12 月至次年 4 月完全结冻，8 ～ 9 月径流量明显增加，根据测流

(a) 孔雀河（王坤鑫 摄）　　(b) 狮泉河（兰志勇 摄）

图 5.21　孔雀河 (a) 和狮泉河 (b) 气象站维护工作

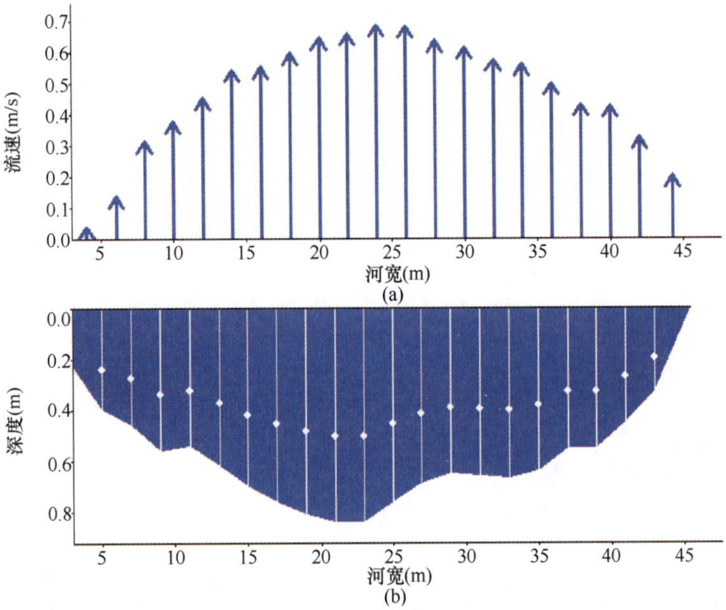

图 5.22　狮泉河革吉大桥河道水文断面 (b) 及流速分布 (a)

结果估算得到 2016 ～ 2017 年狮泉河革吉大桥断面年流量为 2.37 亿 m^3。噶尔藏布汇入狮泉河后，在扎西岗桥断面（图 5.23），河流每年 12 月中旬至 3 月中旬完全结冻，8 ～ 9 月径流量明显增加，根据测流结果估算得到 2016 ～ 2017 年狮泉河扎西岗桥断面年流量为 9.02 亿 m^3。

(2) 昆莎冰川融水流量

在昆莎冰川末端架设气象站，在冰川融水径流出山口处设置水文观测断面（图 5.24），气温及径流观测表明，该处冰川末端年平均气温为 10.1℃，10 月中旬起最高气温低于 0℃，5 月起最高气温高于 0℃，年降水量为 172 mm；冰川融水径流每年 11 月至次年 5 月冻结，观测到最大流量为 0.18 m^3/s，根据测流结果，估算该处冰川融水年径流量为 0.02 亿 m^3。

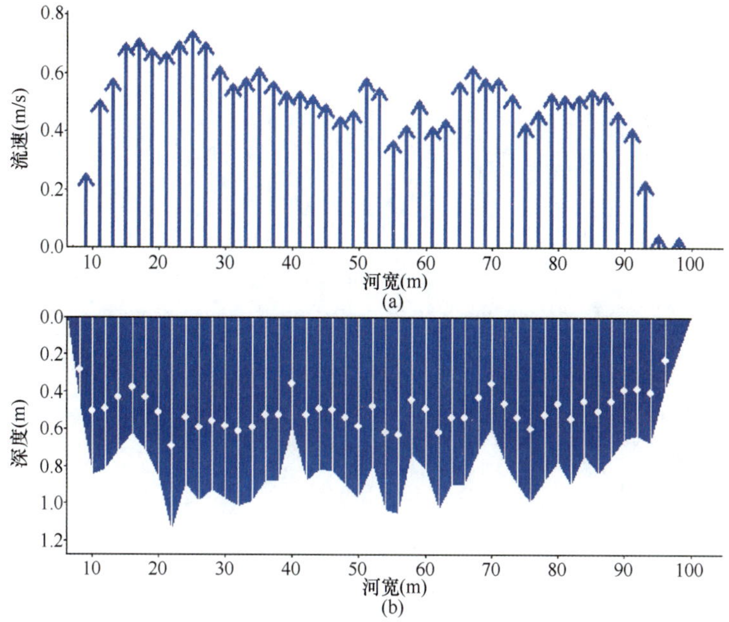

图 5.23　狮泉河扎西岗桥河道水文断面 (b) 及流速分布 (a)

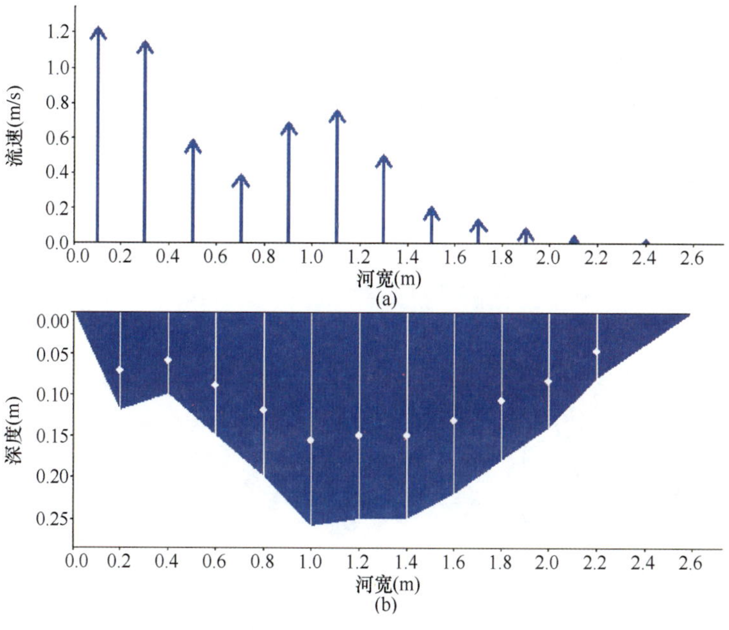

图 5.24　昆莎冰川融水径流水文断面 (b) 及流速分布 (a)

(3) 孔雀河流量

孔雀河径流的观测结果表明，此处河流每年 12 月至次年 4 月完全冻结，观测最大流速为 4.30m^3/s，根据测流结果估算得到年径流量为 1 亿 m^3(图 5.25)。

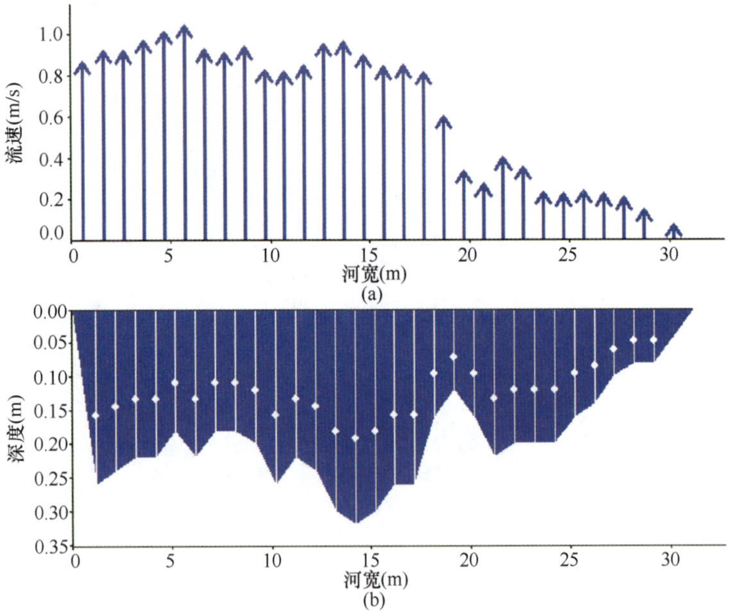

图 5.25　孔雀河水文断面（b）及流速分布（a）

(4) 纳木那尼冰川融水流量

将实测径流和对应时段气温数据做拟合，得到气温–径流线[图 5.26(a)]，再利用观测到的气温计算出相应时刻的径流量，积分后得到年径流量[图 5.26(b)]。结果表明，纳木那尼冰川融水径流河道冻结期为 10 月中旬至次年 6 月，8 月径流量达到最大，年平均径流量为 0.21 亿 m^3，误差为 0.07 亿 m^3/a。

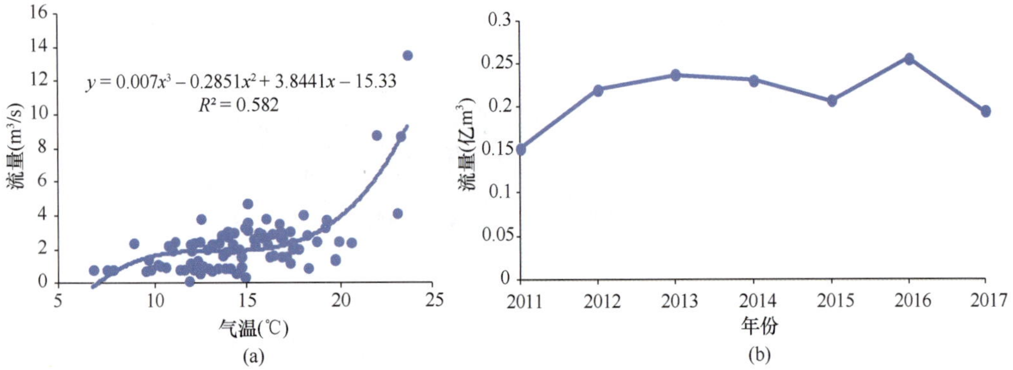

图 5.26　纳木那尼冰川融水径流

（a）流量与气温关系；（b）年均径流量

5.3　河源区降水水汽来源特征与变化

环境同位素作为水体中的重要组成部分，尽管其含量很小，但却在非常敏感地响应环境的变化，并记载着水循环的整个历史信息。这是由于同位素的分馏作用（同位素以不同的比率分配到两种物质或物相中的现象）普遍存在于水循环的每一个环节中。在此过程中，水汽作为载体，同时又作为相变的主体，其中同位素的含量必然会发生变化（Araguás-Araguás et al.，1998；Dansgaard，1953，1964；Zhang et al.，2004）。随着研究的不断深入，人们越来越意识到，降水中稳定同位素不仅受制于瑞利分馏导致的几个效应，而且局地降水中的稳定同位素成分受水汽来源、水汽输送过程中的降水事件以及当地降水的气象条件共同影响（Rozanski et al.，1993；Schoch-Fischer et al.，1983）。这就为利用降水中稳定同位素的时空差异来研究水汽来源提供了一种方法。因此，可以将水体中的同位素作为水汽来源及运动路径的自然示踪剂，进而利用其变化规律来反演天气系统及大气环流过程。

5.3.1　河源区大气环流模式的季节变化

狮泉河流域冬季和夏季表现为不同的气候环流模式（图 5.27）。基于美国气象环境预报中心（National Centers for Envioronmental Prediction，NCEP）/ 美国国家大气研究中心（National Centers for Atmospheric Research，NCAR）再分析资料的风场和比湿资料，图 5.27 显示随着印度季风的爆发，湿润海洋气团可影响阿里地区，6～9 月该地区 500hPa 比湿较高。暖湿的大洋水汽通过阿拉伯海输送至青藏高原或穿过孟加拉湾翻越喜马拉雅山脉北上，输送至青藏高原内部。海洋气团经过长距离传输，不仅给内陆带来降水，且传输过程中重同位素不断凝结降落，经历长距离的“雨洗作用”（rainout）（Dansgaard，1964）和受强对流活动（Gao et al.，2013）的影响，使得到达该地区时形成的降水中稳定同位素值发生突降，且在 8 月底达到最小值。11 月至次年 5 月，控制狮泉河站的是来源于北部大陆或者西风带的冷干气团，降水 δ^{18}O 较高。

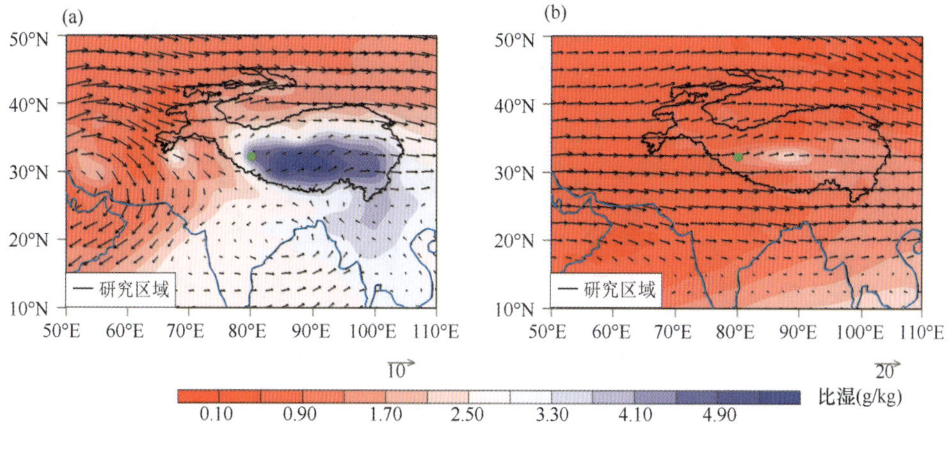

图 5.27　青藏高原及其周边地区 2014～2017 年 500hPa 平均风场和比湿的季节比较

(a) 6～9 月平均；(b) 11～5 月平均。带数字的箭头表示矢量的风场；彩色条棒为比湿图例

5.3.2 流域降水稳定同位素特征

青藏高原西部阿里地区狮泉河降水中 $\delta^{18}O$ 表现出较为明显的波动（图 5.28），波动的幅度在 –33.9‰ ～ 4.5‰，其平均值为 –13.7‰（Yu et al.，2009）。研究时段内 $\delta^{18}O$ 高值通常出现在季风爆发前；干旱的水汽源地（Araguás-Araguás et al.，2000）和强烈的再循环（Froehlich et al.，2008）也造成季风爆发前期较高的过量氘（*d*-excess 或 *d*）值（图 5.29）。随着季风期来临，降水稳定同位素（$\delta^{18}O$）出现极低值，且剧烈波动，指示了季风强度的变化。由 1999 年历次降水中 $\delta^{18}O$ 的日变化可以看出，1999 年 7 月底，降水中 $\delta^{18}O$ 突然降低，并在 8 月初达到最低值，2000 年以及 2002 年 8 月初也有同样的变化趋势。这种降水中 $\delta^{18}O$ 表现出突然降低的特征与受季风影响的沱沱河气象站降水中 $\delta^{18}O$ 的变化特征很相似（Tian et al.，2001）。这也进一步证实了与沱沱河一样，印度季风水汽的输送对该狮泉河地区降水有较大的贡献，即季风降水中较低的 $\delta^{18}O$ 导致该区域夏季 7 月或 8 月短期内降水中 $\delta^{18}O$ 出现低值，使得该地区降水中 $\delta^{18}O$ 和降水时气温之间的关系没有青藏高原唐古拉山北部处于非季风区的德令哈、西宁站点显著。

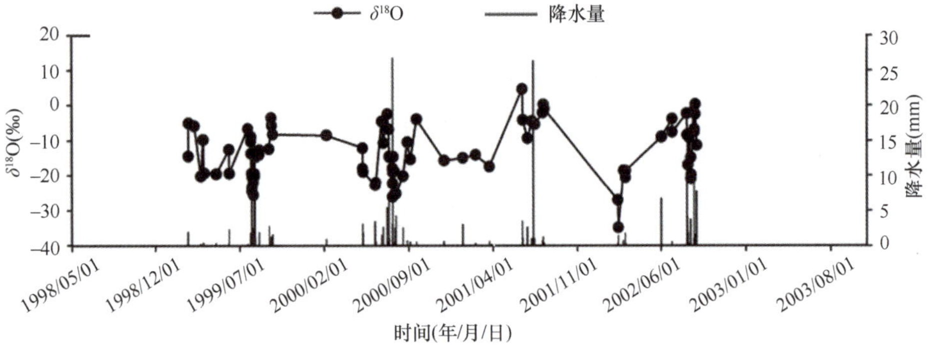

图 5.28　1999 ～ 2002 年狮泉河降水中 $\delta^{18}O$ 的日变化（Yu et al.，2009）

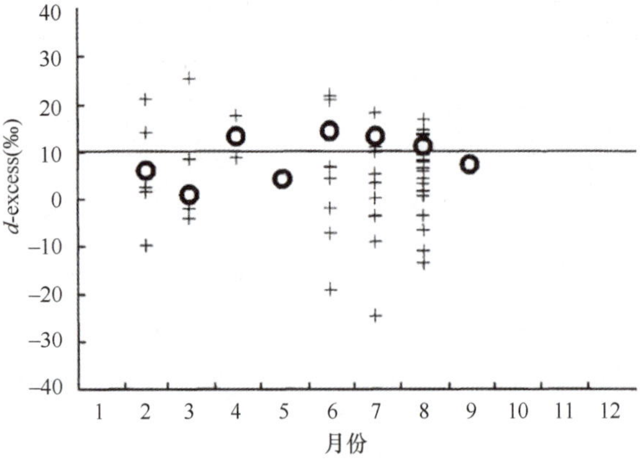

图 5.29　1999 ～ 2002 年狮泉河降水中 *d*-excess 的月变化（Yu et al.，2007）

冬季降水 $\delta^{18}O$ 的低值与该时段的低温有关。受干旱水汽源地和较弱局地水循环的影响，冬季降水 *d*-excess 介于最高值（季风爆发前）和低值（季风期）之间。

5.3.3　降水中 $\delta^{18}O$ 揭示的水汽来源的变化

不同的水汽来源对降水中 $\delta^{18}O$ 变化具有显著的影响，因此，通过对降水中 $\delta^{18}O$，特别是其季节变化特征的分析，可以反过来揭示当地的水汽来源。整个夏季降水期间，除了在季风活跃期狮泉河出现低值事件外，其他降水时段内 $\delta^{18}O$ 仍然是相对高值，这对应于西南季风间歇期，在此间歇期，该地区的水汽来源主要是局地水汽的再循环。由于狮泉河地处干旱区，这种局地水汽中 $\delta^{18}O$ 值相对较高，该水汽的再循环引起的降水中 $\delta^{18}O$ 值也就偏高，且对应的降水量相对较低。由此可见，青藏高原西部阿里地区夏季降水的水汽来源主要受西南季风和局地环流的共同作用，而西南季风稍占主导地位（余武生等，2009）。

为了进一步验证以上结论，本研究分别选取季风期 (6 ～ 9 月）和非季风期 (1 月 / 10 月）的代表月份，由 HYSPLIT 模型 (Stein et al.，2015) 追踪了狮泉河站 1500m 地面高度 (above ground level，AGL) (above ground level) 5 天前的水汽源地（图 5.30)。NCEP 再分析资料在青藏高原地区的数据质量较差，使得以该数据为输入的 HYSPLIT 模型的模拟效果存在一定的不确定性 (Guo et al.，2017)，为了便于分析，本研究假定 HTSPLIT 模型的追踪结果可大致反映阿里站及其周边的水汽来源信息。

由图 5.30 中可看出，狮泉河站点处水汽来源主要包括 3 类：第一类来源于地中海、欧亚大陆中部稳定同位素较高的地区 (Gat et al.，2003)，经西风带传入青藏高原西部

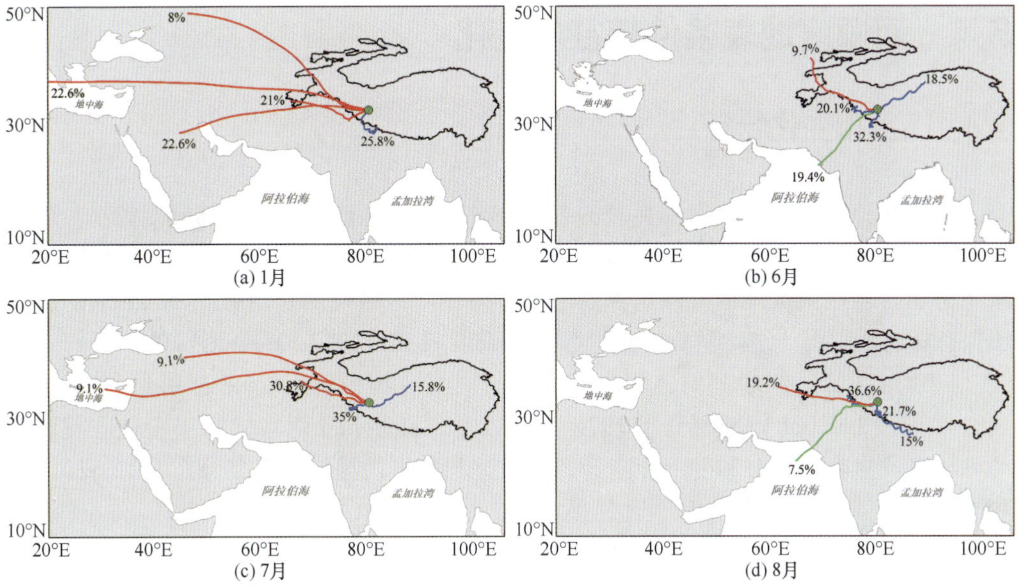

图 5.30　HYSPLIT 模型追踪的 1999 ～ 2002 年狮泉河站点各月 5 天前 1000m AGL 水汽来源

红色线段代表西风水汽传输；蓝色线段代表局地 / 大陆性水汽传输；绿色线段代表西南季风水汽传输

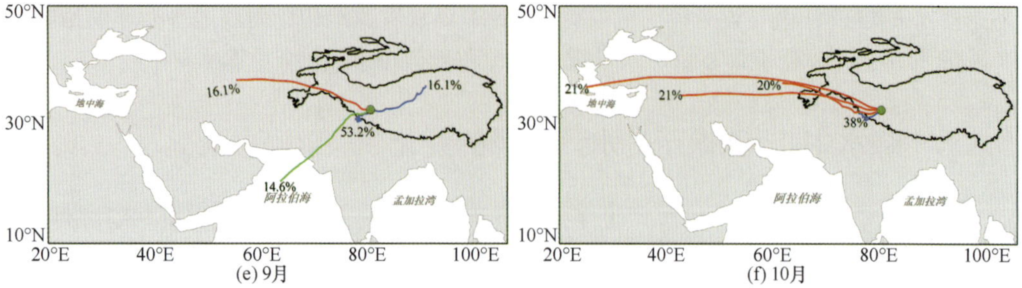

图 5.30 （续）

地区。该类降水水汽来源全年均有传输，但冬季最为盛行且比例最高 [图 5.30(a)]。第二类来源于短距离传输的局地再循环 / 大陆性水汽；对于典型的内陆区——狮泉河流域，该类全年均可为狮泉河站带来降水，其降水稳定同位素因强烈的再循环而富集 (Tian et al.，2001)。第三类主要来源于青藏高原南部湿润海洋，印度季风主要通过两个通道到达青藏高原地区，一条来源于印度洋南部，通过阿拉伯海输送至青藏高原，另一条则穿过孟加拉湾北上，输送至青藏高原内部 (Tian et al.，2001)，并产生降水；尽管第三类水汽的最大比例不足 10%，但对于干旱的青藏高原西部，该时期的降水约占全年降水总量的 80%，且季风期降水 $\delta^{18}O$ 明显低于非季风期降水，该类水汽形成了狮泉河夏季带的主要降水 [图 5.30(c) ～图 5.30(e)]，尤其盛行于 8 月 (Guo et al.，2017)。6 ～ 9 月也有相当比例的水汽来源于西部和北部大陆气团，这可能是研究区季风间期降水 $\delta^{18}O$ 高值的原因。狮泉河站非季风期降水主要来源于第一类和第二类水汽；冬季降水 $\delta^{18}O$ 的极端低值与低温有关。

5.4 河源区地表条件特征与变化

5.4.1 冰川变化特征

青藏高原的冰川变化存在显著的区域差异性，内陆地区冰川退缩幅度较小，由内陆到边缘地区冰川退缩幅度逐渐增大 (Gardelle et al.，2012)。与高亚洲其他地区 (如藏东南和喜马拉雅山地区) 冰川强烈的负平衡不同，喀喇昆仑山脉 (Karakoram) 的冰川保持稳定或微弱前进，呈负平衡状态 (Gardelle et al.，2012；Hewitt，2005)。

UIB 地区长时间序列的冰川面积变化研究主要集中使用 Landsat 影像，Rankl 等 (2014) 利用 Landsat 影像研究了 1976 ～ 2012 年 Karakoram 南坡的冰川变化，发现跃动冰川多发生在 Shyok 和 Shigar 上游，退缩冰川大多规模较小，多分布在 Hunza 西部和 Shyok 东南部，稳定冰川一般规模较大。Brahmbhatt 等 (2015) 利用 Landsat(MSS/TM/ETM+) 影像分析显示，2000 ～ 2010 年 Karakoram 的冰川面积增加了 4 km^2，Minora 等 (2013) 利用 Landsat 影像研究表明，2001 ～ 2010 年 Karakoram 中部的冰川面积增加了 26.6 km^2。

Veettil（2012）利用 Landsat 影像结合 ASTER 和 SRTM 数据发现，1978 ～ 2011 年 Bilafond 冰川面积退缩了 0.3 km^2，间接说明该区域并非所有冰川都在扩张。杨瑞芳（2017）利用 Landsat TM/ETM+/OLI 影像研究发现，Shigar 和 Shyok 子流域的冰川存在扩张，多发生在海拔 5400 ～ 5600m、规模小于 10 km^2 的冰川。Bhambri 等（2013）利用 Hexagon KH-9 影像得出 1973 ～ 2011 年 Shyok 子流域冰川面积增加了 2.2 km^2。

近年来利用光学、激光雷达影像研究 UIB 地区的冰面高程变化也逐渐成为热点，如 Hexagon KH-9、SRTM、ASTER、Cartosat-1 等。Brun 等（2017）基于不同期的 ASTER 影像分析显示，2000 ～ 2016 年高亚洲地区呈现明显的冰川物质平衡差异（图 5.31），Karakoram 的冰川物质平衡为 –0.05 m w.e./a，兴都库什山脉（Hindukush）的冰川物质平衡为 –0.12 m w.e./ a，而位于 Western Himalaya 的 Spiti Lahaul 的冰川物质平衡为 –0.40 m w.e./a；Lin 等（2017）首次使用高精度雷达遥感精确测量 2000 ～ 2014 年青藏高原西部内流区、西昆仑山、Hindukush、Karakoram、帕米尔高原的冰川物质平衡，发现高亚洲西部自塔里木盆地西南缘向 Karakoram 地区存在着冰川物质平衡递减梯度，“Karakoram Anomaly”中心位于青藏高原与塔里木盆地交界的西昆仑山。

Gardelle 等（2012）利用 SPOT5 和 SRTM 对比计算得出 2000 ～ 2008 年喀喇昆仑中

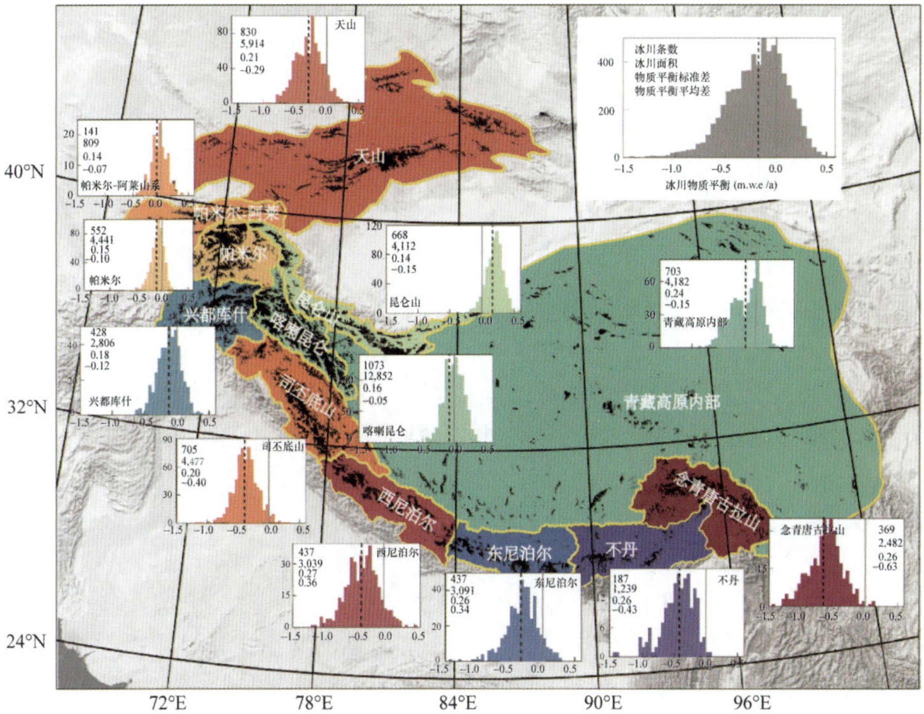

图 5.31　高亚洲地区冰川物质平衡（Brun et al.，2017）

图中所示为 2000 ～ 2016 年冰川物质平衡观测结果，红色框出的分别为覆盖印度河上游的兴都库什、喀喇昆仑和西喜马拉雅山区，直方图表示每个区域冰川数量（纵坐标）和年物质平衡（横坐标）的关系，竖粗虚线为区域平均物质平衡量部冰川处于微弱正平衡状态，介于 +0.05 ～ +0.11 m/a，41% 的冰川高程变化未超过 ±5 m；Gardner 等（2013）与 Kääb 等（2012，2015）利用 ICESat 估算的喀喇昆仑冰川物质平衡值相近，前者为 –0.12 m/a（2000 ～ 2010 年），后者显示冰量损失仅为厘米级 –0.10 m/a（2003 ～ 2008 年）；Jacob 等（2012）利用 GRACE 重力卫星计算出 2003 ～ 2010 年喀喇昆仑和帕米尔高原的冰量变化是 –1±5 Gt/a。冰川模型研究方面，Fujita 和 Nuimura（2011）利用冰川物质能量平衡模型模拟结果显示，1988 ～ 2007 年喀喇昆仑的冰川物质平衡线高度无明显变化趋势，Kumar 等（2015）利用 $REMO_{glacier}$ 模拟显示，1989 ～ 2008 年喀喇昆仑整个区域的冰川呈负平衡，但高海拔迎风坡地区的冰川呈现正平衡。

Bolch 等（2017）利用 Hexagon KH-9、SRTM、ASTER 计算出 1973 ～ 2009 年 Hunza 子流域的冰川物质平衡值为 –0.06 m w.e./a，Zhou 等（2017）同样利用该影像研究了 1973 ～ 2000 年喀喇昆仑中部的冰川物质平衡值为 –0.09 m w.e./a，Schmidt 和 Nüsser（2012）利用 Corona、SPOT 和 Landsat 影像计算得到喀喇昆仑子流域 1969 ～ 2010 年 Kang Yatze massif 地区的冰川物质平衡为 –13.8 m w.e./a。

UIB 各子流域的冰川变化存在明显的空间异质性。但各子流域冰川变化研究程度不一，其中冰面高程变化研究相当欠缺，狮泉河流域的冰川变化研究较少。而且不同遥感数据和大地测量方法的精度与空间代表性不一，UIB 地区的冰川变化的空间特征存在分歧，是整个区域处于物质盈余或稳定状态还是仅限于高海拔小范围冰川区域，仍有待进一步研究。

5.4.2 积雪变化特征

积雪是旱季淡水资源可获取量的一个重要分量，特别是高海拔冰川流域积雪为冰川提供物质补给，同时积雪消融融化会引发自然灾害，如洪水或雪崩。因此，积雪动态变化对流域水文特征起至关重要的作用。

卫星遥感是估计边远和交通不便地区积雪覆盖率（SCA）的有力工具，MODIS 积雪产品已被广泛应用于全球多个研究区的积雪面积估算。在 UIB 地区，Immerzeel 等（2010）研究了积雪动态变化对径流的影响，并得出结论：在水文径流模型中利用 MODIS 积雪数据可以高精度预测河川径流。

我们利用 MOD10A1逐日积雪产品分析显示（图 5.32），UIB 地区平均的 SCA 从 3 月的 55% ～ 60% 减少到 8 月下旬至 9 月初的 11% ～ 12%。3 月 SCA 值最高，流域的积雪期开始于 9 月。融雪期开始于 3 月底至 4 月初，几乎大部分积雪在 7 ～ 8 月都融化完。8 月的 SCA 值最低，大部分河川径流依赖于冰川融水和夏季降水。

积雪变化趋势和持续时间通过改变积雪融水的可用性直接影响河川径流量，冬季降水量增加和夏季气温下降会延长积雪周期。这种气候变化趋势会对下游水文情况产生重要影响。通过对 2003 ～ 2014 年平均每月 SCA 的趋势分析表明（图 5.33、图 5.34），

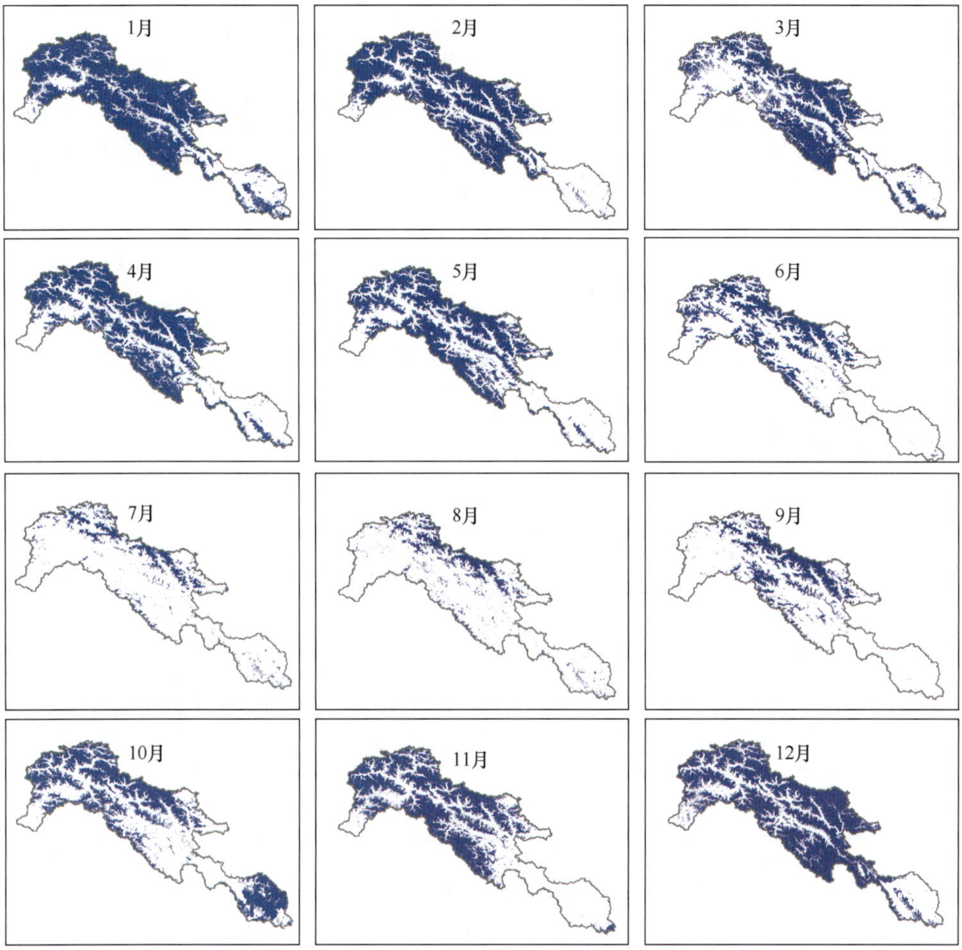

图 5.32　UIB 地区 MODIS 月均积雪覆盖率变化

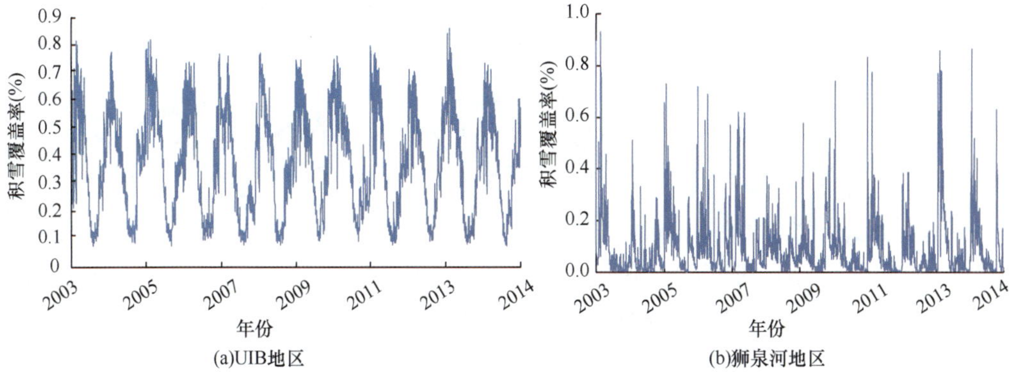

图 5.33　2003 ～ 2014 年 UIB 地区和狮泉河地区逐日积雪率覆盖变化

UIB 地区的积雪覆盖率趋势变化不明显，最大积雪覆盖率、最小积雪覆盖率以及平均积雪覆盖率呈现缓慢的下降趋势（Farhan et al.，2015）。

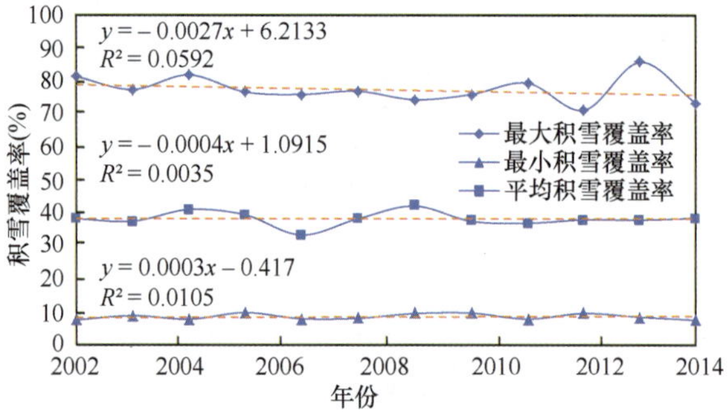

图 5.34　2003 ～ 2014 年 UIB 地区积雪覆盖率变化

5.5　流域径流补给特征

5.5.1　印度河上游 / 河源区径流补给特征

狮泉河流域面积为 27450 km^2，居西藏各河流的第四位，其北部、东部紧临内流水系，南部、西部与郎钦藏布流域相连，西南部与克什米尔地区毗邻。在森格卡巴以上，冰渍物分布广泛。由于狮泉河水文资料不对外公开，狮泉河 1980 年以来的径流分析数据主要通过水文模拟获得，基于由瑞典水文局开发的 HBV 水文模型和 WAPDA 提供的模型驱动，以 Karmong 水文站（图 5.35）的日观测径流和课题组其他观测的气象、水文数据（包括降水梯度、冰川融水径流和冰川物质平衡）为基础，获得验证的模型参数，模拟研究了狮泉河流域径流变化情况，发现河流除接受雨水补给外，还受到冰雪融水补给，冰川径流约占年径流量的 8%。森格卡巴以下至革吉，河谷逐渐展宽，谷底宽多在 3km 左右，河谷阶地较发育。从通过度日因子模型模拟估算的狮泉河 1980 ～ 2010 年冰川径流的年际变化趋势来看，冰川径流在这 30 年间有微弱的减小趋势，但总体稳定，年均值为 1.08 mm/a（图 5.36）。从图 5.37 可以看出，冰川在 5 月开始消融，在夏季的 7 月、8 月达到最大值。

5.5.2　恒河源 / 孔雀河径流补给特征

恒河水的补给依靠季风带来的降水和喜马拉雅山脉的冰雪融水。Siderius 等 (2013) 用 4 种模型分别模拟了恒河流域内不同子流域融雪对径流的贡献（表 5.8），尽管对雪 / 雨分割算法的不同导致了不同模型的模拟结果有差异，但总体来说，融雪对径流的贡献由上游至下游迅速减少，在下游 Farakka 断面以上，融雪的贡献只有 1% ～ 5%。与 Lutz 等 (2014) 对恒河上游地区 (upper Ganges basin，UGB) 的研究结果（图 5.38）相似，尽管冰川面积的比例相对较大，但冰川融水对总径流的贡献只有 11.5%，由于降水主要受夏季风控制，该地区的径流特征也属于降雨调节。

从季节因素来看，融雪对径流的影响也有相当大的差异（图 5.39），春季 (3 ～ 5

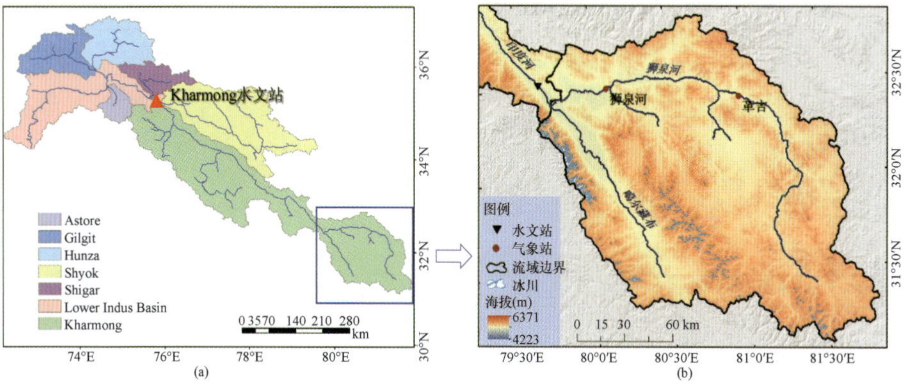

图 5.35　狮泉河流域及水文测站位置

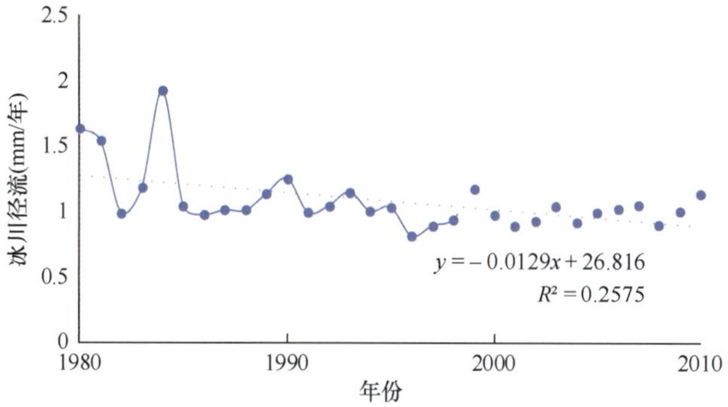

图 5.36　狮泉河冰川径流的年际变化趋势

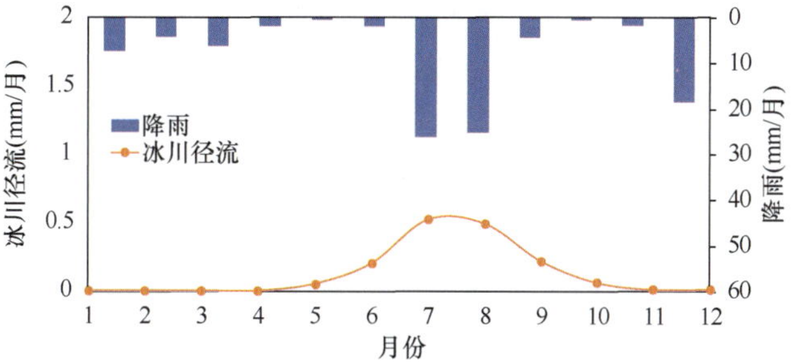

图 5.37　狮泉河流域多年月平均冰川径流

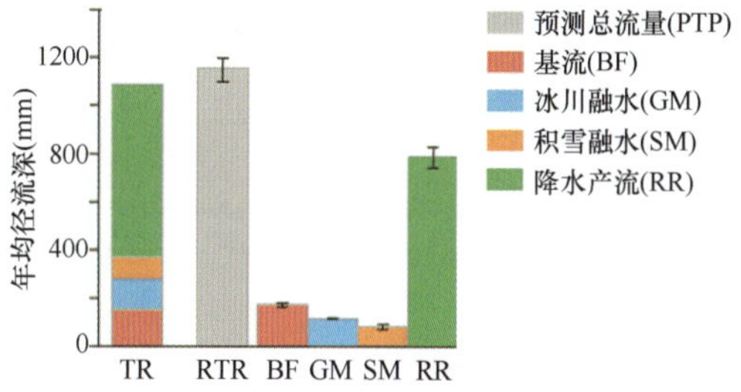

图 5.38　恒河上游流域年均径流组分（Lutz et al.，2014）

TR：观测总径流

表 5.8　恒河流域融雪对径流的贡献（Siderius et al.，2013）

积雪融水对总径流的贡献率	站名	模型			
		LPJmL	JULES	SWAT	VIC
年积雪融水对总径流的贡献率（%）	Chisapani	11	4	11	16
	Devghat	8	2	7	13
	Turkeghat	15	4	10	30
	Tehri	2	8	49	15
	Farakka	3	1	4	5
春季积雪融水对总径流的贡献率（%）	Farakka	38	12	13	21

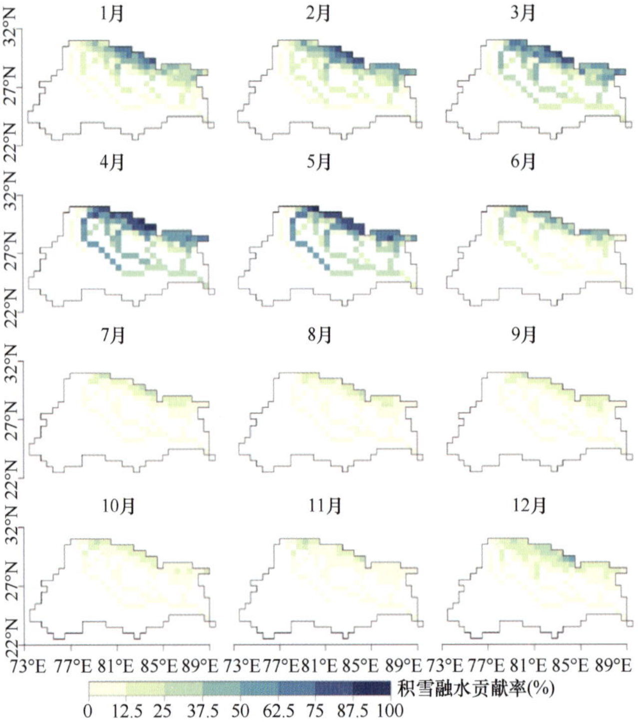

图 5.39　恒河流域融雪对径流贡献的季节差异（Siderius et al.，2013）

月）的融雪量占总径流量的比例大，河源区的融雪贡献为 39% ～ 77%，850km 河长处为 16% ～ 51%，即使远至 Farakka 的下游，融雪对径流的贡献也可达 12% ～ 38%。而在夏季，径流则完全被季风降雨所控制，冬季的降水有限，山区的低温又抑制了融雪过程，融雪量和总径流量都在减少。

5.6　河源区 1980 年以来水文过程变化及其主导因子

5.6.1　径流的年际变化及年内分配

狮泉河水文站于 1993 年重新设立，开展水位、流量、降水和蒸发等项目的观测，但由于狮泉河水文资料不对外公开，狮泉河 1980 年以来的径流分析数据主要是通过水文模拟手段获得。

狮泉河流域处于半荒漠和荒漠地带，气候干旱少雨。7 月、8 月降水占全年的 40%。11 月至次年 5 月为风季，3 ～ 5 月多大风，无霜期短。河水温度低，年平均水温 3℃，河流结冰期长，一般于 10 月底出现岸冰，至次年 4 月的中、下旬才完全消融，其中 12 月至次年 2 月河流还出现封冻现象。

图 5.40 和图 5.41 分别给出了径流的年际变化和季节变化趋势。狮泉河流域多年年平均降水量约 100mm/a；径流的年际变化较小，年内变化较大。和冰川径流微弱减小趋势不同，狮泉河流域出口总径流在 1980 ～ 2010 年减少趋势更加明显；狮泉河流域多年平均径流深为 13.54 mm/a，年均径流量为 3.3 亿 m^3。1980 ～ 1990 年年平均径流深为 18 mm/a，约为 2000 ～ 2010 年的两倍。总体来看，径流的年内分配情况和降雨一致，都是在夏季的 7 月、8 月达到最大值，这两个月的径流量约占全年的 42%。

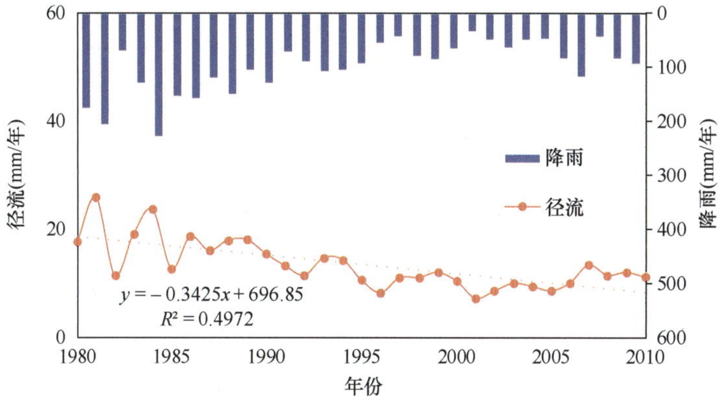

图 5.40　狮泉河流域 1980 ～ 2010 年径流序列

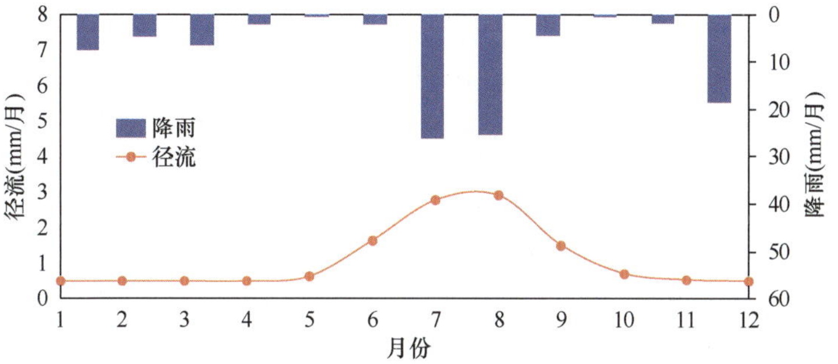

图 5.41　狮泉河流域多年月平均径流

5.6.2　影响径流的主要因素

狮泉河流域地处高寒区域的高原亚寒带和高原温带，具有空气稀薄、气温低、日较差大、降水稀少、湿度小、太阳辐射强、风大而频繁、蒸发量大、冰雹多、霜期长等特点。根据当地气象站、水文站等监测，狮泉河多年平均气温为 0.2℃，极端最高和最低气温分别为 27.6℃和 –36.6℃；多年平均相对湿度 33%，平均日照为 352.76h，平均蒸发量 2460.4mm，平均风速 3.1m/s。图 5.42 ～图 5.44 描述了径流和降雨、气温在年尺度和季节尺度上的相关关系。从图 5.42 可以看出，狮泉河年径流和年平均降雨、气温都呈正相关关系，其中径流与降水的相关性最大，相关系数达到 0.861；在暖季（5 ～ 10 月，图 5.43），径流与降雨有更强的相关性，而在冷季（11 月至次年 4 月，图 5.44），径流与降雨、气温的相关性比起年尺度和暖季来说都有所减小，其中径流与降雨的关系要约强与气温的关系。此外，冰川径流的模拟结果（图 5.37）也表明，冰川径流约占年径流量的 8%。这些结果总的说明了狮泉河径流来源与印度河上游其他流域不一样，其主要由降水补给，融雪水补给较少。

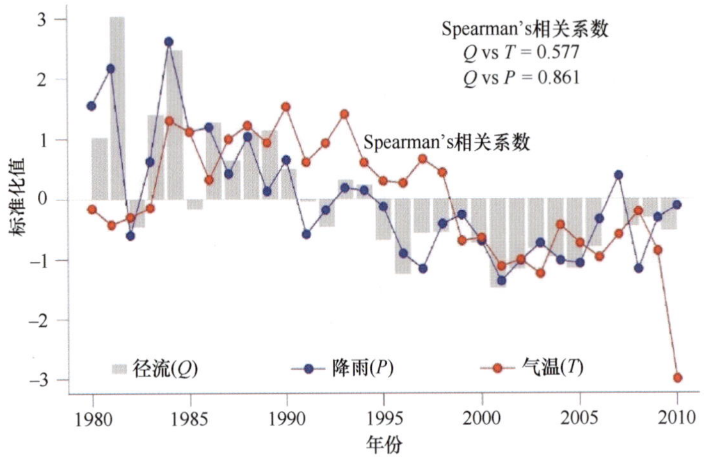

图 5.42　狮泉河流域年平均降雨、气温和径流的相关关系

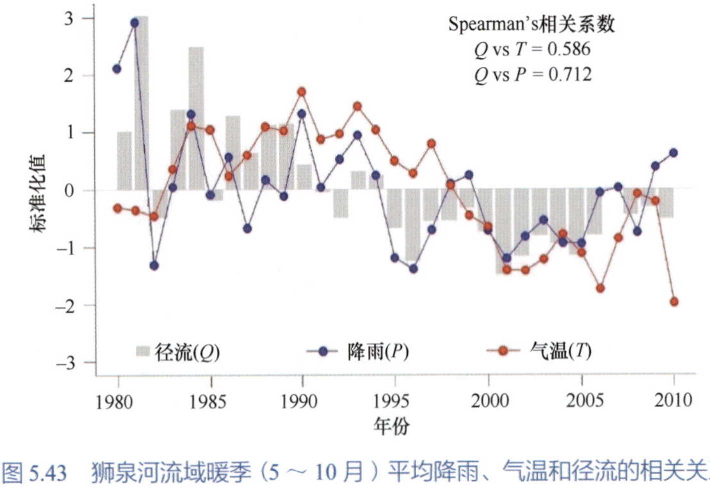

图 5.43　狮泉河流域暖季（5 ～ 10 月）平均降雨、气温和径流的相关关系

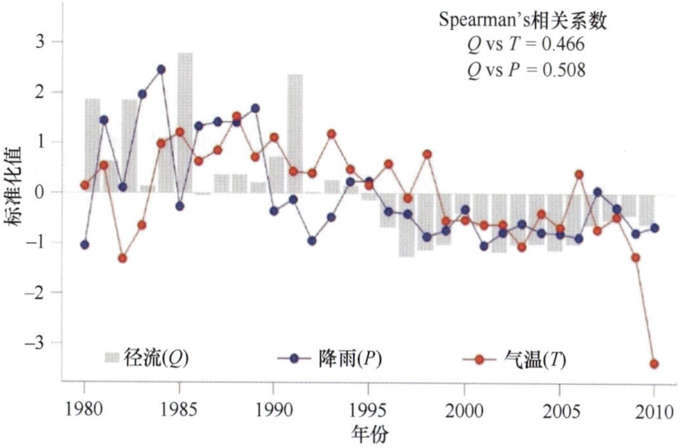

图 5.44　狮泉河流域冷季（11 月至次年 4 月）降雨、气温和径流的相关关系

综上所述，狮泉河主要由融冰雪及降雨形成。因该流域海拔高，降水以雨、雪混合为主；加之流域上游的高山上终年积雪，有冰川分布，夏季气温升高，积雪、冰川融化，与降水形成的径流叠加，形成该流域径流。狮泉河流域地处西藏气候干燥的地区，流域平均径流深仅 25mm，为西藏外流水系中单位面积产水率最低的河流，故其水系不发育。狮泉河 1980 ～ 2010 年多年平均最大流量为 70m^3/s。从径流的年内变化来看，7 ～ 9 月为峰值期，河川径流量的多年变化较小。径流变化与降水变化基本一致。径流集中在丰水期，5 ～ 9 月约占全年径流的 81%，枯水期为 10 月至次年 4 月占年径流的 19%。

5.7　小结

印度河、恒河是发源于我国的重要的国际河流，是我国西藏阿里地区乃至南亚部分国家水资源的重要来源。狮泉河是印度河的源头，全长 430km，在我国境内的面积为 2.75 万 km^2，年径流量可达 6.9 亿 m^3；恒河有两条上源，均发源于我国西藏阿里地区，除上述两源外，我国境内流入恒河的主要河流有朋曲、波曲、吉隆藏布、孔雀河（马甲藏布）、斗嘎尔河等，总面积约 3.9 万 km^2。但由于偏僻的地理位置和较高的海拔，印度河、恒河河源区相关气象、水文观测稀少、研究基础薄弱，现有的有限研究结果差异很大，很难综合，因此，借助水文模型对该地区径流的模拟，对于理解河源区径流变化具有很大的帮助。

印度河上游地区受西风环流与印度季风的相互作用，形成了该地区独特的气候格局，河源的狮泉河流域的夏季降水水汽来源主要受西南季风和局地环流的共同作用，冬季则由西风传入；水文模型模拟结果表明，狮泉河流域出口总径流在 1980 ～ 2010 年呈减小趋势，其径流来源与印度河上游其他流域不一样，其主要由降水补给，融雪水补给较少，冰川径流约占年径流量的 8%；恒河流域的气候和水文状况在很大程度上受南亚季风系统的控制，模拟结果表明，恒河水的补给依靠季风带来的降水和喜马拉雅山脉的冰雪融水，尽管冰川面积的比例相对较大，但冰川融水对总径流的贡献只有11.5%，并且融雪对径流的贡献由上游至下游迅速减少。

借助此次亚洲水塔区河流专题科考，在整合河源区原有观测内容的基础上，分别在印度河河源的狮泉河流域和恒河河源之一的孔雀河上游初步建立了水文–气象–同位素观测网络，以期改善亚洲水塔区河流流域资料匮乏的现状，增强对印度河、恒河源河流水文物理机制的理解，为区域综合水资源管理、生态环境保护和发展提供科技支撑。加强该地区长期观测和模型的开发利用，将是青藏高原第二次科考乃至未来研究特别关注的方面。

第6章

塔里木河

6.1 流域概况

毗邻青藏高原的塔里木河位于中国西北干旱区，是中国最大的内陆河，其以冰雪融水补给为主，是保障塔里木盆地绿洲经济、自然生态和各族人民生产生活的生命线，被誉为“生命之河”“母亲之河”。该河干流自身不产流，属于典型的纯耗散型的干旱区内陆河，其径流完全依赖上游“四源”的来水补给，其中，阿克苏河是塔里木河干流的主要补给来源，补给量占 73.2%，发源于西昆仑山的和田河占 3.2%、源于喀喇昆仑山的叶尔羌河占 13.6%，因此，上游径流变化对塔里木河干流生态环境和社会经济生活的影响相当重要。

位于青藏高原西部、塔里木盆地西南缘的西昆仑 – 喀喇昆仑山区，海拔高、地形复杂、环境恶劣，是青藏高原冰川最为发育的地区之一，发源于该区的河流自东向西主要包括克里雅河、策勒河、和田河、皮山河、提孜那甫河、叶尔羌河等，均以冰川融水补给为主，是支撑下游绿洲社会经济和补给塔里木河径流的重要水资源。目前，该区径流变化规律及原因，尤其是在西北气候暖湿化、大多数河流径流均呈显著增加趋势的背景下（施雅风等，2002），和田河夏季径流不显著下降的异常现象及其原因成为学者们争相研究的课题。另外，研究该区气候和径流变化对该区社会经济发展具有重要的意义。首先，其是区域国民经济建设和可持续发展的需要。阿克苏河、和田河、叶尔羌河等流域在南疆经济发展中占有重要的战略地位，阿克苏河约有 550 万亩①耕地，叶尔羌河灌溉着 753 多万亩耕地，和田河灌区约有 485 万亩耕地，灌溉农业完全依赖于上游冰雪融水的供给（Chen et al.，2007）。该区亦是重要的粮食基地，除自给之外，还担负着邻近地区遇灾补欠之需，同时承担本地直至西藏阿里地区边防军需全部及阿里地区部分民用的供给任务（Chen et al.，2015）。其次，保护塔里木河流域大生态环境的需要：阿克苏河、叶尔羌河、和田河是塔里木河的 3 个重要源流（图 6.1）。为了保护干流的生态环境，塔里木河综合治理要求 3 条河向干流下放生态水，上游来水多寡影响区域水资源分配（Li et al.，2012）。

叶尔羌河发源于喀喇昆仑山北坡，是昆仑山北坡最大的河流，也是塔里木河的三大源流之一。河源附近的乔戈里峰海拔 8611m，为世界第二高峰。河流由叶尔羌河干流、塔什库尔干河以及克勒青河组成，是塔里木河最长的一条支流。干流主源为喀喇昆仑山口西侧的喀喇昆仑冰川，流域内有高山水文站库鲁克栏杆（栏杆）站和出山口卡群水文站。叶尔羌河是典型的冰雪融水补给河流，栏杆站以上流域面积为 32880 km^2，冰川面积 4462.0 km^2（第二次编目，Guo et al.，2012），覆盖率为 13.6%。其中，大型山谷冰川全部分布于克勒青河谷，顺坡下伸的山谷冰川延伸到干流谷地，纵向河谷、横向冰川的地貌格局是叶尔羌河河源区地貌的特点之一，也是该河冰川阻塞湖形成的主要原因。根据栏杆站长期观测，年平均气温为 11.2℃，年降水量为 113.1mm，其中

① 1 亩≈ 666.7m^2。

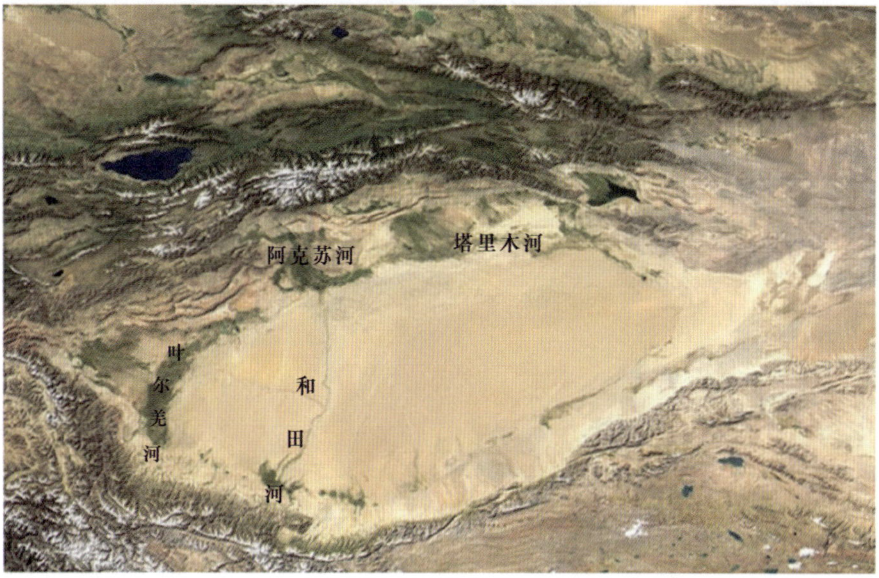

图 6.1 三河源在塔里木地理位置（www.chinareport.com）

5～9 月降水量占 85.7%，年平均蒸发量（Φ20cm）为 2592.7mm，4～9 月蒸发量占年蒸发量的 77.8%，年平均径流深为 177.4mm，年平均径流量为 52.1×$10^8$$m^3$（表 6.1）。

和田河由喀拉喀什河和玉龙喀什河两大支流组成，是和田地区最大的河流和主要的水源，也是昆仑山仅次于叶尔羌河的第二大河流。其中，喀拉喀什河发源于喀喇昆仑山东部的河西大雪山，穿行于喀拉塔格山与康西瓦北山之间，在乌鲁瓦提水文站流出山口，流域面积为 19460km^2，冰川面积为 1919.7 km^2，覆盖率为 9.9%。根据乌鲁瓦提水文站多年观测，年平均气温为 10.9℃，年平均降水量为 94.0 mm，其中 5～9 月降水量占 75.4%，年平均蒸发量为 2957.4 mm，年平均径流深为 110.9mm，年径流量为 22.1 亿 m^3。玉龙喀什河源于昆仑山主脉北坡的阿克沙依冰川，干流长约 390km，穿行于昆仑山主脉与喀什塔什山之间，在同古孜洛克站（海拔 1650m）流出山口，流域面积为 14820km^2，冰川面积为 2920.6 km^2，覆盖率为 19.7%。根据同古孜洛克站观测数据，流域源区多年平均气温为 12.3℃，平均年降水量 68.7mm，其中 5～9 月降水量占 75.4%，多年平均蒸发量 3100.7mm，年平均径流深 154.4mm，年径流量 22.9 亿 m^3。

阿克苏河由昆马力克河和托什干河两大支流组成，是阿克苏绿洲最大的河流和主要的水源，也是塔里木河仅次于叶尔羌河的第二大支流。昆马力克河发源于天山最高峰托木尔峰西部的天山最大冰川因内尔切克，穿行于中国与吉尔吉斯斯坦边境群山之间，在协合拉水文站流出山口（海拔 1860m），流域面积为 12816km^2，冰川面积为 3119.7km^2，覆盖率为 9.7%。年平均气温为 10.9℃，年降水量为 94.0 mm，其中 5～9 月降水量占 75.4%，年平均蒸发量为 2957.4 mm，年平均径流深为 280.9mm，年径流量为 48.6 亿 m^3。托什干河源于天山南坡沙依阿克冰川，干流长约 390km，上游穿行于南

表 6.1　三河源流域及冰川水文基本信息

流域	站点	海拔（m）	流域面积（km^2）	冰川面积（km^2）		气候要素多年均值				径流组成（%）	
				第一次冰川编目	第二次冰川编目	气温（℃）	降水量（mm）	径流深（mm）	冰川融水	雨雪水	地下水
叶尔羌河	栏杆	2000	32280	5085.2	4885.5	11.2	113.1	177.4	53.0	26.4	20.6
喀拉喀什河	乌鲁瓦提	1850	19460	2282.9	1919.7	10.9	94.0	110.9	45.7	40.1	14.2
玉龙喀什河	同古孜洛克	1650	14820	3177.2	2920.6	12.3	68.7	154.4	59.3	31.4	9.3
阿克苏河	托什干 / 协合拉	1910	31982	3926.2	3282.5	7.6	229.7	193.3	47.3	20.3	32.4

注：流域集水面积是基于 SRTM DEM 数据提取。

天山主脉与喀什塔什山之间，在沙里桂兰克水文站（海拔 1910m）流出山口，流域面积为 19166km^2，冰川面积为 720.6 km^2，覆盖率为 3.8%，年径流量为 28.1 亿 m^3。阿克苏河合计年径流 76.8 亿 m^3。

该研究主要应用 Mann-Kendall 趋势和突变检验及小波分析方法分析气候和径流的时间变化特征，使用相关分析、滑动相关分析及回归分析方法探讨气候因子与径流的相关关系。

Mann-Kendall 趋势检验法是一种非参数统计检验方法，其既不需要样本遵从一定的分布，也不受异常值的干扰，更适合于长时间序列的类型变量和顺序变量，计算也比较方便。由于最初由 Mann 和 Kendall 提出了原理并发展了这一方法，故称其为 Mann-Kendall 法（Mann，1945；Salmi，2002）。该方法可定量反映时间序列变化趋势的显著性，已广泛用于对水文、气象时间序列的趋势检验。

气候变化相关系数是描述两个随机变量线性相关的统计量，其绝对值的大小反映了两随机变量间关系的密切程度。在多要素所构成的水文过程中，当研究某一个要素对另一个要素的影响时，把其他要素的影响视作常数（保持不变），即暂时不考虑其影响，单独研究两个要素之间的相互关系的密切程度，所得数值结果为偏相关系数。

使用 15 年滑动相关系数和偏相关系数，来判定两变量间的相关程度随时间的变化情况，而滑动方式类似于滑动平均法。

6.2 气候变化

青藏高原是气候变化的敏感区，在全球变暖的大趋势下，其气温也发生了显著升高，1961 ～ 2015 年青藏高原区以 0.28℃ /10a 的速率升高（Kang et al.，2010），并且青藏高原的升温速率具有海拔依赖性，近 10 年的 MODIS-LST 资料显示，海拔 3000 ～ 4800m 升温速率随着海拔升高而增加，4800m 以上升温速率基本稳定，随着海拔的升高伴随着轻微的下降趋势（Guo et al.，2012）。

在全球和区域显著变暖和水循环加快的背景下，我国西北干旱半干旱地区气候也发生了显著转型，特别是新疆地区于 1987 年开始出现了由暖干向暖湿转变的强劲信号，并基于气象站、水文站资料，以气温、降水、冰川融水、河川径流、湖泊、洪水、植被和沙尘暴 8 个方面的变化为指标，将该地区划分为显著转型、轻度转型和未转型区（丁永建等，2007）。距判定西北地区暖湿化转型已过去 10 年，新疆维吾尔自治区气象局于 2013 年发布了《新疆区域气候变化评估报告决策者摘要及执行摘要 2012》，明确指出新疆气候由暖干向暖湿转型仍在持续。

在气温变化方面，新疆区域 1961 ～ 2015 年年平均气温升温速率为 0.32℃ /10a，不同区域气温升温速率以及气温变化突变年份也有较大差异，其中天山、南疆的升温速率分别为 0.34℃ /10a、0.26℃ /10a，均高于全国（《第三次气候变化国家评估报告》编写委员会，2015）和全球同期变化水平，且冬季气温的大幅升高是导致年平均气温抬升的重要原因。另外，天山山区年平均最低气温于 1985 年发生突变，南疆年平均最高和最低气温分别于 1993 年和 1991 年发生突变，晚于天山山区（张杰，2013）。在降水变化方面，1961 ～ 2015 年新疆区域年降水量以 6.51%/10a 的速率显著增加，南疆和天山山区夏季降水量的增加最为显著，年降水分别以 4.61%/10a、9.48%/10a 的速率增加（韩萍等，2003）。基于 NCEP/NCAR 1958 ～ 2000 年资料，塔里木河流域空中水汽年际变化由 0.7 ～ 1.4mm/10a 变为 1.6mm/10a（韩萍等，2003）。基于西北干旱区气象站的蒸发皿蒸发量资料，发现 1958 ～ 2010 年西北干旱区蒸发潜力于 1993 年开始出现了一个显著的转折变化，前期蒸发量以 6.0mm/a 的速率下降，而后期则以 10.7mm/a 的速率上升（海米提・依米提等，2010）。

叶尔羌河、和田河（喀拉喀什河、玉龙喀什河）和阿克苏河 1957 ～ 2014 年气温、降水等数据分别来自各流域山区或出山口水文观测站资料，各水文站空间分布和详细信息见表 6.2 和表 6.3。根据各水文气象站点与山区空间关系，将托什干站、栏杆站、乌鲁瓦提站、同古孜洛克站作为山区站，针对部分站点的气温、降水等数据在个别年份缺失的情况，本书主要运用资料齐全的临近站点进行插补。

表 6.2　最低、最高月平均气温在各月出现的频率

站点	年平均气温（℃）	月平均最低气温频率（%）			月平均最高气温频率（%）		
		1 月	2 月	12 月	6 月	7 月	8 月
西昆仑山	10.7	77.6	1.7	20.7	5.2	69.0	25.8
塔什库尔干	3.6	62.7	6.8	30.5	0.0	67.8	32.2
库鲁克栏杆	11.2	78.7	3.3	18.0	3.3	68.4	28.3
乌鲁瓦提	10.9	81.1	1.7	17.2	3.4	61.0	35.6
同古孜洛克	12.3	73.3	1.7	25.0	6.9	58.6	34.5
阿克齐	9.6	78.0	1.7	20.3	8.5	59.3	32.2

6.2.1　气温变化

图 6.2 为各流域代表性水文气象站月及年平均气温降水的趋势检验及气温变化率。由年平均气温 MK 趋势检验来看：①西昆仑山北坡年平均气温的 MK 检验值 Zc = 4.79 >3.292，表明在 0.001 的显著性水平下年平均气温以 0.24℃ /10a 的变化率呈极显著的升温趋势；各水文站年平均气温 Zc 值也均通过 95% 的显著性水平检验，呈显著增加趋势；②山区各站（栏杆站、乌鲁瓦提站、同古孜洛克站、阿克齐站）年平均气温升温率介于 0.15 ～ 0.36℃ /10a，其中，栏杆和乌鲁瓦提站的升温率远小于南疆地区的平均升温率 0.26℃ /10a。

由月平均气温 MK 趋势检验来看：①西昆仑山北坡各月气温均为升温趋势，除 1 月、3 月、6 月、7 月外，均为显著增温趋势；较高的升温率主要出现在冬、春、秋三季，夏季升温率相对较小。②山区各站各月平均气温以升温为主。其中，塔什库尔干站 2 月、3 月、5 月、6 月、9 ～ 11 月平均气温呈显著增加趋势，1 月气温无变化趋势，最高升

表 6.3 最大月降水量在各月出现的频率

站点	年降水量(mm)	5～9月降水百分比(%)	最大月降水量在各月出现的频率(%)											
			1月	2月	3月	4月	5月	6月	7月	8月	9月	10月	11月	12月
西昆仑山	76.1	76.8	0.0	0.0	0.0	6.9	27.6	31.0	19.0	6.9	8.6	0.0	0.0	0.0
库鲁克栏杆	113.1	85.7	0.0	0.0	0.0	0.0	24.1	36.2	17.2	12.1	10.3	0.0	0.0	0.0
乌鲁瓦提	94.0	75.4	0.0	1.7	1.7	10.3	25.9	22.4	19.0	8.6	8.6	1.7	0.0	0.0
同古孜洛克	68.7	75.4	0.0	3.4	1.7	8.6	27.6	25.9	19.0	3.4	8.6	0.0	1.7	0.0
克里雅	129.7	80.2	0.0	0.0	3.3	3.3	25.0	25.0	25.0	8.3	10.0	0.0	0.0	0.0

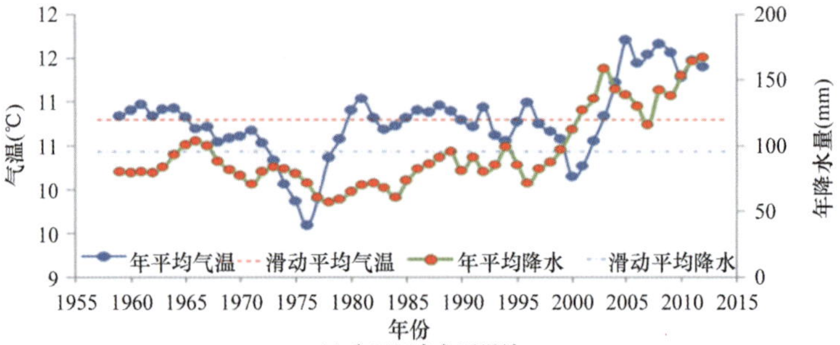

(a) 和田河乌鲁瓦提站

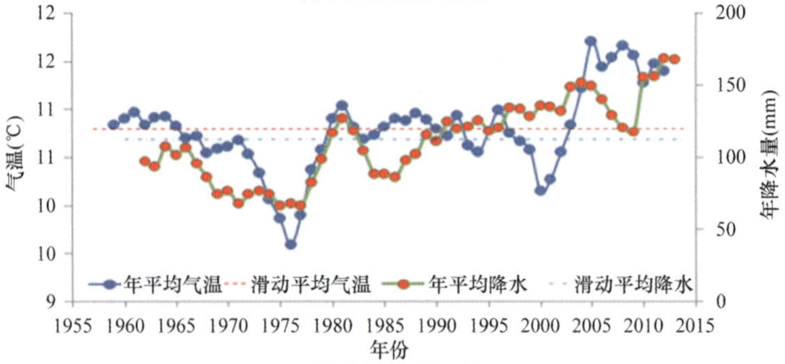

(b) 叶尔羌河栏杆站

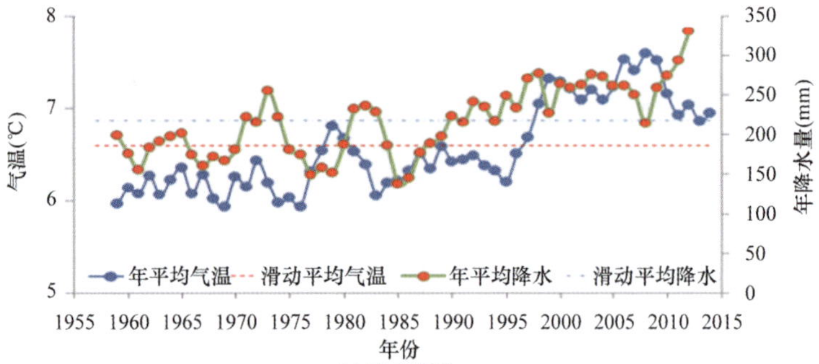

(c) 阿克苏河

图 6.2 各流域代表性水文气象站月及年平均气温降水的趋势检验及气温变化率

温率出现在 2 月（0.53℃ /10a）；栏杆站仅有 5 月、11 月为显著升温趋势，最高升温率为 11 月的 0.32℃ /10a，夏季 3 个月升温率均接近 0；乌鲁瓦提站的 2 月、10 月、11 月为显著升温月，6 月、7 月几乎没有升温趋势；同古孜洛克站各月气温均呈增加趋势，其中 1 月、4 月、5 月、8 ～ 12 月呈显著增加趋势，最小升温率出现在 7 月（0.05℃ /10a），其次是 6 月（0.09℃ /10a）；南天山站各月气温均呈增加趋势，仅 6 月、7 月气温趋势没有通过 95% 显著性检验，也是升温率最小的月份。③相比于其他季节，夏季各月升温率较小，7 月呈减小趋势。

6.2.2 降水突变特征

图 6.2 表明，南天山和西昆仑山区年降水量（蓝点线）于 1985 年和 2000 年发生突变，

早于新疆地区由暖干向暖湿气候转变开始的年份（1987 年）；山区 3 站年平均降水量 1985 年后较之前分别大幅增加 38.1%、51.2% 和 52.9%，尤其西昆仑山降水增多显著。

6.3　冰冻圈变化

6.3.1　冰川变化

整体而言，近几十年来，青藏高原冰川退缩从喜马拉雅山到青藏高原内陆逐渐减小，东帕米尔高原地区冰川退缩最小，且表现为正物质平衡，喜马拉雅山气温升高、降水减少和东帕米尔高原地区降水增加是导致这种空间分布的主要原因（Yao et al.，2012）。塔里木河流域四大支流中的叶尔羌河和和田河均发源于西昆仑 – 喀喇昆仑山北坡，现有的研究表明，1960 ～ 2010 年塔里木河流域冰川面积减少 3.3%，但是不同子流域的冰川面积减少程度差异较大，范围为 0.7% ～ 7.9%（Guo et al.，2015）。冰川变化对气候变化极为敏感，其进退和面积变化可以通过多种手段进行监测（上官冬辉等，2004a，2004b）。冰川变化对以冰川融水补给为主的塔里木河冰川径流有直接影响，适时正确地评估冰川面积变化及其变化原因并揭示其对塔里木河水资源的影响十分重要。

对南天山 1959 年来冰川资源的时空变化研究发现，阿克苏河流域冰川面积为 1721.75 km^2（国内部分），1959 年来冰川面积减少 18.41%，冰储量亏损 12.16%，其中面积 <1km^2 的冰川条数减少最多，面积减少以 <5km^2 的冰川最严重（邢武成等，2017）。另外，利用 2001 ～ 2014 年的 MODIS 积雪产品，对近 14 年来阿克苏河流域山区积雪时空变化分析结果表明，近 14 年山区积雪面积在年、季、月尺度上均呈现下降趋势，其中年最大值和夏季积雪面积下降趋势显著。冬季和夏季积雪面积主要在支流托什干河山区、山区交界处以及支流昆马力克河山区发生显著变化，永久性积雪面积减少。初步分析认为，夏季气温显著上升带来的消融大于年内降水积累是导致南天山冰川退缩、山区积雪面积减少的主要原因（陈敏等，2016）。

西昆仑山冰川面积变化研究及和田河源区冰川变化研究表明，1970 ～ 1989 年冰川有扩大趋势，冰川面积增加了 1.4km^2，1990 ～ 2001 年冰川面积比 1970 年减少 0.65%(16.83km^2)，而最新的研究表明，西昆仑山存在多条跃动冰川（Yasuda and Furuya，2015），单条冰川有进有退，如图 6.3 所示（纪鹏等，2013）。She 等（2014）基于遥感卫星分析了西昆仑山西段提孜那甫河流域的冰川积雪变化，整体来说，该流域冰川和积雪没有显著变化，但是其中有 3 条冰川在 1998 ～ 2011 年面积增长 12.6%，3 条基岩冰川在 1968 ～ 2007 年面积增长 2.5%。在冰川高程和物质平衡变化方面，Ke 等（2015）利用 Landsat8/OLI、SRTM3 DEM、ICESat 遥感数据，对西昆仑山区的冰川面积和高程变化进行了研究。结果表明，无论整体冰川物质平衡还是单个冰川积累和消融区动态变化都具有较高的异质性，且 2003 ～ 2008 年有 16 组冰川（面积约为 1234 km^2）高程变化范围介于 -0.4 ± 0.20 m/a 和 0.7 ± 0.24 m/a，平均物质平衡为 0.20 ± 0.04 m/a。而 Wu 等（2014）同样利用 ICESat 和 SRTM DEM 研究了西昆仑山 2003 ～ 2009 年冰川高程和物质平衡变化，整体上来讲，该区冰川物质平衡以 1.41±0.23 km^3/a 的速率在减少，海拔 5800m 以下冰川高程减小，而海拔 6000m 以上冰川高程以 (1.1±0.7) m 的速率增加。总之，和田河的冰川无论是面积还是厚度变化都比较小。

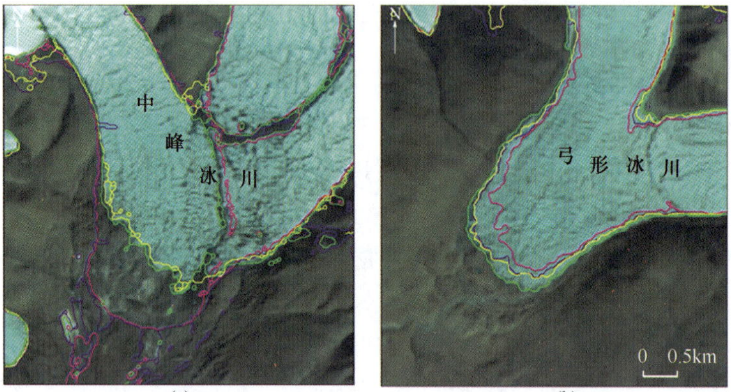

图 6.3 和田河源 20 年大冰川末端变化

(a) 中峰冰川前进 / 退缩 / 前进；(b) 冰川缓慢退缩

在喀喇昆仑山冰川区，Hewitt(2005)、Iturrizaga (2011) 等的研究表明，尽管世界范围冰川以退缩为主，但 20 世纪 90 年代以来喀喇昆仑山中部冰川出现明显扩张和跃动，这些扩张主要表现在大型山谷冰川的前进和跃动冰川。在面积变化方面，王迪 (2010) 利用 Landsat 数据分析了 1978 ～ 2009 年克勒青河谷地区大型冰川变化。结果表明，近 30 年来，该区冰川面积以 1.46 km^2/a 的速率增加，并且在 2002 年后冰川变化明显加快。牛竞飞 (2011) 用地形图和 Landsat 数据分析了 1977 ～ 2009 年乔戈里峰地区 148 条冰川变化，认为该区冰川处于基本稳定、小幅扩张的状态，其中 19 条退缩、72 条保持稳定、57 条前进。上官冬辉等 (2004) 利用 Landsat 及 ASTER 影像对中国喀喇昆仑山冰川变化进行分析，指出多数冰川稳定、少数小冰川后退，但与 1976 年冰川位置比较，编号 5Y654D48、5Y654D77 和 5Y654D97 的冰川分别大幅度前进了 2050m、910m 和 1998m。曾磊等 (2013) 研究了东帕米尔高原冰川变化规律，结果表明，1972 ～ 2000 年共有 4 条冰川完全消融，10 条冰川前进，总面积变化率为 –5.27%，减少 2.37km^2；2000 ～ 2011 年研究区有 16 条冰川前进，总面积变化率为 –0.54%，减少 0.93km^2，其是该区冰川退缩最大的区域。在冰川高程和物质平衡变化方面，Gardelle 等 (2012) 基于 SRTM DEM 和 SPOT5 数据分析了喀喇昆仑山中部地区的冰川物质平衡，结果表明，1999 ～ 2008 年该区冰川呈微弱的正物质平衡，为 +0.11±0.22 m/a 水当量；另外，Gardelle 等 (2013) 进一步研究发现，在东帕米尔高原地区冰川物质平衡也呈现增加趋势，为 0.14±0.10 m/a 水当量，并将喀喇昆仑山和帕米尔高原地区的这种冰川变化现象命名为“帕米尔 – 喀喇昆仑异常”。

6.3.2 积雪变化

为研究不同海拔带以及流域积雪面积变化规律，按照 500m 的高差对 4 个流域高程进行了划分，并绘制了各高程带多年平均积雪覆盖率的年内变化曲线（图 6.4）。统计结果显示，阿克苏河、叶尔羌河、喀拉喀什河和玉龙喀什河积雪覆盖面积多年平均值分别为 12790 km^2、18036.2km^2、6654.8km^2、6542.1 km^2，即积雪覆盖率分别为 38.7%、33.4%、44.1%、33.4%。①就流域整体来讲（图 6.4 黑实线），年内变化曲线均呈“M”形特征，即年内有两个峰值，分别在春季和秋季出现，夏季积雪覆盖率最小。②各流域积雪覆盖率峰值出现的时间和形态有较大差异，其中，叶尔羌河积雪峰值主要出现在 3 月中旬和 10 月中下旬，均呈尖峰形态；喀拉喀什河和玉龙喀什河积雪变化形态相似，第一个峰值持续时间较长（3 月中旬至 5 月底），为“平缓型”积雪补给期，第二个峰值出现在 10 月中下旬，呈尖峰形态；克里雅河流域积雪则表现为两个“平缓型”的峰值期，分别在 5 月和 9 月底到 10 月下旬。③从各高程带积雪覆盖率年内变化来看，4 个流域表现基本一致，即海拔 4000m 以下，积雪单峰形态，以冬季积雪积累为主，海拔 4000 ～ 6000m 表现为显著的双峰形态，并且海拔越高，峰值持续的时间越

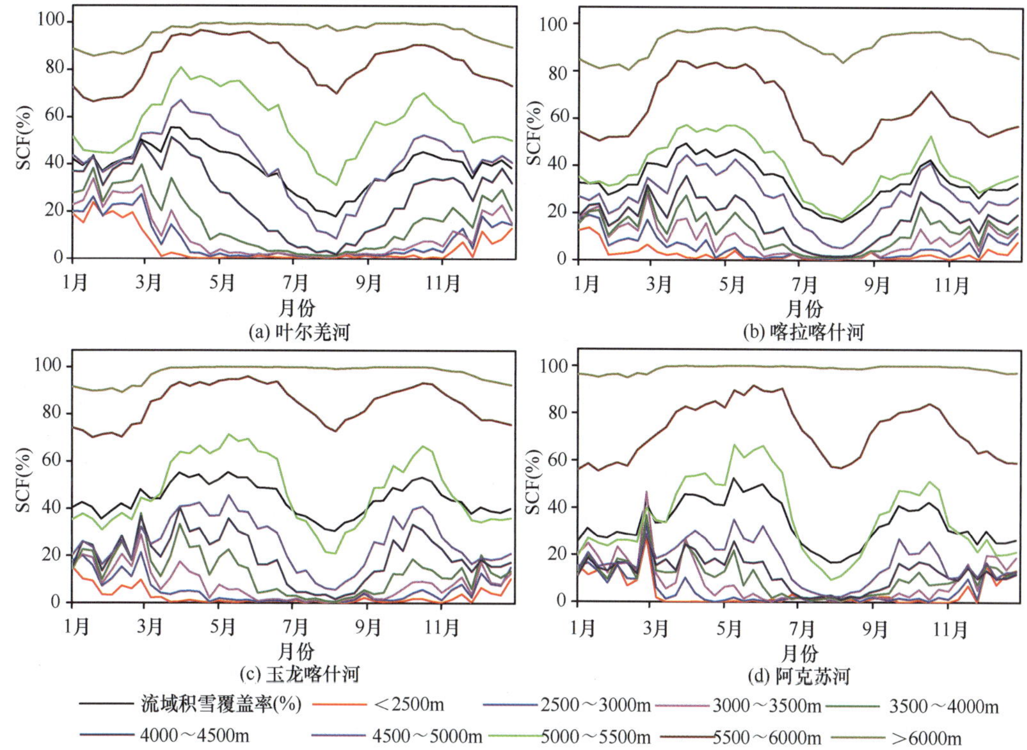

图 6.4　2001 ～ 2014 年叶尔羌河、喀拉喀什河、玉龙喀什河和阿克苏河流域不同高程带平均积雪覆盖率年内变化

长，海拔 6000m 以上，冰川覆盖率较高，导致积雪面积覆盖率均超过 90%，且变化不大。而该区积雪覆盖率年内变化之所以呈现双峰变化，冬季积雪面积小于春秋两季节，可能是因为：①冬季降水量小于其他季节（图 6.4），积雪补给少。②冬季山区气温低、风速大，从而导致风吹雪的临界风速变小，更易发生风吹雪现象，从而导致积雪在扩散和升华过程中被消耗。

6.3.3 积雪年际变化

图 6.5 为 4 个流域平均、最大、最小积雪面积年际变化图。①从面积变化趋势来看，流域最小积雪面积均表现为不显著的增加趋势；除叶尔羌河最大积雪面积呈下降趋势外，其余流域最大积雪面积均呈增加趋势，且和田河增加趋势显著（MK 统计量 Zc>1.96）；叶尔羌河和玉龙喀什河平均积雪面积呈不显著减少趋势，喀拉喀什河则表现为不显著的增加趋势。②从平均积雪面积的年际波动来看，叶尔羌河、和田河流域表现一致，即积雪年际波动呈现“M”形，据此可以划分为 4 个阶段：第一个阶段为 2001 ～ 2005 年平均积雪面积持续增加，2005 年积雪面积最大，2 个流域积雪面积分别为 20854km^2、14620km^2；第二个阶段为 2005 ～ 2007 年，积雪面积持续减少；2007 ～

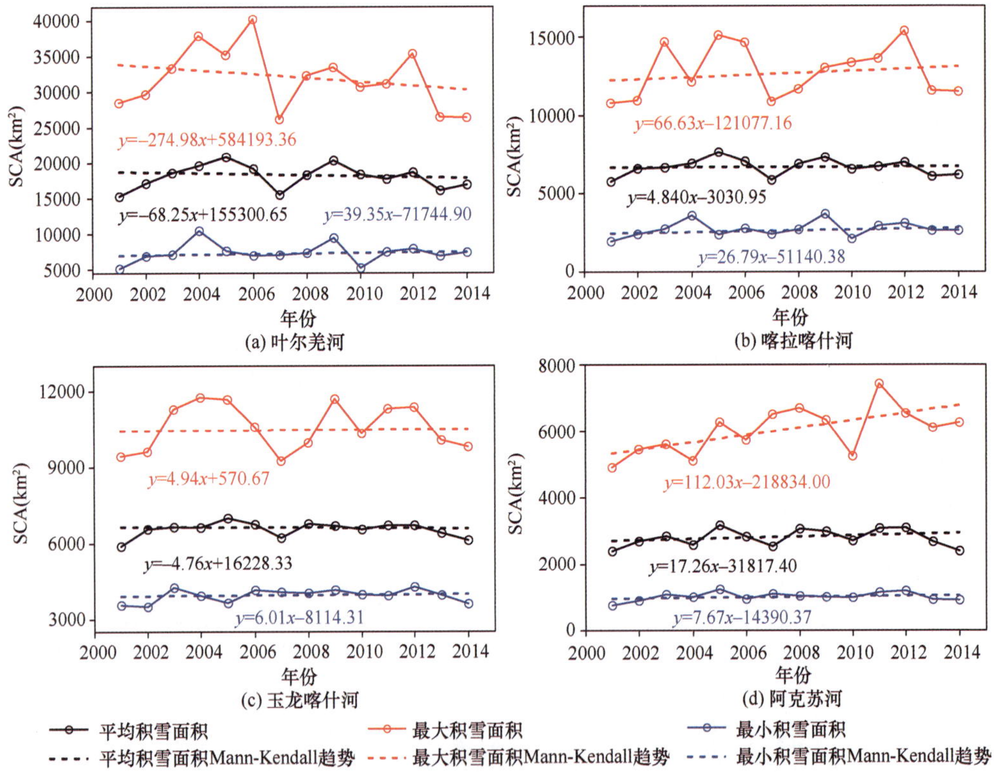

图 6.5　2001 ～ 2014 年叶尔羌河、喀拉喀什河、玉龙喀什河和阿克苏河流域平均、最大、最小积雪面积年际变化

2009 年积雪面积持续上升，为第三个阶段，且 2009 年为积雪年际变化的第 2 个峰值年（2008 年为玉龙喀什河的第二个峰值年）；第四个阶段为 2009 年以后积雪面积变化较小且呈缓慢的减少趋势。③阿克苏河流域平均积雪面积波动不同于其他流域，其表现为更多的波动变化，根据其波动规律划，以 2004 年、2007 年和 2010 年为节点划分为 4 个阶段，每个阶段积雪面积均表现为先升后降。

为了把握积雪面积的空间及季节变化情况，本节对不同高程带各季节及年积雪面积年际变化进行了 MK 趋势检验（图 6.6），从图 6.6 中可以看出，①就年平均积雪来看，除个别高程带外，叶尔羌河、喀拉喀什河、玉龙喀什河各高程带积雪面积以不显著减小、高海拔区 (>3500m) 积雪面积以增加为主。②季节变化上，春夏季积雪面积呈增加趋势，冬季呈减少趋势。③从各高程带来看，叶尔羌河春季积雪以 4000m 为界，4000m 以上积雪以增加为主，其余各分带以减少为主；喀拉喀什河、玉龙喀什河分别以 3000m 和 3500m 为界，此界以上春季积雪面积呈增加趋势；除个别高程带外，4 个流域各高程带夏季积雪以增加为主，冬季积雪以减少为主；3 个流域秋季积雪变化差异较大，叶尔羌河秋季积雪下降趋势远大于其他 3 个流域，玉龙喀什河和喀拉喀什河秋季各分带积雪

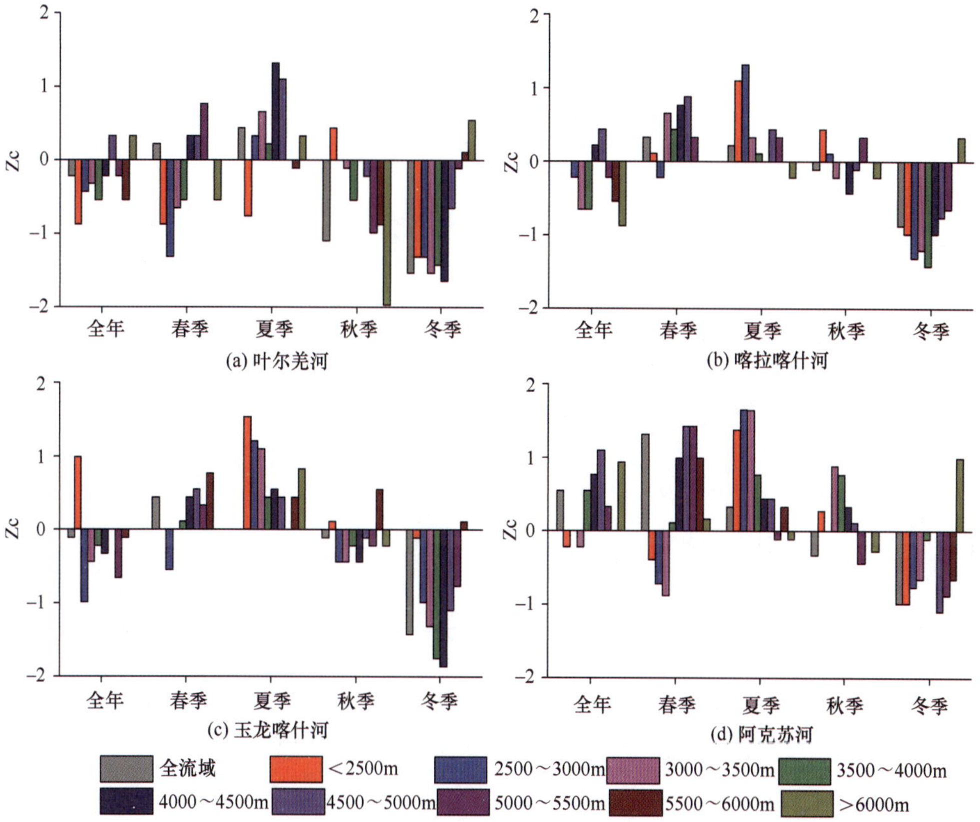

图 6.6　叶尔羌河、喀拉喀什河、玉龙喀什河和阿克苏河流域不同高程带、各季节积雪覆盖率 MK 趋势检验（2001 ～ 2014 年）

年际变化不大，呈微弱下降趋势，而阿克苏河则以 3500m 为界，以下区域积雪以减少为主。

图 6.7 为用 2001 ～ 2014 年的 MODIS 积雪产品，对近 14 年阿克苏河流域山区积雪季节变化特征进行分析，结果表明，近 14 年天山山区积雪面积在年、季、月尺度上均呈现下降趋势，其中年最大值和夏季积雪面积下降趋势显著。冬季和夏季积雪面积主要在托什干河山区、山区交界处以及昆马力克河山区发生显著变化，多年积雪面积减少以昆马力克河东部为主。春秋季气温升高，雪减雨增可能是导致阿克苏河流域山区积雪面积减少的主要原因（陈敏等，2016）。

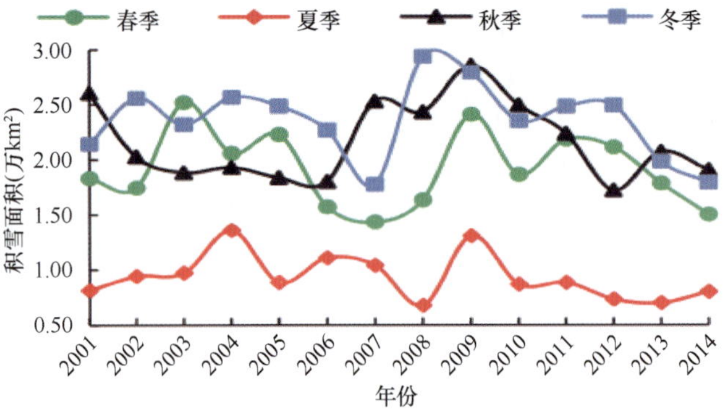

图 6.7 阿克苏河流域积雪面积变化（波动减小）

6.4 河流径流变化

图 6.8 ～图 6.10 分别为三河源各流域代表性水文站年径流长期变化（5 年移动平均）过程线。结果表明，尽管气温明显升高，但叶尔羌河与和田河年平均流量仅在 2010 年后微弱增加，阿克苏河年径流在 1990 ～ 2017 年持续丰水，可见昆仑山河流水量增加比天山河流晚了 10 年左右。

6.4.1 径流年内变化

为研究区各流域水文站点多年平均径流的年内极端变化，对最小和最大月平均径流量出现的各月进行了统计（表 6.4）。由表 6.4 可知，3 个流域径流年内变化有较大差异：①就多年平均来看，由于下坂地水库（建于 2002 年）的影响，叶尔羌河月平均最小径流出现的频率以 4 月最大（40.0%），但多年平均最小月径流深出现在 3 月，出现的频率为 31.7%；最大月径流深出现在 8 月，出现的频率超过 60%，其次出现在 7 月，出现的频率在 40% 以内。②由于乌鲁瓦提水库（建于 2002 年）的影响，将和田河径流进行分段统计。水库调节前后，2002 ～ 2014 年 10 月至次年 5 月的月径流明显大于 1957 ～

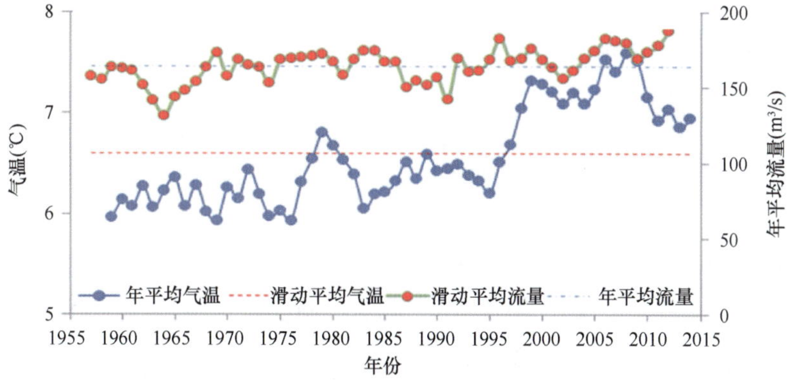

图 6.8 叶尔羌河年径流长期变化（5 年移动平均）过程线

红点线 – 年平均流量；蓝点线 – 年平均气温

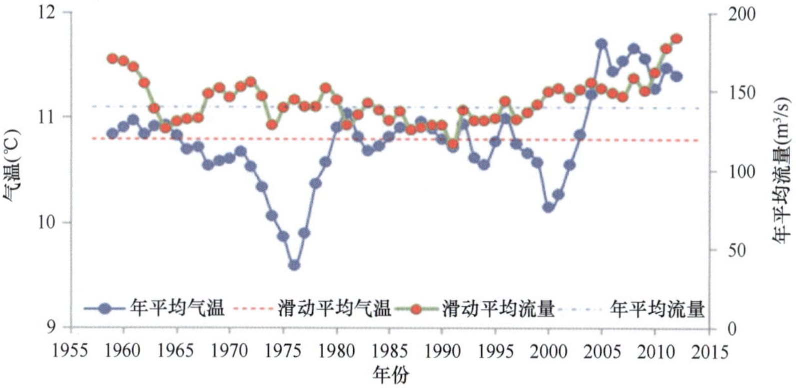

图 6.9 和田河年径流长期变化（5 年移动平均）过程线

红点线 – 年平均流量；蓝点线 – 年平均气温

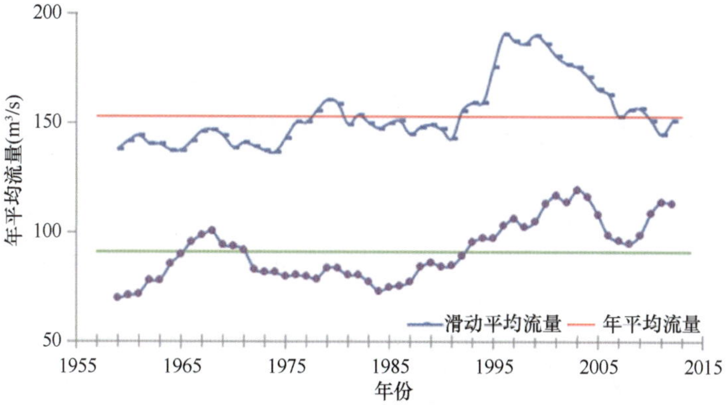

图 6.10 阿克苏河两大支流年径流长期变化（5 年移动平均）过程线

上线 – 昆马力克河；下线 – 托什干河

1998 年的多年平均月径流，统计分析发现，前者是后者的两倍左右，最小月径流深出现的时间由 1 月最大（水库建成前为 72.1%）变为 12 月至次年 2 月出现的频率相差不大；前后两期最大月径流深均出现在 7 月，经过水库调节后，7 月、8 月两月的径流深有一定程度的降低，6 月径流深有一定程度的升高，并且有少数年份最大月径流深还出现在了 6 月 (7.7%)。③玉龙喀什河 12 月至次年 3 月多年平均径流深相差不大，最小月平均径流也较为均匀地分布在这 4 个月。④阿克苏河最小月径流深出现在 11 月至次年 3 月，这 5 个月多年平均径流深相差不大，其中，12 月至次年 2 月出现最小径流深的频率较大；最大月径流深出现在 7 月，频率为 55.2%，其次出现在 8 月，频率为 44.8%。

表 6.4 最小和最大月平均径流在各月出现的频率 (%)

站点	月平均最小径流频率							月平均最大径流频率		
	1 月	2 月	3 月	4 月	5 月	11 月	12 月	6 月	7 月	8 月
卡群站	8.3	15.0	31.7	40.0	3.3	0.0	1.7	0.0	36.2	63.8
库鲁克栏杆站	12.0	14.0	60.0	10.0	0.0	0.0	4.0	0.0	38.0	62.0
乌鲁瓦提站 1957 ～ 1998 年	72.1	18.6	2.3	0.0	0.0	0.0	7.0	0.0	57.1	42.9
乌鲁瓦提站 2002 ～ 2014 年	38.5	38.5	0.0	0.0	0.0	0.0	23.1	7.7	61.5	30.8
同古孜洛克站	29.3	34.5	20.7	0.0	0.0	0.0	15.5	0.0	48.3	51.7
阿克苏站	22.4	27.6	15.5	0.0	0.0	1.7	32.8	0.0	55.2	44.8

就最大月径流深出现的月份及频率来看，喀拉喀什河 (1998 年前)、玉龙喀什河和克里雅河基本相似，无论是多年月平均径流深还是出现的频率，7 月、8 月都基本接近；乌鲁瓦提水库的建成影响了喀拉喀什河月径流的年内变化过程；叶尔羌河最大月径流深与其他三河相比差异较大，以 8 月为主，这极有可能是由叶尔羌河上游存在有冰川阻塞湖，且其溃决主要发生在 8 月所致。

6.4.2 径流趋势变化特征

图 6.11 为研究区各流域代表性水文站月及年平均径流量的 MK 趋势检验及径流变化率。①由年径流 MK 趋势检验来看，叶尔羌河和阿克苏河年平均径流 Zc 值均通过了 95% 的显著性水平检验，呈显著增加趋势，径流增加率分别为 5.16 mm/10a、4.39 mm/10a；喀拉喀什河和玉龙喀什河年径流呈不显著增加趋势。②由月径流 MK 趋势检验来看，叶尔羌河各月径流 10 月至次年 6 月均呈显著增加趋势，7 ～ 9 月没有增加趋势；阿克苏河除 7 月、8 月径流变化趋势没有通过显著性检验外，其余各月均呈显著增加趋势。玉龙喀什河径流在 10 月至次年 5 月呈显著增加趋势，6 月、9 月没有增加趋势，而月径流最大的 7 月、8 月两月呈微弱下降趋势；喀拉喀什河各月径流深年际变化规律与玉龙喀什河相似，但是 7 月、8 月径流深下降速率远高于玉龙喀什河。由于玉龙喀什河夏季径流深远大于其他月份径流深，这导致年径流不显著增加；而喀

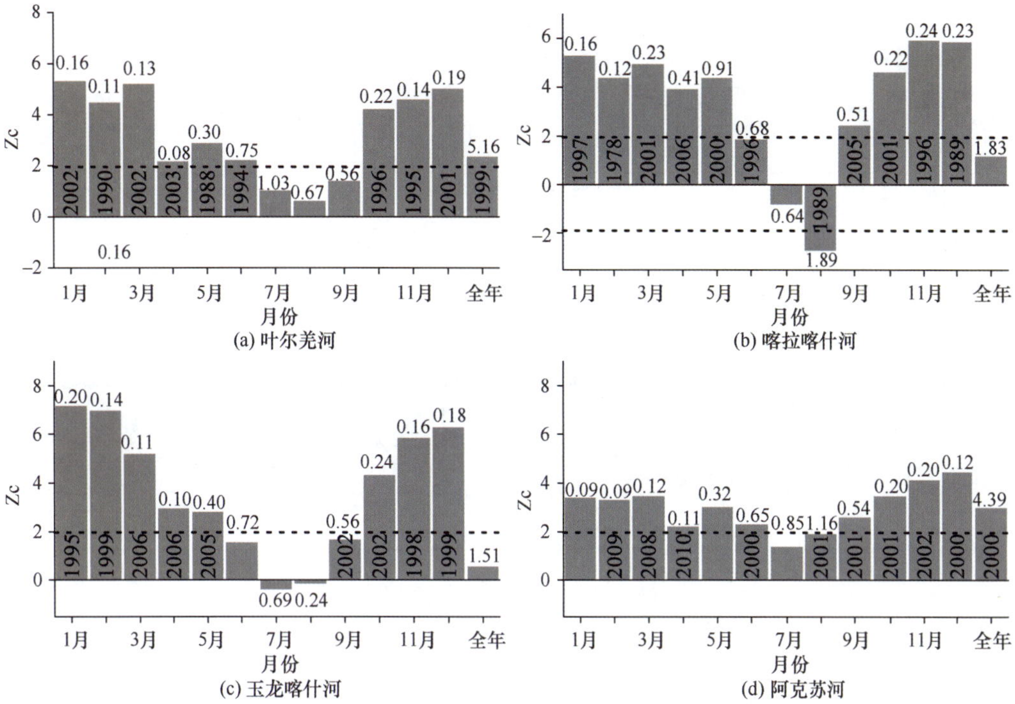

图 6.11 叶尔羌河、喀拉喀什河、玉龙喀什河、阿克苏河月及年径流深 MK 趋势检验（1957～2014 年）

柱状图顶的数字为径流深变化率，单位：mm/10a，柱状图内数字为突变年，虚线表示 0.05 显著性水平下的检验线

拉喀什河乌鲁瓦提水库的建立，改变了乌鲁瓦提水文站径流深年内变化规律，导致夏季径流深降低而冬半年径流深显著增加。

6.4.3 径流变化特征

图 6.12 为研究区各流域代表性水文站年径流突变点检验图。结果表明，叶尔羌河和阿克苏河年径流均发生了突变，突变年分别是 1999 年和 2000 年，与这 2 个流域山区站点年平均气温突变年份相比，晚了 10 年左右，而和田河年径流没有发生突变。

6.4.4 年平均气温、降水量对年径流的影响

本节对叶尔羌河、喀拉喀什河、玉龙喀什河和阿克苏河年径流深与年平均气温和年降水量进行了 Person 相关分析，同时，考虑到以冰雪补给为主的河流，气温和降水通常会有较好的相关性，故而还计算了气温、降水量对径流深影响的偏相关系数，具体结果见表 6.5。由相关系数表 6.5 可知，四流域年径流深与年平均气温和年降水量的关系有显著差异。

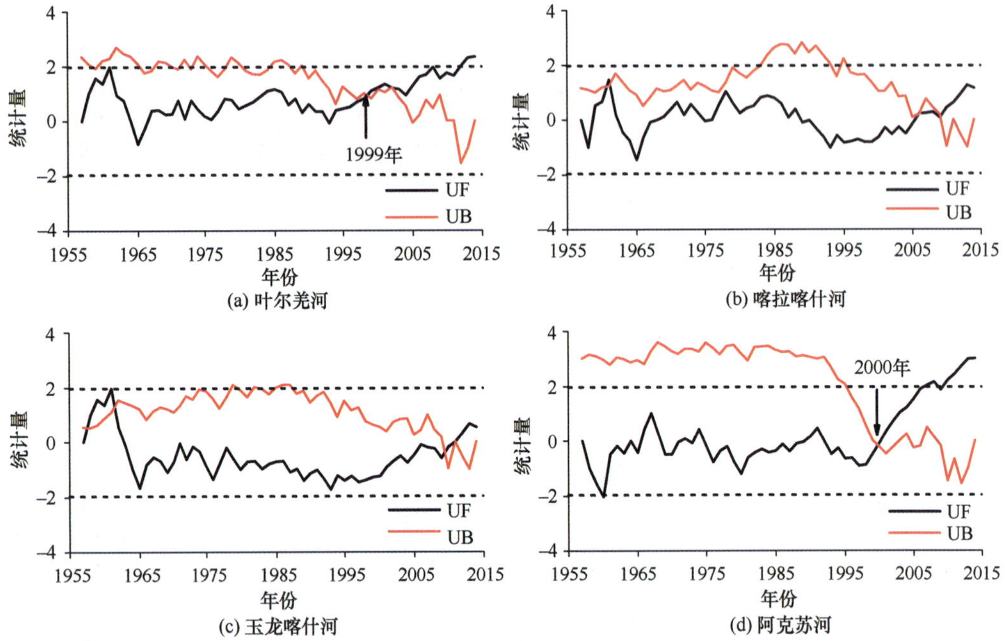

图 6.12　叶尔羌河、喀拉喀什河、玉龙喀什河、阿克苏河年径流深 MK 突变检验（1957 ～ 2014 年）

虚线表示 0.05 显著性水平下的检验线

表 6.5　四流域年径流深 (*R*)、年平均气温 (*T*)、降水量 (*P*) 相关系数及偏相关系数表

流域 / 相关系数	*R-T*	*R-T/P*	*R-P*	*R-P/T*	*T-P*
叶尔羌河	0.360*	0.356*	–0.063	–0.023	–0.156
喀拉喀什河	–0.116	–0.207	–0.367*	–0.400**	–0.198
玉龙喀什河	0.110	0.107	0.067	0.063	0.046
阿克苏河	0.250+	0.277*	0.411***	0.426***	–0.006

***、**、*、+ 分别表示显著性水平为 0.001、0.01、0.05、0.1。

叶尔羌河径流深与气温表现为显著的正相关关系（R=0.360，P<0.05），而与年降水量则没有相关性（R<0.1），表明年平均气温对年径流的影响起主导作用。

尽管喀拉喀什河年径流深与年降水量表现为显著的负相关关系（单相关系数为 –0.367，偏相关系数为 –0.400，均通过 0.05 显著性水平的检验），但是其与年平均气温和年降水量均呈负相关关系，表明随着气温升高、降水增加，径流深呈减小趋势，这不符合以冰雪融水补给为主的河流径流产流规律，可能是其他要素的存在影响了气候要素对径流的影响。同样，玉龙喀什河年径流与年平均气温和年降水量均没有显著的相关关系，表示年径流深的变化不随年平均气温和年降水量的变化而变化，这不符合以冰雪融水补给为主的河流径流产流规律，可能是其他要素的存在影响了气候要素对径流的影响。

阿克苏河年径流与年平均气温和年降水量均呈显著的正相关关系。相比年平均气温对年径流的影响（R=0.250，P<0.10），降水量对径流深的影响更大（R=0.411，P<0.01），表明在年尺度上该河年径流深受年降水量和年平均气温的共同影响，但降水对径流的影响起主导作用。

6.4.5 夏季各月平均气温、降水量对径流深的影响

基于相关分析、回归分析和15年滑动相关分析法，对叶尔羌河、喀拉喀什河、玉龙喀什河和阿克苏河夏季各月径流与月平均气温和降水量的关系进行了整体和时间变化分析。考虑到以冰雪补给为主的河流，气温和降水通常会有较好的相关性，为了消除气温与降水之间的相互关系对径流的影响，本书还计算了径流深与气温、降水的偏相关系数。

1. 叶尔羌河

从表6.6中叶尔羌河夏季各月径流深与气温和降水量相关系数看，各月径流与月气温呈显著的正相关，相关性排序为7月>6月>8月（P<0.01），月径流与降水量相关上，仅7月呈显著的负相关，6月和8月径流与降水不相关，表明气温是影响夏季径流化的主要气候要素。这与该河流是由冰雪融水补给为主的特征相吻合。

为了进一步了解气温、降水量对夏季径流深的影响，计算了夏季各月径流深与月平均气温、月降水量的15年滑动相关系数和偏相关系数，结果如图6.13所示。对比单相关系数和偏相关系数曲线可知，气温和降水量之间的显著相关关系，影响了气温、

表6.6 叶尔羌河、喀拉喀什河、玉龙喀什河、阿克苏河夏季各月径流深 (R)、平均气温 (T)、降水量 (P) 相关系数

流域	相关系数	6月	7月	8月
叶尔羌河	R-T	0.735***	0.807***	0.614***
	R-P	0.084	−0.427***	−0.038
	T-P	−0.248+	−0.641***	−0.537***
喀拉喀什河	R-T	0.438**	0.485***	0.161
	R-P	−0.124	−0.409**	−0.063
	T-P	−0.557***	−0.493***	−0.572***
玉龙喀什河	R-T	0.486***	0.363**	0.098
	R-P	−0.257+	−0.274*	−0.003
	T-P	−0.511***	−0.691***	−0.531***
阿克苏河	R-T	0.130	−0.046	0.071
	R-P	0.211	0.347**	0.191
	T-P	−0.420**	−0.497***	−0.447***

***、**、*、+ 分别表示显著性水平为0.001、0.01、0.05、0.1。

降水与径流深的关系，尤其是降水与径流深的关系。在气温不变的情况下，降水与径流深大都呈正相关，即随着降水增加（或减少），径流增加（或减少）。由偏相关系数曲线（图 6.14）可知，除 20 世纪 90 年代中后期外，6 月径流深与气温均呈显著的正相关；6 月径流深与降水均保持不显著的正相关，并从 20 世纪初开始，逐渐表现为显著的正相关；7 月径流深与气温均保持显著的正相关，且偏相关系数变化不大，与降水量保持不显著的正相关，自 70 年代中期以来，偏相关系数变化不大；对比径流深 – 气温和径流深 – 降水量的偏相关系数大小可知，气温是影响 6 月、7 月径流深的主导因素。8 月径流深与气温和降水量的关系与 6 月、7 月不同，大致可以分为 3 个阶段：70 年代末以前，径流深 – 气温呈显著正相关，径流深 – 降水量呈不显著正相关；70 年代末到 90 年代末，径流深与气温和降水量均呈显著的正相关，且气温仍占据主导地位；90 年代末以后，径流深与气温和降水均呈不显著的正相关，且气温的偏相关系数略大于降水量的偏相关系数。

整体而言，气温和降水量共同影响叶尔羌河夏季径流的变化，但气温是主导因子。叶尔羌河夏季各月径流深与气温和降水量的关系符合以冰雪融水补给为主的河流产流规律。

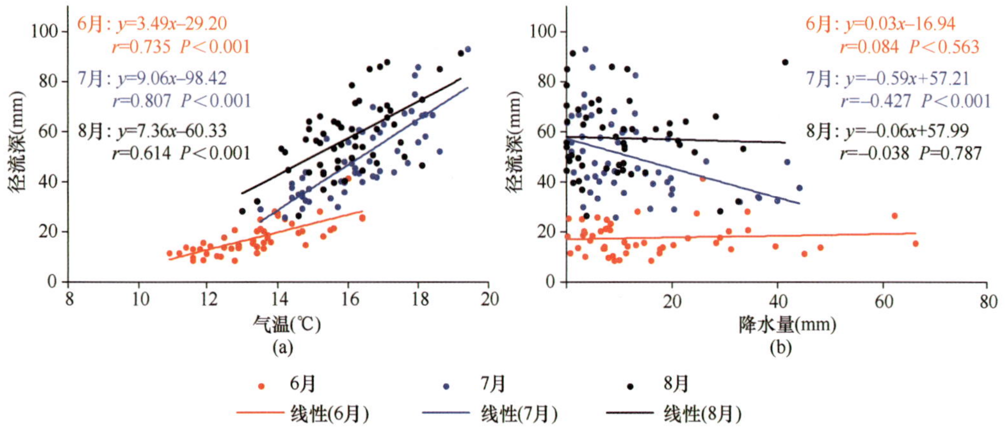

图 6.13 叶尔羌河夏季各月径流深与月平均气温和月降水量相关分析

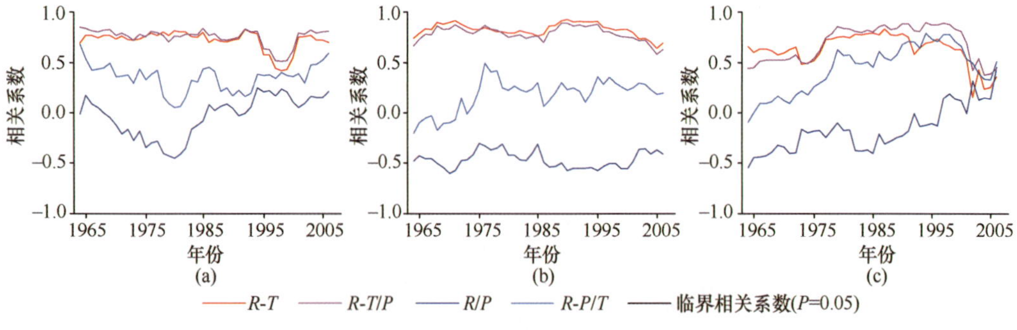

图 6.14 叶尔羌河 6 月、7 月、8 月径流深与气温、降水量 15 年滑动相关及偏相关分析

上下两条黑直线为 0.05 显著性水平下的临界相关系数线

2. 喀拉喀什河

由表6.6中喀拉喀什河夏季各月径流深与同期月平均气温和月降水量的单相关及偏相关系数可以看出，从单相关来看，夏季各月径流深与月平均气温呈正相关，相关系数大小排序为7月>6月>8月，其中6月和7月的单相关系数分别通过了0.01和0.001的显著性水平检验；在月径流深与月降水量相关上，夏季各月径流深与降水量均呈负相关，且7月单相关系数通过了0.01的显著性水平检验。从偏相关系数来看，在降水保持不变的情况下，径流与气温仍具有正相关，相关系数大小为6月>7月>8月，其中6月和7月分别通过了0.01和0.05的显著性水平检验；在气温保持不变的情况下，6月、8月径流深与降水量间呈不显著的正相关，7月则表现为不显著的负相关。从基于偏相关系数绝对值大小及显著性水平来看，气温是影响6月、7月径流深变化的主要气候要素，而8月受气候要素的影响微弱。

同时，本书还分析了月径流深与月平均气温和月降水量的回归关系（图6.15）。由图6.15(a)可知，6～7月，回归系数由1.85增加到4.10，表明消融强度增强，气温对径流深的影响增大，后者是前者的2.22倍，这可能是由冰雪度日因子的差异引起的，6月气温相对偏低，并以消融中低海拔的积雪为主，进入7月，随着气温升高和中低海拔积雪消融完毕，转而以冰川消融为主；8月的回归系数仅为0.94，远小于6月和7月，这与叶尔羌河有很大差异。由图6.15和表6.6可知，7月、8月是该区气温峰值出现的主要月份，且8月多年平均气温与7月相近、远大于6月气温，即8月应该是该区冰雪消融最强烈的月份之一，径流深与气温应该具有一定的显著关系，且消融强度应当与7月的接近、高于6月，也就是说，喀拉喀什河8月径流深与气温的关系不符合以冰雪补给为主的河流产流规律。与叶尔羌河情况相同，喀拉喀什河夏季各月径流深与降水量回归系数均远小于与气温的回归系数，即降水量对径流深的影响较小。

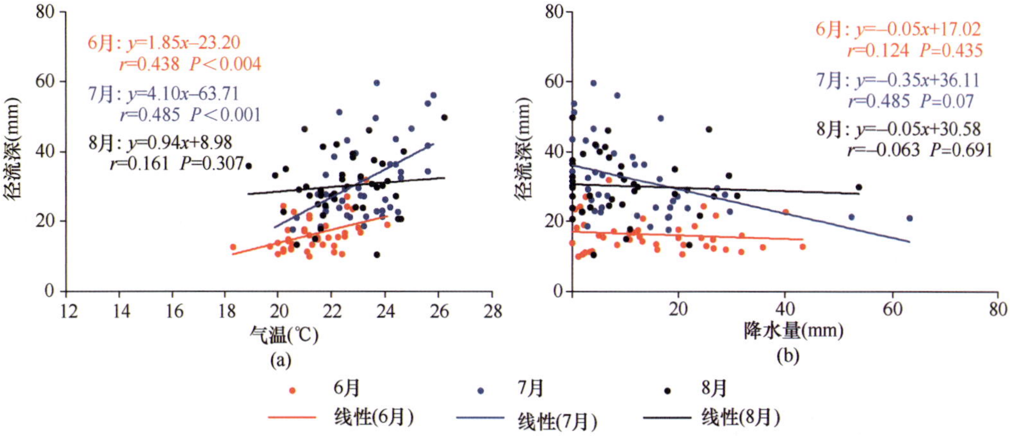

图6.15 喀拉喀什河夏季各月径流深与月平均气温和月降水量回归分析

图 6.16 为喀拉喀什河夏季各月径流深与气温、降水量的滑动相关系数和偏相关系数曲线。由图 6.16 中的偏相关系数可知，6 月径流深与气温均呈正相关关系，并在 0.05 的显著性水平线附近波动变化；6 月径流深与降水呈不显著的正相关关系，并在 1975 年后逐渐增大；对比径流深 – 气温和径流深 – 降水量的偏相关系数大小可知，气温是影响 6 月径流深的主导因素。由图 6.16(b) 可知，7 月径流深与气温的偏相关系数表现为先减小后增大的趋势，且在 1979 ～ 1985 年表现为不显著的负相关关系；1984 年前，径流深与降水量的偏相关系数变化不大，之后偏相关系数逐渐增大，并在 1987 年偏相关系数由负转正。由图 6.16(c) 可知，除少数年份外，8 月径流深与气温和降水均呈不显著的相关关系，其中径流深 – 气温的偏相关系数于 1977 年由负转正。整体而言，喀拉喀什河 7 月、8 月两月径流深与气候要素没有稳定、显著相关。

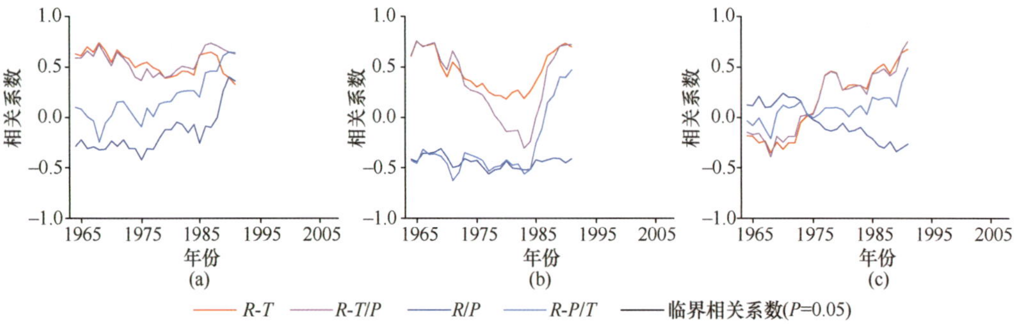

图 6.16　喀拉喀什河 6 月、7 月、8 月径流深与气温、降水量 15 年滑动相关及偏相关分析

上下两条黑直线为 0.05 显著性水平下的临界相关系数线

综上分析，无论是从整体相关分析还是从 15 年滑动相关分析来看，气温是影响喀拉喀什河 6 月径流深变化的主导因子。7 月、8 月气温和降水对径流深的影响随时间变化较大，没有稳定的相关，尤其是 8 月径流深与气候要素的关系不符合以冰雪补给为主的河流产流规律。

3. 玉龙喀什河

由表 6.6 玉龙喀什河夏季各月径流深与同期月平均气温和月降水量单相关系数及偏相关系数可知，从单相关看，玉龙喀什河 6 月、7 月径流深与月平均气温呈显著正相关 ($P<0.01$)；6 月、7 月径流深与降水量呈显著负相关 ($P<0.1$)；而 8 月径流深与气温和降水量相关性不显著。

图 6.17 展示了玉龙喀什河夏季各月径流深与气温和降水量的回归关系。由图 6.17(a) 可知，6 ～ 7 月，径流深与气温的回归系数由 2.50 增加到 4.02，表明消融强度增强，气温对径流深的影响增大 (1.68 倍)，这可能是由冰雪度日因子的差异引起的，6 月气温相对偏低，并以消融中低海拔的积雪为主，进入 7 月，随着气温升高和中低海拔积雪消融完毕，转而以冰川消融为主；8 月的回归系数仅为 1.02，远小于 6 月和 7 月，

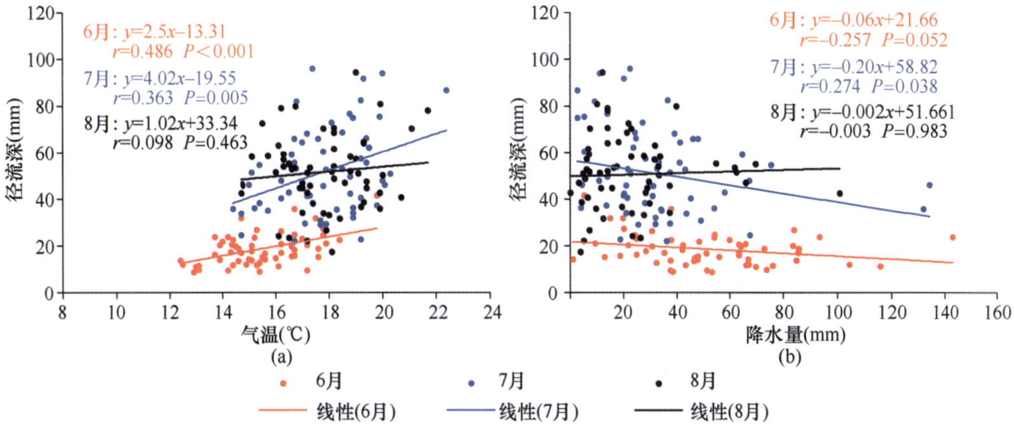

图 6.17 玉龙喀什河夏季各月径流深与月平均气温和月降水量回归分析

与叶尔羌河有很大差异。7 月、8 月是该区气温峰值出现的主要月份，且 8 月多年平均气温与 7 月相近、远大于 6 月气温，即 8 月应该是该区冰雪消融最强烈的月份之一，径流与气温应该具有一定的显著关系，且消融强度应当与 7 月的接近、高于 6 月，也就是说，玉龙喀什河 8 月径流深与气温的关系不符合以冰雪补给为主的河流产流规律。与叶尔羌河情况相同，玉龙喀什河夏季各月径流深与降水量回归系数均远小于与气温的回归系数，即降水量对径流深的影响较小。

图 6.18 为玉龙喀什河夏季各月径流深与气温、降水量的 15 年滑动相关系数和偏相关系数曲线。由图 6.18(a) 中的偏相关系数曲线可知，1982 年以前，6 月径流深与气温和降水量的偏相关系数表现为逐渐增加趋势，且以气温影响为主；1982 ～ 1999 年，径流深与气温的偏相关系数逐渐减小，并由显著的正相关转变为不显著的正相关，且 1985 ～ 1999 年径流深与降水量表现为稳定的不显著的负相关，整体来讲，气温仍是该阶段径流深的主导因素；2000 年后，径流深与气温和降水量均呈不显著相关关系，两者对径流深的影响相当。由图 6.18(b) 可知，7 月径流深与气温和降水的偏相关系数表现可以分为 4 个阶段，且大都为不显著的相关关系，1969 年前，气温是影响径流深主导因素；1970 ～ 1978 年降水量占据主导地位，1979 ～ 1999 年，气温和降水量与径流深均呈正相关关系，且气温为主导因素，2000 年后偏相关系数均呈下降趋势并表现为不显著的相关关系，即气温和降水量对径流的影响相当。由图 6.18 可知，1976 年以前，8 月径流深与气温和降水量的偏相关系数基本小于 0，且降水占主导地位；1977 ～ 1994 年两偏相关系数曲线均逐渐增加，降水仍然为主导因素，1995 年后，气温和降水对径流深的影响大致相当，且逐渐减小；整个过程中仅 1989 ～ 2000 年处于显著正向关系，其他时段均为不显著相关关系。整体而言，玉龙喀什河夏季各月径流深与气候要素没有稳定相关关系，且 7 月、8 月几乎没有显著相关。

综上分析，整体来看，气温和降水量共同影响玉龙喀什河 6 月、7 月径流深变化，且气温是主导因子。7 月、8 月气温和降水对径流深的影响随时间变化较大且几乎没有

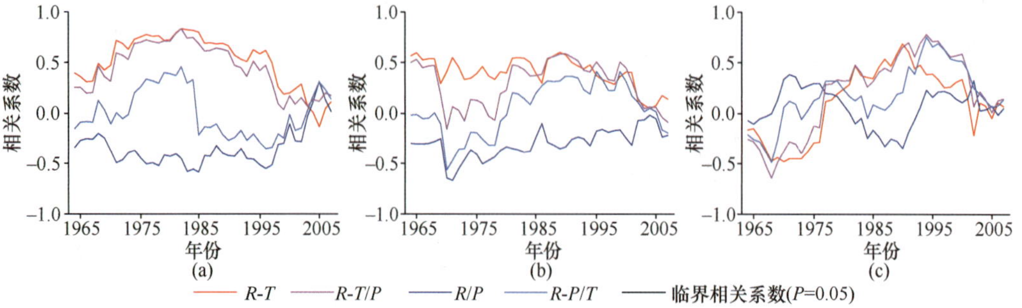

图 6.18 玉龙喀什河 6 月、7 月、8 月径流深与气温、降水量 15 年滑动相关及偏相关分析

上下两条黑直线为 0.05 显著性水平下的临界相关系数线

显著相关，说明 7 月、8 月径流，尤其是 8 月径流与气候要素的关系不符合以冰雪补给为主的河流产流规律。

4. 阿克苏河

表 6.6 阿克苏河的夏季各月径流深与气温和降水量相关系数来看，各月径流与月降水量呈显著的正相关，相关性排序为 7 月 >8 月 >6 月 ($P<0.01$)，月径流与气温相关上，仅 6 月呈显著的正相关，7 月和 8 月径流与气温无相关性。表明降雨是影响夏季径流的主要气候要素，这与该河流是由雨水补给为主相关，主要是托什干河流域面积大，冰川面积小，降水量大所致。

6.4.6 极端洪水

冰川阻塞湖是由冰川前进阻塞河谷形成的，其排泄形成的洪水具有突发、历时短、来势猛且受冰川环境影响大的特点，对下游人民生命财产造成很大危害，冰川阻塞湖的形成也是反映区域冰川变化的指示器之一。阿克苏河和叶尔羌河上游冰川湖及其突发洪水就是典型代表，历史上发生多次溃决洪水事件。三河源洪水类型主要分为三类：融水型、暴雨型和溃决型洪水。其中，冰川湖溃决产生的突发洪水是阿克苏河和叶尔羌河各类洪水中洪峰最高、危害最大的一种洪水。下面以叶尔羌河突发冰川湖湖水为例说明。叶尔羌河上游克勒青河谷内 5 条大型山谷冰川分别是迦雪布鲁姆、乌尔多克、斯坦格尔、特拉木坎力和克亚吉尔冰川，从过去到现在均有冰川阻塞湖形成和溃决的可能。1985 ～ 1987 年叶尔羌冰川突发洪水联合科学考察队对上游克勒青河源区进行了全面考察，发现克亚吉尔冰川和特拉木坎力冰川阻塞湖通过冰下突然排水的方式形成洪水，揭示了叶尔羌河突发洪水之谜。同时，科考队还测量了两冰湖的地形参数。目前，特拉木坎力冰川末端已经与克勒青河谷右岸部分分离，已不能完全阻塞河谷形成冰湖，因此，最近叶尔羌河溃决洪水则主要来源于克亚吉尔冰川阻塞湖 (图 6.19)。

克亚吉尔湖是由其冰川前进阻塞克勒青河谷形成的典型的冰川阻塞湖。为了实时

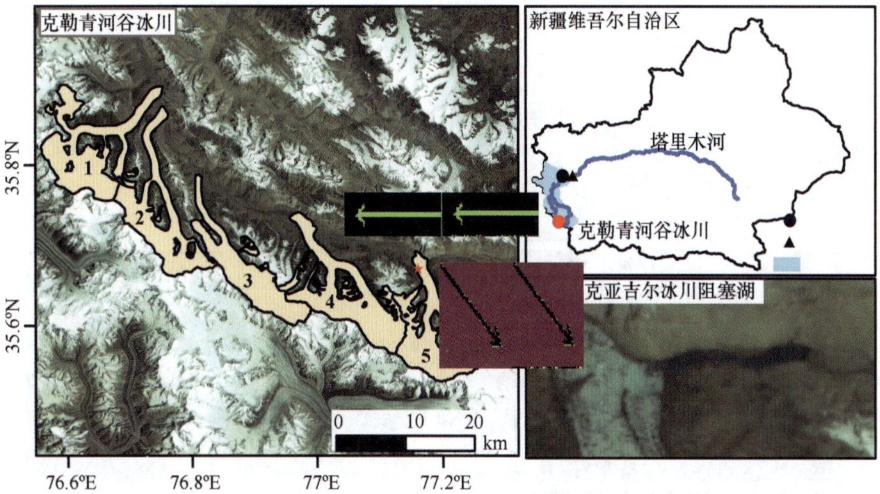

图 6.19　叶尔羌河（右上图）、克勒青河谷冰川（左图）及克亚吉尔冰川阻塞湖（右下图）位置

1. 迦雪布鲁姆，2. 乌尔多克，3. 斯坦格尔，4. 特拉木坎力，5. 克亚吉尔（基于 Landsat 影像的 2014 ～ 2015 年冰川阻塞湖形态变化）

监测冰川及冰湖的动态变化，及时提供冰湖溃决洪水早期预警信息，2012 年中瑞联合科考队在冰川湖附近架设了一套预警系统，用以实时获取湖区气象数据和相片资料。不幸的是，2015 年冰湖再次形成并破坏了该监测站点，该监测站点已不再运行。多源卫星遥感数据具有较高的时间分辨率和空间分辨率，为动态监测该区域冰湖变化、提取冰湖参数提供了可能。王迪（2010）利用卫星遥感资料，对 1998 年、1999 年、2002 年、2009 年的克亚吉尔冰川阻塞湖的形成、发展和排水过程进行了研究。之后，由于克亚吉尔冰川末端快速前进，该阻塞湖沉寂 5 年之后，于 2014 年年底开始再次形成，并在 2015 年，2016 年和 2017 年发生多次冰湖突发洪水。利用 Landsat TM/ETM+/OLI 以及中国环境减灾卫星（HJ1A/B）遥感影像，结合洪水记录资料，图 6.20 和图 6.21 对 2015 年、2016 年和 2017 年的克亚吉尔冰川阻塞湖的动态变化过程进行了研究，同时结合栏杆水文站历史流量资料，成功监测预报了冰湖突发洪水流量及其对对下游的影响。

6.5　人类活动对水循环的影响

叶尔羌河流域隶属于喀什地区，主要流经塔什库尔干塔吉克自治县、叶城、泽普、莎车、麦盖提、巴楚以及新疆兵团农三师的 12 个团场。该流域人口总数为 345.9 万人，其中城镇人口占 31.5%，城镇化率相对较高。流域内各民族大杂居、有维吾尔族、汉族、塔吉克族、哈族等少数民族，其中维吾尔族人口占总人口的 84.2%。流域内国民生产总值为 291.9 亿元，第一、第二、第三产业分别占总产值的 42.4%、21.5% 和 36.1%。流域主要种植小麦、玉米、棉花、苜蓿等作物，近 40 年来人口增加两倍，灌溉耕地面积

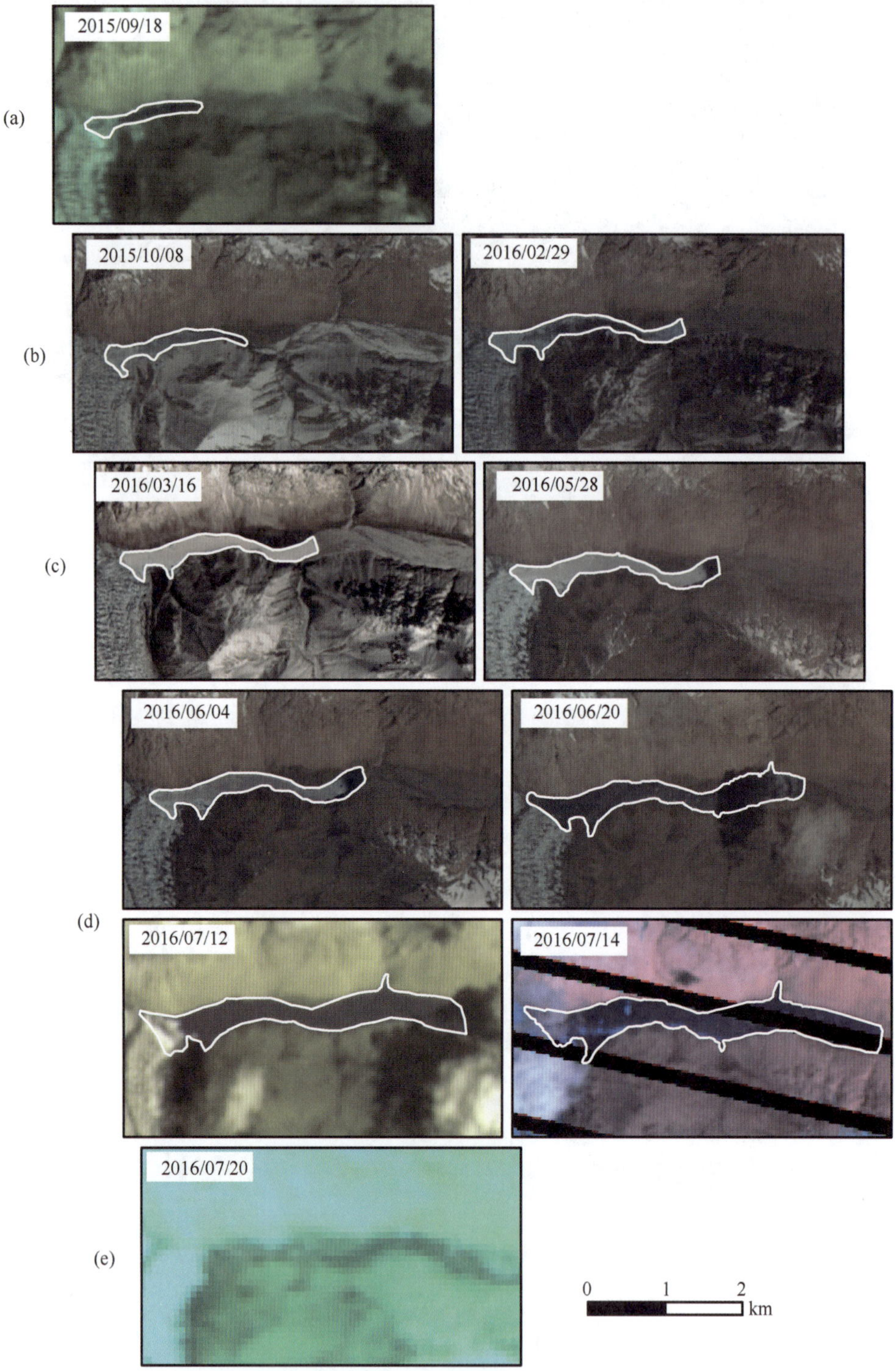

图 6.20　基于 Landsat 和 HJ 卫星影像提取的 2015 ～ 2016 年冰川阻塞湖第一次形态变化及 2016 年冰川阻塞湖第二次形态变化

2015 年冰川湖形成，由于冰雪融水补给，2016 年夏季冰川湖扩大，2016 年 7 月下旬发生大洪水

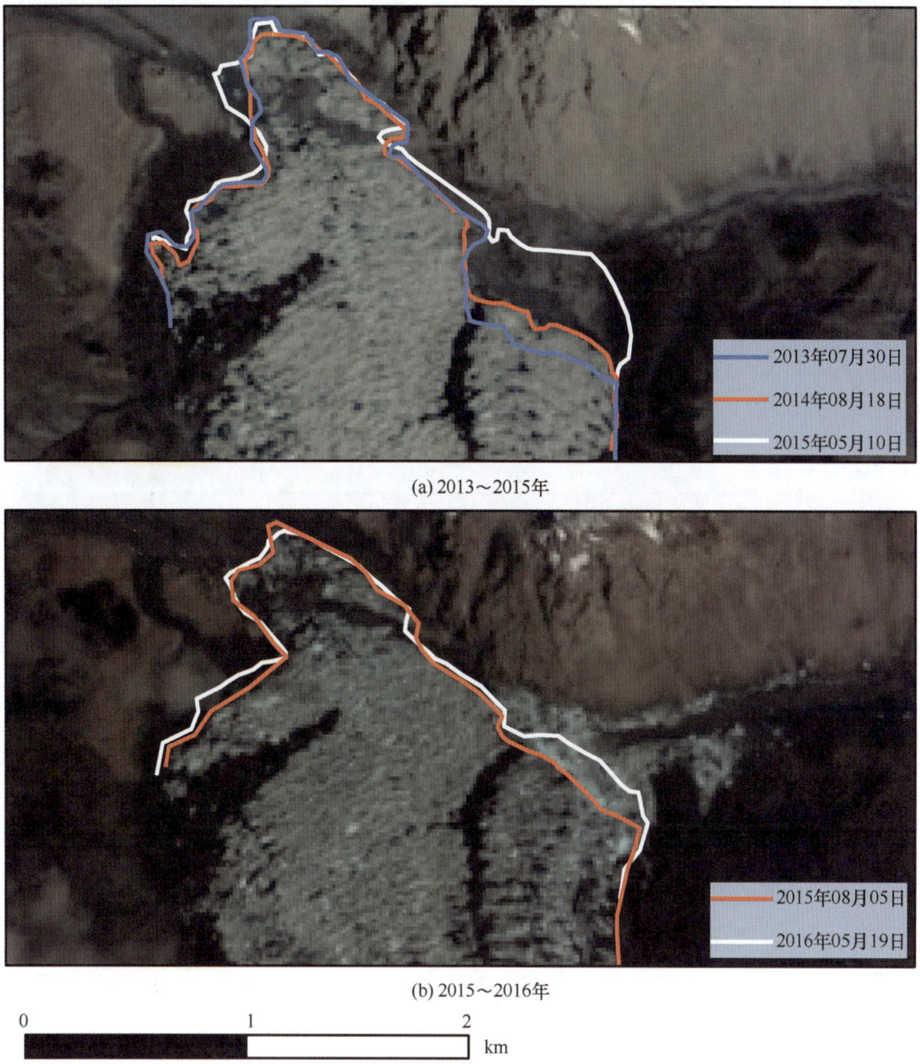

图 6.21 基于 Landsat 影像的克亚吉尔冰川末端变化

增大 60%，农业用水极度紧张，地下水严重超采，地水位下降，草地退化，树木枯死等生态灾害日趋严重。

和田河流域是和田地区人民生产生活的主要绿洲区，流域内的行政区有和田市、和田县、洛浦县和墨玉县。总人口数为 148.7 万人，其中农村人口 90.2 万人，多于城镇人口（约 58.5 万人）。流域内居住着维吾尔族、汉族、哈族、回族、柯尔克孜族等民族，维吾尔族人口占人口总数的 95.6%。流域内国内生产总值为 135.9 亿元，耕地面积约为 97117.99 hm^2，小麦和玉米是主要的粮食作物；经济作物主要有棉花、瓜果、苜蓿等。其与叶尔羌绿洲一样存在水资源短缺、生态环境恶化问题。

阿克苏河主要流经塔里木沿岸绿洲，流域人口总数为 227.7 万人，其中农村人口占 72.8%，城镇人口占 27.2%。民族构成以维吾尔族占 88%，汉族、哈族、回族等其他民族少量分布。流域内国内生产总值为220亿元，流域耕地面积为227446 hm^2，主要粮食作物有水稻、小麦和玉米；经济作物主要有棉花、瓜果、蔬菜等。

南疆四地州中，阿克苏河流域人均水资源量最高，干旱沙漠面积最少，其生态环境问题略好于叶尔羌河和和田河流域。总之，受地理环境和水资源因素的制约，叶尔羌河、和田河和阿克苏河流域工业基础薄弱、产值低、农业发展落后，是新疆欠发达地区。

下坂地水库位于叶尔羌河西侧支流塔什库尔干河下游（海拔2900 m），水库库容8.27亿m^3；乌鲁瓦提水库位于和田河西侧支流喀拉喀什河的乌鲁瓦提（海拔2000 m）水利枢纽，库容3.47亿m^3，2个水库调蓄河流约14%的年径流量，以解决下游绿洲农牧灌溉、缓解春旱用水为主，于2001年运行，使用后冬春季水量大大增加，夏季水量明显减少（图6.22），洪水规模减小，泥沙量降低。

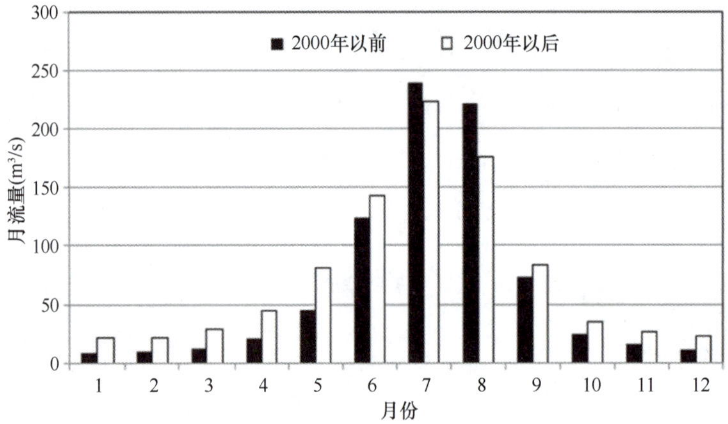

图6.22 和田河乌鲁瓦提水库运行后对下游各月径流的影响

6.6 小结

塔里木河主要由发源于南天山托木尔–汗腾格里峰的阿克苏河，以及喀喇昆仑山乔戈里峰的叶尔羌河和发源于西昆仑山穆士塔格峰的和田河水补给组成，正源是叶尔羌河克勒青河谷。三河源区也是我国三大冰川作用中心，河源区的二次冰川面积编目分别是4480.4(3930.8) km^2、5960.2 (5144.7) km^{2}和5458.8 (4940) km^2，春夏季冰雪融水是塔里木河的主要补给水源，为2000年来南疆丝绸之路的发展和繁荣提供水资源保障。

在我国新疆气候变暖变湿的背景下，三河源区冬、春季气温显著升高，夏季天山气温微弱升高，喀喇昆仑–西昆仑山气温稳定，或微弱降低。高山区年降水量均普遍增多，三河源增加率分别为4.6mm/10a、8.5mm/10a、9.5mm/10a，降水以春季4月、5月增加最多。近40年来，南天山冰川普遍退缩，积雪面积减小，喀喇昆仑山多数大冰川前进、稳定，小冰川减弱、缩小；西昆仑山多数冰川稳定。对比两次冰川编目，三河源区冰川面积分别减少549 km^2、800 km^2、519 km^2，平均减少11.2%。在暖湿的气候背景下，40年来阿克苏河年径流明显增多，出山口两水文站合计水量增加 $12.2\times10^8 m^3$，增幅 14.2%。叶尔羌河及和田河两水文站出山口年径流没有显著变化，且和田河夏季径流呈现微弱减少趋势，三河源冬季水量都明显增加。近 40 年来，南疆人口增加两倍（350 万～ 1100 万人），城市化加速，耕地面积增加 1.5 倍（600 万～ 1500 万亩），增加的用水需求给塔里木河带来巨大的水资源压力。2010 年以前塔里木河下游经常断流，下游湖泊干涸，沿河胡杨枯死。近 20 年，新疆水利迎来大发展，三河源区新建的超大型水库运行改变了河流自然属性，加剧了人类与下游生态用水的矛盾。本章利用各种最新观测资料，结合塔里木河源区水文气象历史数据，概括总结近 40 年来河源区流域的水文气象变化。

第 7 章

青藏高原西部河流径流变化趋势

7.1 流域产流特征及径流组分构成

7.1.1 雅鲁藏布江

雅鲁藏布江（图 7.1）发源于青藏高原西南部喜马拉雅山北麓的杰马央宗冰川，平均海拔在 4000 m 以上，是世界上海拔最高的大河。同时，它也是重要的国际河流，经巴昔卡出中国境进入印度后称为布拉马普特拉河，进入孟加拉国后称为贾木纳河，在孟加拉国境内与恒河相汇，最后注入孟加拉湾（刘天仇，1999）。布拉马普特拉河全长约 3350 km，流域面积约 66.66 万 km^2；中国境内河长约 2057 km，流域面积约为 24.2 万 km^2。流域内气候复杂多样，其中，上游为高原寒温带半干旱气候、中游属高原温带半干旱气候、下游是山地亚热带和热带气候（杨志刚等，2014）。作为青藏高原上最大的河流系统，雅鲁藏布江是西藏的主要淡水来源和水汽通道，也是我国重要的国际河流，同时，雅鲁藏布江水能资源极为丰富，是我国水能资源的战略储备区（刘天仇，1999）。雅江流域下垫面复杂，分布有大量冰川和积雪。根据第二次冰川编目，雅江流域发育有冰川 10816 条，冰川面积覆盖 14492.86km^2，冰储量为 1293.07km^3（魏俊峰，2011），冰川占流域总面积的 2%。根据 MODIS（moderate resolution imaging spectroradiometer）卫星数据，雅江流域 2001 ～ 2014 年平均积雪覆盖率约为 15.44%（Li et al.，2018）。

根据国家气象站数据，雅江流域自 20 世纪 60 年代以来呈现明显的升温趋势，升温率为 0.2 ～ 0.5℃ /10a，且通过了 99% 的显著性检验（张小侠，2011；聂宁等，2012；格桑等，2013）。根据气象资料进行线性趋势和 MK 趋势检验可知，60 年代、70 年代和 80 年代该地区增温缓慢，90 年代以来平均气温升高速度极为迅速，尤其是 21 世纪初增温更加显著，2000 ～ 2009 年平均气温比 1960 ～ 1999 年平均气温高 0.72 ～ 0.75℃（张小侠，2011；王珍等，2016）。

雅江流域降水主要受印度季风影响，多集中在 6 ～ 9 月，其降水量占全年总降水

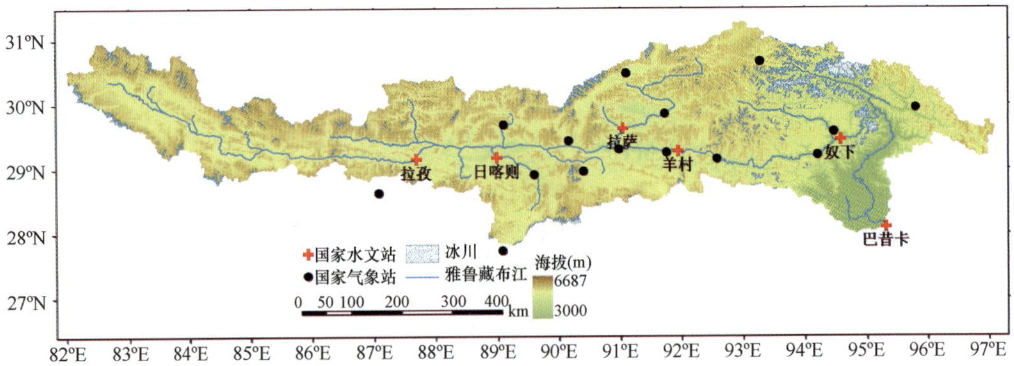

图 7.1 雅江流域概况

量的 60% ～ 80%（刘天仇，1999），而冬季降水量不到全年降水量的 10%（Tong et al.，2014）。1960 ～ 2010 年流域降水量整体呈增加趋势，其速率为 6.75 ～ 8.38 mm/10a（张小侠，2011）但增加趋势并不显著。20 世纪 60 年代、70 年代、80 年代降水量相对偏低，90 年代以来流域降水量增长极为迅速，2000 ～ 2009 年流域降水量比多年平均降水量高 17.1 mm（王珍等，2016）。

基于雅江流域 1956 ～ 2000 年平均地表水资源量，采用径流深来研究其年径流分布特征，上游地区径流深大约为 111.1 mm，中游地区约为 393.2 mm，下游地区径流深大约为 2085.8 mm（刘剑等，2007）。雅江流域年径流深自西向东逐渐增多，大致跨过渡带（年径流深 50 ～ 200 mm）、多水带（年径流深 200 ～ 800 mm）和丰水带（年径流深 800 ～ 2000 mm）。由此可见，雅江流域年径流分布呈现出径流带多样且年径流垂直梯度变化大的特征（刘剑等，2007；杨志刚等，2014）。

雅江流域径流的年内变化，受气温和降水量在年内分布不均匀的影响而差异明显（图 7.2）。流域各水文站（拉孜、奴各沙、羊村和奴下）年均径流深表明，汛期多在 6 ～ 10 月，最大径流量多出现在每年的 7 ～ 9 月，此时径流量占全年径流量的 60.4% ～ 66.4%；而冬季（12 月至次年 2 月）由于气温低、降水少，河流靠地下水补给，径流比较稳定，此时多处于枯水期，径流量仅占全年的 6% ～ 7%。冬季降水和积雪变化对次年春季径流影响较大（李占玲等，2008；黄艳等，2010；钱晓燕等，2010）。

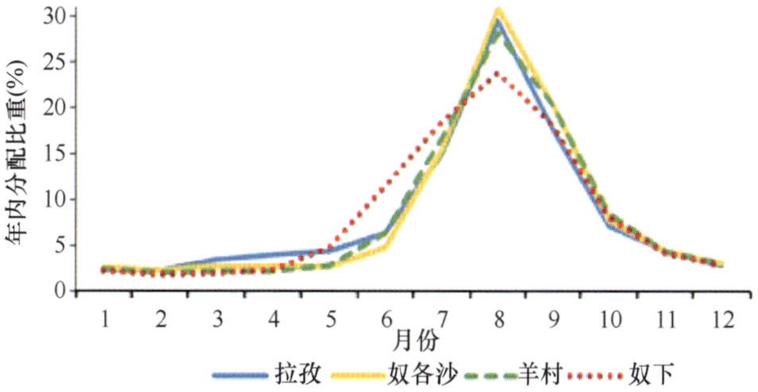

图 7.2　雅鲁藏布江径流量年内分配

雅江流域地处青藏高原，气温相对较低，海拔高且落差较大。由于流域面积广阔，流域内的降水量、蒸发量以及地形、冰雪覆盖面积、植被等条件差异很大，径流补给类型复杂多样，以降水、冰雪融水及地下水混合补给为主。Zhang 等（2013）将 VIC（variable infiltration capacity）陆面水文模型与冰川度日模型连接，在雅江流域量化了降雨径流、融雪径流和冰川径流在奴下水文站以上总径流的贡献，分别为 65.4%、23.0% 和 11.6%。Chen 等（2017）利用 CREST（coupled routing and excess storage）水文模型研究了冰雪融水对雅江流域径流的贡献，认为冰川和积雪融水分别占总径流的 10.6% 和 9.9%。刘天仇（1999）通过对雅鲁藏布江水文站径流补给进行分析（表 7.1），认为就不同河段而言，其补给类型也有很大的区别。雅鲁藏布江河源段源头

表 7.1 雅鲁藏布江主要水文站（刘天仇，1999）

水文站	河流	经度 (°E)	纬度 (°N)	海拔 (m)	多年平均径流量（亿 m^3）	汇流面积 (km^2)	各补给量占总径流比重 (%)		
							降水	融水	地下水
拉孜	雅鲁藏布江干流	87.38	29.05	4001	56	49370			
奴各沙	雅鲁藏布江干流	89.72	29.33	3700	175	105615	42	18	40
羊村	雅鲁藏布江干流	91.88	29.28	3600	313	147411	44	20	36
奴下	雅鲁藏布江干流	94.57	29.47	2910	592	189000	30	38	32
江孜	年楚河	89.6	28.92	4040	9.75	6216	31	21	48
日喀则	年楚河	88.85	29.30	3900	18.18	16587			
旁多	拉萨河	91.35	30.10	4050	63.12	16370			
唐加	拉萨河	91.80	29.90	3850	78.49	20367			
拉萨	拉萨河	31.15	29.63	3670	94.78	27387	46	26	28
工布江达	尼洋曲	93.25	29.88	3400	37.52	6399			

一带以冰雪融水补给为主，当却藏布以上部分以地下水补给为主，以下部分为降雨、地下水混合补给；中游河段在尼洋曲汇入前以降水补给为主，汇入后至派乡为冰雪融水、降水混合补给；下游河段帕龙藏布汇入后，使干流径流组成又以冰雪融水为主，再往下游，随着海拔的降低，降水量急剧增加，河流的径流补给再次过渡到以降水补给为主。总体而言，雅鲁藏布江属降水补给为主的河流，自上而下，有地下水补给为主、降水补给为主、冰雪融水补给为主、降水补给为主的变化过程。

7.1.2 印度河上游

印度河上游流域位于青藏高原的西部（图 7.3），发源于兴都库什山 – 喀喇昆仑山 – 喜马拉雅山，流经中国、印度、阿富汗和巴基斯坦 4 个国家，其主体部分在巴基斯坦，维持着世界上最大的农业灌溉系统，供养着数百万人口的生计 (Immerzeel et al.，2010；Kreutzmann，2011)。从整个流域看，区域气候复杂，东侧部分支流流域属于典型的季风气候区，其中超过 80% 的降水来自季风气流输送 (Singh et al.，2011；Rajbhandari et al.，2014)。但从整体上看，印度河上游流域主要受西风控制，有超过 70% 的降水来自于西风输送 (Singh et al.，2011；Rajbhandari et al.，2014)，其降水主要发生在冬春季节 (Winiger et al.，2005；Hewitt，2011)。

印度河上游流域 (UIB) 海拔在 254 ～ 8570 m，约有 57% 的流域位于海拔 4000 m 以上，在 Besham Qila 控制站以上的流域面积为 162896 km^2，由 9 个子流域构成，分别是 Gilgit、Hunza、Shigar、Shyok、Astore、Shingo、Zanskar、Indus(U) 和 Indus(M)（图 7.3）。根据表 7.2，Kharmong 为 Zanskar、Shingo 和 Indus(U) 3 个子流域的水文站，Yogo 为 Shyok 子流域的水文站，Gilgit 为 Gilgit 子流域的水文站，三个子流域的径流

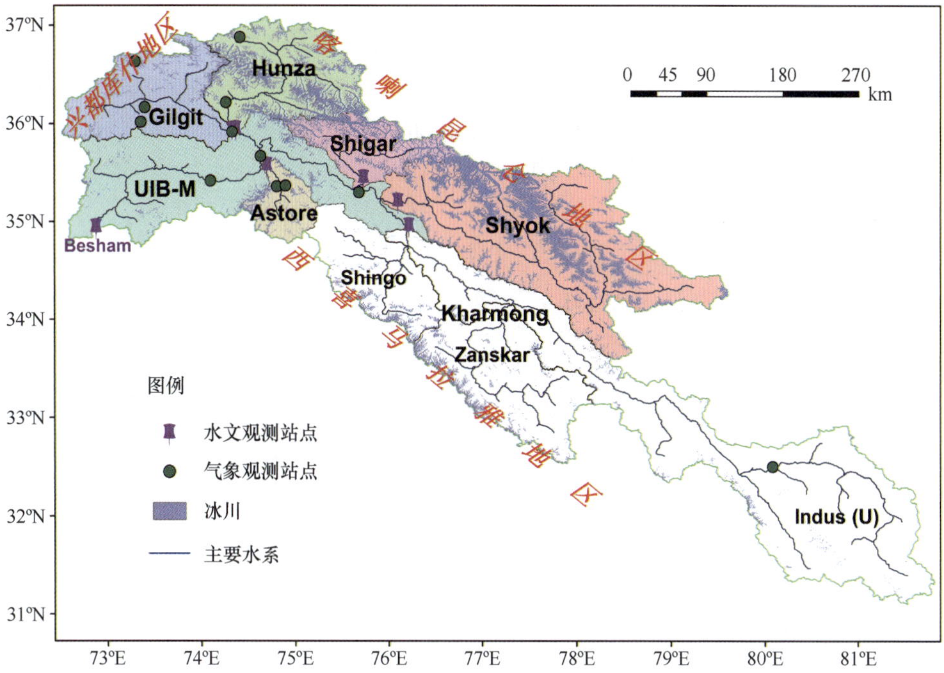

图 7.3　印度河上游及其子流域地理位置

表 7.2　印度河上游及各子流域概况

项目	UIB	Shigar	Shyok	Hunza	Astore	Gilgit	Kharmong	UIB-M
流域面积（km^2）	162896	7021	32945	13824	3950	12752	68692	23718
冰川比例（%）	12.1	30.3	25.9	26.5	13.3	6.4	4.1	5.2
冰川面积（km^2）	19713	2127	8533	3663	525	816	2816	1233
积雪覆盖率（%）	39	54	44	54	55	52	30	39
径流深（mm）	455	920	323	760	1069	715	214	952
水文站点	Besham	Shigar	Yogo	Dainyor	Doyian	Gilgit	Kharmong	
对总径流贡献（%）	100	8.4	13.7	11.7	6.2	11.5	19.4	29.2

注：1. 冰川数据来自 Randolph Glacier Inventory 4.0（Pfeffer et al.，2014）；

2. UIB 即 upper Indus（M）basin，径流量 = 印度河上游流域（UIB）总径流量 – 各子流域径流量和；

3. 积雪覆盖率来自 MODIS10C2（2001 ～ 2014 年）。

量分别占 Besham Qila 以上总径流的 18.3%、16.7% 和 12.2%，Indus（M）子流域水量达到了总径流的 25.4%。冰川积雪广泛分布是印度河上游流域的一个重要特征，其中冰川约占流域总面积的 12%，各子流域的冰川覆盖率在 4.1% ～ 30.3%。根据 MODIS 卫星数据，印度河上游流域年平均积雪覆盖率为 33% ～ 36%，各子流域的年平均积雪覆盖率为 30% ～ 54%。

印度河上游流域在 1961 ～ 2012 年出现夏季降温、冬季升温的趋势（Archer and Fowler，2004；Fowler and Archer，2006；Khattak et al.，2011；Ahmad et al.，2012）。印度河上游大多数冰川在过去 40 多年，特别是近 10 年来呈微弱减少的趋势，但整体处于相对稳定的状态（Bolch et al.，2012；Gardelle et al.，2013；Farhan et al.，2014），导致这一现象的主要原因是冷季降水的增加（Archer and Fowler，2004；Bolch et al.，2012；Yao et al.，2012）；同时，厚碎屑层在一定程度上抑制冰川的消融（Pellicciotti et al.，2017；Kraaijenbrink et al.，2017）。印度河上游积雪在近 10 年来表现出微弱减少，秋冬积雪减少趋势非常明显（Li et al.，2018）。

图 7.4 是印度河上游（UIB）及其子流域多年平均流量的年内变化过程，各子流域径流的季节分布呈现出较大的差异性。该流域径流主要集中在 6 ～ 8 月，其峰值出现在 7 月，降水主要集中在冬季，但是多以固态降雪的形式发生，不能立即融化参与产流；而随着气温的升高，积雪消融，冰川融化，形成了夏季径流洪峰。从各子流域看，冰川分布较广的 Hunza、Shigar 和 Shyok 的季节分布模式较为相似，径流主要集中在 6 ～ 9 月，尤其是 7 ～ 8 月，且径流量在 7 ～ 8 月较接近，6 月和 9 月的径流较接近。Shyok 流域的径流量居于 3 个流域之首，其次是 Hunza 流域，径流量最少的为 Shigar 流域，这和各子流域的面积大小有关（表 7.3）。冰川分布较少的 Kharmong、Astore 和 Gilgit 子流域径流的年内变化过程较接近，径流主要分布在 5 ～ 9 月，特别是 6 ～ 7 月。与冰川分布较多的子流域相比，6 月的径流较高。

冰川和积雪融水是印度河上游流域径流的重要组成部分，不同的研究采用的水文模型、气象驱动数据以及研究方法不同，导致研究结论存在差异。但从整个印度河上游流域来看，冰川融水占径流的 25.8% ～ 67.3%，积雪径流占比为 17.6% ～ 44%，降雨径流比例为 15.1% ～ 30.1%（Immerzeel et al.，2009；Zhang et al.，2013；Mukhopadhyay and Khan，2015；Lutz et al.，2016）。Hunza 河、Shigar 河和 Shyok 河流

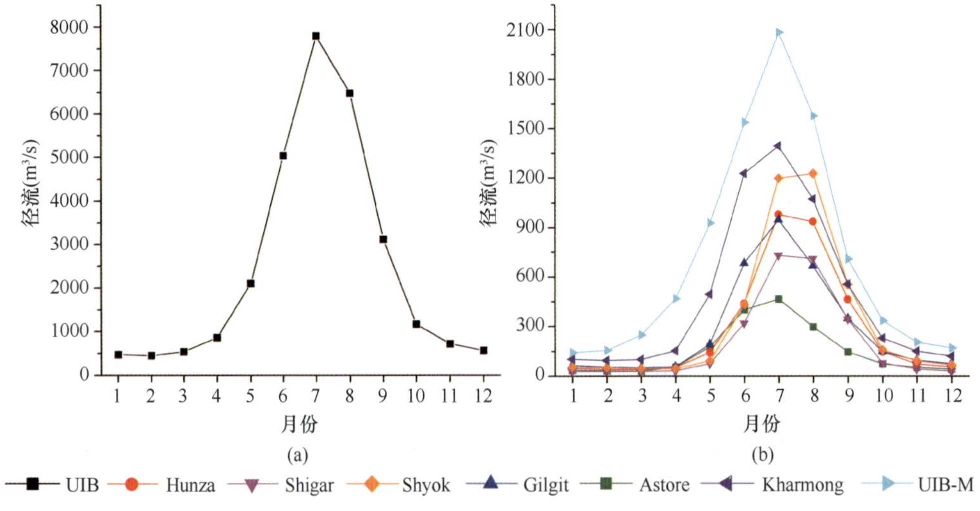

图 7.4　印度河上游及其子流域多年平均径流的年内变化

表 7.3 印度河上游及其子流域径流组分构成（%）

流域	时间段（年份）	冰川融水	积雪融水	降雨径流	参考文献
UIB	2000 ～ 2005	32	40	28	Immerzeel et al.，2009
	1969 ～ 1997	48.2	31	20.8	Zhang et al.，2013
	1969 ～ 2010	25.8	44	30.1	Mukhopadhyay and Khan，2015
	1998 ～ 2007	67.3	17.6	15.1	Lutz et al.，2014
Hunza	1998 ～ 2007	80.6	9.6	9.8	Lutz et al.，2014
	1966 ～ 2010	39.5	32.5	28	Mukhopadhyay and Khan，2015
	2002 ～ 2004	33	50	17	Shrestha et al.，2015
Astore	1973 ～ 2013	22	33	45	Farhan et al.，2015
	1974 ～ 2009	42.8	31.3	25.9	Mukhopadhyay and Khan，2015
Gilgit	1966 ～ 2010	29.5	38.4	32.1	Mukhopadhyay and Khan，2015
	1998 ～ 2007	54.2	26	19.8	Lutz et al.，2014
Shigar	1985 ～ 1998	49.3	29.1	21.6	Soncini et al.，2015
	1980 ～ 2010	32	41.2	26.7	Mukhopadhyay and Khan，2015
Shyok	1973 ～ 2010	50.1	26.8	23.1	Mukhopadhyay and Khan，2015
Kharmong	1982 ～ 2010	25.4	40.7	23.9	Mukhopadhyay and Khan，2015

域的冰川融水在 32% ～ 80.6%，虽然 Astore、Kharmong 和 Gilgit 子流域冰川分布较少，但其冰川融水仍在 22% ～ 54.2%，各子流域的积雪融水在 9.6% ～ 50%，降雨径流在 9.8% ～ 45%，具体见表 7.3。

7.1.3 塔里木河

塔里木河是我国最大的内陆河，它位于我国新疆南部、天山山脉和昆仑山脉之间。地理位置为 73.4° ～ 96.4°E，34.8° ～ 43.5°N，流域总面积 108.4 万 km^2。流域主要有九大水系，如图 7.5 所示，从流域东南方向顺时针来看，分别是：车尔臣河流域、克里雅河流域、和田河流域、叶尔羌河流域、喀什噶尔河流域、阿克苏河流域、渭干河流域、迪那尔河流域、开都 – 孔雀河流域。塔里木河是一条东西向的河流，从叶尔羌河算起，至尾闾台特马湖，全长 2400 km。目前，与塔里木河干流有地表水联系的只有和田河、叶尔羌河和阿克苏河 3 个水系。孔雀河通过从博斯腾湖抽水向塔里木河下游灌溉区输水，形成“四源一干”格局，“一干”是塔里木河干流，指从肖夹克至台特马湖区段的河道，全长 1321 km。阿拉尔视作干流的进口处，从阿拉尔至英巴扎作为上游段，英巴扎至卡拉为中游段，卡拉至台特马湖为下游段。

塔里木河流域内冰川广泛发育，径流主要来自天山和昆仑山的高山冰川和冰雪融水。根据第二次冰川编目数据，塔里木河流域冰川总面积 1.80 万 km^2。三大源区中叶尔羌河流域、和田河流域内冰川分布面积较大，而阿克苏河流域较小。叶尔羌河流域卡群水文站以上集水区的冰川面积为 0.44 万 km^2，占水文站集水面积的 9.69%；和田河流域乌鲁瓦提水文站以上冰川面积为 0.304 万 km^2，占水文站集水面积的 19.00%；

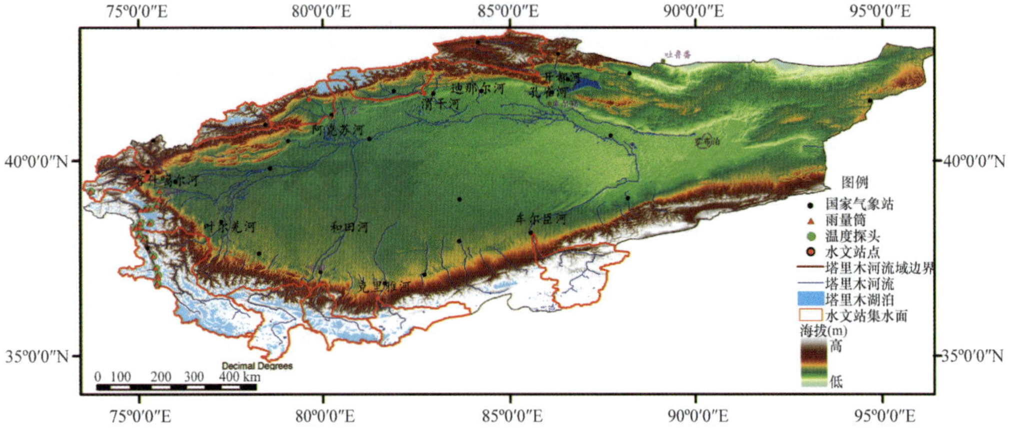

图 7.5　塔里木河流域概况图

同古孜洛克水文站以上冰川面积为 0.193 万 km²，占水文站集水面积的 8.46%；阿克苏河流域西大桥水文站以上冰川面积为 0.101 万 km²，占水文站集水面积的 3.88%。

塔里木河流域气候属于中纬度极端干旱沙漠性气候，常年干旱少雨，蒸发剧烈，平原区年降水量不足 50 mm，而年蒸发量高达 1800 ～ 2900 mm，气候干燥，且多风沙天气（陈亚宁等，2003）。流域四周被高山环绕，中部是塔克拉玛干沙漠，地形条件十分复杂，并且远离海洋，水汽主要来自 3 个方面：一是纬向西风环流水汽；二是西南方向由阿拉伯海过来的水汽；三是北向冷空气受蒙古高压影响，形成流域内由东向西迂回前进的水汽。整体来看，流域降水西部大于东部，迎风坡大于背风坡。山地降水多于平原地区，并且垂直地带性分布明显。流域内气温年较差和日较差大，年均日较差 14 ～ 16℃，气温年较差可以达到 25℃以上。大陆性气候特征明显，夏季 7 月平均气温为 20 ～ 30℃，冬季 1 月平均气温为 –20 ～ –10℃。

20 世纪下半叶，塔里木河流域经历了暖湿的变化过程。参数和非参数检验方法都表明气温和降水存在显著增加趋势，气温累计增加 1℃，降水增速为 6.8mm/10a（Chen et al.，2006a；Ling et al.，2014；Zhang et al.，2016）。降水方面，塔里木河流域 20 世纪 70 年代降水显著减少，80 年代和 90 年代显著增加；夏季降水增加幅度最大，春季降水增加幅度最小（Li，2013；Yang et al.，2017）。气温变化中，塔里木河源区温度从 80 年代中期开始呈显著性增加，90 年代是最温暖的时期，阿克苏河、开孔河气温的增加速率要大于叶尔羌河、和田河；冬季增温最快，夏季增温最慢（Chen et al.，2009；Li，2013）。

降水和气温的变化会影响流域内冰川的进退和积雪的分布。阿克苏河流域托木尔峰地区的冰川近 50 年来处于持续消退状态（Wang et al.，2017a）；Pieczonka 和 Bolch（2015）利用多时相 DTMs 计算了中天山地区冰川的储量变化，认为该地区大部分冰川从 1976 年开始持续消退。GRACE（gravity recovery and climate experiment）数据也表明，塔里木河高山地区水储量正进一步减少（Yang et al.，2015）。值得注意的是，塔里木河流域东帕米尔高原慕士塔格峰的 Ata 冰川，5 个观测年间的冰川物质平衡均值约为 +250 mm(Yao et al.，2012)，说明塔里木河流域高山区冰川变化存在空间异质性，即在冰川消融退缩的大背景下存在个别地区冰川积累前进的情况。积雪方面，塔里木河流域 20 世纪下半叶，积雪面积缓慢增加 (Qin，2006；Xu et al.，2007)。自 21 世纪以来，叶尔羌河流域和天山中段地区积雪面积呈下降趋势 (Li et al.，2017；Tang et al.，2017)。

塔里木河流域多年平均地表水天然径流量为 398.3 亿 m^3。干流自身不产流，21 世纪初，在汇入塔里木河干流的三源区中，阿克苏河是塔里木河干流水量的主要补给来源，补给量占 73.2%，和田河占 23.2%，叶尔羌河占 3.6%(郝兴明等，2006)。

根据塔里木河源区阿克苏河、叶尔羌河、和田河主要河流的水文站实测数据资料 (1957 ～ 2003 年)，各源区年径流量见表 7.4。其中，阿克苏河包括托什干河的沙里桂兰克水文站，昆马力克河的协合拉水文站；叶尔羌河以卡群水文站为控制站；和田河流域包括玉龙喀什河的同古孜洛克水文站、喀拉喀什河的乌鲁瓦提水文站；塔里木河干流上有 4 个水文站，分别是阿拉尔水文站、新渠满水文站、英巴扎水文站和卡拉水文站。

表 7.4　塔里木河流域水系的水文特征值一览表（郝兴明等，2006)

河流	站名	集水面积 (km^2)	年径流量 ($10^8 m^3$)	变差系数 Cv	径流组成 (%)		
					冰川融水	雨雪混合	基流
托什干河	沙里桂兰克	19166	27.67	0.2	24.7	45.1	30.2
昆马力克河	协合拉	12856	48.67	0.16	52.4	30.4	17.2
叶尔羌河	卡群	50248	65.43	0.19	64.0	13.4	22.6
玉龙喀什河	同古孜洛克	14575	22.27	0.25	64.9	17.0	18.1
喀拉喀什河	乌鲁瓦提	19983	21.39	0.22	54.1	22.1	23.8
塔里木河干流	阿拉尔	—	45.87	0.25	47.9	27.9	24.2
	新渠满	—	38.12				
	英巴扎	—	29.23				
	卡拉	—	6.04				

阿克苏河、叶尔羌河、和田河的各水文站观测的径流总体呈增加趋势，但是年内变化各不相同。径流主要集中在 5 ～ 10 月 (图 7.6)，这一时期也是温度较高的时间段。径流的集中程度指数 (CDI) 显示除了协合拉水文站有轻微的增加趋势外，其他几个水文站都呈下降趋势，说明阿克苏河的径流量年内分布有集中的趋势，而和田河、叶尔羌河的径流年内分布趋于分散 (Ling et al.，2014)。塔里木河干流阿拉尔水文站径流量的年内变化见表 7.5(Ye et al.，2014)，表现为径流量集中在 6 ～ 9 月，这一时段的径流量达到 32.66 亿 m^3，占年径流量的 74.14%。

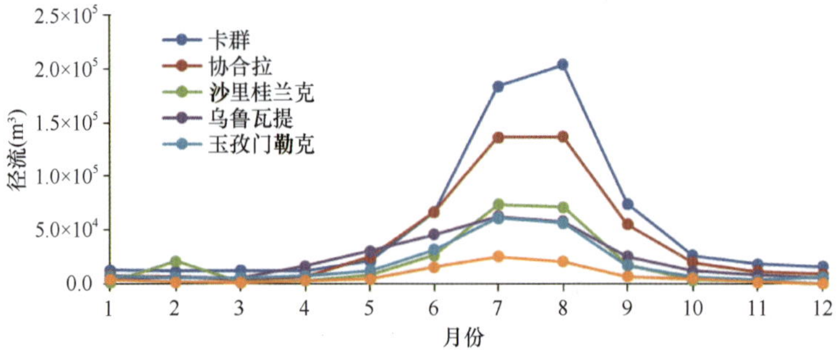

图 7.6　塔里木河源区 1957 ～ 2008 年径流年内分布（Ling et al.，2014）

表 7.5　阿拉尔水文站径流量的年内变化

项目	1 月	2 月	3 月	4 月	5 月	6 月	7 月	8 月	9 月	10 月	11 月	12 月	全年	汛期（6 ～ 9 月）
径流量（10^8 m^3）	2.03	1.66	1.11	0.43	0.59	1.1	8.82	18.34	4.4	2.22	1	2.35	44.06	32.66
占比（%）	4.61	3.78	2.51	0.97	1.34	2.5	20.00	41.64	9.99	5.04	2.26	5.34	100	74.14

塔里木河流域的径流补给以冰雪融水、雨雪混合和基流 3 种方式为主（表 7.4）。其中，阿克苏河流域的托什干河以固 / 液态降水补给流域径流为主，补给比例达 45.1%；而另一条河昆马力克河则以冰川融水为主，其占比达到了河流径流量的 52.4%。而最近的研究表明，在阿克苏河流域，径流组分中冰川融水、融雪和降水分别占昆马力克河径流量的 43.8%、27.7%、28.5%，占托什干河径流量的 23.0%、26.1%、50.9%（Zhao et al.，2012）。这两条河的年径流量组分依然以冰川融水和降水为主，但是比重有所变化。叶尔羌河流域中，冰川广泛分布，冰川融水高达 64.0%；和田河流域中也以冰川融水为主，玉龙喀什河和喀拉喀什河的冰川融水比例分别为 64.9%、54.1%。

7.2　历史径流变化趋势及特征

7.2.1　雅鲁藏布江

雅鲁藏布江水量丰沛，年径流总量为 1395.1 亿 m^3，年平均流量为 4425 m^3/s，约占青藏高原外流水系年径流总量的 42.4%。目前，雅鲁藏布江主要水文站（表 7.1）有拉孜站、日喀则站、奴各沙站、拉萨站、羊村站和奴下站等。

基于奴下水文站点实测径流资料，利用气候倾向及线性拟合、滑动平均等统计分析方法，对天然径流序列进行变化趋势分析（图 7.7），并利用 Morlet 小波和 Mann-Kendall 进行径流突变分析和周期性分析得出，雅鲁藏布江奴下水文站以上 1970 ～ 2013 年径流约以 6.45 $(m^3/s)/10a$ 的速率呈不显著上升趋势，年楚河和拉萨河流域年径流也呈增长趋势。

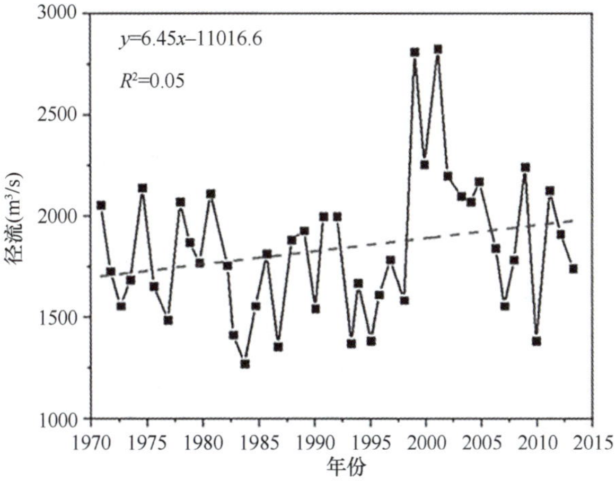

图 7.7　1970 ～ 2013 年雅鲁藏布江奴下水文站径流量变化

基于奴下水文站资料，利用 Mann-Kendall 检验以 10 年为一个代际进行趋势分析得出，流域径流自 20 世纪 50 年代后期持续增长，60 年代为丰水期，70 年代和 80 年代径流逐渐减少，80 年代最枯，进入 90 年代后，径流变化情况是先下降后上升，并一直保持上升趋势，但径流量仍低于 60 年代，2000 年以后径流有所下降（洛珠尼玛等，2011；王蕊等，2015）。

根据 1956 ～ 2000 年奴下水文站的资料，利用 Morlet 小波分析对径流的周期性变化进行探讨，认为雅江流域存在明显的 15 年周期特征，在该时间尺度上，季节径流变化趋势基本一致，总体呈现出“枯—丰—枯—丰—枯—丰”的径流更替特征（李占玲等，2008；钱晓燕等，2010）。

径流对气候变化响应的研究多基于雅江流域径流和位于低海拔的气象要素长期观测资料，采用回归分析和 Mann-Kendall 非参数检验等数理统计或相关分析方法进行定性探讨，结果表明，20 世纪下半叶雅江流域降水和径流具有一致的周期变化。通过对径流年际变化的分析，认为气温、降水的变化可能会导致流域径流增加，同时，这些变化也可能与流域地表状况的变化有关（刘剑等，2007）。利用雅江流域气象站数据和径流资料，通过小波分析、相关分析及多元线性回归等统计方法，分析径流与气候要素变化特征及其响应关系，结果表明，气温、降水是影响雅鲁藏布江天然径流变化最直接的影响因素，但降水是年径流变化最主要的控制因素，它决定了雅江流域径流年内分配过程（杨志刚等，2014；王珍等，2016）。利用水文模型对雅江流域径流进行组分量化，结果表明，降雨径流对总径流贡献最大，约占 65.4%(Zhang et al.，2013；Lutz et al.，2014；Chen et al.，2017)，这进一步说明降水是影响雅江流域径流的主要因素。

7.2.2　印度河上游

从图 7.8 可以看出，印度河上游流域在 1970 ～ 2013 年，多年平均径流表现为

轻微增加趋势 [约 (4m³/s)/a，不显著]。从季节径流变化来看，春夏秋冬四季的径流都呈现增加趋势 [1.5 ～ 7.5(m³/s)/a]，但是只有冬季径流表现为显著增加趋势，约为 3.43 (m³/s)/a。从各月来看（表 7.6），流域径流在 12 月到次年 3 月皆表现出显著增加的趋势，径流显著增加的原因可能和该流域的冬季降水增加有关 (Yao et al.，2012)；流域径流在 6 ～ 7 月呈现出减少趋势 [为 –6.7 ～ –3.6(m³/s)/a)]，这可能与夏季气温降低导致积雪、冰川消融量减少有关 (Archer and Fowler，2004；Fowler and Archer，2006；Khattak et al.，2011；Ahmad et al.，2012)；而径流在 8 ～ 11 月呈现出增加趋势，其可能原因为原本在 6 ～ 7 月未消融的积雪冰川在此时开始消融，导致径流增多。

为方便统计径流变化，Hasson 等 (2017) 将印度河上游流域分为喀喇昆仑山地区 (Shyok、Shigar 和 Hunza 子流域)、兴都库什山地区 (Gilgit 子流域) 和喜马拉雅山地区 (Astore、UIB-M 和 Kharmong 子流域)，具体情况见表 7.7。

印度河上游流域及其各支流受不同气候要素主导，融冰、融雪和降雨径流机制并存 (Archer，2003)，因此流域内径流变化呈现出显著的季节和区域差异 (Sharif et al.，2013)。冰川分布较广的喀喇昆仑山地区在 1966 ～ 2011 年径流表现为弱增加趋势，

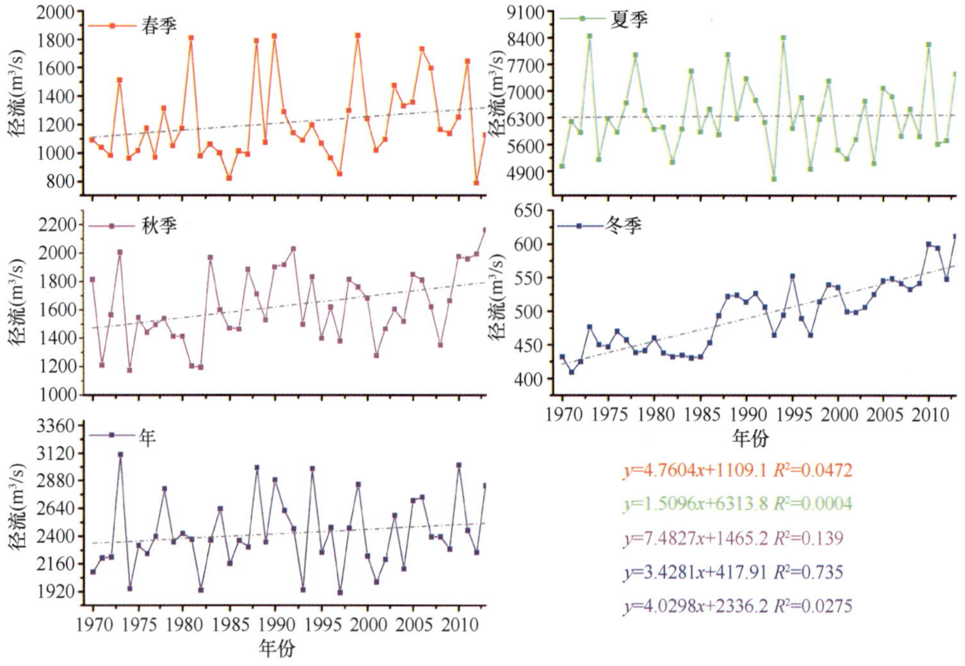

图 7.8　印度河上游流域多年平均径流的年际变化 (1970 ～ 2013 年)

表 7.6　印度河上游流域的各月径流变化　　[单位：(m³/s)/a]

流域	1 月	2 月	3 月	4 月	5 月	6 月	7 月	8 月	9 月	10 月	11 月	12 月
UIB	3.3	3.7	3.9	0.8	9.6	–6.7	–3.6	14.8	11.2	6.9	4.4	3.4

表 7.7 印度河上游及其子流域的径流变化研究（Hasson et al.，2017） [单位：(m^3/s)/a]

流域	1月	2月	3月	4月	5月	6月	7月	8月	9月	10月	11月	12月	冬季	春季	夏季	秋季	年季
Shyok	0.0	0.0	–0.0	–0.0	1.8	6.5	5.2	6.8	4.3	1.3	0.2	0.0	0.1	0.4	7.1	2.1	2.4
Shigar	0.3	–0.1	–0.5	–0.7	6.1	3.9	–1.2	6.3	–7.4	–4.1	–1.4	–0.3	–0.4	1.8	6.2	–2.8	0.3
Hunza	0.0	0.0	0.0	0.0	0.3	–3.8	–12.7	–13.8	–2.1	–0.2	0.2	0.2	0.1	0.2	–10.2	–0.6	–2.6
Gilgit	0.0	0.1	0.0	0.2	3.3	–1.0	–0.9	0.1	0.6	0.2	0.2	0.1	0.0	1.3	0.2	0.3	0.5
Karakora	0.3	–0.2	–0.6	0.3	9.7	24.3	8.3	8.1	–7.6	–2.2	–0.6	0.6	–0.2	4.2	24.4	–4.4	6.4
Himalaya	3.2	3.9	4.7	2.3	–0.3	–32.3	–69.3	–17.6	–4.6	–0.0	3.4	2.1	3.4	6.7	–40.1	–0.7	–6.1
Astore	0.3	0.2	0.3	1.0	3.5	1.3	–0.6	0.5	0.2	0.3	0.3	0.2	0.3	1.6	0.4	0.3	0.8
Kharmong	0.6	0.9	1.2	0.8	–12.9	–21.4	–10.5	–1.4	–0.2	0.1	0.2	0.6	0.6	1.1	–14.9	–0.6	–1.6
UIB	3.0	3.3	3.5	0.6	13.0	–8.8	–13.3	–3.2	8.2	4.0	3.9	3.0	3.0	5.0	–6.2	5.1	2.2

注：Kharmong、Shyok、Shigar、Hunza、Gilgit 和 Astore 子流域的径流数据时间段分别为 1982 ～ 2011 年、1974 ～ 2011 年、1985 ～ 1998 年、1966 ～ 2011 年、1970 ～ 2011 年、1974 ～ 2011 年。

秋冬季减少，春夏季增加，尤其是春季径流表现为显著增加趋势。具体来说，4 ～ 8 月表现为不显著增加趋势，9 ～ 11 月和 2 ～ 3 月表现为不显著减少趋势，12 月至次年 1 月表现为增加趋势。该地区包括 3 个子流域：Shyok、Shigar 和 Hunza 子流域。Shyok 子流域 1974 ～ 2011 年径流表现为显著增加趋势 [约 2.4(m^3/s)/a]，各季节也呈现出不同程度的增加趋势，尤其是夏秋季节表现为显著增加趋势 [2.1 ～ 7.1(m^3/s)/a]。具体来说，该流域的径流除了在 3 ～ 4 月表现为减少趋势外，其他月份皆为增加趋势，6 ～ 9 月为显著增加趋势。Shigar 子流域 1985 ～ 1998 年的径流表现为微弱增加趋势，并呈现出秋冬季减少、春夏季增加的变化特征。从各月来看，径流除在 1 月、5 ～ 6 月和 8 月表现增加外，在其他月份皆为减少。Hunza 子流域 1966 ～ 2011 年径流呈现减少趋势，且有冬春增加、夏秋减少的特征，尤其是夏季径流呈现出显著减少的趋势，这和位于喀喇昆仑山的 Shigar 和 Shyok 子流域夏季径流减少的趋势恰恰相反。具体来说，径流在 6 ～ 9 月表现出显著减少的趋势，而在其他月份表现出微弱的增加趋势 [为 0 ～ 0.2(m^3/s)/a]。

兴都库什山地区只有 Gilgit 子流域，该流域在 1970 ～ 2011 年径流表现为微弱增加趋势，各季节的径流也表现出不同程度的增加趋势，其中春季径流表现为显著增加趋势。从月份来看，除 6 ～ 7 月径流表现减少趋势外，其他各月皆为增加趋势，其中 5 月显著增加 [3.3(m^3/s)/a]。

喜马拉雅山地区河流 1982 ～ 2011 年径流表现为减少趋势，其中，冬春季径流增加，夏秋季节径流减少。具体来说，径流在 11 月至次年 4 月呈现出增加趋势，尤其是在 1 ～ 3 月和 11 月表现为显著增加趋势，5 ～ 10 月表现为减少趋势，其中 7 月呈现显著增加趋势。该地区主要包括 3 个子流域：Astore、Kharmong 和 UIB-M 子流域。其中，Astore 子流域 1974 ～ 2011 年径流呈现出增加的趋势，4 个季节均表现为增加趋势，其中春季增加显著。从各月份来看，径流除在 7 月表现为减少趋势外，其他月份皆表现为增加趋势，3 ～ 5 月显著增加。Kaharmong 子流域在 1982 ～ 2011 年径流表现出减少趋势，就季节来看，冬春增加，夏秋减少，尤其是夏季径流显著减少。从各月份来看，径流在 5 ～ 9 月表现为减少趋势，6 月显著减少 [–21.4 (m^3/s) /a]；10 月到次年 4 月呈现出增加趋势，2 ～ 3 月为显著增加趋势。由以上得出，UIB-M 的多年平均和夏季径流呈现出减少趋势，冬春季节径流增加。

河川径流作为水循环的重要环节，是水资源综合开发利用、科学管理、优化调度的重要依据。影响径流变化的因素很多，最主要的是气候变化。目前，印度河上游流域径流对历史气候变化的响应研究中，常用的方法是，基于流域水文站点径流和所在区域中低海拔的气象要素长期观测资料，采用数理统计或相关分析方法，定性探讨径流对气候和冰冻圈变化的响应。

在径流变化和气温、降水变化之间的关系方面，主要是根据流域站点气温、降水与出水口径流进行 MK 检验、Sens 斜率检测以及 Pearson、Spearman 和 Kendall 相关分析。印度河上游流域上、中、下游的径流变化在 1967 ～ 2005 年分别受气温、气温和降水、季节降水的影响。冬春季气温升高（特别是最高温增加）可能导致冬春季径流增加 (Khattak et al.，2011)。但有研究发现，印度河上游在 1995 ～ 2012 年的多年径流变化并不和气温、降水的变化相吻合；5 月、7 月径流的增加或减少往往暗示着同时段气温的增加或减少 (Hasson et al.，2017)。在子流域方面，Hunza 流域 1961 ～ 1999 年夏季径流减少主要是由气温降低所致 (Fowler and Archer，2006；Sharif et al.，2013)。Astore 流域 1960 ～ 2010 年径流增加的原因是降水增加 (Sharif et al.，2013；Farhan et al.，2015)。也有研究认为，Astore 径流受流域内的年均气温、夏季和前期冬季降水共同影响，夏季径流和冬季降水呈显著正相关关系；Hunza 径流变化和季节性气温相关；Gilgit 径流变化则受年均气温和前一年冬季降水共同影响 (Tahir et al.，2015，2016)。

冰川是气候变化的指示器，以气温和降水为代表的气候变化直接导致了冰川的前进或与后退，继而影响流域径流的变化。在径流变化和冰川进退的关系上，各研究主要采用数理统计定性分析的手段，冰川变化的获取大多依靠遥感卫星手段，由于采用的遥感影像、时间段的不同，各研究结果存在一定差异。Farhan 等 (2015) 基于 Landsat、SPOT-5 和 GLAS-ICESat 遥感数据，发现 Astore 流域冰川在 1973 ～ 2013 年基本保持不变，然而其径流在 1980 ～ 2010 年却呈现增加的趋势，因此认为 Astore 径流变化与冰川消融进退无关。Mukhopadhyay 和 Khan (2014a) 在 Shigar 流域的研究表明，1970 ～ 2010 年，8 ～ 9 月径流增加，但是冰川并没有变化；Mukhopadhyay 和 Khan (2014b) 同样在 Shigar 流域的研究则指出，1999 ～ 2010 年，该流域 7 ～ 9 月径流增加，冰川则呈轻微减少趋势 [0.04 ～ 0.05 (mm/ 天)/a]。

位于喀喇昆仑地区的 Hunza 和 Shyok 子流域（特别是 Hunza) 的径流在夏季出现减少趋势，与该地区的冰川变厚和前进相一致 (Sharif et al.，2013)。Shigar 子流域在 1999 ～ 2008 年的冰川物质平衡为正，其观测径流减少，该流域的径流变化和也冰川变化相吻合 (Gardelle et al.，2012)。Hunza 在 1999 ～ 2013 年消融期径流基本保持不变，暗示冰川累积，而 Shigar 和 Shyok 在 1979 ～ 1999 年径流增加主要是降水增加，因此水量平衡和冰川进退消融两者之间很难解释（Reggiani et al.，2017）。

7.2.3　塔里木河

研究显示，20 世纪下半叶，叶尔羌河和阿克苏河年径流量显著增加，而和田河的径流量表现为保持稳定略微降低的趋势（Chen et al.，2007；Mtalip et al.，2012）。图 7.9 为叶尔羌河上游卡群站全年和四季（春季、夏季、秋季和冬季）径流量的年际变化。叶尔羌河上游流域径流在全年和 4 个季节均呈现增加趋势，其中，年径流变化趋势为 0.43 mm/ 年。

降水量和气温的变化是影响河川径流变化的主要气象因素。20 世纪下半叶至 21 世纪初，塔里木河流域山区气温、降水和“四源”地区总径流量均呈增加趋势，其变

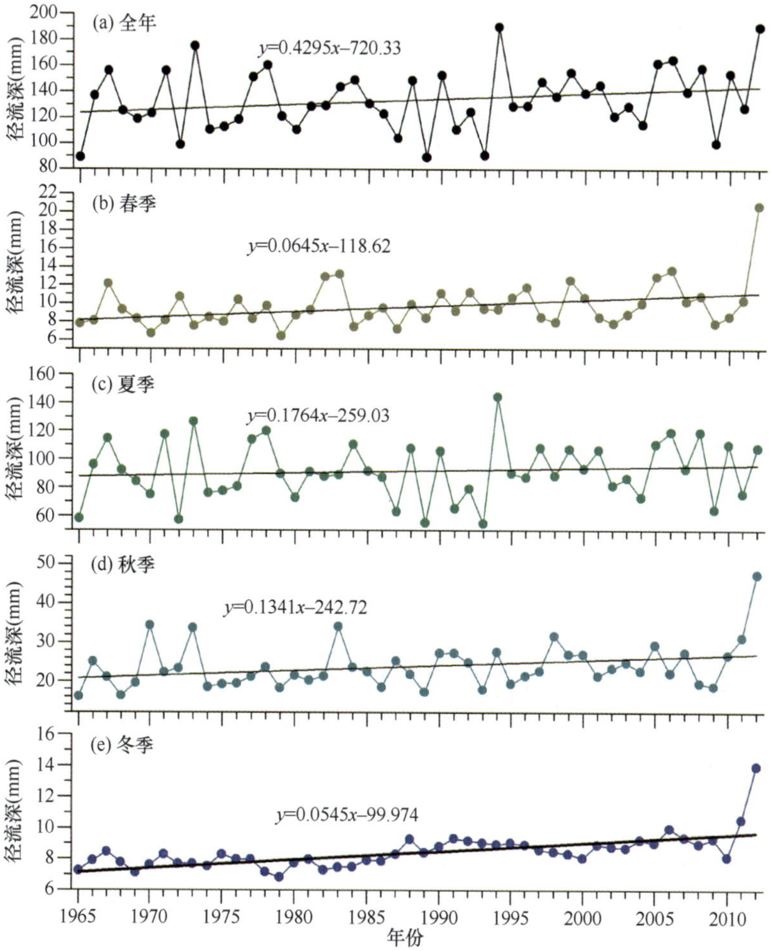

图 7.9　叶尔羌河上游卡群水文站 1965 ～ 2012 年实测径流变化

化速率为：气温 0.0242 ℃ /a、降水 1.189 mm/a、径流 0.62 亿 m^3/a。就各子流域来看，阿克苏河流域降水量对径流量的影响要大于气温；叶尔羌河流域气温对径流量的影响要大于降水；和田河、开都河流域的降水和气温的变化对径流量的影响作用是相当的（邓铭江，2009）。整体来看，塔里木河各水系地表径流量基本处于增加趋势（表 7.8），其中阿克苏河、和田河和叶尔羌河汇入干流的总径流显著增加（邓铭江，2009；Aynur and Wahapu，2010；Ling et al.，2012a；Qin et al.，2016）。但是由于人类用水的不断增加，塔里木河干流上游水文站观测径流量持续下降。

表 7.8　塔里木河流域各水系年径流量变化趋势

河流（水系）	水文站	时间（年份）	趋势 (10^8 m^3/10a)	资料来源
卡拉苏河（渭干河）	卡拉苏	1956 ～ 2006	0.49	Qin et al.，2016
卡木思朗（渭干河）	卡木鲁克	1956 ～ 2006	0.25	Qin et al.，2016
克里雅河	努买提栏杆	1957 ～ 2009	0.25	Ling et al.，2012a
车臣河	且末	1956 ～ 2006	0.07	Aynur and Wahapu，2010
库山河（喀什噶尔）	沙曼	1956 ～ 2005	0.3	Qin et al.，2016
开都河（开孔河）	大山口	1956 ～ 2005	0.97	Qin et al.，2016
开孔河	66 km 分水闸	1956 ～ 2005	1.97	Deng，2009
台兰河（阿克苏）	台兰	1952 ～ 2006	1.62	Qin et al.，2016
昆马力克河（阿克苏）	协和拉	1957 ～ 2008	2.82	Qin et al.，2016
托什干河（阿克苏）	莎里桂兰克	1957 ～ 2008	1.85	Qin et al.，2016
阿克苏河	西大桥	1960 ～ 2010	3.78	Li et al.，2016
喀拉喀什河（和田河）	乌鲁瓦提	1957 ～ 2008	0.12	Mtalip et al.，2012
和田河	出山口	1956 ～ 2005	–0.445	Deng，2009
叶尔羌河	卡群	1957 ～ 2008	1.76	Mtalip et al.，2012
阿拉尔水文站（干流）	阿拉尔	1956 ～ 2005	–1.926	Deng，2009

7.3　未来径流变化趋势及特征

研究气候变化对未来水资源影响最常用的方法是，基于水文模型，将假设的气候情景或气候模式输出的未来情景作为驱动，来预估或评价未来气候变化条件下河川径流或其他水循环要素的变化趋势。在气候变化情景设定方面，目前常用的有两种方法：一种是增量情景，即根据区域气候的可能变化，人为给定气温升高度数、降水量增加或减少比例以及两者的组合，构成气候变化的假想情景。例如，人为假设地面气温相对增加 1℃、2℃和 4℃，降水变化分别为 2%、5% 和 10% 等（Singh et al.，2006；

Lan et al.，2010）。增量情景法容易设计和应用，并且能够描述径流对未来气候变化的响应曲线，进而确定气候影响的关键因子，其是目前在全球气候模式输出结果不确定的情况下较为常用的方法。但增量情景法对未来气候的变化情景完全基于人为假设，因此未来气候变化的不确定性难以评估。另一种是基于大气环流模型（general circulation model，GCM）或区域气候模式输出的气候变化情景（Su et al.，2013；Li et al.，2014；Zhang et al.，2015）。

本章节对未来径流预估采用较多的是 VIC 模型（图 7.10，Liang et al.，1994），它是由华盛顿大学、加利福尼亚大学伯克利分校以及普林斯顿大学共同开发的大尺度分布式陆面水文模型。

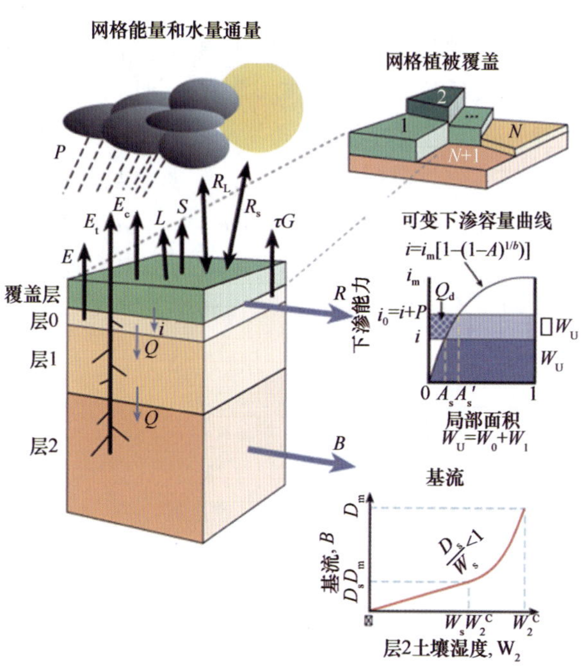

图 7.10　VIC 模型结构图

由于 VIC 模型是基于空间网格化的分布式水文模型，因此它可以与 GCMs 或中尺度的大气模式耦合，也可以单独作为水文模型进行计算。VIC 模型主要具有以下特点：

1）VIC 模型既考虑了大气–植被–土壤间的水热交换过程，也考虑了此网格地形、植被覆盖、土壤分布等不均匀性对产流造成的影响。

2）VIC 模型是基于空间网格来进行陆气间热通量、陆地表面水量和能量平衡的模拟，时间步长为日或者小时。

3）VIC 模型的输入数据是气象驱动数据、植被参数数据和土壤质地数据。其中，气象强迫数据是具有一定时间序列且时间步长小于日的降水、最高气温、最低气温和风速数据。

4) VIC 模型网格中的水分完全源于大气降水，不考虑网格间的水分输送，但将水系中的地表径流或者地下径流看作是网格间相互交换的水量。

5) VIC 模型假定各网格汇流到水系中的水分不再回渗入网格，这部分水分仅能在水系中流动。

6) VIC 模型在考虑土壤水分下渗过程时采用的是可变下渗的蓄水容量曲线，且鉴于水文下渗的空间不均匀性，用 3 层土壤来体现土壤垂直方向上的异质性。

7) VIC 模型假定网格的水热模拟过程独立完成，不与其他网格相互作用。

8) VIC 模型对流域径流的模拟过程，分为产流模拟和汇流计算两个步骤，即先是网格独自的陆面水文过程模拟，再由一个独立的汇流模型将各个网格的模拟径流汇集到出水口。

VIC 模型由于含有双层积雪模型和考虑冻土冻融过程的冻土模块，因此其能够较好地应用于高寒山区冰川流域的水文过程模拟研究，但模型本身并不具备冰川模块。度日因子模型是一个基于冰雪消融与气温，尤其是正积温的线性关系建立的冰川模型。尽管度日因子模型无法描述冰川消融的物理过程，但该模型所需数据较易获得，且具有计算简单、应用效果好等优点，因此被广泛地应用到冰川物质平衡、冰川和积雪对气候变化响应等研究中。本部分采用耦合了度日因子模型的 VIC-Glacier 水文模型对雅江流域、印度河上游和塔里木河流域进行未来径流和组分变化预估研究。模型结构及模拟框架如图 7.11 所示。

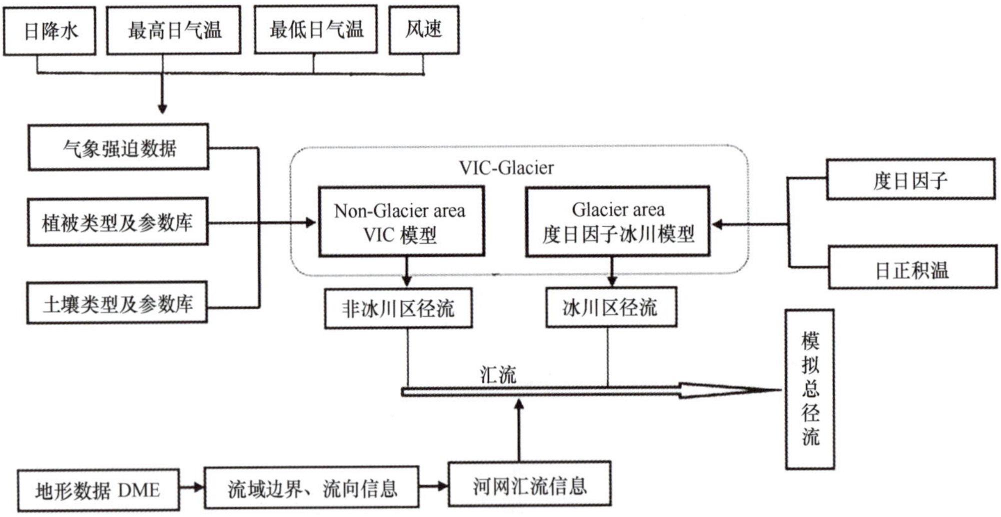

图 7.11 VIC-Glacier 模型框架及计算流程图

VIC-Glacier 模型的不确定性主要来源于气象数据的不确定性和冰川消融模块中参数的不确定性。降水是水文模型的重要输入数据，由于山区降水机制的复杂性，目前准确获取降水的时空分布场仍然是一大挑战。站点观测是准确了解区域降雨信息最有效的手段，但目前的观测站点均分布在低海拔山谷平原地带，且空间分布严重不均，这极大地限制了人们对高海拔地区降水的了解。已有的卫星数据、大气再分析数据和区域气候模式输出等降水产品在量级和时空分布上都表现出较大差异，给流域水文模拟和预测带来了很大的挑战。因此，气象数据的不确定性仍是水文模型不确定性的重要来源。

利用度日因子模型计算冰川区径流时，由于冰川气象数据的缺乏，通常在一个流域内使用相同的度日因子。但事实上，度日因子存在着巨大的空间差异性，而且不同季节、同一条冰川上，其度日因子也不尽相同。因此，度日因子是影响冰川径流模拟的一个主要参数。

VIC 模型具有一定的物理机制，在有限的模型参数中，只有两个需要调试：一个是第二层土壤深度（d_2）；另一个是入渗指数（b_{inf}）。但在站点稀少的高山流域，VIC 模型参数本身所带来的不确定性远远小于气象输入不准确所带来的模型的不确定性。因此，青藏高原高山区气象信息的缺乏，特别是高山区降水信息的未知，是水文模型模拟结果不确定性的主要来源。

7.3.1　雅鲁藏布江

预估雅江流域径流对未来气候变化的响应可为水资源管理部门制定相应的措施及工程设计提供理论依据。Su 等（2016）基于 VIC-Glacier 水文模型，利用 CMIP5（coupled model intercomparison project）中的 RCP（representative concentration pathways）2.6、RCP4.5 和 RCP8.5 情景下 20 个 GCMs 的输出结果，预估了雅江流域未来气候及径流相对于 1971 ～ 2000 年的变化。由图 7.12 ～图 7.14 可知，2011 ～ 2070 年雅江流域年降水增加 10.0% ～ 15.0%，5 ～ 8 月季风期降水增加；9 月至次年 3 月降水减少。2011 ～

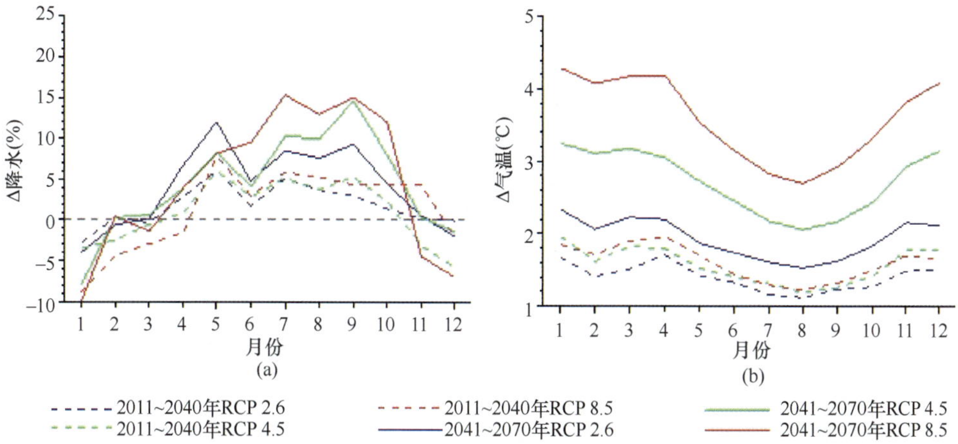

图 7.12　不同情景下雅江流域 2011 ～ 2040 年及 2041 ～ 2070 年降水和气温相对于 1971 ～ 2000 年的月变化（Su et al.，2016）

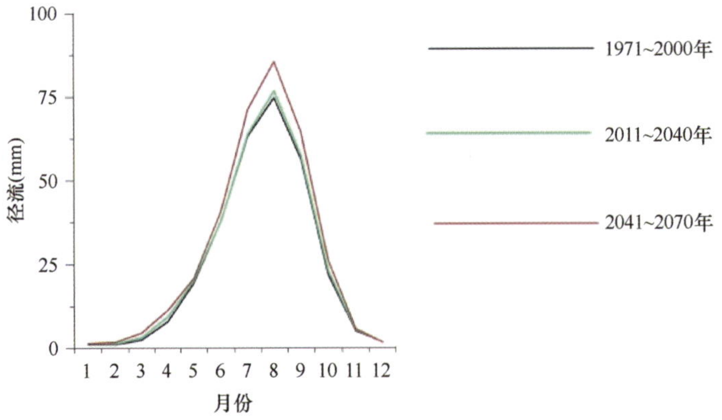

图 7.13　雅江流域 1971 ～ 2000 年、2011 ～ 2040 年及 2041 ～ 2070 年平均月径流（Su et al.，2016）

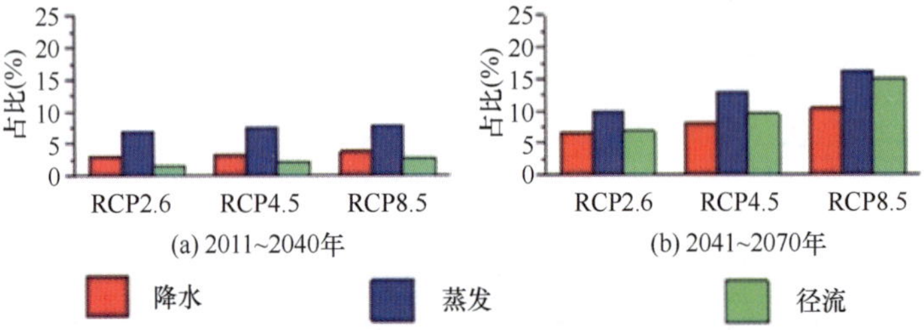

图 7.14　不同情景下雅江流域 2011 ～ 2040 年及 2041 ～ 2070 年降水、蒸发和径流相对于 1971 ～ 2000 年的年变化（Su et al.，2016）

2070 年气温各季节均呈增加趋势，但冬季增加最快。不同情景下的预估表明，径流变化主要受降水影响且集中在夏季，2011 ～ 2040 年降水和蒸发变化不大，径流呈现稳定或不明显增加的变化；2041 ～ 2070 年，降水和蒸发都有所增加，年径流量将增加 6.7% ～ 14.4%。

由图 7.15 和图 7.16 可知，雅江流域 1971 ～ 2070 年冰川对径流贡献逐渐增加，占总径流的 14.0% ～ 21.0%，这也表明冰川径流将是影响未来径流变化的主要成分。但是，随着冰川面积的不断减少，消融的冰川径流无法使得河流总径流进一步增加，这时冰川径流将会达到一个最大值，称为冰川补给型河流径流量的“拐点”。Huss 和 Hock（2018）认为，在 RCP2.6 情形下，布拉马普特拉流域在（2030±18）年冰川径流达到最大值，与 1980 ～ 2000 年平均值相比增加 15%；而在 RCP4.5 和 RCP8.5 情景下，冰川拐点分别出现在 2049±18 年和 2049±30 年。此外，随着流域未来降水和气温的增加，降水对径流的贡献也逐渐增加，但融雪对径流的贡献逐渐减少。

综上，不同情景预估表明，雅江流域在 1971 ～ 2070 年降水、气温和流域总径流将呈增加趋势；其中，降雨和冰川径流将成为流域总径流增加的主要原因，而融雪径流将呈减少趋势。

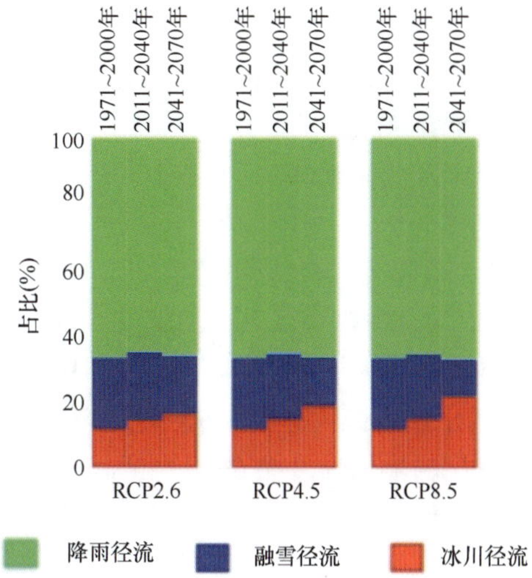

图 7.15 不同情景下雅江流域在 1971 ～ 2000 年、2011 ～ 2040 年和 2041 ～ 2070 年各径流组分对年总径流的贡献比（Su et al.，2016）

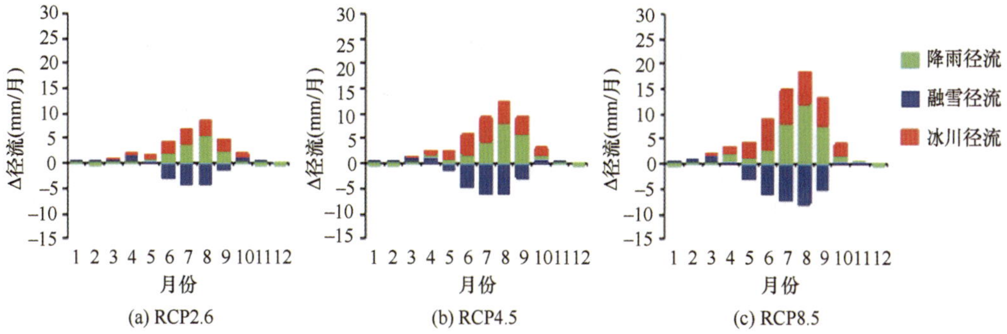

图 7.16 不同情景下雅江流域在 2041 ～ 2070 年较 1971 ～ 2000 年各径流组分的月变化（Su et al.，2016）

7.3.2 印度河上游

目前，印度河上游未来径流变化趋势预估采用的模型主要有：UBC（University of British Columbia）流域模型、SRM（snowmelt-runoff model）模型、SPHY（spatial processes in hydrology model）模型和 VIC 耦合度日模型等水文模型；模型的降水驱动数据有：站点降水、TRMM（tropical rainfall measuring mission）降水数据、校正前后的 APHRODITE（asian precipitation-highly resolved observational data integration towards evolution of water resources）降水等。由于各研究采用的水文模型、气象驱动数据不同，关于径流未来变化趋势的结论存在一定差异。降水更多地以降雨的形式发生会在一定程度上使径流量增加，冰川退缩可能会使基流减少，可能导致更多的旱灾和洪灾。Huss 和 Hock(2018) 指出，冰川拐点在印度河上游流域未来径流的变化中发挥着重要作用，在不同的情景下，冰川拐点发生的时间不同，该流域冰川拐点在 RCP2.6、RCP4.5 和 RCP8.5 情景下出现的时间分别为 2029±10 年、2045±17 年和 2064±19 年。

本部分将根据 Su 等 (2016) 的结果来详细探讨印度河上游流域径流以及各径流组分在未来的季节特征及变化趋势。由图 7.17 可知，在不同的未来情景下在近未来 (2011 ～ 2040 年)，印度河上游流域降水有轻微的增加（约增加 2%)，蒸发的增加幅度约达到 10%，径流有轻微增加，在 4% ～ 7%。在远未来 (2041 ～ 2070 年)，降水、蒸发和径流的增加幅度在不同的情景下表现不同，其中在 RCP8.5 情景下增幅最大；降水的增加幅度在 RCP8.5 情景下最大，约达到 5%；蒸发增加幅度较历史时期和近未来最大，达到 10% ～ 17%；径流的增加幅度在 6% ～ 23%。从印度河上游流域径流的季节特征来看（图 7.18)，远未来时期的径流有两个峰值，分别是 4 月和 7 月，这点不同于近未来和历史时期。在近未来，径流在 3 ～ 5 月表现为增加趋势，该现象可能是温度升高导致融雪提前，7 ～ 8 月较历史时期减少，在其他月份呈现轻微增加趋势；在远

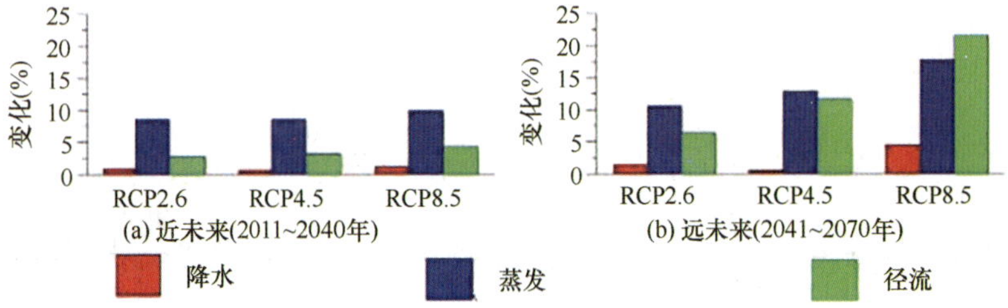

图 7.17 不同情景下印度河上游流域在 2011 ～ 2040 年及 2041 ～ 2070 年相对于 1971 ～ 2000 年的降水、蒸发和径流年变化 (Su et al.，2016)

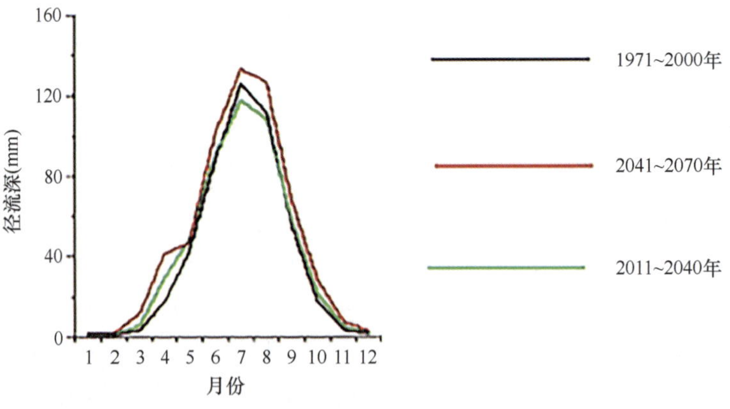

图 7.18 在 RCP8.5 情景下，模拟径流在 1971 ～ 2000 年、2011 ～ 2040 年和 2041 ～ 2070 年的年内过程变化 (Su et al.，2016)

未来，各月径流在远未来均呈现不同程度的增加，3 ～ 4 月的径流较近未来继续增加，7 ～ 8 月较历史时期增加趋势。

为进一步评估未来径流的特征及变化，本书分析各径流组分（降雨径流、融雪径流和冰川径流）特征以及其季节变化。由图 7.19 可知，在不同情景模式和未来时间段下，印度河上游流域径流始终以冰川径流补给为主，其次是融雪径流和降雨径流。在同一情景模式下，近未来和远未来的冰川径流组分较历史时期高，融雪径流组分较历史期减少，降雨径流组分变化较稳定，有轻微增加。图 7.20 展示的是印度河上游流域各径流组分在 2041 ～ 2070 年和 2071 ～ 2100 年较历史时期的年变化。从不同情景和时间段来看，融雪径流皆表现出减少，降雨径流和冰川径流皆表现出增加。各径流组分在远未来的变化幅度较近未来大，其中冰川径流的增加幅度最大，在远未来增加 40 ～ 120mm，而在近未来为 17 ～ 35mm，其次是降雨径流。融雪径流减少，可能是由于气温升高导致降雪减少引起的。从各径流组分在远未来的季节变化来看（图 7.21），在 RCP2.6 情景下，冰川径流增加主要发生在 5 ～ 6 月，降雨径流增加主要在 7 ～ 9 月，融雪径流减少主要在 7 ～ 8 月；在 RCP4.5 情景下，冰川径流增加主要发生在 5 ～ 10

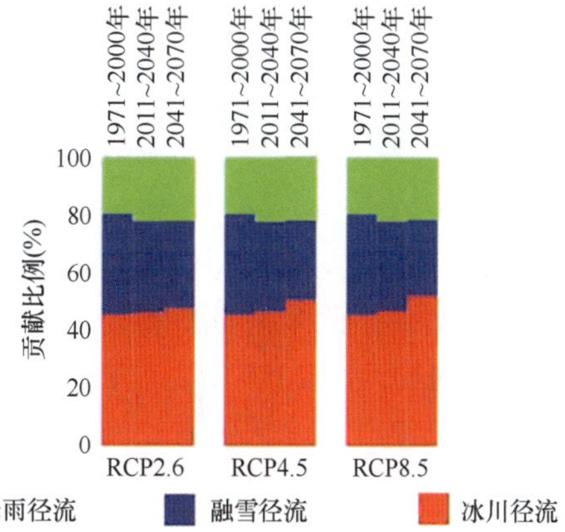

图 7.19　在不同情景下印度河上游流域在 1971 ～ 2000 年、2011 ～ 2040 年和 2041 ～ 2070 年内各径流组分对年总径流的贡献比（Su et al.，2016）

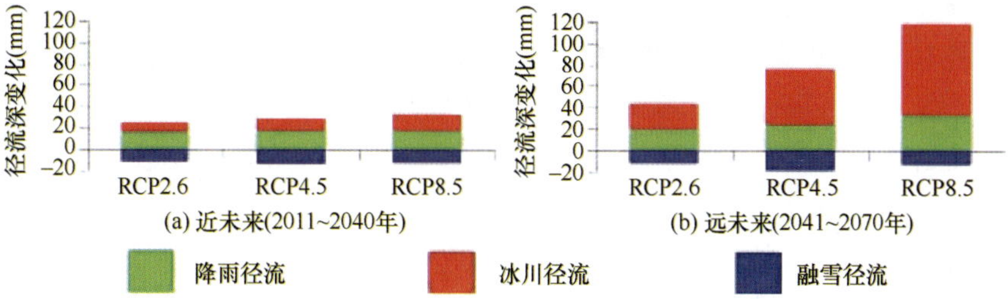

图 7.20　不同情景下印度河上游流域在 2011 ～ 2040 年及 2041 ～ 2070 年相对于 1971 ～ 2000 年各径流组分的年变化（Su et al.，2016）

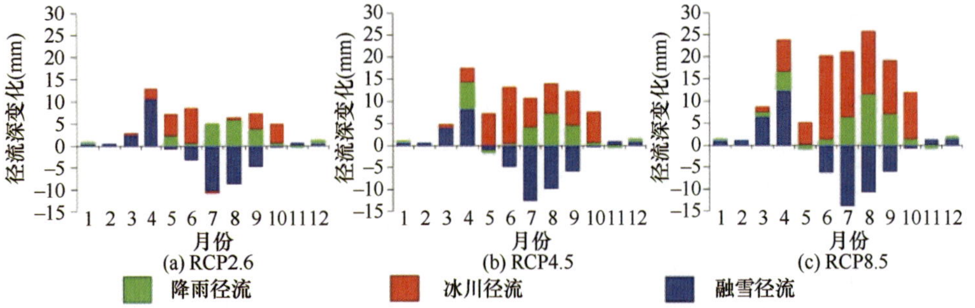

图 7.21　不同情景下印度河上游流域在 2041 ～ 2070 年较 1971 ～ 2000 年时期各径流组分的月变化（Su et al.，2016）

月，降雨径流增加主要在 4 月和 7 ～ 9 月，融雪径流减少主要在 3 ～ 4 月和 6 ～ 9 月；在 RCP8.5 情景下，冰川径流增加主要发生在 4 ～ 10 月，降雨径流增加主要在 4 月和 7 ～ 9 月，融雪径流减少的月份主要是 3 ～ 4 月和 6 ～ 9 月。

从子流域来看，当前对未来径流的预测主要集中在 Astore、Gilgit、Hunza 和 Shigar 子流域，采用的模型多为 SRM 和 HBV（hydrologiska byråns vattenbalansavdelning model）概念性模型。Astore、Gilgit 和 Hunza 子流域在冰川保持不变和减少 50% 两种情况下，径流皆为增加；而当冰川完全消失时，径流均呈现减少趋势（Akhtar et al.，2008）。即使采用不同的模式，当冰川完全消失时，Astore 子流域的径流在 2071 ～ 2100 年也表现为不同程度的减少（Naeem et al.，2016）。如果 21 世纪末，Gilgit 子流域气温升高 3℃，其径流会减少 30% ～ 40%（Adnan et al.，2016）。Hunza 子流域的夏季径流在 2050 年时将增加 1 倍，因此未来可能需要建立新的水库来应对洪水（Tahir et al.，2011）。Shigar 子流域的径流在 2050 年之前表现出先增加、后减少的状态，但其径流量仍比当前高；到 2100 年时，流域融雪径流提前，冰川径流增加，这种态势一直持续，直至冰川消失（Soncini et al.，2015）。

7.3.3　塔里木河

气候变化会影响流域的水热条件，从而进一步影响流域径流。在全球变暖的大背景下，塔里木河流域温度和降水分别呈现增温、增湿的趋势，冰川积雪存在空间异质性变化。目前，已有很多研究者试图研究该区域气候变化对径流的影响，并预测径流的未来发展趋势。Wu 等（2003）利用 PPR（projection pursuit regression）模型对未来径流进行模拟，结果显示，如果温度升高 0.5 ～ 2.0℃，阿克苏、叶尔羌河、和田河的径流均会增加。有学者利用新安江模型进行研究，结果显示，2010 ～ 2020 年阿克苏河、叶尔羌河、和田河的径流在不同的气候情景下都将表现为增加趋势（Chen et al.，2006a，2006b；Peng and Xu，2009）。而 Liu 等（2009）采用 VIC 模型模拟了塔里木河 2020 ～ 2025 年的径流变化，在气候情景模式 HadCM3 的 A2 和 B2 驱动下，径流会略微减少。

另外，塔里木河流域高山地区冰川广布，对于气候变化响应十分强烈。全球变暖使得冰川不断消融退缩，释放大量的淡水资源，增加该地区的河流径流。最近的研究表明，在气候情景模式 RCP2.6、RCP4.5 和 RCP8.5 下，塔里木河的“拐点”将分别出现在 2030±8 年、2051±13 年和 2058±15 年。该地区“拐点”存在很大的空间异质性，主要是由冰川面积大小的组合及未来夏季降水增幅的不同决定的。如果流域内存在大型冰川，“拐点”将会推迟出现，反之亦然。其中，在气候情景模式 RCP2.6、RCP4.5 和 RCP8.5 下，2080 ～ 2100 年冰川径流年均值与 1990 ～ 2010 年年均值相比将会分别增加 43%、53% 和 67%（Huss and Hock，2018）。

1970 ～ 2007 年阿克苏河流域的昆马力克河和托什干河的径流分别增加了 13.6% 和 44.9%，径流的增加量中 94.5% 和 100% 是由于降水增加所导致的。到 2050 年，昆马力克河冰川面积将减少 30% 以上，导致夏季和全年的流量减少 2.8% ～ 19.4%（Zhao et al.，2012），在气候情景模式 HadCM3 下，开都河流域的融雪径流将会增加（Zhang et al.，2007a，2007b）。Fang 等（2015）利用 SWAT（soil and water assessment tool）模型预估开都河未来径流变化趋势，结果表明，在气候变化情景 RCP4.5 和 RCP8.5 下，开都河 2020 ～ 2099 年的径流与 1986 ～ 2005 年相比，将会分别增加 –1% ～ 18% 和 4% ～ 20%。叶尔羌河流域中，度日模型结果显示，与 1960 ～ 2006 年相比，2011 ～ 2050 年冰川径流会增加 13% ～ 35%，同时夏季径流将明显增加（Xie，2006；Zhang et al.，2012）。

利用 IPCC-CMIP5 中的 4 个模式（CanESM2、CNRM-CM5、GFDL-ESM2G 和 IPSL-CM5A-MR）在 3 种排放情景（RCP2.6、RCP4.5 和 RCP8.5）下的模拟结果建立叶尔羌河上游流域近未来（2021 ～ 2050 年）和远未来（2051 ～ 2080 年）的气候变化情景，并驱动 VIC-Glacier 模型对流域未来径流进行模拟研究，得到以下结论：相对于基准期，流域径流在近未来和远未来均呈现增加趋势，其增幅分别为 36% ～ 48%（2021 ～ 2050 年）和 9% ～ 67%（2051 ～ 2080 年）。冰川径流在近未来和远未来均呈现增加趋势，较历史时期（1965 ～ 2015 年）增幅为 50.9%（2021 ～ 2050 年）和 30.4%（2051 ～ 2080 年），其对流域总径流的贡献分别为 56%（2021 ～ 2050 年）和 48%（2051 ～ 2080 年），贡献率表现出递减趋势。从径流的季节变化来看（图 7.22），在近未来和远未来径流都集中分布在夏季消融期，且都处于减少的趋势中。与此对应的是春、秋、冬三季径流较小。

冰川径流仍是叶尔羌河上游流域的主要径流组分，但它对流域的重要性减弱。未来两个时期的降雨径流量和融雪径流量也呈现增加趋势，其增幅分别为 37.8%（2021 ～ 2050 年）、73.2%（2051 ～ 2080 年）和 8.4%（2021 ～ 2050 年）、13.6%（2051 ～ 2080 年）；降雨径流和融雪径流对流域总径流的贡献率分别为 25%（2021 ～ 2050 年）、31%（2051 ～ 2080 年）和 20%（2021 ～ 2050 年）、21%（2051 ～ 2080 年），其中降雨径流的贡献率呈现增加趋势。

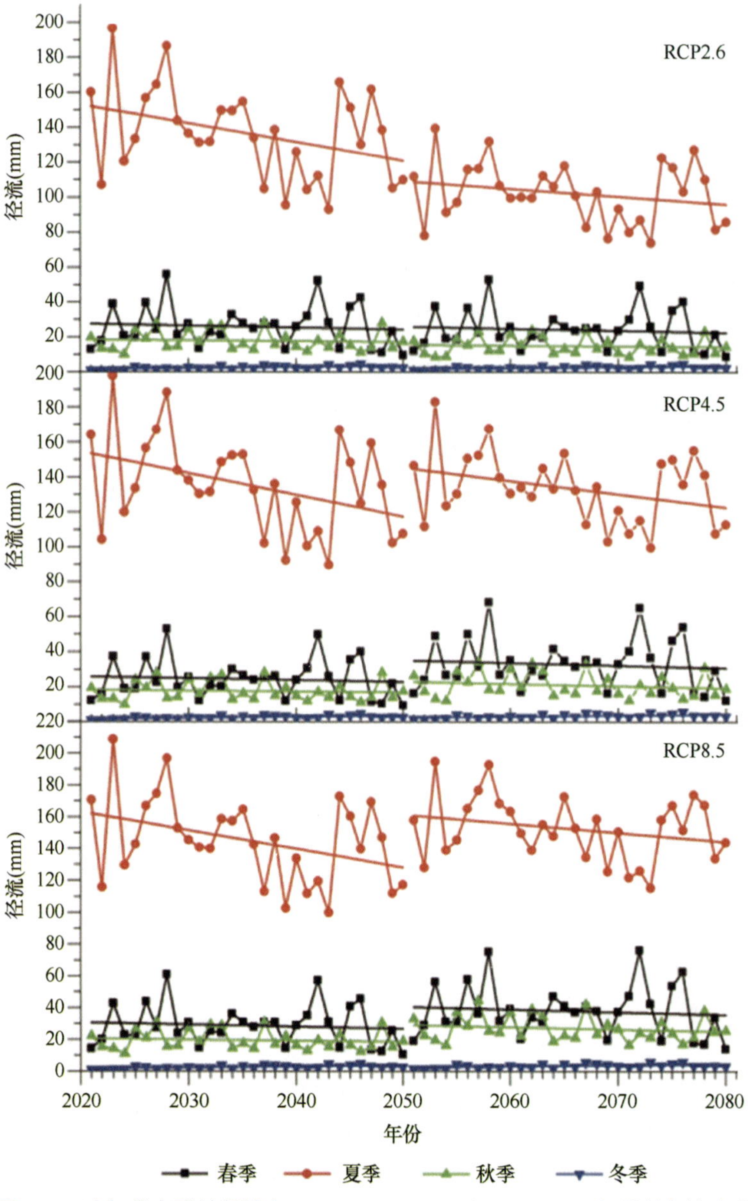

图 7.22 叶尔羌卡群站径流在 RCP2.6、RCP4.5 和 RCP8.5 下各季节径流变化

7.4 径流变化对社会经济的影响

2013 年 9 月和 10 月，国家主席习近平在出访中亚和东南亚国家期间，先后提出共建“丝绸之路经济带”和“21 世纪海上丝绸之路”的倡议，得到了国际社会的高度关注和有关国家的积极响应。近年来，随着国际和地区形势的变化，中国周边跨界水资源问题日益凸显，成为影响中国与周边国家关系的一个重要因素，也是中国在推进“一

带一路”建设过程中无法绕开的一个议题，需要中国积极开展工作，妥善处理有关矛盾和争议。

随着气候的变化，水循环也在发生着变化，进而影响水资源的时空分配格局，同时也增加了水资源管理的不确定性。中国是亚洲最重要的上游流域国，在东北、西北和西南三大片区内的 15 条重要国际河流中，有 12 条发源于中国。这些国际河流的合理开发利用和协调管理直接影响着中国近 1/3 国土的可持续发展，影响着中国与东南亚、南亚、中亚和东北亚地区的地缘政治经济合作，特别是影响中国与接壤国的睦邻友好和跨境民族的对外开放、跨境经济合作和社会稳定。

7.4.1　雅鲁藏布江

雅鲁藏布江是西藏自治区的主要淡水来源、河流的排水通道，也是我国水能水资源的战略储备区。雅江流域作为西藏最重要的经济区，其径流变化必将对青藏高原及其周边地区的国民经济和人民生活带来重大影响。该流域水能资源蕴藏量为 113 GW，占全国的 17%，仅次于长江，居全国第二位。在这些水能资源中，有 68.8 GW 位于干流下游，而“大拐弯”处（即雅鲁藏布江大峡谷）储量约 45 GW。

从“一带一路”“大环”体系的全局发展需要来看，雅鲁藏布江经济带与长江经济带连成一体，并进一步向印度、尼泊尔和孟加拉国境内延伸，形成“长江－雅鲁藏布江－南亚”跨国经济带。这一经济带的东端与海上丝绸之路经济带连通，西端与陆上丝绸之路经济带交会，将东亚、南亚和国内的经济中心区连成一体，成为“一带一路”轴带体系的梁柱。这将促进雅鲁藏布江经济带的崛起，把拉萨、日喀则、林芝地区建设成为中、印、尼、不、孟相邻地区的重要经济中心，成为带动西藏发展和加强与南亚邻国合作的区域增长极。因此，雅鲁藏布江径流、水资源变化不仅对当地，同时也对周边地区及周边国家具有重要的政治和经济意义。

7.4.2　印度河上游

印度河上游流域维持着世界上最大的农业灌溉系统，为巴基斯坦 90% 的粮食生产提供用水，其粮食生产份额达到该国国内生产总值的 25%。近年来，巴基斯坦人口猛增，其水资源安全问题严重影响了当地的粮食生产和能源供应，其水资源脆弱性成为青藏高原各河源之最。据预测，到 2025 年，该地区水资源短缺将达到 32%，导致 7000 万吨的粮食供应出现短缺，会给数百万贫困人口带来粮食安全和生计的严重挑战，并面临与水资源短缺密切相关的严重食品短缺问题（Qureshi，2011）。同时，气候变化将给水库带来淤积、使地表蓄水能力降低，这一变化将对灌溉农业产生严重影响。

因此，巴基斯坦需要提高用水效率，并以可持续的方式管理地下水和地下水资源，以避免土壤盐渍化和涝渍问题。多数研究认为，印度河上游流域在未来会出现积雪融水增多，这将有利于流域内的春季作物灌溉，增加粮食生产，对下游水资源利用和农业生产产生有利作用（Immerzeel et al.，2009；Su et al.，2016）。印度河上游流域未来不会出现水资源减少，但个别月份会出现用水紧张，合理管理与优化调配水资源在一定程度上能缓解气候变化带来的水资源问题，新水库的建立是一种有效的解决方式（Tahir et al.，2011）。

7.4.3 塔里木河

我国西北干旱区生态环境十分脆弱，水资源开发利用与生态系统保护之间的矛盾非常突出。自 20 世纪下半叶来，三大源区汇入塔里木河干流的水量呈递增趋势。然而，塔里木河干流上 4 个水文站年径流量资料显示，径流量呈下降趋势，且越往下游减少趋势越明显。因此，造成干流径流量减少的原因并非源区天然径流量的减少，而是流域内人类生产活动对水资源的不断增加。人类活动在 70 年代、80 年代和 90 年代对流域上中游地表径流的影响量分别为 41.59%、63.77% 和 75.15%。1972 年，大西海子水库建成后，拦截了塔里木河，致使其下游 321km 河道长期断流，英苏以下区段的地下水位大都下降到 8 ～ 12 m。尾闾湖泊罗布泊和台特马湖分别于 1970 年和 1972 年干涸，地下水位大幅度下降。总体上来看，塔里木河流域由于高强度的人类经济、社会活动，自然生态过程等发生显著变化。

多年地表径流量的变化深刻影响了流域的生态系统。为了恢复和重建塔里木河流域的生态系统，修复塔里木河下游日益萎缩的“绿色走廊”，从 2000 年开始向塔里木河下游断流 30 年的河道实施生态输水工程。河水补给地下水来抬升河道附近的浅层地下水高度，使得附近的天然植被能够正常生长，挽救日渐消退的天然植被系统，促进塔里木河下游生态保护。生态输水工程对塔里木河干流下游的作用是明显的，工程不仅提升了地下水高度、改善了土壤含水量，还在相当程度上恢复了下游植被覆盖度，使得不少荒地转变为林地、草地和灌木等天然植被覆盖地。此时生态系统相对复杂，提高了系统对于环境变化的抵抗力，增加了系统的稳定性。“四源”地区天然植被覆盖面积从 2001 年的 975 km^2 增加到 2013 年的 1145 km^2，相应的植被覆盖面积比例也增加了 1.5 倍（Bao et al.，2017）。

自 20 世纪 60 年代以来，伴随着塔里木河流域“四源”径流量的增加，“四源”农用地面积也不断增加。到 2000 年，农用地面积从 13093.29 km^2 增加到 17215.09 km^2，增长近 31.5%。2000 年以后，生态输水工程、新建和改建各类防渗渠道以及平原水库使得农用地迅速增长，尤其是 2000 ～ 2005 年，年均增长速度达到了 562.72 km^2。就流域来看，阿克苏河流域农用地大幅度增加，年均增加量达到了 73.40 km^2；叶尔羌河流域农用地呈现先减小后增加的趋势，自 2000 年以来快速增加；和田河流域农用地保持稳定、小幅度波动，至 2013 年共增加 544.38 km^2；开孔河流域呈现先平稳后增加的趋势，从 2000 年开始迅速增加至 5321.45 km^2（孟凡浩等，2016）。

同时，“四源”地区农业水足迹增长迅速，由 1955 年的 9.18×10^8 m^3 增加到 2013 年的 183.20×10^8 m^3，增长了将近 20 倍。农业水足迹总量的变化不仅受到农用地扩张的影响，还跟农业产业结构的变化有关。塔里木河流域“四源”绿洲区从原来大面积种植玉米等粮食作物转为大量种植棉花等经济作物。棉花的单位耗水量明显高于其他作物，所以农业产业结构的改变使得“四源”农业耗水明显增加。这也造成了在 2005 年，“四源”地区的经济作物水足迹首次超过粮食作物水足迹，成为农业水足迹中最大的组成部分，粮食作物水足迹次之，畜产品水足迹最小。

7.4.4　径流变化对“一带一路”的影响

径流变化对区域水资源有重要影响。径流是全球水循环过程的重要环节之一（芮孝芳，2004)，直接影响一个地区的水资源总量。同时，水资源是区域生态经济系统中基础性、战略性和敏感性的因素，也是地区发展必须依赖的重要物质基础。所以，水资源作为生产与生活要素，其分布状况及变化规律直接影响了地区的经济状况和产业结构。“一带一路”（“丝绸之路经济带”和“21 世纪海上丝绸之路”）是中国为推动经济全球化深入发展而提出的国际区域经济合作新模式，是统筹中国全面对外开放的重大倡议（刘卫东 2015)。在全球变暖的背景下，“一带一路”的深入推广与发展势必会受到所在地区径流变化的重要影响。

跨境跨流域水资源的变化导致国际水资源争端问题加剧。全球化自由贸易和工业的发展加深了水资源供需之间的矛盾，使得跨境跨流域的水资源成为国家之间经济、政治的重要博弈点。

印度河上游的狮泉河、象泉河和雅鲁藏布江是“一带一路”中国 – 南亚地区中 3 条主要的跨境河流，这种地理条件加速形成了“一带一路”倡议与雅鲁藏布江、印度河上游和塔里木河最重要的交集区域：一是“中巴经济走廊”。“中巴经济走廊”旨在打造一条北起喀什、南至巴基斯坦瓜达尔港的经济大动脉，是“一带一路”的先导工程和旗舰项目，具有重要的示范意义。印度河上游的狮泉河、象泉河以及塔里木河上游的喀什噶尔河、叶尔羌河共同构成了“中巴经济走廊”的主要地表径流资源。二是中国 – 孟加拉国 – 印度地区。雅鲁藏布江沟通了中国与南亚孟加拉国、印度的水利联系。入境水占水资源总量的比例反映了一个国家对境外水资源的依赖程度，是跨境河流水资源评估中的一个重要指标。孟加拉国、印度入境水比例分别为 91.4%、30.5%，这就决定了孟加拉国和印度在水资源冲突方面的自然背景（邓伟等，2018)。

径流变化会影响水资源的时间分布。南亚地区主要受印度洋季风控制，降水年内分配极端不均，导致径流年内变化较大。干季水分亏缺严重，干旱频发；雨季时降水陡增，易发生洪涝灾害。同时，全球变暖情景下，冰川的快速消融对下游地区存在着潜在危害。短时间尺度上可能造成冰湖溃决、滑坡和泥石流等自然灾害，对居民造成生命威胁和财产损失。特别是喜马拉雅山脉和兴都库什山脉、喀喇昆仑山脉，在气候变化的影响下，“中巴经济走廊”和中国 – 孟加拉国 – 印度的高山地区的冰川将快速消融，从而导致冰湖快速扩张、溃决风险持续增加 (Nie et al.，2017)；从长时间尺度来看，影响该地区水资源的可持续供给和社会经济的繁荣发展。

同时，径流变化还会影响水资源的空间分布。地表径流过程实际上是降水带来的水资源的再分配过程，大雨或者持续性降雨会使得低洼区域淹没，形成洪涝。从空间上看，洪涝灾害主要分布在布拉马普特拉河、印度河中下游，受洪水侵袭最严重的是孟加拉国和印度，而印度西部、巴基斯坦南部和西南部干旱缺水现象则十分严重。水资源短缺是巴基斯坦面临的非常严重的问题，人均可再生内陆淡水资源仅为 297.2m^3/ 人。

“中巴经济走廊”、中国－孟加拉国－印度沿线由于涉及地区广，因此水资源问题复杂多样。水资源的时空分布不均衡导致洪灾、旱灾、冰湖溃决、水资源短缺、供水难等用水问题。南亚地区中，孟加拉国降水充沛，洪灾最为严重。相对地，旱灾主要发生在印度河巴基斯坦地区。其中，印度的降水年内变化较高，易导致极端事件的发生。

综上，“中巴经济走廊”和中国－孟加拉国－印度沿线的中亚和南亚地区存在跨境跨流域水资源争端。考虑到不同国家面临的水资源问题各不相同，径流变化导致的国际水资源争端问题是“一带一路”倡议实施的挑战性难题，也是各方达成共识、共谋发展的契机。

区域的水资源变化会影响“一带一路”倡议的推广和实施。气候变化导致水资源问题的多变性，给地区稳定和发展带来了诸多挑战。伴随着降水和温度的改变，未来气候变化将加剧中亚的水资源压力 (Siegfried，2012)。河流的水文变化与河岸国家的利益息息相关 (Guo et al.，2015)。用水量的快速增加会导致洪水风险增加、春季融水和整体水资源短缺等问题 (Hagg，2006；Siegfried，2012)。为了打造丝绸之路经济带核心区，有必要对该区域的水资源进行科学的、全面的了解，为水资源的合理开发利用提供技术和科学支撑，以探究其对人口承载能力和城市发展水平的影响，并有能力预测水文水资源未来的变化趋势。

在“一带一路”倡议的推广和实施中，区域水资源变化的焦点集中在跨界河流的流量分配、源头森林植被开发和保护、上下游水文信息沟通与共享等问题上。跨界河流的流量分配是引发国家间水资源问题纠纷和冲突的主要原因。水资源问题制约着“一带一路”经济带核心区的发展，在保持经济稳定增长的前提下，如何控制用水总量是亟待解决的问题。在保持“一带一路”核心区社会经济稳定增长的前提下，实现用水总量控制的目标就必须转变经济增长方式，实施新型工业化和城镇化发展战略，大力发展低耗水的加工型工业、高技术高附加值工业。

径流变化带来的干旱、洪涝、冰湖溃决、滑坡和泥石流等水资源问题及灾害，给“一带一路”倡议的实施带来了挑战。一方面，为了预防洪涝灾害，需要修建大量的水利工程。这对于资金和技术要求比较高，在跨境河流上兴建水利工程，还会引起流域内其他国家的质疑和国际关系紧张。干旱灾害一般和洪灾对应，也需要建设调蓄水工程来缓解，更需要水资源管理规划、节水措施和非常规水资源利用等多种措施多管齐下。对于冰湖溃决、滑坡和泥石流等灾害要做到早预防、早预警。尤其是对于跨境河流，需要有关国家和部门做到共建、共享流域水文信息，通力合作。

另一方面，人类活动在水资源问题上也有积极的能动作用。一是创建节水型社会。我国自 20 世纪 80 年代开始就实行节约用水，对水资源进行高效开发利用，以实现人与自然之间的和谐。二是水资源的可持续利用。在保障生态系统完整的情况下，支撑经济社会的可持续发展。三是完善用水制度。提高公众认知水平，加大水资源制度管理力度。

总的来说，要加强对相关地区科技合作的投入，包括与水安全有关的科技输出，特别是节水灌溉技术、清洁水技术和设施建设。加强公众节水意识，发挥人类活动的积极能动作用。加强国家或地区间的合作，实现跨境河流水文信息的互建、互享，构建科学管理的新平台。

正确处理区域水资源问题是将“一带一路”倡议发展为和平之路、繁荣之路、开放之路、创新之路和文明之路的坚实基础。

7.5 提高河湖源区水文模型预报精度

水文模型是进行水文预报的重要工具，如何加强青藏高原地区水文模型的预报精度是目前亟待解决的一个问题。水文模型预报的精度高低主要依赖于模型的输入数据、模型的率定和校验、模型对物理机制的描述等。下面主要从以上 3 个方面来阐述青藏高原地区改善和提高水文模型预报精度的可能方向。

1）提高模型输入数据的精度。首先，建立完善的青藏高原水文气象观测网。青藏高原地区由于地处偏远、地形复杂、条件恶劣，因此气象观测站点相对稀少，主要集中在高原的东南部地区，高原中部以及西北部观测站点尤其缺乏。即使是在数据相对丰富的东南部地区，高海拔山区的降水、径流观测也依然不足，应建立不同海拔的降水、气温数据观测网以及相应的出水口水文径流观测网。其次，对多源数据，包括卫星遥感数据、大气再分析数据、区域气候模式输出数据等进行评估，选取一套或者多套数据融合进行相关分析应用。例如，在大尺度跨国境的河流地区，径流观测较为缺乏，利用遥感数据，结合相应手段进行径流反演是获取径流数据的一个重要手段。

2）增强模型的率定和校验。模型的率定和校验是提高水文模型模拟精度的重要手段。在青藏高原地区，径流、蒸散发、积融雪、冰川消融、冻土冻融等都是重要的水文过程，加强对这些过程的率定和校验是改善水文模型精度的有效手段。径流缺测地区可以加强观测或者借助于遥感手段；蒸散发和积雪可以利用观测或者 MODIS 数据进行相关验证；冰川物质平衡模拟的准确性则主要依赖于冰川物质平衡观测，同时，遥感数据如 ICESat 等也可以作为辅助数据进行物质平衡相关的验证；冻土的冻融过程可以通过土壤水分温度观测进行校验。

3）加强模型物理机制的描述。青藏高原地处高海拔地区，广泛发育着冰川、积雪、冻土。冰川的消融、积雪的累积和消融以及冻土的冻融等过程和水分及能量的交换密切相关。因此，在水文模型中，加强对这些水文过程的物理机制的描述，可以提高水文模型的预报精度。

第 8 章

总结与展望

亚洲水塔区不仅是亚洲十多条河流重要的水源地，蕴藏着我国乃至亚洲地区丰富的淡水资源，同时也是高寒、干旱、高湿、巨灾等自然灾害的共存区。水是最重要的自然环境要素之一，直接关系到青藏高原及周边地区的自然环境和人类生存发展。亚洲水塔区河流水资源的动态变化对我国未来发展、国家利益和安全战略具有十分特殊的意义。受到季风环流、高原地形及冰冻圈等的交互作用，亚洲水塔区的水循环过程、河流径流量以及水资源时空分布产生了很大的变化，地表环境和生态系统发生巨变，进一步加剧了该地区的水资源问题，严重制约了区域可持续发展。

过去 30 年来，亚洲水塔区的变暖明显高于中国其他地区及全球，且升温幅度是全球平均升温幅度的两倍。气候变暖改变了亚洲水塔区的水汽供应和区域气候特征，也极大地改变了自然水循环过程和水文条件，使得河流径流和区域水资源状况发生了剧烈的变化。亚洲水塔区的河流径流量在总量和季节分配上呈现出不稳定的变化，对下游数亿人口的水供给和食品安全构成了威胁。

气候变化影响下的亚洲水塔区的冰川退缩、冻土退化、湖泊扩张等冰冻圈要素的变化深刻影响着水资源的时空格局，给流域水资源的调控和利用带来新的问题。本书所描述的青藏高原西部流域主要包含雅鲁藏布江、印度河、恒河、塔里木河等发源于青藏高原西部的流域上游。高原西部河流径流变化的根源是多圈层相互作用引起的连锁反应，也是气候变暖影响下西风和季风相互作用变化及其对亚洲水塔区的影响与远程效应。

8.1 青藏高原西部河流水资源的现状

高原西部流域分布着大量的冰川和积雪，冰雪消融和大气降水是该地区水资源的主要来源，而蒸发是水资源支出的主要渠道之一。因此，作为气候变化重要内容的大气降水和冰冻圈重要组成元素的冰川积雪变化成为高原西部河流水资源空间分布与时间演化的决定性因素。青藏高原的降水量时空分布不均匀，冰川又存在不同程度的退缩或增长，积雪面积也在减少，高原地区常常出现冰湖溃决、洪水、冰崩等高原独特的自然灾害现象，给流域水资源开发利用和管理带来很大困难。当前，流域水资源的不确定性主要来自于降水量和冰川消融量。

青藏高原的年降水量大致由东南部边缘向西北部递减，西北部柴达木盆地形成少雨中心。降水主要分布在夏季，其次是秋季和春季，冬季最少，其中 6 ～ 9 月的降水占到全年总降水的 60% ～ 90%。受夏季风影响，西南季风可以影响到青藏高原东部边缘和南部边缘，来自印度洋的西南季风带来丰富水汽，登陆可以形成丰富的降水。目前，青藏高原的降水观测点较少，且大都分布在中东部地区的地形平坦区，而降水随海拔变化剧烈。尽管有大量的降水产品（如 GPCP、GPCC、TRMM、GPM 等），但是对于青藏高原的西部地区到底有多少降水量，高海拔地区到底有多少降水量，目前的估算都存在较大的不确定性。

冰川是冰冻圈的重要组成部分，是反映气候变化的天然记录器和警示器，素有“高山固体水库”之称。青藏高原及周边地区拥有除极地以外的中低纬度面积最大的冰川。近年来的观测研究发现，青藏高原的冰川在南部加速退缩，而在西昆仑地区则保持相对稳定。受到冰冻圈变化的影响，亚洲水塔区出山口径流出现明显增加的趋势。

亚洲水塔区水资源系统对气候变化十分敏感。一些河流的径流对降水量变化非常敏感，甚至很小的降水变化就可以引起很大的河流径流量和水资源供应量变化。在气候变化和人类活动的影响下，亚洲水塔区水循环发生了显著变化，影响了水资源的时空分布，并引起了一系列生态环境问题，自然灾害频率增加，进一步加剧了该地区的水资源问题，严重制约了区域可持续发展。作为全球最重要的冰雪融水补给区，在季风西风共同作用和水循环过程加强的背景下，亚洲水塔区水资源变化的空间差异进一步加剧，严重影响了其作为亚洲水塔对水资源的调节作用。亚洲水塔区水资源的演变不仅关系到我国及东南亚、中亚等国家的水资源安全，还关系到这些国家的生态安全。

显著的气候变化及其大气降水和冰冻圈要素变化，已引起国内外水文学者、水利和有关部门的高度重视。针对水资源的可持续利用问题，国家及相关政府部门制定了许多应对战略和行之有效的措施，人们对气候变化与水资源间的重要问题逐渐有了更深的认识。

8.2　结论

青藏高原主要受西风和季风两大环流系统的影响。青藏高原北侧的塔里木河主要受西风气流的影响，南侧的雅鲁藏布江和恒河主要受印度季风的影响，而处于中部的印度河受西风环流与印度季风的相互作用。不同大尺度环流系统影响下的降水分布和形态会存在较大差异，处于不同纬度带的流域气温又会存在明显的差异；而降水（固态和液态）是影响流域径流变化的主要因子。因此，受不同气候带影响下的青藏高原西部河流的径流、气候、地表等环境发生了不同的变化。本次科考的重点是在径流缺测区建立观测体系，加强对高原西部流域的水文研究，深入理解高原西部流域气象水文过程的演变特征。

8.2.1　径流观测体系的建立

本次青藏高原西部河流综合科学考察分别在雅鲁藏布江源（马泉河 / 杰马央宗曲）、上游、帕龙藏布支流、墨脱分别增设水位计观测点；在塔里木河源区建立流域监测点，安装自动气象站，开展阿克赛钦湖泊水位观测；在恒河流域开展了多条支流的径流观测；开展了印度河流域上游出山口的径流观测；同时加强几个流域的降水、气温等协同观测。通过加强多圈层观测体系的构建，在一定程度上突破以往因观测资料匮乏及不确定性对高原西部流域水文研究的限制。

8.2.2　水文 – 气象 – 地表环境的演变特征

下面将一一介绍气候变化背景下青藏高原西部流域的径流、气候、地表等环境变化的时空演变特征。

1. 径流

雅鲁藏布江的径流补给以大气降水为主、冰川融水和地下水补给为辅。奴下水文站径流呈不显著上升趋势（1970～2013年），年楚河和拉萨河流域年径流也呈增长趋势。流域径流呈现明显的年代际变化特征，进入21世纪后，中上游的江孜、日喀则、拉孜的径流量继续减少，达到各年代最少，其他站点呈不显著的增多趋势。降水在一定程度上控制着河川径流的丰枯程度。

印度河径流受到降水、冰雪融水和地下水共同补给，被认为是一个极易受气候变化影响的地区。印度河上游的多年平均和季节平均径流表现为轻微增加（1970～2013年）。而径流在8～11月呈现出增加趋势，其可能原因是积雪冰川消融的补给，导致径流增多。

恒河流域径流主要靠季风带来的降水（6～9月）和喜马拉雅山脉的冰雪消融（4～6月）补给，同时也有地下水的补给。该流域径流的分配极不均匀，绝大部分径流集中于7～10月。降水和冰雪消融对径流的补给因地理位置和季节存在明显的差异。从地理位置上看，融雪对径流的贡献由上游至下游迅速减少。从季节上看，春季的融雪量占总径流量的比例大；而在夏季，径流则完全被季风降雨所控制，冬季的降水有限，山区的低温又抑制了融雪过程，融雪量和总径流量都在减少。

塔里木河的径流量主要来自于上游的阿克苏河、和田河、叶尔羌河。阿克苏河流域降水量对径流量的影响要大于气温；叶尔羌河流域气温对径流量的影响要大于降水；和田河、开都河流域的降水和气温的变化对径流量的影响作用相当。从20世纪60年代以来，塔里木河三源流径流量总体呈现增加的趋势，尤其体现在90年代以后，丰水年出现次数较多。

2. 气候环境

随着全球变暖，青藏高原升温比周边地区快，近50年来，其变暖幅度超过北半球和同纬度的其他地区，被认为是“全球气候变化的驱动机和放大器”（潘保田和李吉均，1996）。由于青藏高原地形复杂，地面观测台站稀疏且分布不均匀，且大多位于下垫面平坦的地区，因此台站气温数据并不能反映整个高原的实际气温分布情况；而基于MODIS地表温度数据估算的青藏高原气温升温效应更加明显；气温等温线的海拔自高原东北部、东部边缘向内部逐渐升高，等温线在高原内部比东部边缘高500～2000m，因此相同的海拔上高原内部气温要高于外围6～10℃（姚永慧和张百平，2013）。

河湖源地区总体属于寒冷区，全年几乎有一半时间气温低于0℃。过去的研究发现，印度河、恒河和塔里木河流域的年均气温也呈现不同程度的显著增温趋势。青藏高原海拔高度从周围的平原地区上升到8000m，其增温幅度与海拔有密切的关系，表现在高原的增暖幅度要大于周围低海拔地区（Duan and Xiao，2015），且高原的升温有明显的海拔依赖性，也就是说，高海拔地区的升温幅度高于低海拔地区（Pepin et al.，2015）。

青藏高原上的相对湿度自 20 世纪 60 年代以来呈现总体下降趋势，但是在 60 ～ 90 年代末上下波动，之后开始持续下降（You et al.，2015）。但是青藏高原地区相对湿度变化表现出明显的地域差异性，其中南部、东南部地区存在增加趋势，而高原的北部地区存在下降趋势（Zhang et al.，2007a，2007b）。季节上，1961 ～ 2013 年除冬季外，其余季节的相对湿度都有下降的趋势，且夏季和秋季下降趋势最显著（You et al.，2007）。

降水是地表水资源最重要的来源之一。青藏高原年均降水量从东南部向西北部递减，夏季降水最多，秋季和春季次之，冬季最少，6 ～ 9 月的降水占到全年总降水的 60% ～ 90%。1960 ～ 2010 年年降水量呈持续上升趋势，区域年均降水量每十年增加 3.99 ～ 16.84mm，其中西北部每十年增加 3.99mm，东南部每十年增加 16.84mm。但是降水的空间变化十分复杂，年均降水量并没有呈现出一致的增加或是减少的趋势（Cuo et al.，2013a，2013b；Gao et al.，2014）。印度河和恒河源头的狮泉河、改则和普兰的年降水量呈现出先减少后增加的趋势，转折点发生在 2000 年。雅江流域整体年降水增加、个别站点有下降趋势。而从 1987 年开始，塔里木河流域地区由暖干向暖湿气候转变，降水量大幅增加，尤其西昆仑山降水增多显著。

3. 地表环境

高原西部的地表感热通量呈现略微上升趋势（1979 ～ 2014 年），其中 1979 ～ 1995 年呈上升趋势，而 1995 年后出现下降趋势，2003 年地表感热通量又急剧上升并随后呈现出较为明显的下降趋势；而潜热通量呈增强的趋势。同时，研究发现，青藏高原地区地表热源与植被间存在明显的正相关关系，且西部感热与 NDVI 的正相关关系比高原东部更加显著，而高原东部地表潜热与 NDVI 的正相关关系则好于高原西部。当地表植被情况改善后，各季节高原地表热源以增加为主，尤其是在夏季。冬、春季感热对地表热源的增量贡献较大，而潜热相对贡献较小；夏、秋季感热与潜热对地表热源增量贡献同等重要（华维等，2008）。

青藏高原的冰川变化存在显著的区域差异性，内陆地区冰川退缩幅度较小，由内陆向边缘地区冰川退缩幅度逐渐增大（Gardelle et al.，2012）。雅江流域冰川面积多年来呈下降趋势，流域内的大陆性冰川和海洋性冰川均呈现较强的物质亏损，低海拔小面积冰川由于积累面积小，冰川物质亏损更严重，可能是由气温上升和降水减少共同造成的。而近年来雅江流域年均积雪覆盖率和年最大积雪覆盖率均呈现下降趋势，上游的积雪覆盖率增加，而中下游却明显减少，主要是由气候变暖导致的。奴下以上流域和拉萨河流域的年均积雪覆盖率变化趋势比较接近，基本在年际变化中出现同增同减的趋势。同时可以看出，越往上游和高海拔地区，积雪覆盖率越大。

印度河流域的大多数冰川稳定且保持增长趋势，退缩冰川较少。而积雪覆盖率也存在减少的趋势。积雪变化趋势和持续时间通过改变积雪融水直接影响河川径流量。

而塔里木河流域的冰川面积减少3.3%（1960～2010年）。除了3条冰川有增长趋势之外，西昆仑山的其他冰川和积雪面积没有显著变化，而阿克苏河流域冰川面积减少。冰川变化对以冰川融水补给为主的塔里木河川径流有直接影响。

4. 人类活动对水资源的影响

雅江流域是青藏高原最典型的高原河流，受人类活动影响较小，气候和水文过程具有明显的季节性变化。而塔里木河作为我国最大的内陆河，受人类活动的影响较大。塔里木河下游生态环境恶化，实施塔里木河综合治理后，进入塔里木河下游的水量增加，中游段耗水量下降，但是上游耗水迅速增加且数量巨大。因此，塔里木河水资源的综合利用、下游生态环境的改善仍然任重而道远。阿克苏河流域人均水资源量最高，干旱沙漠面积最少，其生态环境问题略好于叶尔羌河和和田河流域。

5. 未来水资源变化趋势

在气候变暖的大背景下，未来（2011～2070年）雅江流域的降水增加10.0%～15.0%；2011～2040年降水、蒸发及径流的变化不明显，而2040～2070年，降水和蒸发都有所增加，径流量将增加6.7%～14.4%。未来1971～2070年冰川对径流的贡献逐渐增加，占总径流的14.0%～21.0%，这也表明冰川径流将是未来径流变化的重要组成部分。此外，随着流域未来降水和气温的增加，降水对径流的贡献也逐渐增加，但融雪对径流的贡献逐渐减小。

印度河上游流域的径流在近未来（2021～2050年）出现略微的增加趋势，特别是夏季冰川融水增多；而2087～2097年水资源增多，冰川融水继续增多，积雪融水增多，冰雪融水提前，春季径流大幅增加。当然，也有研究认为，印度河上游近未来（2013～2030年）总水资源减少，冰川融水会急剧减少，峰值推迟，径流机制发生改变；在远未来（2071～2100年），夏季径流猛烈减少，流量强度、极端洪水增加。

塔里木河流域气温和降水分别呈现增温、增湿的趋势，冰川积雪存在空间异质性变化。如果流域气温升高，流域径流会增加，特别是夏季。冰川消融对径流的贡献在近未来和远未来均呈现增加趋势，冰川径流仍是叶尔羌河上游流域的主要径流组分，但它对流域的重要性减弱。

8.3 展望

泛第三极地区面临着严峻的水资源问题。水资源问题的产生既有人口和经济快速增长的社会背景，又与宏观气候环境的变化密切相关。未来的气候变化不可避免，气候变化及其引起的冰冻圈环境变化将继续对流域水资源产生不可忽视的影响。因此，对未来气候变化的影响采取得当合理的应对措施，是我们面临的重大现实问题。

在过去的几十年，亚洲水塔区的气候条件已经发生了很大的变化，这种变化对亚洲水塔区各条河流的水资源供应量产生了明显的影响。水资源规划要充分考虑未来的气候变化趋势及其可能影响。在这一过程中，不仅要尽可能获取长期的气候与水文观测资料时间序列，而且要重视和考虑未来气候与水文的变化趋势及预估的不确定性。在气候变化的条件下，在科学预测的基础上，正确地开展流域水资源综合管理，同时进一步加强国际合作，在青藏高原西部河流开展跨境水资源配置新模式、水电能源跨境合作开发与利用、跨境水环境协同保护等研究，为应对全球变化，避免国际水资源争端等方面提供建议。

“第二次青藏高原综合科学考察研究”之西部河流关键区科学考察的开展，极大地推动了对当前亚洲水塔气候和水文事实的深入探究，对高原西部河流的水资源量有了初步的认识和估算。下一阶段科学考察将继续关注高原西部几个流域的径流观测及气象观测；开展水环境与生态特征的科考；开展常规性跨流域水文气象变化耦合过程的科考；通过将科学考察获取的实测数据与适合于青藏高原的多圈层分布式水文模型相结合，深入理解水文气象缺测区的径流演变过程，识别不同径流成分对总径流的贡献率，这将对推动西部流域乃至青藏高原的可持续发展、推进国家生态文明建设、促进全球生态环境保护产生重要的影响。

参考文献

阿依努尔·买买提，瓦哈甫·哈力克，杨晓东 . 2010. 车尔臣河流域气候变化及其对河流径流量的影响 . 新疆农业科学 ,47(5):996-1001.
白元，徐海量，凌红波，等 . 2013. 塔里木河干流区土地利用与生态系统服务价值的变化 . 中国沙漠，33(6): 1912-1920.
柏晶瑜，徐祥德，周玉淑 . 2003. 春季青藏高原感热异常对长江中下游夏季降水影响的初步研究 . 应用气象学报，14(3): 363-368.
柏玲，陈忠升，王充，等 .2017. 西北干旱区阿克苏河径流对气候波动的多尺度响应 . 地理科学，37(5): 800-807.
钞小静，任保平 . 2014. 城乡收入差距与中国经济增长质量 . 财贸研究，25(5): 1-9.
钞小静，沈坤荣 . 2014. 城乡收入差距、劳动力质量与中国经济增长 . 经济研究，49(6): 30-43.
陈斌，李海东，曹学章，等 . 2015. 雅鲁藏布江流域植被格局与 NDVI 分布的空间响应 . 中国沙漠，35(1): 120-128.
陈德亮，徐柏青，姚檀栋，等 . 2015. 青藏高原环境变化科学评估：过去、现在和未来 . 科学通报，60(32): 3025-3035.
陈隆勋，李维亮 . 1983. 亚洲季风区各月的大气热源结构 // 全国热带夏季风学术会议论文集 . 昆明：云南人民出版社 .
陈敏，高璐，曹永强 . 2016. 2001—2014 年阿克苏河流域山区积雪时空变化分析 . 水力发电学报，35(9): 28-37.
陈亚宁，徐宗学 . 2004. 全球气候变化对新疆塔里木河流域水资源的可能性影响 . 中国科学 (D 辑：地球科学)，34(11): 1047-1053.
陈亚宁，李卫红，徐海量，等 . 2003. 塔里木河下游地下水位对植被的影响 . 地理学报，58(4): 542-549.
陈昱凝，胡林金，颜伟，等 . 2014. 叶尔羌河上游不同流域夏季气候和径流变化研究 . 冰川冻土，36(3): 678-684.
陈忠升，陈亚宁，徐长春 . 2011. 近 50a 来塔里木河干流年径流量变化趋势及预测 . 干旱区地理，34(1): 43-51.
褚桂红，史文娟，王娟 . 2010. 和田河上游径流变化特征及影响因子分析 . 干旱区资源与环境，24(11): 83-87.
次仁尼玛 . 2018. 西藏狮泉河断面水环境评价 . 人民珠江，39(2): 65-68.
丛振涛，倪广恒，杨大文，等 . 2008. “蒸发悖论”在中国的规律分析 . 水科学进展，19(2): 147-152.
崔洋，王澄海 . 2008. 季节转换期青藏高原西部地区感潜热再分析资料存在的问题及原因 . 自然科学进展，18(11): 1279-1287.
邓铭江 . 2009. 中国塔里木河治水理论与实践 . 北京：科学出版社 .
邓伟，赵伟，刘斌涛，等 . 2018. 基于“一带一路”的南亚水安全与对策 . 地球科学进展，(7):27-41.
邓逸，张圣书，陈蓉 . 2014. 居民收入增长与 GDP 增长的互动关系仿真 . 系统仿真学报，26(10): 2507-2513.
《第三次气候变化国家评估报告》编写委员会 . 2015. 第三次气候变化国家评估报告 . 北京：科学出版社 .

丁永建，叶柏生，韩添丁，等．2007. 过去 50 年中国西部气候和径流变化的区域差异．中国科学（D 辑：地球科学），37（2）：206-214.

董磊华，熊立华，于坤霞，等．2012. 气候变化与人类活动对水文影响的研究进展．水科学进展，23（2）：278-285.

董治宝，陈渭南，董光荣，等．1996. 植被对风沙土风蚀作用的影响．环境科学学报，16（4）：442-446.

杜军．2001. 西藏高原近 40 年的气温变化．地理学报，56（6）：682-690.

杜军，马玉才．2004. 西藏高原降水变化趋势的气候分析．地理学报，59（3）：375-382.

樊威伟，马伟强，郑艳，等．2018. 青藏高原地面加热场年际变化特征及其与西风急流关系研究．高原气象，37（3）：591-601.

范先佐，郭清扬，付卫东．2015. 义务教育均衡发展与省级统筹．教育研究，36（02）：67-74.

傅丽昕．2008. 近 50 年塔里木河源流区气候变化及其对径流量的影响．新疆农业大学博士学位论文．

傅丽昕，陈亚宁，李卫红，等．2008. 塔里木河三源流区气候变化对径流量的影响．干旱区地理（汉文版），31（2）：237-242.

傅丽昕，陈亚宁，李卫红，等．2009. 近 50a 来塔里木河源流区年径流量的持续性和趋势性统计特征分析．冰川冻土，31（3）：457-463.

傅丽昕，陈亚宁，李卫红，等．2010. 塔里木河源流区近 50a 径流量与气候变化关系研究．中国沙漠，30（1）：204-209.

高登义，邹捍，王维．1985. 雅鲁藏布江水汽通道对降水的影响．山地学报，（4）：51-61.

高志友，王小丹，尹观．2007. 雅鲁藏布江径流水文规律及水体同位素组成．地理学报，62（9）：1002-1007.

格桑，尼玛吉，马鹏飞，等．2013. 近 50 年来雅鲁藏布江流域气温变化特征．西藏科技，（1）：46-50.

葛广华，殷彩云，王家强，等．2016. 塔里木河上游荒漠河岸林土壤水盐分布规律研究．西北林学院学报，31（6）：7-12.

巩同梁．2006. 雅鲁藏布江流域水循环演变机理与水资源利用战略研究．北京师范大学博士学位论文．

巩远发．2005. 1997/1998 年青藏高原西部地区辐射平衡各分量变化特征．气象学报，33（2）：222-235.

贡璐，潘晓玲，师庆东，等．2005. 塔里木河上游土地利用格局变化及其影响因子分析．资源科学，27（4）：71-75.

贡璐，张海峰，吕光辉，等．2011. 塔里木河上游典型绿洲不同连作年限棉田土壤质量评价．生态学报，31（14）：4136-4143.

贡璐，张雪妮，冉启洋．2015. 基于最小数据集的塔里木河上游绿洲土壤质量评价．土壤学报，52（3）：682-689.

谷兆祺，马吉明，王琳，等．2003. 关于雅鲁藏布江水能资源开发的建议．水利发展研究，10（3）：10-16.

关志华，陈传友．1980. 西藏河流水资源．自然资源，（02）：25-35.

郭万钦，刘时银，姚晓军，等．2014. 中国第二次冰川编目数据集（V1.0.）（V2014. doi: 10.3972/glacier.001.2013.db.

海米提·依米提，冷中笑，高前兆．2010. 塔里木盆地南缘于田绿洲近 50a 来气候变化特征分析．中国沙漠，30（3）：654-659.

韩国军，王玉兰，房世波．2011. 近 50 年青藏高原气候变化及其对农牧业的影响．资源科学，33（10）：

1969-1975.
韩路，王海珍，王家强，等．2016. 塔里木河上游荒漠河岸林土壤水盐空间变化与生态影响．中南林业科技大学学报，36(9)：82-88.
韩萍，薛燕，苏宏超．2003. 新疆降水在气候转型中的信号反应．冰川冻土，25(2)：179-182.
杭斌，闫新华．2013. 经济快速增长时期的居民消费行为——基于习惯形成的实证分析．经济学（季刊），12(04)：1191-1208.
郝兴明，陈亚宁，李卫红．2006. 塔里木河流域近50年来生态环境变化的驱动力分析．地理学报，61(3)：262-272.
郝兴明，李卫红，陈亚宁．2008a. 新疆塔里木河下游荒漠河岸（林）植被合理生态水位．植物生态学报，32(4)：838-847.
郝兴明，李卫红，陈亚宁，等．2008b. 塔里木河干流年径流量变化的人类活动和气候变化因子甄别．自然科学进展，18(12)：1410-1416.
郝振纯，苏振宽．2015. 土地利用变化对海河流域典型区域的径流影响．水科学进展，26(4)：491-499.
何萍，郭柯，高吉喜，等．2005. 雅鲁藏布江源头区的植被及其地理分布特征．山地学报，23(3)：267-273.
侯钰荣．2008. 塔里木河流域景观格局及其时空变化的遥感定量研究．新疆农业大学博士学位论文．
胡文俊，杨建基，黄河清．2010. 印度河流域水资源开发利用国际合作与纠纷处理的经验及启示．资源科学，32(10)：1918-1925.
华维，范广洲，周定文，等．2008. 青藏高原植被变化与地表热源及中国降水关系的初步分析．中国科学（D辑：地球科学），38(6)：732-740.
黄俊雄，徐宗学，巩同梁．2007. 雅鲁藏布江径流演变规律及其驱动因子分析．水文，27(5)：31-35.
黄领梅，沈冰 .2012. 和田河汇入塔里木河径流演变及成因分析．水资源与水工程学报，23(2)：26-28, 32.
黄锡荃，苏法崇，梅安兴，等．1995. 中国的河流．北京：商务印书馆．
黄艳，袁鹏，颜志衡．2010. 雅鲁藏布江流域天然径流特征及规律分析．红水河，29(1)：65-69.
黄玉英，刘景时，商思臣，等．2008. 昆仑山克里雅河冬季径流及冻土与气候变化．干旱区研究，25(2)：174-178.
纪鹏，郭华东，张露．2013. 近20年西昆仑地区冰川动态变化遥感研究．国土资源遥感，25(1)：93-98.
焦洋，游庆龙，林厚博，等．2016. 1979—2012年青藏高原地区地面气温时空分布特征．干旱区研究，33(2)：283-291.
蓝光东，温之平，贺海晏．2005. ERA与NCEP2大气热源的对比分析以及全球大气热源性质变化规律的研究．大气科学，29(1)：154-163.
雷志栋，杨诗秀，许志荣，等．1985. 土壤特性空间变异性初步研究．水利学报，(9)：10-21.
李宝富，陈亚宁，李卫红，等．2011. 基于遥感和SEBAL模型的塔里木河干流区蒸散发估算．地理学报，66(9)：1230-1238.
李成秀，杨太保，田洪阵．2013. 1990—2011年西昆仑峰区冰川变化的遥感监测．地理科学进展，32(4)：548-559.
李栋梁，李维京，魏丽，等．2003. 青藏高原地面感热及其异常的诊断分析．气候与环境研究，8(1)：71-83.

李栋梁，谢金南，赵仲莲，等 . 1997. 中国西北夏季气温变化及其对青藏高原地面感热异常响应的诊断与数值试验 . 气候与环境研究，2(4): 377-386.

李海东，沈渭寿，邹长新，等 . 2010. 雅鲁藏布江源区土壤侵蚀特征 . 生态与农村环境学报，26(1): 25-30.

李和平，李国振，田长彦，等 . 2006. 孔雀河中下游河水化学性质变化规律及其影响分析 . 干旱区资源与环境，20(6): 122-125.

李明森 . 2000. 青藏高原环境保护对策 . 资源科学，22(4): 78-82.

李胜功 . 1994. 狮泉河谷地植被现状与风沙危害治理途径的初步研究 . 干旱区研究，11(2): 46-52.

李卫红，黎枫，陈忠升，等 . 2011. 和田河流域平原耗水驱动力与适宜绿洲规模分析 . 冰川冻土，33(05): 1161-1168.

李占玲，徐宗学，巩同梁 . 2008. 雅鲁藏布江流域径流特性变化分析 . 地理研究，27(2): 353-361.

梁飚，杨汝荣，高迎春，等 . 2003. 西藏森格藏布流域畜牧业资源综合开发的思路 . 家畜生态，24 (3): 42-45.

林厚博，游庆龙，焦洋，等 . 2015. 基于高分辨率格点观测数据的青藏高原降水时空变化特征 . 自然资源学报，30(02): 271-281.

林振耀，赵昕奕 . 1996. 青藏高原气温降水变化的空间特征 . 中国科学 (D 辑：地球科学)，26(4): 354-358.

蔺雪芹，王岱，任旺兵，等 . 2013. 中国城镇化对经济发展的作用机制 . 地理研究，32(04): 691-700.

凌红波，徐海量，张青青，等 . 2011. 1957—2007 年新疆天山山区气候变化对径流的影响 . 自然资源学报，26(11): 1908-1917.

凌红波，徐海量，张青青，等 . 2011. 新疆塔里木河三源流径流量变化趋势分析 . 地理科学，31(6): 728-733.

刘春蓁，占车生，夏军，等 . 2014. 关于气候变化与人类活动对径流影响研究的评述 . 水利学报，45(4): 379-393.

刘剑，姚治君，陈传友 . 2007. 雅鲁藏布江径流变化趋势及原因分析 . 自然资源学报，22(3): 471-477.

刘伦芳，廖福斌，黄领梅，等 . 2003. 塔里木河流域源流及干流水均衡分析 . 西北水资源与水工程，14(2): 1-4.

刘天仇 .1998. 西藏高原河流水资源特征及应用前景 . 西藏大学学报，13(3): 14-20.

刘天仇 . 1999. 雅鲁藏布江水文特征 . 地理学报，54: 157-164.

刘卫东 . 2015. “一带一路”战略的科学内涵与科学问题 . 地球科学进展，34(5): 538-544.

刘文丰，徐宗学，李发鹏，等 . 2014. 基于 ASD 统计降尺度的雅鲁藏布江流域未来气候变化情景 . 高原气象，33(1): 26-36.

刘湘伟 . 2015. 雅鲁藏布江流域水文气象特性分析 . 清华大学硕士学位论文 .

刘晓尘，效存德 . 2011. 1974—2010 年雅鲁藏布江源头杰玛央宗冰川及冰湖变化的初步研究 . 冰川冻土，33(3): 488-496.

刘新华，徐海量，凌红波，等 . 2013. 阿克苏河源流区径流量与降水量丰枯变化和相关性研究 . 冰川冻土，35(3): 741-750.

洛珠尼玛，王建群，徐幸仪 . 2011. 雅鲁藏布江流域径流变化特征及趋势分析 . 水文，31(5): 76-79.

马伟强，戴有学，马耀明，等 . 2007. 珠峰北坡地区地表辐射和能量季节变化的初步分析 . 高原气象，

26(6): 1237-1243.
马伟强, 马耀明. 2006. 西北干旱区地表能量初步分析. 干旱区研究, 23(1): 76-82.
马伟强, 马耀明, 李茂善, 等. 2005. 藏北高原地区地表辐射出支和能量平衡的季节变化. 冰川冻土, 27(5): 673-679.
马晓波, 胡泽勇. 2005. 青藏高原 40 年来降水变化趋势及突变的分析. 中国沙漠, 25(1): 137-139.
马耀明, 吴晓鸣. 2000. 藏北高原草甸下垫面近地层能量输送及微气象特征. 大气科学, 24(5): 715-722.
马耀明, 戴有学, 马伟强, 等. 2004. 干旱半干旱区非均匀地表区域能量通量的卫星遥 感参数化. 高原气象, 23(2): 139-146.
马耀明, 仲雷, 田辉, 等. 2006. 青藏高原非均匀地表区域能量通量的研究. 遥感学报, 10(4): 542-547.
毛世昌. 2010. 恒河——象征印度文化的圣河. 科学经济社会, 28(4): 177-183.
孟凡浩, 古丽•加帕尔, 包安明, 等. 2016. 近 50a 塔里木河流域“四源”农业用水与干流生态系统结构变化关系研究. 自然资源学报, 31(11): 1832-1843.
聂宁, 张智杰. 2013. 近 30a 来雅鲁藏布江流域冰川系统特征遥感研究及典型冰川变化分析. 冰川冻土, 35(3): 541-552.
聂宁, 张万昌, 邓财. 2012. 雅鲁藏布江流域 1978—2009 年气候时空变化及未来趋势研究. 冰川冻土, 34(1): 64-71.
牛竞飞 .2011. 喀喇昆仑山乔戈里峰地区冰川变化研究. 中国科学院大学硕士学位论文.
欧阳琰, 沈渭寿, 杨凯, 等. 2014. 近 20a 雅鲁藏布江流域冻融侵蚀演变趋势. 山地学报, 32(4): 417-422.
潘保田, 李吉均. 1996. 青藏高原: 全球气候变化的驱动机与放大器: Ⅲ. 青藏高原隆起对气候变化的影响. 兰州大学学报(自科版), (1): 108-115.
钱陈. 2005. 城市化与经济增长的主要理论和模型述评. 浙江社会科学, (2): 190-197.
钱晓燕, 袁鹏, 邵骏, 等. 2010. 雅鲁藏布江河川径流变化的季节性规律研究. 水资源与水工程学报, 21(1), 29-33.
邱玉宝, 郭华东, 除多, 等. 2016. 青藏高原 MODIS 逐日无云积雪面积数据集. 中国科学数据, 1(1): 1-11.
邱志鹏, 张光科. 2006. 雅鲁藏布江水资源开发的战略思考. 水利发展研究, 2: 15-19.
全国水力资源复查工作领导小组. 2004. 中华人民共和国水力资源复查成果 (2003 年)(分流域)第 9 卷 雅鲁藏布江及西藏其他河流. 北京: 中国电力出版社.
任加国, 许模. 2003. 土壤盐渍化与竖井排灌关系研究. 中国地质灾害与防治学报, 3(14): 55-57.
芮孝芳. 2004. 水文学原理. 北京: 中国水利水电出版社.
上官冬辉, 刘时银, 丁永建, 等. 2004a. 玉龙喀什河源区 32 年来冰川变化遥感监测. 地理学报, 59(6): 855-862.
上官冬辉, 刘时银, 丁永建, 等. 2004b. 中国喀喇昆仑山、慕士塔格公格尔山典型冰川变化监测结果. 冰川冻土, 26(3): 374-375.
尚可政, 韩晶晶, 杨德保, 等. 2006. 西藏西北高原气候变化趋势及预测——以狮泉河站为例. 兰州大学学报(自科版), 42(6): 27-32.
沈冰, 黄领梅, 阮本清, 等. 2003. 和田绿洲水循环要素变化特征. 水利学报, (5): 78-83.

施雅风，刘潮海．2005．简明中国冰川编目．上海：上海科学普及出版社．
施雅风，沈永平，胡汝骥．2002．西北气候由暖干向暖湿转型的信号、影响和前景初步探讨．冰川冻土，24(3)：219-226.
施雅风，沈永平，李栋梁，等．2003．中国西北气候由暖干向暖湿转型的特征和趋势探讨．第四纪研究，23(2)：152-164.
孙航，周浙昆．1997．喜马拉雅东部雅鲁藏布江大峡弯河谷地区植被组成特点．植物分类与资源学报，19(1)：57-66.
孙静，贾绍凤，吕爱峰．2011．喜马拉雅地区国际河流信息提取与分析．南水北调与水利科技，9(3)：33-38.
孙明，沈渭寿，李海东，等．2010．雅鲁藏布江源区风沙化土地演变趋势．自然资源学报，25(7)：1163-1171.
孙明．2011．基于遥感技术的雅鲁藏布江源区植被类型及覆盖度研究．南京信息工程大学硕士学位论文．
孙志军．2012．我国初中升学率的基本状况及影响因素研究．教育与经济，(3)：9-13.
涂智寿．2010．重庆邮政物流与区域经济协同发展研究．中国流通经济，24(4)：26-29.
吐尔逊•哈斯木，曼尼萨汗·吐尔隼，阿依先木·司马义．2010．塔里木河流域水资源利用对干流土地沙漠化的影响分析．干旱区资源与环境，24(8)：58-62.
瓦哈甫，哈力克，杨晓东．2010．车尔臣河流域气候变化及其对河流径流量的影响．新疆农业科学，47(5)：996-1001.
王宾宾．2014．利用 MODIS 资料估算青藏高原感热和潜热通量的时空分布及变化．中国科学院大学学位论文．
王迪．2010．近 30a 叶尔羌河上游冰川变化与冰川阻塞湖研究．中国科学院青藏高原研究所硕士学位论文．
王蕊，姚治军，刘兆飞，等．2015．雅鲁藏布江中游地区气候要素变化及径流的响应．资源科学，37(3)：619-628.
王学佳，杨梅学，万国宁．2013．近 60 年青藏高原地区地面感热通量的时空演变特征．高原气象，32(6)：1557-1567.
王彦涛．2010．叶尔羌河流域植物区系及植被研究．新疆师范大学博士学位论文．
王堰，李雄，缪启龙．2004．青藏高原近 50 年来气温变化特征的研究．干旱区地理，27(1)：41-46.
王毅，王同美．2007．加热率对比及大气加热性质的研究．中山大学研究生学刊（自然科学、医学版），28(3)：47-63.
王珍，宋进喜，段孟辰．2016．雅鲁藏布江径流变化的影响因素分析研究．环境科学与管理，41(3)：53-57.
韦志刚，黄荣辉，董文杰．2003．青藏高原气温和降水的年际和年代际变化．大气科学，27(2)：157-170.
魏恒，赵成义，孙栋元．2010．塔里木河上游绿洲典型地表特征土壤水分入渗性能研究．冰川冻土，32(4)：837-843.
魏俊锋．2011．雅鲁藏布江流域冰川编目与冰川变化研究．北京：中国科学院大学硕士学位论文．
魏琳，杨瑾，孙宝林，等．2004．开 - 孔河流域水资源开发和生态环境问题．新疆水利，27(6)：16-18.
吴凌云，余志豪．2001．青藏高原潜热感热、地形高度与我国冬、夏季温度的可能影响．气象科学，21(3)：291-298.
吴绍洪，尹云鹤，郑度，等．2005．青藏高原近 30 年气候变化趋势．地理学报，60(1)：3-11.

吴文斌，杨鹏，唐华俊．2007. 土地利用对土壤性质影响的区域差异研究．中国农业科学，40(8)：1697-1702.
吴晓明，张程．2013. 我国邮政业与经济发展的协调性研究——基于灰熵关联模型．北京邮电大学学报（社会科学版），15(1)：77-81.
西藏自治区统计局．2017. 西藏统计年鉴．北京：中国统计出版社．
谢自楚，冯清华，王欣，等．2005. 中国冰川系统变化趋势预测研究．水土保持研究，12(5)：77-82.
邢武成，李忠勤，张慧，等．2017.1959 年来中国天山冰川资源时空变化．地理学报，72(9)：1594-1605.
徐长春，陈亚宁，李卫红，等．2006. 塔里木河流域近 50 年气候变化及其水文过程响应．科学通报，51：21-30.
徐海量，叶茂，宋郁东．2007. 塔里木河源流区气候变化和年径流量关系初探．地理科学，27(2)：219-224.
许朋琨，张万昌．2013. GRACE 反演近年青藏高原及雅鲁藏布江流域陆地水储量变化．水资源与水工程学报，24(1)：23-29.
颜伟，刘景时，罗光明，等．2014. 基于 MODIS 数据的 2000—2013 年西昆仑山玉龙喀什河流域积雪面积变化．地理科学进展，33(3)：315-325.
阳坤，郭晓峰，武炳义．2010. 青藏高原地表感热通量的近期变化趋势．中国科学（D 辑：地球科学），40(7)：923-932.
杨劲松．1995. 土壤盐渍化研究展望．土壤，27(1)：23-27.
杨莲梅，张庆云．2007. 南疆夏季降水异常的环流和青藏高原地表潜热通量特征分析．高原气象，26(3)：435-441.
杨鹏，陈亚宁，李卫红，等．2015. 2003—2012 年新疆塔里木河径流量变化与断流分析．资源科学，37(3)：485-493.
杨瑞芳．2017. 基于卫星遥感的印度河流域冰川面积变化及气候响应分析．北京交通大学硕士学位论文．
杨逸畴．1984. 雅鲁藏布江河谷风沙地貌的初步观察．中国沙漠，4(3)：12-16.
杨针娘．1991. 中国冰川水资源．兰州：甘肃科学技术出版社．
杨志刚，卓玛，路红亚，等．2014. 1961—2010 年西藏雅鲁藏布江流域降水量变化特征及其对径流的影响分析．冰川冻土，36(1)：166-172.
姚济敏，赵林，丁永建，等．2008. 2005 年青藏高原唐古拉地区地表能量收支状况分析．冰川冻土，30(1)：119-124.
姚檀栋，姚治君．2010. 青藏高原冰川退缩对河水径流的影响．自然杂志，32(1)：4-8.
姚檀栋，李治国，杨威，等．2010. 雅鲁藏布江流域冰川分布和物质平衡特征及其对湖泊的影响，科学通报，55(18)：1750-1756.
姚檀栋，秦大河，沈永平，等．2013. 青藏高原冰冻圈变化及其对区域水循环和生态条件的影响．自然杂志，35(3)：179-186.
姚永慧，张百平．2013. 基于 MODIS 数据的青藏高原气温与增温效应估算．地理学报，68(1)：95-107.
姚永慧，张百平．2015. 青藏高原气温空间分布规律及其生态意义．地理研究，34(11)：2084-2094.
叶柏生，丁永建，杨大庆，等．2006. 近 50a 西北地区年径流变化反映的区域气候差异．冰川冻土，28(3)：307-311.

叶昌友，王遐见．2013．交通基础设施、交通运输业与区域经济增长——基于省域数据的空间面板模型研究．产业经济研究，(2)：40-47．

叶笃正，张捷迁．1974．青藏高原加热作用对夏季东亚大气环流影响的初步模拟实验．中国科学，(3)：301-320．

叶笃正，罗四维，朱抱真．1957．西藏高原及其附近的流场结构和对流层大气的热量平衡．气象学报，28(2)：20-33．

叶笃正，杨广基，王兴东．1979．东亚和太平洋上空平均垂直环流——(一)夏季．大气科学，3(1)：3-13．

尹业彪，李霞，郭玉川，等．2010．孔雀河畔土壤盐分空间变异及格局分析．新疆农业大学学报，33(3)：244-249．

尹云鹤，吴绍洪，赵东升，等．2013．1981—2010年气候变化对青藏高原实际蒸散的影响．地理学报，67(2)：1471-1481．

余锦华．刘晶淼．丁裕华．2004．青藏高原西部地表通量的年、日变化特征．高原气象，23(3)：353-359．

余武生，马耀明，孙维贞，等．2009．青藏高原西部降水中δ^{18}O变化特征及其气候意义．科学通报，(15)：2131-2139．

曾磊，杨太保，田洪阵．2013．近40年东帕米尔高原冰川变化及其对气候的响应．干旱区资源与环境，27(5)：144-150．

张程程．2016．塔里木河源流和干流径流特征及其相关性分析．水利规划与设计，(1)：50-53．

张春来，邹学勇，刘玉璋，等．2006．狮泉河盆地风沙灾害成因及其防治．自然灾害学报，15(2)：1-9．

张飞，丁建丽，塔西甫拉提·特依拜，等．2007．干旱区典型绿洲土壤盐渍化特征分析：以渭干河-库车河三角洲为例．草业学报，16(4)：34-40．

张飞跃．2016．多模式对南亚大河流域气温降水模拟评估及预估不确定性研究．南京信息工程大学硕士学位论文．

张飞跃，姜彤，苏布达，等．2016．CMIP5多模式集合对南亚大河气候变化模拟评估及未来情景预估．热带气象学报，32(5)：734-742．

张核真，路红亚，洪健昌，等．2013．藏西北地区气候变化及其对草地畜牧业的影响．干旱区研究，30(2)：308-314．

张虹，黄民生，胡晓辉．2010．基于能值分析的福建省绿色GDP核算．地理学报，65(11)：1421-1428．

张剑，覃家理，邓莉兰，等．2008．西藏雅鲁藏布江中游陆生植被调查与评价．林业资源管理，(4)：118-123．

张杰．2013．新疆区域气候变化评估报告决策者摘要及执行摘要2012．北京：气象出版社．

张金宝．2014．经济条件、人口特征和风险偏好与城市家庭的旅游消费——基于国内24个城市的家庭调查．旅游学刊，29(05)：31-39．

张鹏飞，李国平，尹建昌．2009．青藏高原西部地表热通量输送的低频特征．高原气象，28(3)：556-563．

张人禾，苏凤阁，江志红，等．2015．青藏高原21世纪气候和环境变化预估研究进展．科学通报，60(32)：3036-3047．

张淑萍，张虎才，陈光杰，等．2012．1973—2010年青藏高原西部昂拉仁错流域气候、冰川变化与湖泊响应．冰川冻土，34(2)：267-276．

张祥松，周聿超，等．1990．喀喇昆仑山叶尔羌河冰川湖突发洪水研究．北京：科学出版社．

张小侠 . 2011. 雅鲁藏布江流域关键水文要素时空变化规律研究 . 北京林业大学博士学位论文 .

张晓伟 , 沈冰 , 黄领梅 .2007. 和田河年径流变化规律研究 . 自然资源学报 , 22(6): 974-979.

张雪 , 陈耀轩 , 张盼等 . 2016. 孔雀河流域农业灌区土壤盐分空间分布及变异特征 . 土壤 , 48(6): 1223-1228.

张寅生 , 马颖钊 , 郭燕红 , 等 . 2012. 青藏高原 50 年来水循环要素变化趋势及其区域差异性 . 第四纪研究 , 32(1): 95-102.

赵健 , 李蓉 . 2008. 雅鲁藏布江流域土壤侵蚀区域特征初步研究 . 长江科学院院报 , 25(3): 42-45.

赵磊 . 2015. 旅游发展与经济增长——来自中国的经验证据 . 旅游学刊 , 30(4): 33-49.

赵鲁青 . 2011. 雅鲁藏布江中下游区域植被绿期和净初级生产力时空格局及其对气候变化的响应 . 华东师范大学博士学位论文 .

赵勇 , 李如琦 , 杨霞 , 等 . 2013. 5 月青藏高原地区感热异常对北疆夏季降水的影响 . 高原气象 , 32(5): 1215-1223.

中国科学院青藏高原综合科学考察队 .1984. 西藏河流与湖泊 . 北京 : 科学出版社 .

中国水利百科全书委员会 . 1991. 中国水利百科全书 . 北京 : 水利电力出版社 .

仲雷 , 马耀明 , 苏中波 , 等 . 2006. 珠峰北坡地区近地层大气湍流与地气能量交换特征 . 地球科学进展 , 21(12): 1293-1303.

周宰根 , 谢自楚 , 韩建康 .2009. 玉龙喀什河和喀拉喀什河出山径流变化及其影响因素分析 . 干旱区资源与环境 , 23(6): 95-99.

竺夏英 , 刘屹岷 , 吴国雄 . 2012. 夏季青藏高原多种地表感热通量资料的评估 . 中国科学 (D 辑 : 地球科学), 42(7): 1104-1112.

邹学勇 , 董光荣 , 李森 . 2003. 西藏荒漠化及其防治战略 . 自然灾害学报 , 12(1): 17-24.

Adel M M. 2002. Man-made climatic changes in the Ganges basin. International Journal of Climatology, 22(8): 993-1016.

Adnan M, Nabi G, Saleem P M, et al. 2016. Snowmelt runoff prediction under changing climate in the Himalayan cryosphere: A case of Gilgit River Basin. Geoscience Frontiers, 8(5): 941-949.

Ahmad Z, Hafeez M, Ahmad I. 2012. Hydrology of mountainous areas in the upper Indus Basin, Northern Pakistan with the perspective of climate change. Environmental Monitoring and Assessment, 184(9): 5255-5274.

Akhtar M, Ahmad N, Booij M J. 2008. The impact of climate change on the water resources of Hindukush-Karakorum-Himalaya region under different glacier coverage scenarios. Journal of Hydrology, 355(1-4): 148-163.

Amatya P, Ma Y, Han C, et al. 2016. Mapping regional distribution of land surface heat fluxes on the southern side of the central Himalayas using TESEBS. Theoretical and Applied Climatology, 124(3): 835-846.

Annamalai H, Slingo J, Sperber K. 1999. The mean evolution and variability of the Asian summer monsoon: Comparison of ECMWF and NCEP-NCAR reanalyses. Monthly Weather Review, 127(6): 1157-1186.

Araguás-Araguás L, Froehlich K, Rozanski K. 1998. Stable isotope composition of precipitation over southeast Asia. Journal of Geophysical Research: Atmospheres, 103(D22): 28721-28742.

Araguás-Araguás L, Froehlich K, Rozanski K. 2000. Deuterium and oxygen-18 isotope composition of precipitation and atmospheric moisture. Hydrological Processes, 14(8): 1341-1355.

Archer B. 1995. Importance of tourism for the economy of Bermuda. Annals of Tourism Research, 22(4): 918-930.

Archer D. 2003. Contrasting hydrological regimes in the upper Indus Basin. Journal of Hydrology, 274(1-4): 198-210.

Archer D R, Fowler H J. 2004. Spatial and temporal variations in precipitation in the Upper Indus Basin, global teleconnections and hydrological implications. Hydrology and Earth System Sciences Discussions, 8(1): 47-61.

Aziz A, Tanaka S. 2011. Regional parameterization and applicability of Integrated Flood Analysis System (IFAS) for flood forecasting of upper-middle Indus River. Pak. J. Meteorol, 8: 21-38.

Bao A, Huang Y, Ma Y, et al. 2017. Assessing the effect of EWDP on vegetation restoration by remote sensing in the lower reaches of Tarim River. Ecological Indicators, (74): 261-275.

Bhambri R, Bolch T, Kawishwar P, et al. 2013. Heterogeneity in glacier response in the upper Shyok valley, northeast Karakoram. Cryosphere, 7(5): 1385-1398.

Bharati L, Lacombe G, Gurung P, et al. 2011. The Impacts of Water Infrastructure and Climate Change on the Hydrology of the Upper Ganges River Basin. Colombo, Sri Lanka: International Water Management Institute.

Bolch T, kulkarni A, kaab A, et al. 2012. The state and fate of Himalayan glaciers. Science, 336(6079): 310-314.

Bolch T, Pieczonka T, Mukherjee K, et al. 2017. Brief communication: Glaciers in the Hunza catchment (Karakoram) have been nearly in balance since the 1970s. The Cryosphere, 11(1): 531-539.

Bouchet R J. 1963. Evapotranspiration re’ elle et potentielle, signification climatique. Int. Assoc. Sci. Hydrology, Proc., 62: 134-142.

Bowen I S. 1926. The ratio of heat losses by conduction and evaporation from any water surface. Phys Rev., 27(6): 779-787.

Brahmbhatt R, Bahuguna I, Rathore B, et al. 2015. Satellite monitoring of glaciers in the Karakoram from 1977 to 2013: An overall almost stable population of dynamic glaciers. The Cryosphere Discussions, 9(2): 1555-1592.

Brun F, Berthier E, Wagnon P, et al. 2017. A spatially resolved estimate of High Mountain Asia glacier mass balances, 2000-2016. Nature Geoscience, 10(9): 668-673.

Brutsaert W. 2013. Use of pan evaporation to estimate terrestrial evaporation trends: The case of the Tibetan Plateau. Water Resources Research, 49(5): 3054-3058.

Che T, Li X, Jin R, et al. 2008. Snow depth derived from passive microwave remote-sensing data in China. Annals of Glaciology, 49: 145-154.

Chen H, Zhu Q, Peny C, et al. 2013b. The impacts of climate change and human activities on biogeochemical cycles on the Qinghai-Tibetan Plateau. Global Change Biology, 19(10): 2940-2955.

Chen S, Liu Y, Thomas A. 2006a. Climatic change on the Tibetan Plateau: Potential evapotranspiration trends from 1961-2000. Climate Change, 76(3-4): 291-319.

Chen X, Añel J A, Su Z, et al. 2013a. The deep atmospheric boundary layer and its significance to the stratosphere and troposphere exchange over the Tibetan Plateau. PLoS ONE, 8(2): e56909.

Chen X, Hao Z, Ju Q, et al. 2015. Spatial-temporary Analysis of Climate Changing on Five Headwater Rivers in the Tibetan Plateau through the Output of GCMS. International Conference on Architectural.

Chen X, Long D, Hong Y,et al.2017. Improved modeling of snow and glacier melting by a progressive two-stage calibration strategy with GRACE and multi-source data, Water Resources Research, 53(3):2431-2466.

Chen X, Su Z, Ma Y, et al. 2012. An improvement of roughness height parameterization of the surface energy balance system (SEBS) over the Tibetan Plateau. Journal of Applied Meteorology and Climatology, 52(3): 623-633.

Chen X, Su Z, MaY, et al. 2014. Development of a 10 year (2001-2010) 0.1° dataset of land-surface energy balance for mainland China. Atmos. Chem. Phys, 14: 13097-13117.

Chen X,Long D,Hong Y,et al.2017.Improved modeling of snow and glacier melting by a progressive two-stage calibration strategy with GRACE and multi-source data.Water Resources Research,53(3):2431-2466.

Chen Y N, Xu C C, Chen Y P, et al. 2010.Response of glacial-lake outburst floods to climate change in the Yarkant River basin on northern slope of Karakoram Mountains, China. Quaternary International, 226 (1-2): 75-81.

Chen Y, Li W H, Xu C C, et al. 2007. Effects of climate change on water resources in Tarim River Basin, Northwest China. Journal of Environmental Sciences, 19(4): 488-493.

Chen Y, Takeuchi K, Xu C, et al. 2006b. Regional climate change and its effects on river runoff in the Tarim Basin, China. Hydrological Processes, 20(10): 2207-2216.

Chen Y, Xu C, Hao X, et al. 2009. Fifty-year climate change and its effect on annual runoff in the Tarim River Basin, China. Quaternary International, 208(1-2): 53-61.

Cuo L, Zhang Y. 2017. Spatial patterns of wet season precipitation vertical gradients on the Tibetan Plateau and the surroundings. Scientific Reports, 7(1): 5057.

Cuo L, Giambelluca T W, Ziegler A D, et al. 2010. The roles of roads and agricultural land use in altering hydrological processes in Nam Mae rim watershed, northern Thailand. Hydrological Processes, 22(22): 4339-4354.

Cuo L, Lettenmaier D P, Alberti M, et al. 2009. Effects of a century of land cover and climate change on the hydrology of the Puget Sound Basin. Hydrological Processes, 23(6): 907-933.

Cuo L, Zhang Y, Gao Y, et al. 2013a. The impacts of climate change and land cover/use transition on the hydrology in the upper yellow river basin, China. Journal of Hydrology, 502: 37-52.

Cuo L, Zhang Y, Wang Q, et al. 2013b. Climate change on the Northern Tibetan Plateau during 1957-2009: Spatial patterns and possible mechanisms. Journal of Climate, 26(1): 85-109.

Dai L. 2015. Inter-Calibrating SMMR, SSM/I and SSMI/S data to improve the consistency of snow-depth products in China. Remote sensing, 7(6): 7212-7230.

Dai L, Che T, Wang J, et al. 2012. Snow depth and snow water equivalent estimation from AMSR-E data based on a priori snow characteristics in Xinjiang, China. Remote Sensing of Environment, 127: 14-29.

Dansgaard W. 1953. The abundance of ^{18}O in atmospheric water and water vapour. Tellus, 5(4): 461-469.

Dansgaard W. 1964. Stable isotopes in precipitation. Tellus, 16(4): 436-468.

de Condappa D, Chaponnière A, Lemoalle J. 2009. A decision-support tool for water allocation in the Volta Basin. Water Int, 34(1): 71-87.

Divisekera S. 2010. Economics of tourist's consumption behavior: Some evidence from Australia. Tourism Management, 31(5): 629-636.

Du M. 2004. Mutual influence between human activities and climate change in the Tibetan Plateau during recent years. Global and Planetary Change, 41(3-4): 241-249.

Duan A, Wu G. 2008. Weakening trend in the atmospheric heat source over the Tibetan Plateau during recent decades. Part I: Observations. Journal of Climate, 21(13): 3149-3164.

Duan A, Wu G. 2009. Weakening trend in the atmospheric heat source over the Tibetan Plateau during recent decades. Part II: Connection with climate warming. J. Clim., 22(15): 4197-4212.

Duan A M, Xiao Z X. 2015. Does the climate warming hiatus exist over the Tibetan Plateau? Science Reports, 5: 13711.

Durbarry R. 2002. The economic contribution of tourism of tourism in Mauritius. Annals of Tourism Research, 29(3): 862-865.

Eriksson M, Xu J, Shrestha A B, et al. 2009. The Changing Himalayas: Impact of Climate Change on Water Resources and Livelihoods in the Greater Himalayas. Kathmandu: ICIMOD.

Fang G, Yang J, Chen Y, et al. 2015. Climate change impact on the hydrology of a typical watershed in the Tianshan Mountains. Advances in Meteorology, 2015: 1-10.

Farhan S B, Zhang Y, Ma Y, et al. 2014. Hydrological regimes under the conjunction of westerly and monsoon climates: A case investigation in the Astore Basin, Northwestern Himalaya. Climate Dynamics, 44(11-12): 3015-3032.

Farhan S, Zhang Y, Ma Y, et al. 2015. Hydrological regimes under the conjunction of westerly and monsoon climates: A case investigation in the Astore Basin, Northwestern Himalaya. Climate Dynamics, 44(11-12): 3015-3032.

Flohn H.1957. Large-scale aspects of the "summer monsoon" in South and East Asia. Journal of the Meteorological Society of Japan, 75: 180-186.

Fowler H J, Archer D R. 2006. Conflicting signals of climatic change in the upper indus basin. Journal of Climate, 19(17): 4276-4293.

Frey H, Machguth H, Huss M, et al. 2014. Estimating the volume of glaciers in the Himalayan-Karakoram region using different methods. The Cryosphere, 8(6): 2313-2333.

Froehlich K, Kralik M, Papesch W, et al. 2008. Deuterium excess in precipitation of Alpine regions-moisture recycling. Isotopes Environ Health Stud, 44(1): 61-70.

Fujita K, Nuimura T. 2011. Spatially heterogeneous wasterage of Himalaya glacier. Proceedings of the National Academemy of Sciences, 34(108): 14011-14014.

Gao J, Masson-Delmotte V, Risi C, et al. 2013. What controls precipitation $\delta^{18}O$ in the southern Tibetan Plateau at seasonal and intra-seasonal scales? A case study at Lhasa and Nyalam. Tellus B: Chemical and Physical Meteorology, 65(1): 21043.

Gao Y, Cuo L, Zhang Y. 2014. Changes in moisture flux over the Tibetan Plateau during 1979-2011 and possible mechanisms. Journal of Climate, 27(5): 1876-1893.

Gao Y, Xie H, Yao T, et al. 2010. Integrated assessment on multi-temporal and multi-sensor combinations for reducing cloud obscuration of MODIS snow cover products of the Pacific Northwest USA. Remote Sensing of Environment, 114(8): 1662-1675.

Gardelle J, Berthier E, Arnaud Y. 2012. Slight mass gain of Karakoram glaciers in the early twenty-first century. Nature Geoscience, 5(5): 322-325.

Gardelle J, Berthier E, Arnaud Y, et al. 2013. Region-wide glacier mass balances over the Pamir-Karakoram-Himalaya during 1999-2011. The Cryosphere, 7(4): 1263-1286.

Gardner A, Moholdt G, Cogley J, et al. 2013. A reconciled estimate of glacier contributions to sea level rise: 2003 to 2009. Science, 340: 852-857.

Gat J, Klein B, Kushnir Y, et al. 2003. Isotope composition of air moisture over the Mediterranean Sea: An index of the air-sea interaction pattern. Tellus B, 55(5): 953-965.

Gosain A K, Aggarwal P K, Rao S. 2011. Linking Water and Agriculture in River Basins: Impacts of Climate Change. Indian Institute of Technology, New Delhi, 2011.

Gourdji S M, Knowlton C, Platt K, et al. 2008. Modelling the interlinking of the Ganges River: Simulated changes in flow//Mizra M M Q, Ahmed A U, Ahmad Q K. Interlinking of Rivers in India: Issues and concerns. London: CRC Press, Taylor and Francis: 107-128.

Guo D, Wang H. 2011. The significant climate warming in the northern Tibetan Plateau and its possible causes. Int. J. Climatol, 32(12): 1775-1781.

Guo D L, Wang H J. 2012. The significant climate warming in the northern Tibetan Plateau and its possible causes. International Journal of Climatology, 32(12): 1775-1781.

Guo D, Wang H, Li D. 2012. A projection of permafrost degradation on the tibetan plateau during the 21st century. Journal of Geophysical Research, 117: D05106.

Guo L, Xia Z, Zhou H, et al.2015.Hydrological changes of the Ili river in Kazakhstan and the possible causes. Journal of Hydrologic Engineering, 20(11):05015006.

Guo W, Liu S, Xu J, et al. 2015. The second chinese glacier inventory: data, methods and results. Journal of Glaciology, 61(226): 357-372.

Guo X, Tian L, Wen R, et al. 2017. Controls of precipitation $\delta^{18}O$ on the northwestern Tibetan Plateau: A case study at Ngari station. Atmospheric Research, 189: 141-151.

Gupta A. 2007. Large Rivers: Geomorphology and Management. New Jersey: John Wiley and Sons.

Haemmig C, Huss M, Keusen H, et al.2014. Hazard assessment of glacial lake outburst floods from Kyagar glacier, Karakoram mountains, China. Annals of Glaciology, 55 (66) : 34-44.

Hagg W, Braun L N, Weber M, et al. 2006. Runoff modelling in glacierized Central Asian catchments for present-day and future climate. Nordic Hydrology, 37 (2) : 93-105.

Han C, Ma Y, Chen X, et al. 2016. Estimates of land surface heat fluxes of the Mt. Everest region over the Tibetan plateau utilizing ASTER data. Atmospheric Research, 168: 180-190.

Han C, Ma Y, Chen X, et al. 2017. Trends of land surface heat fluxes on the Tibetan Plateau from 2001 to 2012. International Journal of Climatology, 37: 4757-4767.

Hasson S, Böhner J, Lucarini V. 2017. Prevailing climatic trends and runoff response from Hindukush-Karakoram-Himalaya, upper Indus Basin. Earth System Dynamics, 8 (2) : 337-355.

Hasson S. 2016. Future water availability from Hindukush-Karakoram-Himalaya upper indus basin under conflicting climate change scenarios. Climate, 4 (3) : 1-28.

Hewitt K, 2011. Glacier change, concentration, and elevation effects in the Karakoram Himalaya, Upper Indus Basin. Mountain Research and Development, 31 (3) : 188-201.

Hewitt K, Liu J S.2010. Ice-dammed lakes and outburst floods, Karakoram Himalaya: Historical perspectives on emerging threats. Physical Geography, 31 (6) : 528-551.

Hewitt K. 2005. The Karakoram anomaly? Glacier expansion and the' elevation effect, 'Karakoram Himalaya. Mountain Research and Development, 25 (4) : 332-340.

Hu Y, Maskey S, Uhlenbrook S. 2011. Trends in temperature and rainfall extremes in the Yellow River source region, China. Climatic Change, 110 (1-2) : 403-429.

Hu Z, Yu G, Zhou Y, et al. 2009. Partitioning of evapotranspiration and its controls in four grassland ecosystems: Application of a two-source model. Agricultural and Forest Meteorology, 149: 1410-1420.

Huss M, Hock R. 2018. Global-scale hydrological response to future glacier mass loss. Nature Climate Change, 8 (2) : 135.

Immerzeel W W, Droogers P, de Jong S M, et al. 2009. Large-scale monitoring of snow cover and runoff simulation in Himalayan river basins using remote sensing. Remote Sensing of Environment, 113 (1) : 40-49.

Immerzeel W W, van Beek L P H, Bierkens M F P. 2010. Climate change will affect the asian water towers. Science, 328 (5984) : 1382-1385.

Immerzeel W, Pellicciotti F, Shrestha A. 2012. Glaciers as a proxy to quantify the spatial distribution of precipitation in the Hunza basin. Mountain Research and Development. 32 (1) : 30-38.

IPCC. 2013. Climate Change 2013: The Physical Science Basis. Contribution of Working Group I to the Fifth Assessment Report of the Intergovernmental Panel on Climate Change. Cambridge, United Kingdom and New York, NY, USA: Cambridge University Press.

Iturrizaga L. 2011. Trends in 20th century and recent glacier fluctuations in the Karakoram Mountains. Zeitschrift Fur Geomorphologie, 55 (3) : 205-231.

Jacob T, Wahr J, Pfeffer W, et al. 2012. Recent contributions of glaciers and ice caps to sea level rise. Nature, 482: 514-518.

Jain S, Agarwal P, Singh V. 2007. Hydrology and Water Resources of India. Berlin: Springer.

Jeuland M, Harshadeep N, Escurra J, et al. 2013. Implications of climate change for water resources development in the Ganges basin. Water Policy, 15(S1): 26.

Jiang Y, Luo Y, Zhao Z, et al. 2010. Changes in wind speed over China during 1956-2004. Theor. Appl. Climatol, 99(3): 421-430.

Johnsen S, Dansgaard W, White J. 1989. The origin of Arctic precipitation under present and glacial conditions. Tellus B, 41(4): 452-468.

Johnston R, Smakhtin V. 2014. Hydrological modeling of large river basins: How much is enough? Water Resources Management, 28(10): 2695-2730.

Kääb A, Berthier E, Nuth C, et al. 2012. Contrasting patterns of early twenty-first-century glacier mass change in the Himalayas. Nature, 488(7412): 495-498.

Kääb A, Treichler D, Nuth C, et al. 2015. Brief communication: Contending estimates of 2003—2008 glacier mass balance over the Pamir- Karakoram-Himalaya. The Cryosphere, 9(2): 557-564.

Kang S, Xu Y, You Q, et al. 2010. Review of climate and cryospheric change in the Tibetan Plateau. Environmental Research Letters, 5(1): 015101.

Kapnick S, Delworth T, Ashfaq M, et al. 2014. Snowfall less sensitive to warming in Karakoram than in Himalayas due to a unique seasonal cycle. Nature Geoscience, 7(11): 834-840.

Ke L, Ding X, Song C. 2015.Heterogeneous changes of glaciers over the western Kunlun Mountains based on ICESat and Landsat-8 derived glacier inventory. Remote Sensing of Environment, 168: 13-23.

Khan F, Pilz J, Amjad M, et al. 2015. Climate variability and its impacts on water resources in the Upper Indus Basin under IPCC climate change scenarios. International Journal of Global Warming, 8(1): 46.

Khandu, Forootan E, Schumacher M, et al. 2016. Exploring the influence of precipitation extremes and human water use on total water storage (TWS) changes in the Ganges-Brahmaputra-Meghna River Basin. Water Resources Research, 52(3): 2240-2258.

Khattak M S, Babel M S, Sharif M. 2011. Hydro-meteorological trends in the upper Indus River basin in Pakistan. Climate Research, 46(2): 103-119.

Kraaijenbrink P D A, Bierkens M F P, Lutz A F, et al. 2017. Impact of a global temperature rise of 1.5 degrees Celsius on Asia' s glaciers. Nature, 549(7671): 257-260.

Kreutzmann H.2011.Scarcity within opulence: Water management in the Karakoram Mountains revisited. Journal of Mountain Science,8(4):525-534.

Kuang X, Jiao J. 2016. Review on climate change on the Tibetan Plateau during the last half century. Journal of Geophysical Research: Atmospheres, 121(8): 3979-4007.

Kumar K, Joshi S, Adhikari V, et al. 2015. Hydrological Management of Glacial and Non-glacial River Systems. Berlin: Springer.

Kumar P, Kotlarski S, Moseley C, et al. 2015. Response of Karakoram-Himalayan glaciers to climate variability and climatic change: A regional climate model assessment. Geophysical Research Letters, 42(6): 1818-1825.

Lan Y, Zhao G, Zhang Y, et al. 2010. Response of runoff in the source region of the Yellow River to climate warming. Quaternary International, 226(1-2): 60-65.

Li B, Chen Y, Chen Z, et al. 2012a Trends in runoff versus climate change in typical rivers in the arid region of northwest China. Quaternary International, 282: 87-95.

Li B. 2013. Spatial and temporal variations of temperature and precipitation in the arid region of northwest China from 1960-2010. Fresenius Environmental Bulletin, 22(2): 361-371.

Li C, Su F, Yang D, et al. 2017.Spatiotemporal variation of snow cover over the Tibetan Plateau based on MODIS snow product, 2001-2014.International Journal of Climatology, 38(1).

Li C, Su F, Yang D, et al. 2018. Spatiotemporal variation of snow cover over the Tibetan Plateau based on MODIS snow product, 2001-2014. International Journal of Climatology, 38(2): 708-728.

Li F P, Zhang Y Q, Xu Z X, et al. 2014. Runoff predictions in ungauged catchments in southeast Tibetan Plateau. Journal of Hydrology, 511: 28-38.

Li L, Yang Z, Wang X, et al. 2010. Evidence of warming and wetting climate over the Qinghai-Tibet Plateau. Arctic, Antarctic, and Alpine Research, 42(4): 449-457.

Li M, Su B, Ma Y, et al. 2016. Characteristics of land-atmosphere energy and turbulent fluxes over the plateau steppe in central Tibetan Plateau. Sciences in Cold and Arid Regions, 8(2): 103-115.

Li R, Zhao L, Ding Y J, et al. 2012b. Temporal and spatial variations of the active layer along the Qinghai-Tibet Highway in a permafrost region. Chinese Science Bulletin, 57(35): 4609-4616.

Li Z, Chen Y N, Shen Y J, et al.2013. Analysis of changing pan evaporation in the arid region of Northwest China. Water Resources Research, 49(4): 2205-2212.

Liang L, Li L, Liu C, et al. 2013. Climate change in the Tibetan Plateau three rivers source region: 1960-2009. International Journal of Climatology, 33(13): 2900-2916.

Liang X, Lettenmaier D P, Wood E F, et al. 1994. A simple hydrologically based model of land surface water and energy fluxes for general circulation models. Journal of Geophysical Research: Atmospheres, 99(D7): 14415-14428.

Lin H, Li G, Cuo L, et al. 2017. A decreasing glacier mass balance gradient from the edge of the Upper Tarim Basin to the Karakoram during 2000-2014. Scientific Reports, 7(1): 1-9.

Ling H, Xu H, Fu J. 2012b. High-and low-flow variations in annual runoff and their response to climate change in the headstreams of the Tarim River, Xinjiang, China. Hydrological Processe, 27(7): 975-988.

Ling H, Xu H, Fu J. 2013. Changes in intra-annual runoff and its response to climate change and human activities in the headstream areas of the Tarim River Basin, China. Quaternary International, 336: 158-170.

Ling H, Xu H, Fu J. 2014. Changes in intra-annual runoff and its response to climate change and human activities in the headstream areas of the Tarim River Basin, China. Quaternary International, 336: 158-170.

Ling H, Zhang Q, Shi W, et al.2011. Runoff variation law and its response to climate change in the headstream area of the Keriya River basin, Xinjiang. Journal of Earth Science, 22: 780-791.

Ling X U, Hai-Liang Q, Zhang Q. 2012a. Nonlinear analysis of runoff change and climate factors in the headstream of Keriya River, Xinjiang. Geographical Research, 31(5): 792-802.

Liu J, Wang Z, Gong T, et al.2012. Comparative analysis of hydroclimatic changes in glacier-fed rivers in the Tibet- and Bhutan-Himalayas. Quaternary International, 282: 104-112.

Liu S, Guo W, et al. 2014. The Second Glacier Inventory Dataset of China (Version 1.0). Lanzhou: Cold and Arid Regions Science Data Center.

Liu W F, Xu Z X, Li F P, et al. 2015. Impacts of climate change on hydrological processes in the Tibetan Plateau: A case study in the Lhasa River basin. Stochastic Environmental Research and Risk Assessment, 29(7): 1809-1822.

Liu X, Zheng H, Zhang M, et al. 2011. Identification of dominant climate factor for pan evaporation trend in the Tibetan Plateau. J. Geogr. Sci, 21(4): 594-608.

Liu Z, Xu Z, Huang J, et al. 2009. Impacts of climate change on hydrological processes in the headwater catchment of the Tarim River basin, China. Hydrological Processes, 24: 196-208.

Lodrick D, Ahmad N. 2018. Ganges Rivers, Encyclopædia Britannica. Encyclopædia Britannica Online Library Edition. https: //www.britannica.com/place/Ganges-River. 2017-12-1.

Luo H, Yanai M. 1984. The large-scale circulation and heat sources over the Tibetan Plateau and surrounding areas during the early summer of 1979. Part II: Heat and moisture budgets. Monthly Weather Review, 112(5): 966-989.

Lutz A F, Immerzeel W W, Kraaijenbrink P D A, et al. 2016. Climate change impacts on the upper indus hydrology: Sources, shifts and extremes. PLoS One, 11(11): 1-33.

Lutz A, Immerzeel W, Shrestha A, et al. 2014. Consistent increase in High Asia' s runoff due to increasing glacier melt and precipitation. Nature Climate Change, 4(7): 587-592.

Ma N, Zhang Y, Xu C, et al. 2015. Modeling actual evapotranspiration with routine meteorological variables in the data-scarce region of the tibetan plateau: Comparisons and implications. Journal of Geophysical Research Biogeosciences. 120(8): 1638-1657.

Ma W, Ma Y, Li M, et al. 2009. Estimating surface fluxes over the north Tibetan Plateau area with ASTER imagery. Hydrology and Earth System Sciences, 13(1): 57-67.

Ma Y, Han C, Zhong L, et al. 2014a. Using MODIS and AVHRR data to determine regional surface heating field and heat flux distributions over the heterogeneous landscape of the Tibetan Plateau. Theoretical and Applied Climatology, 117: 643-652.

Ma Y, Ishikawa H, Tsukamoto O, et al. 2003. Regionalization of surface fluxes over heterogeneous landscape of the Tibetan Plateau by using satellite remote sensing data. Journal of the Meteorological Society of Japan, 81(2): 277-293.

Ma Y, Song M, Ishikawa H, et al. 2007. Estimation of the regional evaporative fraction over the Tibetan Plateau area by using Landsat-7 ETM data and the field observations. Journal of the Meteorological Society of Japan. Ser. II, 85: 295-309.

Ma Y, Zhong L, Su Z, et al. 2006. Determination of regional distributions and seasonal variations of land surface heat fluxes from Landsat-7 Enhanced Thematic Mapper data over the central Tibetan Plateau area. Journal of Geophysical Research Atmospheres, 111(D10): 1843-1852.

Ma Y, Zhong L, Wang B, et al. 2011. Determination of land surface heat fluxes over heterogeneous landscape of the Tibetan Plateau by using the MODIS and in-situ data. Atmospheric Chemistry and Physics, 11 (20): 10461-10469.

Ma Y, Zhu Z, Zhong L, et al. 2014b. Combining MODIS, AVHRR and in situ data for evapotranspiration estimation over heterogeneous landscape of the Tibetan Plateau. Atmospheric Chemistry and Physics, 14: 1507-1515.

Mann H B.1945. Non-parametric test against trend. Econometrika, 13: 245-259.

Masood M, Yeh P, Hanasaki N, et al. 2015. Model study of the impacts of future climate change on the hydrology of Ganges-Brahmaputra-Meghna basin. Hydrology and Earth System Sciences, 19 (2): 747-770.

Minora U, Bocchiola D, Agata C, et al. 2013. 2001-2010 glacier changes in the Central Karakoram National Park: A contribution to evaluate the magnitude and rate of the "Karakoram anomaly". Cryosphere Discussions, 7 (3): 2891-2941.

Mishra V, Lilhare R. 2016. Hydrologic sensitivity of Indian sub-continental river basins to climate change. Global and Planetary Change, 139: 78-96.

Molden D, Vaidya R, Shrestha A, et al. 2014. Water infrastructure for the Hindu Kush Himalayas. International Journal of Water Resources Development, 30 (1): 60-77.

Mtalip T H, Hailiang X U, Liu X. 2012. Trend analysis and forecast of the runoff change in Tarim River basin. Journal of Water Resources & Water Engineering, 23: 77-82.

Mukhopadhyay B, Dutta A. 2010. A stream water availability model of Upper Indus Basin based on a topologic model and global climatic datasets. Water Resources Management, 24 (15): 4403-4443.

Mukhopadhyay B, Khan A. 2014a. A quantitative assessment of the genetic sources of the hydrologic flow regimes in Upper Indus Basin and its significance in a changing climate. Journal of Hydrology, 509: 549-572.

Mukhopadhyay B, Khan A. 2014b. Rising river flows and glacial mass balance in central Karakoram. Journal of Hydrology, 513: 192-203.

Mukhopadhyay B, Khan A. 2015. A reevaluation of the snowmelt and glacial melt in river flows within Upper Indus Basin and its significance in a changing climate. Journal of Hydrology, 527: 119-132.

Muthuwatta L, Amarasinghe U, Sood A, et al. 2017. Reviving the "Ganges Water Machine": Where and how much? Hydrology and Earth System Sciences, 21 (5): 2545-2557.

Naeem U A, Muhammad Ali Shamim H N H, Ejaz N. 2016. Flow variation in Astore River under assumed glaciated extents due to climate change. Pak. J. Engg. & Appl. Sci, 11: 73-81.

Nepal S, Shrestha A. 2015. Impact of climate change on the hydrological regime of the Indus, Ganges and Brahmaputra river basins: A review of the literature. International Journal of Water Resources Development, 31 (2): 201-218.

Nepal. S. 2012. Evaluating Upstream Downstream Linkages of Hydrological Dynamics in the Himalayan Region. Jena: Friedrich Schiller University of Jena ph. D. Thesis.

Nie Y, Sheng Y, Liu Q,et al.2017.A regional-scale assessment of Himalayan glacial lake changes using satellite observations from 1990 to 2015.Remote Sensing of Environment, 189:1-13.

Palazzi E, Hardenberg J, Provenzale A. 2013. Precipitation in the Hindu-Kush Karakoram Himalaya: Observations and future scenarios. Journal of Geophysical Research: Atmospheres, 118(1): 85-100.

Pellicciotti F, Stephan C, Miles E, et al. 2017. Mass-balance changes of the debris-covered glaciers in the Langtang Himal, Nepal, from 1974 to 1999. Journal of Glaciology, 61(226): 373-386.

Peng D Z, Xu Z X. 2009. Simulating the impact of climate change on streamflow in the Tarim River basin by using a modified semi-distributed monthly water balance model. Hydrological Processes: An International Journal, 24(2): 209-216.

Pepin N, Bradley R S, Diaz H F, et al. 2015. Elevation-dependent warming in mountain regions of the world. Nature Climate Change, 5(5): 424-430.

Pervez M S, Henebry G M. 2014. Projections of the Ganges-Brahmaputra precipitation-Downscaled from GCM predictors. Journal of Hydrology, 517: 120-134.

Pfeffer W T, Arendt A A, Bliss A, et al. 2014. The Randolph Glacier Inventory: A globally complete inventory of Glaciers. Journal of Glaciology, 60(221): 537-552.

Pieczonka T, Bolch T. 2015. Region-wide glacier mass budgets and area changes for the Central Tien Shan between 1975 and 1999 using Hexagon KH-9 imagery. Global and Planetary Change, 128: 1-13.

Pritchard H. 2017. Asia' s glaciers are a regionally important buffer against drought. Nature, 545: 169-174.

Qin D. 2006. Snow cover distribution, variability, and response to climate change in Western China. Journal of Climate, 19(9): 1820-1833.

Qin J, Liu Y, Chang Y, et al. 2016. Regional runoff variation and its response to climate change and human activities in Northwest China. Environmental Earth Sciences, 75(20): 1366.

Qiu J. 2008. China: The third pole. Nature, 454(7203): 393-396.

Quick M, Pipes A. 1977. UBC watershed model. Hydrological Sciences Journal, 22(1): 153-161.

Qureshi A S. 2011. Water management in the indus basin in Pakistan: Challenges and opportunities. Mountain Research and Development, 31(3): 252-260.

Rajbhandari R, Shrestha A B, Kulkarni A, et al. 2015. Projected changes in climate over the Indus river basin using a high resolution regional climate model (PRECIS). Climate Dynamics, 44(1-2): 339-357.

Rankl M, Kienholz C, Braun M. 2014. Glacier changes in the Karakoram region mapped by multimission satellite imagery. The Cryosphere, 8(3): 977-989.

Reggiani P, Mukhopadhyay B, Rientjes T H M, et al. 2017. A joint analysis of river runoff and meteorological forcing in the Karakoram, upper Indus Basin. Hydrological Processes, 31(2): 409-430.

Ridley J, Wiltshire A, Mathison C. 2013. More frequent occurrence of westerly disturbances in Karakoram up to 2100. Science of The Total Environment, 468: S31-S35.

Rozanski K, Araguás-Araguás L, Gonfiantini R. 1993. Isotopic patterns in modern global precipitation// Climate Change in Continental Isotopic Records: Geophysical Monograph78. Washington, DC: American Geophysical Union: 1-36.

Sajikumar N, Remya R S. 2015. Impact of land cover and land use change on runoff characteristics. Journal of Environmental Management, 161: 460-468.

Salmi T, Määttä A, Anttila P, et al. 2002. Detecting Trends of Annual Values of Atmospheric Pollutants by the Mann-Kendall Test and Sen's Slope Estimates: The Excel Template Application MAKESENS. Finnish Meteorological Institute, Helsinki.

Schiemann R, Glazirina M G, Schär C. 2007. On the relationship between the indian summer monsoon and river flow in the aral sea basin. Geophysical Research Letters, 34(5): L05706.

Schmidt S, Nüsser M. 2012. Changes of high altitude glaciers from 1969 to 2010 in the Trans-Himalayan Kang Yatze Massif, Ladakh, Northwest India. Arctic Antarctic & Alpine Research, 44(1): 107-121.

Schoch-Fischer H, Rozanski K, Jacob H, et al. 1983. Hydrometeorological factors controlling the time variation of D, ^{18}O and ^{3}H in atmospheric water vapour and precipitation in the northern westwind belt. Isotope Hydrology, 1983: 3-80.

Shangguan D, Liu S, Ding Y, et al. 2009.Glacier changes during the last forty years in the Tarim Interior River basin, Northwest China. Progress in Natural Science, 19(6): 727-732.

Sharif M, Archer D R, Fowler H J, et al. 2013. Trends in timing and magnitude of flow in the Upper Indus Basin. Hydrology and Earth System Sciences, 17(4): 1503-1516.

She J, Zhang Y, Li X, et al. 2014. Changes in snow and glacier cover in an arid watershed of the western Kunlun Mountains using multisource remote-sensing data. International Journal of Remote Sensing, 35(1): 234-252.

Shi Y, Gao X, Wu J, et al. 2011. Changes in snow cover over china in the 21st century as simulated by a high resolution regional climate model. Atmospheric & Oceanic Science Letters, 5(6): 483-488.

Shi Y, Shen Y, Kang E, et al. 2006.Recent and future climate change in Northwest China. Climatic Change, 80(3-4): 379-393.

Shrestha A, Wake C, Mayewski P, et al. 1999. Maximum temperature trends in the Himalaya and its vicinity: An analysis based on temperature records from Nepal for the period 1971-1994. Journal of Climate, 12(9): 2775-2786.

Shrestha M, Koike T, Hirabayashi Y, et al. 2015. Integrated simulation of snow and glacier melt in water and energy balance-based, distributed hydrological modeling framework at Hunza River Basin of Pakistan Karakoram region. Journal of Geophysical Research: Atmospheres, 120(10): 4889-4919.

Siderius C, Biemans H, Wiltshive A, et al. 2013. Snowmelt contributions to discharge of the Ganges. Science of The Total Environment, 468-469: S93-S101.

Siegfried .2012.Will climate change exacerbate water stress in Central Asia.Climatic Change, 112: 881-899.

Sinclair T. 1998. Tourism and economic development: A survey. Journal of Development Studies, 34(5): 1-51.

Singh P, Arora M, Goel N K. 2006. Effect of climate change on runoff of a glacierized Himalayan basin. Hydrological Processes, 20(9): 1979-1992.

Singh P, Kumar V, Thomas T, et al. 2008. Changes in rainfall and relative humidity in river basins in northwest and central India. Hydrological Processes, 22(16): 2982-2992.

Singh S P, Bassignana-Khadka I, Karky B S, et al.2011.Climate change in the Hindu Kush-Himalayas: The state of current knowledge. kathmandu: ICIMOD.

Soncini A, Bocchiola D, Confortola G, et al. 2015. Hydrology of the upper indus basin under potential climate change scenarios//Engineering Geology for Society and Territory-Volume 1. Switzeland: Springer International Publishing: 43-49.

Stein A F, Draxier R R, Rolph G D. et al. 2015. NOAA' s HYSPLIT atmospheric transport and dispersion modeling system. Bulletin of the American Meteorological Society, 96(12): 2059-2077.

Su F, Duan X, Chen D, et al. 2013. Evaluation of the Global Climate Models in the CMIP5 over the Tibetan Plateau. Journal of Climate, 26(10): 3187-3208.

Su F, Zhang L, Ou T, et al. 2016. Hydrological response to future climate changes for the major upstream river basins in the Tibetan Plateau. Global and Planetary Change, 136: 82-95.

Tahir A A, Adamowski J F, Chevallier P, et al. 2016. Comparative assessment of spatiotemporal snow cover changes and hydrological behavior of the Gilgit, Astore and Hunza River basins (Hindukush–Karakoram–Himalaya region, Pakistan). Meteorology and Atmospheric Physics, 128(6): 793-811.

Tahir A A, Chevallier P, Arnaud Y, et al. 2011. Modeling snowmelt-runoff under climate scenarios in the Hunza River basin, Karakoram range, Northern Pakistan. Journal of Hydrology, 409(1-2): 104-117.

Tahir A A, Chevallier P, Arnaud Y, et al. 2015. Snow cover trend and hydrological characteristics of the Astore River basin (Western Himalayas) and its comparison to the Hunza basin (Karakoram region). The Science of the Total Environment, 505: 748-761.

Tang Z, Wang X, Wang J, et al. 2017. Spatiotemporal variation of snow cover in Tianshan Mountains, Central Asia, based on Cloud-Free MODIS fractional snow cover product, 2001–2015. Remote Sensing, 9(10): 1045.

Tao H, Gemmer M, Bai Y, et al. 2011.Trends of streamflow in the Tarim River Basin during the past 50years: Human impact or climate change? Journal of hydrology, 400(1): 1-9.

Tarekul I G M, Yoshihita K. 2009. Stochastic modeling and prediction of the ganges flow. Advances in Water Resources and Hydraulic Engineering. 2009: 6-11.

Tian L, Yao T, Numaguti A, et al. 2001. Relation between stable isotope in monsoon precipitation in southern Tibetan Plateau and moisture transport history. Science in China Series D: Earth Sciences, 44(1): 267-274.

Tong K, Su F, Yang D, et al. 2014a. Tibetan Plateau precipitation as depicted by gauge observations, reanalyses and satellite retrievals. International Journal of Climatology, 34(2): 265-285.

Tong K, Su F, Yang D, et al. 2014b. Evaluation ofsatellite precipitation retrievals and their potential utilities in hydrologic modeling over the Tibetan Plateau. Journal of Hydrology, 519: 423-437.

Tsarouchi G, Mijic A, Moulds S, et al. 2014. Historical and future land-cover changes in the Upper Ganges basin of India. International Journal of Remote Sensing, 35(9): 3150-3176.

Veettil B. 2012. A Remote sensing approach for monitoring debris-covered glaciers in the high altitude Karakoram Himalayas. International Journal of Geomatics and Geosciences, 2(3): 833-841.

Verma N, Devrani R, Singh V. 2014. Is Ganga the longest river in the Ganga Basin, India? Current Science, 107(12): 2018-2022.

Wang H J, Chen Y N, Li W H. 2014. Hydrological extreme variability in the headwater of Tarim River: Links with atmospheric teleconnection and regional climate. Stochastic Environmental Research and Risk Assessment, 28(2): 443-453.

Wang H, Chen Y, Li W. 2015.Characteristics in streamflow and extremes in the Tarim River, China: Trends, distribution and climate linkage. International Journal of Climatology, 35(5): 761-776.

Wang L, Koike T, Yang D, et al. 2009a. Improving the hydrology of the Simple Biosphere Model 2 and its evaluation within the framework of a distributed hydrological model. Hydrol. Sci. J., 54(6): 989-1006.

Wang L, Koike T, Yang K, et al. 2009b. Development of a distributed biosphere hydrological model and its evaluation with the Southern Great Plains Experiments (SGP97 and SGP99), J. Geophys. Res., 114: D08107.

Wang L, Koike T, Yang K, et al. 2009c. Assessment of a distributed biosphere hydrological model against streamflow and MODIS land surface temperature in the upper Tone River Basin, J. Hydrol., 377(1-2): 21-34.

Wang P, Li Z, Li H, et al. 2017a. Characteristics of a partially debris-covered glacier and its response to atmospheric warming in Mt. Tomor, Tien Shan, China. Global and Planetary Change, 159: 11-24.

Wang X, Pang G, Yang M, et al. 2017b. Evaluation of climate on the Tibetan Plateau using ERA-Interim reanalysis and gridded observations during the period 1979–2012. Quaternary International, 15(444): 76-86.

Wang X, Pang G, Yang M, et al. 2018. Review Precipitation over the Tibetan Plateau during recent decades: A review based on observations and simulations. International Journal of Climatology, 38: 1116-1131.

Wei Y, Liu J S, Zhang M X, et al. 2017.Outburst flood forecasting by monitoring glacier-dammed lake using satellite images of Karakoram Mountains, China. Quaternary International, 453: 24-36.

Wijngaard R R, Lutz A F, Nepal S, et al. 2017. Future changes in hydro-climatic extremes in the upper Indus, Ganges, and Brahmaputra river basins. Plos One, 12(12): e0190224.

Winiger M,Gumpert M,Yamout H.2005.Karakorum-Hindukush-western Himalaya: Assessing high-altitude water resources.Hydrological Processes, 19(12):2329-2338.

WMO. 2009. Guide to Hydrological Practices. WMO-No. 168. Sixth edition. Switzer land: Taylor & Francis.

World Bank. 2012. Ganges Strategic Basin Assessment: A Discussion of Regional Opportunities and Risks. Draft final report, March 2012. Washington: World Bank.

World Bank. 2015. South Asia Water Initiative: Ganges focus area strategy 2013—2017. The World Bank Group: Washington.

Wu B. 2005. Weakening of Indian summer monsoon in recent decades. Advances in Atmospheric Sciences, 22(1): 21-29.

Wu H, Wang N, Guo Z, et al. 2014.Regional glacier mass loss estimated by ICESat-GLAS data and SRTM digital elevation model in the West Kunlun Mountains, Tibetan Plateau, 2003—2009. Journal of Applied Remote Sensing, 8(1): 083515.

Wu Q B, Zhang T J. 2010. Changes in active layer thickness over the Qinghai-Tibetan Plateau from 1995-2007. Journal of Geophysical Research, 115: D09107.

Wu S F, Han P, Li Y, et al. 2003.Predicted variation tendency of the water resources in the headwaters of the Tarim River. Journal of Glaciology and Geocryology,25(6):708-711.

Wu S, Yunhe Y, Du Z. 2007. Climatic trends over the Tibetan Plateau during 1971—2000. Journal of Geographical Sciences, 17(2): 141-151.

Xie H, Zhu X, Yuan Y. 2015. Pan evaporation modelling and changing attribution analysis on the Tibetan Plateau (1970–2012). Hydrol. Process, 29(9): 2164-2177.

Xie H, Zhu X. 2013. Reference evapotranspiration trends and their sensitivity to climatic change on the Tibetan Plateau (1970–2009). Hydrology Process, 27(25): 3685-3693.

Xie Z. 2006. Modeling the response of glacier systems to climate warming in China. Annals of Glaciology, 43: 313-316.

Xu C, Chen Y, Chen Y, et al.2013. Responses of surface runoff to climate change and human activities in the arid region of central Asia: A case study in the Tarim River basin, China. Environ Manage, 51(4): 926-938.

Xu C, Chen Y, Yang Y, et al. 2010a. Hydrology and water resources variation and its response to regional climate change in Xinjiang. Journal of Geographical Sciences, 20(4): 599-612.

Xu C, Yaning C, Weihong L, et al. 2007. Potential impact of climate change on snow cover area in the Tarim River basin. Environmental Geology, 53(7): 1465-1474.

Xu J, Chen Y, Li W, et al. 2010b. An integrated statistical approach to identify the nonlinear trend of runoff in the Hotan River and its relation with climatic factors. Stochastic Environmental Research and Risk Assessment, 25(2): 223-233.

Xu M, Chang C, Fu P, et al. 2006. Steady decline of east Asian monsoon winds, 1969—2000: Evidence from direct ground measurements of wind speed. Journal of Geophysical Research, 111: 1-8.

Xu Z, Gong T, Li J. 2008. Decadal trend of climate in the Tibetan Plateau-regional temperature and precipitation. Hydrological Processes, 22(16): 3056-3065.

Xue B, Wang L, Li X. 2013. Evaluation of evapotranspiration estimates for two river basins on the Tibetan Plateau by a water balance method. Journal of hydrology, 492: 290-297.

Yamanaka T, Tsujimura M, Oyunbaatar D, et al. 2007. Isotopic variation of precipitation over eastern Mongolia and its implication for the atmospheric water cycle. Journal of Hydrology, 333(1): 21-34.

Yanai M, Li C, Song Z. 1992. Seasonal heating of the Tibetan Plateau and its effects on the evolution of the Asian summer monsoon. Journal of the Meteorological Society of Japan, 70(1B): 319-351.

Yang K, Qin J, Guo X. 2013. Method development for estimating sensible heat flux over the Tibetan Plateau from CMA Data. Journal of Applied Meteorology and Climatology, 48(12): 2474-2486.

Yang K, Wu H, Qin J, et al. 2014. Recent climate changes over the tibetan plateau and their impacts on energy and water cycle: A review. Global and Planetary Change, 112(1): 79-91.

Yang K, Ye B, Zhou D, et al. 2011. Response of hydrological cycle to recent climate changes in the Tibetan Plateau. Climate Change, 109: 517-534.

Yang P, Xia J, Zhang Y, et al. 2017. Temporal and spatial variations of precipitation in Northwest China during 1960–2013. Atmospheric Research, 183: 283-295.

Yang T, Wang C, Chen Y, et al. 2015. Climate change and water storage variability over an arid endorheic region. Journal of Hydrology, 529: 330-339.

Yang W, Guo X, Yao T, et al. 2016. Recent accelerating mass loss of southeast Tibetan glaciers and the relationship with changes in macroscale atmospheric circulations. Climate Dynamics, 47: 805-815.

Yannai M, Tomita T. 1998. Seasonal and interannual variability of atmospheric heat sources and moisture sinks as determined from NCEP-NCAR reanalysis. Journal of Climate, 11(3): 463-482.

Yannai M, Tomita T. 1998. Seasonal and interannual variability of atmospheric heat sources and moisture sinks as determined from NCEP-NCAR reanalysis. Journal of climate, 11(3): 463-482.

Yao J, Lin Z, Ding Y, et al. 2008. The surface energy budget and evapotranspiration in the Tanggula region on the Tibetan Plateau. Cold Regions Science and Technology, 52: 326-340.

Yao T, Thompson L, Yang W, et al. 2012. Different glacier status with atmospheric circulations in Tibetan Plateau and surroundings. Nature Climate Change, 2(9): 663-667.

Yao Y, Liang S, Cheng J, et al. 2013. MODIS-driven estimation of terrestrial latent heat flux in China based on a modified Priestley-Taylor algorithm. Agricultural and Forest Meteorology, s (171–172): 187-202.

Yasuda T, Furuya M.2015. Dynamics of surge-type glaciers in West Kunlun Shan, Northwestern Tibet. Journal of Geophysical Research: Earth Surface, 120(11): 2393-2405.

Ye Q, Zong J, Zong J, Tian L, et al. 2017. Glacier changes on the Tibetan Plateau derived from Landsat imagery: Mid-1970s-2000-13. Journal of Glaciology, 63: 273-287.

Ye Z, Chen Y, Zhang X. 2014. Dynamics of runoff, river sediments and climate change in the upper reaches of the Tarim River, China. Quaternary International, 336(12): 13-19.

You Q, Fraedrich K, Min J, et al. 2014. Observed surface wind speed in the Tibetan Plateau since 1980 and its physical causes. International Journal of Climatology, 34(6): 1873-1882.

You Q, Fraedrich K, Ren G, et al. 2012. Inconsistencies of precipitation in the eastern and central Tibetan Plateau between surface adjusted data and reanalysis. Theoretical and Applied Climatology, 109(3-4): 485-496.

You Q, Kang S, Flügel W A, et al. 2010. Decreasing wind speed and weakening latitudinal surface pressure gradients in the Tibetan Plateau. Climate Research, 42(1): 57-64.

You Q, Kang S, Wu Y, et al. 2007. Climate change over the Yarlung Zangbo River Basin during 1961-2005. Journal of Geographical Sciences, 17(4): 409-420.

You Q, Min J, Lin H, et al. 2015. Observed climatology and trend in relative humidity in the central and eastern Tibetan Plateau. Journal of Geophysical Research: Atmospheres, 120(9): 3610-3621.

Yu W, Ma Y, Sun W, et al. 2009. Climatic significance of δ^{18}O records from precipitation on the western Tibetan Plateau. Science Bulletin, 54(16): 2732-2741.

Yu W, Yao T, Tian L, et al. 2007. Stable isotope variations in precipitation and moisture trajectories on the Western Tibetan Plateau, China. Arctic, Antarctic, and Alpine Research, 39(4): 688-693.

Zaman Q U, Liu J. 2015. Mass balance of Siachen Glacier, Nubra valley, Karakoram Himalaya: Facts or flaws? Journal of Glaciology, 61(229): 1012-1014.

Zhang L, Su F, Yang D, et al. 2013. Discharge regime and simulation for the upstream of major rivers over Tibetan Plateau. Journal of Geophysical Research: Atmospheres, 118(15): 8500-8518.

Zhang Q, Gu X, Singh V P, et al. 2016. Magnitude, frequency and timing of floods in the Tarim River basin, China: Changes, causes and implications. Global and Planetary Change, 139: 44-55.

Zhang S, Ye B, Liu S, et al. 2012. A modified monthly degree-day model for evaluating glacier runoff changes in China. Part I: Model development. Hydrological Processes, 26(11): 1686-1696.

Zhang T. 2007. Perspectives on environmental study of response to climatic and land cover/land use change over the Qinghai-Tibetan Plateau: An introduction. Arctic, Antarctic, and Alpine Research, 39(4): 631-634.

Zhang X, Liu J, Tian L, et al. 2004. Variations of δ^{18}O in precipitation along vapor transport paths. Advances in Atmospheric Sciences, 21(4): 562-572.

Zhang X, Ren Y, Zhi Y, et al. 2009. Spatial and temporal variation patterns of reference evapotranspiration across the Qinghai-Tibetan Plateau during 1971—2004. J. Geophys. Res., 114: D15105.

Zhang Y, Li B, Bao A, et al. 2007a. Study on snowmelt runoff simulation in the Kaidu River basin. Science in China Series D: Earth Sciences, 50(S1): 26-35.

Zhang Y, Liu C, Tang Y, et al. 2007b. Trends in pan evaporation and reference and actual evapotranspiration across the Tibetan Plateau. Journal of Geophysical Research-Atmospheres, 112: 113-120.

Zhang Y, Su F, Hao Z, et al. 2015. Impact of projected climate change on the hydrology in the headwaters of the Yellow River basin. Hydrological Processes, 29(20): 4379-4399.

Zhang Z, Hu H, Tian F, et al. 2014. Groundwater dynamics under water-saving irrigation and implications for sustainable water management in an oasis: Tarim River basin of western China. Hydrology and Earth System Sciences, 18(10): 3951-3967.

Zhao B, Xu J, Chen Z, et al. 2013.Air temperature change in the southern tarim river basin, China, 1964-2011. Scientific World Journal, 2013(894851): 1-8.

Zhao Q, Ye B, Ding Y, et al. 2012. Coupling a glacier melt model to the Variable Infiltration Capacity (VIC) model for hydrological modeling in north-western China. Environmental Earth Sciences, 68(1): 87-101.

Zhong L, Ma Y, Fu Y, et al. 2014. Assessment of soil water deficit for the middle reaches of Yarlung-Zangbo River from optical and passive microwave images. Remote Sensing of Environment, 142: 1-8.

Zhou Y, Li Z, Li J. 2017. Slight glacier mass loss in the Karakoram region during the 1970s to 2000 revealed by KH-9 images and SRTM DEM. Journal of Glaciology, 63(238): 331-342.

附录　考察日志

一、河流队考察日志一

（土壤分队，2017 年 8 ～ 9 月）

日期	工作内容	停留地点
8 月 21 日	拉萨→日喀则：雅鲁藏布江边拍照留念；在雅鲁藏布江河谷黑颈鹤国家级自然保护区采集土样	日喀则
8 月 22 日	日喀则→谢通门县	谢通门县
8 月 23 日	谢通门县旁雅江大桥附近：安装土壤温湿仪，观测土壤温湿数据，采集土样	谢通门县
8 月 24 日	谢通门县→昂仁县：在观测点昂仁县多雄藏布安装土壤温湿仪，并采集土样	昂仁县
8 月 25 日	昂仁县：前往位于美曲藏布的第三个观测规划点，在秋窝乡尼布村处，因大水阻路，并未成行，返回至县城，补充购买胶带、手套、铁锹配件等	昂仁县
8 月 26 日	昂仁县→萨嘎县：第四个土壤观测规划点萨嘎县城的萨嘎大桥附近勘察	萨嘎县
8 月 27 日	萨嘎县：萨嘎大桥选择观测点，挖土、安装土壤温湿仪，并采集土样	萨嘎县
8 月 28 日	萨嘎县→仲巴县：马泉河大桥附近选择观测点，挖土、安装土壤温湿仪，并采集土样	仲巴县
8 月 29 日	仲巴县→普兰县	普兰县
8 月 30 日	普兰县→仲巴县：马泉河大桥附近挖出前日埋好的土壤温湿仪，并采集数据，检验数据的合理性	仲巴县
8 月 31 日	仲巴县→萨嘎县→昂仁县：挖出埋设在萨嘎县萨嘎大桥附近的土壤温湿仪，采集、处理和检验该观测点土壤温湿度数据	昂仁县
9 月 1 日	昂仁县→日喀则	日喀则

二、河流队考察日志二

（气象分队，2017 年 9 月）

日期	工作内容	停留地点
8 月 31 日	珠峰站→日喀则→萨嘎县	萨嘎县
9 月 1 日	萨嘎县→狮泉河：路上所需用品补给	师泉河
9 月 2 日	狮泉河→阿里站：释放探空气球准备工作，如相关仪器调试等；阿里站参观	阿里站
9 月 3 日	阿里站：分别于早上 8 点、中午 12 点、下午 16 点各放一个探空气球，记录气球的位置、轨迹和传感器传回的气象信息	阿里站
9 月 4 日	阿里站：召开阿里站党建会；下一步科考工作部署；两位马老师带着我们一起放了一个探空气球并对观测到的数据质量进行了评估	阿里站
9 月 5 日	阿里站：加密释放探空气球，凌晨 0 点、4 点和 8 点各放一个探空气球，记录气球的位置、轨迹和传感器传回的气象信息；后两天工作部署；生活用品和食品的补给	阿里站
9 月 6 日	阿里站：释放探空气球，记录气球的位置、轨迹和传感器传回的气象信息；阿里站观测场参观，下载近段时间的观测数据；收拾清点观测仪器，以及自己的返程行李	阿里站
9 月 7 日	阿里站→狮泉河：返程，在狮泉河地区休整	师泉河
9 月 8 日	狮泉河→萨嘎县城	萨嘎县
9 月 9 日	萨嘎县城→拉萨	拉萨

三、河流队考察日志三

（湖泊、冰川分队，2017 年 8 ～ 9 月）

日期	工作内容	停留地点
8 月 16 日	北京→拉萨	拉萨
8 月 17 日～ 19 日	拉萨：参加第二次青藏高原科考启动活动	拉萨
8 月 20 日	拉萨→西宁→乌鲁木齐	乌鲁木齐
8 月 21 日	乌鲁木齐：借用水位计 / 叶河冰川湖面积 / 做洪水预报 / 和田水文协商共同考察西昆仑山湖泊	乌鲁木齐
8 月 22 日	乌鲁木齐：借用水位计 / 叶河冰川湖面积 / 做洪水预报 / 和田水文协商共同考察西昆仑山湖泊	乌鲁木齐
8 月 23 日	乌鲁木齐：借用水位计 / 叶河冰川湖面积 / 做洪水预报 / 和田水文协商共同考察西昆仑山湖泊	乌鲁木齐
8 月 24 日	乌鲁木齐：借用水位计 / 叶河冰川湖面积 / 做洪水预报 / 和田水文协商共同考察西昆仑山湖泊	乌鲁木齐
8 月 25 日	乌鲁木齐→喀什：办理边防证失败 (维稳政治学习)	喀什
8 月 26 日	喀什：接收快递水位计 / 检查测试	喀什
8 月 27 日	喀什：接收快递水位计 / 检查测试	喀什
8 月 28 日	喀什→叶城：叶城办边防证再失败，网络不通	叶城
8 月 29 日	叶城→ 30 里营房：办边防证；叶城到 30 里营房；小河流流量观测	30 里营房
8 月 30 日	30 里营房：阿克赛钦湖考察失败 (铁丝网阻拦)	30 里营房
8 月 31 日	30 里营房：阿里苦水湖、红山湖、龙木错考察	30 里营房
9 月 1 日	30 里营房：阿里苦水湖、红山湖、龙木错考察	30 里营房
9 月 2 日	30 里营房：阿里地区红山湖、龙木错考察	30 里营房

续表

日期	工作内容	停留地点
9月3日	30里营房：阿里地区红山湖、龙木错考察	30里营房
9月4日	30里营房：阿里地区红山湖、龙木错考察	30里营房
9月5日	30里营房→喀什：寄存仪器；办退车手续	喀什
9月6日	喀什：叶河冰川湖面积/做洪水预报/喀什水文局查看冰湖洪水数据/讨论与和田水利局合作考察阿克赛钦湖	喀什
9月7日	喀什：叶河冰川湖面积/做洪水预报/喀什水文局查看冰湖洪水数据/讨论与和田水利局合作考察阿克赛钦湖	喀什
9月8日	喀什：叶河冰川湖面积/做洪水预报/喀什水文局查看冰湖洪水数据/讨论与和田水利局合作考察阿克赛钦湖	喀什
9月9日	喀什：叶河冰川湖面积/做洪水预报/喀什水文局查看冰湖洪水数据/讨论与和田水利局合作考察阿克赛钦湖	喀什
9月10日	喀什→和田：水文局商议2018年联合考察	和田
9月11日	和田→乌鲁木齐：和田水利局会议；和田—乌鲁木齐	乌鲁木齐
9月12日	乌鲁木齐：新疆水利厅/科技厅寻求合作	乌鲁木齐
9月13日	乌鲁木齐→北京	北京

四、河流队考察日志四

（河流分队，2017 年 8 月和 12 月）

日期	工作内容	停留地点
8 月 21 日	拉萨→日喀则：雅鲁藏布江边拍照留念；在雅鲁藏布江河谷采集土样	日喀则
8 月 22 日	日喀则→谢通门县：河流测量规划点彭措林大桥勘察	谢通门县
8 月 23 日	谢通门县彭措林大桥观测点：在雅鲁藏布江河源径流观测的第一个观测规划点彭措林大桥布设水位计，设置水文断面并测量水深和流速	谢通门县
8 月 24 日	谢通门县→昂仁县：在雅鲁藏布江河源径流观测的第二个观测规划点多雄藏布布设水位计，设置水文断面并测量水深和流速	昂仁县
8 月 25 日	昂仁县：前往位于美曲藏布的第三个观测规划点，在秋窝乡尼布村处，因大水阻路，并未成行，返回至县城；临时党支部活动，参观了昂仁县林业局及林科牧党支部，并进行座谈学习	昂仁县
8 月 26 日	昂仁县→萨嘎县：第四个河流测量规划点萨嘎县城的萨嘎大桥勘察	萨嘎县
8 月 27 日	萨嘎县：在雅鲁藏布江河源径流观测的第四个观测点萨嘎大桥布设水位计，设置水文断面并测量水深，手持流速仪测量流速	萨嘎县
8 月 28 日	萨嘎县→仲巴县：马泉河大桥附近选择观测点，布设水位计，设置水文断面并测量水深，手持流速仪测量流速	仲巴县
12 月 1 日～12 月 2 日	北京→拉萨：抵达拉萨，在拉萨开具介绍信，前往西藏武警边防总队开具边防证。整理工具并添置少量必需品，查验租用越野车的车况，预定次日前往谢通门县开展野外工作	拉萨
12 月 3 日～12 月 4 日	拉萨→谢通门县：采集预先布设在谢通门县雅鲁藏布江大桥附近水位计的数据；考虑到实际水位降低，将剩余的唯一水位计重新捆绑并安置于桥墩附近，尽可能远离岸边	谢通门县
12 月 5 日	谢通门县→昂仁县→萨嘎县：采集预先布设在昂仁县多雄藏布和萨嘎县萨嘎大桥附近水位计的数据；考虑到实际水位降低，将剩余的唯一水位计重新捆绑并安置于河岸对面，尽可能远离岸边	昂仁县
12 月 6 日	萨嘎县→仲巴县：在萨嘎县萨嘎大桥观测点重新布设两个水位计（下到河流，尽量远离岸边）；采集预先布设在仲巴县马泉河大桥附近水位计的数据	仲巴县
12 月 7 日	仲巴县→萨嘎县：在仲巴县马泉河大桥观测点重新布设两个水位计（下到河流，尽量远离岸边；赶回萨嘎县复检之前布设的两个水位计，发现均正常；并在萨嘎大桥观测点沿途选点加密观测河床坡降及当前过水断面	萨嘎县
12 月 8 日	萨嘎县→昂仁县：复检布设在昂仁县多雄藏布观测点的水位仪，并沿途选点开展加密观测河床坡降及当前过水断面；联系了杨威和华益瑞工程师，更换藏东南然乌气象站电池	昂仁县

五、河流队考察日志五

（河流分队，2017年9月）

日期	工作内容	停留地点
9月10日	北京—拉萨	拉萨
9月11日	拉萨准备野外工具、签订租车合同等	拉萨
9月12日	拉萨准备后勤物资、采购野外材料等	拉萨
9月13日	拉萨—日喀则	日喀则
9月14日	日喀则—仲巴	仲巴
9月15日	前往纳木那尼冰川融水径流监测点：开展冰川融水观测，设置观测断面并测流，安装水位计；并前往纳木那尼冰川末端5165m自动气象站处下载气象数据	普兰
9月16日	前往孔雀河源径流监测点：开展孔雀河源径流观测，设置观测断面并测流，下载水位计数据和河源的自动气象站的数据	普兰县仁贡村
9月17日	前往扎西岗乡印度河源扎西岗桥径流监测点：途中检查孔雀河源、纳木那尼冰川径流水位计，并采集孔雀河水样； 开展印度河源径流观测，在扎西岗设置水文断面并测流	噶尔县扎西岗乡
9月18日	前往扎西岗乡印度河源扎西岗桥径流监测点：开展印度河源径流观测，在扎西岗乡设置水文断面并测流，下载水位计数据，采集河水样品 后前往印度河源革吉农场。 下载自动气象站数据，回收并安排水体同位素采样	革吉
9月19日	前往印度河源革吉大桥径流监测点：开展印度河源径流观测，在狮泉河革吉大桥设置水文断面并测流，下载水位计数据，采集河水样品。后前往阿里站大本营，取回电脑、数据等物品	狮泉河
9月20日	前往昆莎冰川：开展昆莎冰川融水径流观测，在冰川融水径流出山口设置观测断面并测流，下载水位计数据； 前往昆莎冰川末端自动气象站处下载气象数据	狮泉河、昆莎乡
9月21日	狮泉河—萨嘎	萨嘎
9月22日	萨嘎—日喀则	日喀则
9月23日	日喀则—拉萨	拉萨
9月24日	收拾野外物品、寄送仪器	拉萨
9月25日	租车结款、善后工作	拉萨
9月26日	拉萨—北京	北京